JN084550

秘書問題入門

最適停止問題の基本モデルと計算法

Introduction to Secretary Problems

Basic Models and Computation of Optimal Stopping

高木 英明

Hideaki Takagi

丸善プラネット

はしがき

　日本には，昔から，継続的行動を中止すべき時機について，年貢の納め時とか，潮時という言葉があり，将来を見据えて現在の行動を考えるときに，急いては事を仕損じるという戒めもあるように，意思決定の最適タイミングを計ることの戦略的重要性が認識されてきた．

　秘書問題とは，順に現れる物の価値を，それらの絶対的な値ではなく，1つずつ相対的に（過去に現れた物との比較に基づいて）順位付けることにより評価し，最適の物を取り出す時機を判断する問題の総称である．この言葉の由来は，秘書の採用に際して，応募者を順に面接するとき，過去の応募者との相対的比較のみにより，最適の応募者を採用するための方策とその成功確率を求める問題であり，結婚問題，サルタンの持参金問題などとも呼ばれる．1960年頃から研究が始まり，最近に至るまで，種々の変形モデルや一般化が研究されている．秘書問題は，離散時間確率過程における逐次的最適制御という分野の中の最適停止問題として，「面接者が応募者を一人ずつ面接し，採用目的に従って，これぞと思った人を採用する」という親しみやすい状況を設定し，数理的に問題を解く方法を研究する応用数学・数理工学である．

　本書は，秘書問題の数理モデルとその解法について，最先端の研究成果ではなく，1990年頃までの初期の論文に現れた，理工系学部の出身者なら直観的に理解できる程度の基本モデルに限り，丁寧な説明を試みた啓蒙書である．最初に紹介する古典的秘書問題は高校数学の知識で解けるし，その後に続く発展形の問題を解くときも，大学初年級の微積分と応用確率論の程度しか使わない．数式の詳しい導出と豊富な数値計算例により（そのために説明がくどくなるが），実際に計算可能であることを実証しながら解説する．本書の数表やグラフに示した数値は，全て筆者自身がパソコン上で数式処理ソフトMathematicaを使って計算したものである．理論物理学者のRichard Phillips Feynman (1918–1988)が残した隻句 "What I cannot create, I do not understand" に倣って，筆者は "What I cannot compute, I do not understand" を信条とする．

　本書では，資産運用の最適タイミングをスパコンで計算するというような現実世界の意思決定問題を対象とする大規模計算ではなく，ビッグデータとArtificial

Intelligence (AI) によるブラックボックス計算が主流の時代に，学生や数学好きの社会人に，敢えて，中身が見えて自分でも計算できる recreational mathematics の妙技を楽しんでもらえれば本懐である．秘書問題の理論的研究に使われるのは，本書の程度でも最新の研究でも，伝統的な紙と鉛筆（と灰色の脳細胞）である．ここでは，コンピュータは数理的定式化の後に登場し，アルゴリズムの反復計算や，定積分や級数の和の数値評価にヒトの及ばない威力を発揮する．数理に裏付けられた数値計算 (number crunching) の結果は美しい．数学は産業界で「忘れられた科学」であっても，愛好者には楽しい科学である．

　秘書問題を中心的に扱った単行本は，国内外ともに少なく，日本では，筆者の知る限り 1 冊しか刊行されていない．それは，朝倉書店から 2000 年 3 月に出版された 穴太克則 先生（芝浦工業大学教授）による『タイミングの数理－最適停止問題－』である．この本は，秘書問題にとどまらず，広く最適停止問題を扱っているが，本質的には，秘書問題の手法が使われている．しかし，マルチンゲール等の測度論的確率論に基づく定式化は， 専 ら応用に興味がある読者には敬遠されるかもしれない．1990 年頃までに研究された比較的単純な秘書問題なら，厳密な数学理論による取扱いを割愛し，高度な確率過程論を使わずに正確な解を導くことができることを本書は示している．秘書問題に関する 殆 どの論文は日本語で書かれていないので，読者には穴太先生の本や本書のような日本語による解説が役立つと思われる．

　日本で秘書問題を専門的に研究された研究者として，穴太先生の他に，故坂口実 先生（大阪大学名誉教授, 名古屋商科大学教授, 1926–2009）と玉置光司先生（愛知大学名誉教授）がおられる．3 先生は，秘書問題の研究において，世界の中で大きな貢献を果たされた．筆者は，大学を定年退職後に，この問題に対する数理的解析と結果の面白さに魅せられて，古い専門雑誌を 繙 き（実際には，筑波大学附属図書館の文献複写サービスを利用して論文のコピーを取り寄せ），自分なりに成果を勉強・理解・検証していくうちに，本書の原稿が出来た次第である．関連する文献や問題の解法について，親切にご教示いただいた玉置先生に心より感謝申し上げます．

2021 年 10 月　高木英明

目　次

1章 ことはじめ

Introduction

　本章では，1960 年に初めて文献に現れた秘書問題の基本形として，古典的秘書問題を導入し，結婚問題やサルタンの持参金問題としての問題設定も紹介する．1990 年頃までに研究された秘書問題のいろいろな変形問題を，採用目的（ベストが選ばれる確率の最大化・期待順位の最小化）と情報量（応募者の順位に関する無情報・完全情報）について，2 行 2 列の表に分類し，本書で取り扱われている節・項の番号とともに示す．

1.1　古典的秘書問題

　秘書問題 (secretary problem) と総称される**最適停止問題** (optimal stopping problem) は，非常に多くの変形問題が研究されているが，その基本形は以下の**古典的秘書問題** (classical secretary problem) である．

(i) n 人の**応募者** (applicant) の中から 1 人の秘書を採用する採用人事を考える．応募者数 n を知っている面接者が応募者を一人ずつ順に面接する．

(ii) n 人の応募者には秘書職への適性に関して予め 1 位から n 位までの**順位** (rank) が付けられている（同順位の人はいない）と仮定する．これを**絶対順位** (absolute rank) と言う．応募者たちが面接に現れる順序は完全にランダムであると仮定する．すなわち，応募者の絶対順位の $n!$ 通りの並び方は全て同じ確率 $1/n!$ で起こるものとする．面接者は応募者の絶対順位は知らされず，それまでに面接した応募者たちの中での**相対順位** (relative rank) を判定するのみである．

(iii) 面接者は，各応募者の面接後，その応募者を採用するか否かを，それまでに面接した応募者たちの中での相対順位のみに基づいて，直ちに決定する．採用が決まれば，そこで採用活動を停止する．不採用なら，次の応募者を面接する．最後まで採用する人が決まらなければ，最後の応募者を採用する．以前に面接した人を遡って採用することはない．

(iv) 応募者中で適性が 1 位の人を**ベスト** (best) と言う．ベストの応募者が採用される確率が最大になるようにするために，面接者は，各応募者の面接後に，どのような判断により，採否を決定すればよいか？

　ベストの応募者が採用される確率は，採用方策によって異なる．例として，4 人の応募者がいるとき，それらの応募者の順位の並び方には 4! ＝ 4×3×2×1 ＝ 24 通りがある．次の 4 つの採用方策が取られる場合に採用される応募者の順位と，ベスト（1 位）の応募者が採用される確率を表 1.1 に示す (Gilbert and Mosteller, 1966; Mosteller, 1965, p.73)．

方策 1: 最初の応募者を採用する．
方策 2: 最初の応募者をやり過ごし，2 番目以降の最良応募者を採用する．
方策 3: 1, 2 番目の応募者をやり過ごし，3 番目以降の最良応募者を採用する．
方策 4: 最後の応募者を採用する．
（方策 2 と 3 では，該当する応募者がいなければ最後の応募者を採用する．）

　表 1.1 を見ると，最初の応募者を採用することに決めていたり（方策 1），最後の応募者を採用することに決めていたり（方策 4）する場合に，ベストが選ばれる確率（成功確率）は $\frac{6}{24}$ ＝ 25% と低い．もし最初の応募者をやり過ごし，その後に現れる（過去と比べての）最良の応募者を採用すれば（方策 2），成功確率は $\frac{11}{24}$ ＝ 45.83% と格段に高くなる．しかし，余り待ち過ぎて，最初と 2 番目の応募者をやり過ごし，その後に現れる（過去と比べての）最良の応募者を採用すれば（方策 3），成功確率は $\frac{10}{24}$ ＝ 41.67% とやや低くなる．

　この例のように応募者が 4 人なら 24 通りの順位の並び方についていろいろな方策に対する成功確率を計算することもできるが，応募者が 10 人になれば，順位の並び方は 10! ＝ 3,628,000 通りになるので，計算は大変だろう．さらに一般に，応募者が n 人のときに，考えられる全ての方策のうちで，成功確率が最大になるような方策（最適方策）は自明ではないので，数学理論により最適方策を探し，その方策を取る場合の成功確率の最大値を求めるのが秘書問題である．

　このような問題は，歴史的に，**結婚問題** (marriage problem)，**サルタンの持参金問題** (sultan's dowry problem)，**選り好みする求婚者の問題** (fussy suitor's problem)，**最良選択問題** (best choice problem) などと呼ばれている[*1]．

[*1] 結婚問題は，1 人の男性が n 人の女性と順にお見合いをして求婚するという設定である．

表 1.1　方策に依存する採用される応募者の順位とベストの応募者が採用される確率（4 人の応募者のとき）.

方策 1: 最初の応募者を採用する.

方策 2: 最初の応募者をやり過ごし, 2 番目以降の最良応募者を採用する.

方策 3: 最初と 2 番目の応募者をやり過ごし, 3 番目以降の最良応募者を採用する.

方策 4: 最後の応募者を採用する.

（方策 2 と 3 では, 該当する応募者がいなければ最後の応募者を採用する.）

順位の並び方	方策 1	方策 2	方策 3	方策 4
1　2　3　4	1	4	4	4
1　2　4　3	1	3	3	3
1　3　2　4	1	4	4	4
1　3　4　2	1	2	2	2
1　4　2　3	1	3	3	3
1　4　3　2	1	2	2	2
2　1　3　4	2	1	4	4
2　1　4　3	2	1	3	3
2　3　1　4	2	1	1	4
2　3　4　1	2	1	1	1
2　4　1　3	2	1	1	3
2　4　3　1	2	1	1	1
3　1　2　4	3	1	4	4
3　1　4　2	3	1	2	2
3　2　1　4	3	2	1	4
3　2　4　1	3	2	1	1
3　4　1　2	3	1	1	2
3　4　2　1	3	2	2	1
4　1　2　3	4	1	3	3
4　1　3　2	4	1	2	2
4　2　1　3	4	2	1	3
4　2　3　1	4	2	1	1
4　3　1　2	4	3	1	2
4　3　2　1	4	3	2	1
成功確率	$\frac{6}{24} = 25\%$	$\frac{11}{24} = 45.83\%$	$\frac{10}{24} = 41.67\%$	$\frac{6}{24} = 25\%$

サルタンの持参金問題は, アラブの王様が n 人の娘に自分の持参金の額を紙片に書いて壺に入れ, 男に 1 枚ずつ取り出させて, 男が最大の持参金の書かれた紙片を引き当てれば娘と持参金を与えるという設定である (Mosteller, 1965, p.12, 問題 47).

　古典的秘書問題の正解は，n が大きい場合には「最初の約 n/e ($e \approx 2.71828\cdots$ は**自然対数の底**) 人の応募者はやり過ごし，それ以降に面接する応募者がそれまでの応募者よりも適任であると判定したら直ちに採用する」という簡単な方策であり，このようにすると，応募者が百人でも 1 億人でも，$1/e \approx 36.8\%$ の確率で最適任者を採用できることが分かる（2.1 節）[*2].

Column

コラム：百匹のやぎのがらがらどん

　北欧民話『三びきのやぎのがらがらどん』（瀬田貞二訳，福音館書店，1965 年 7 月）のあらすじは以下のとおりである．名前はどれも「がらがらどん」という小・中・大の 3 匹の山羊が山の草場で太ろうと，山へ登ってきたが，途中の谷川に架かった橋を渡らなければならない．橋の下には気味の悪い大きな「トロール」が住んでいて，最初に来た小さい山羊に「きさまをひとのみにしてやろう」と襲いかかった．小さい山羊は「少し待てば，ぼくより大きい山羊が来ます」と言って見逃してもらう．2 番目に来た中くらいの山羊も同じように言って，橋を渡る．最後に来た大きい山羊は，トロールに立ち向かってやっつけてしまったので，3 匹の山羊たちは山に登って草を食べ，とても太って帰って来ることができた．

　もしトロールが秘書問題を知っていて 100 匹の山羊が順に現れるなら，どのような判断基準に従って何匹目の山羊を食べると，一番大きい山羊を食べられる確率が最大になるだろうか？[*3]

1.2　秘書問題の草分けと 2 × 2 分類

　秘書問題が初めて活字として文献に登場したのは，*Scientific American* 誌の 1960 年 2 月号で，数学パズルで有名な Martin Gardner (1914–2010) による

[*2] Lindley (1961) によれば，この結果を結婚問題に適用すると，結婚適齢期である 18〜39 歳の 22 年間にわたり，月に 1 度の頻度でデートをする計画（264 回を予定）を立てると，$18 + 0.368 \times 264/12 \approx 26$ 歳までは誰にも求婚せず，それ以後に現れる最良の相手に求婚すると，ベストの配偶者を得る確率が最高の 36.8% になる．但し，この方法では，同じく 36.8% の確率で配偶者が見つからないことになる．

[*3] 答は 2.1 節の脚注に示す．

Mathematical Games のコラムに掲載された，次の**グーゴル・ゲーム** (game of googol) であると言われている．

> John H. Fox, Jr. と L. Gerald Marnie は，1958 年に，次のような風変わりな 1 人ゲームを思いついた．誰かに，何枚でもよいから，好きな枚数の紙片を用意して，それぞれの紙片に相異なる正の数字を書いてもらう．数字は小さな分数でもよいし，グーゴル*4 のような非常に大きい数でもよい．それらの紙片を裏返してテーブルの上に置き，よく混ぜ合わせる．ゲームでは，プレーヤーが紙片を 1 枚ずつめくり，もしそこに書かれている数字が全体の中で最も大きいと思えば，その紙片を選んでゲームを停止する．そう思わなければ，次の紙片に進む．プレーヤーは以前にめくった紙片に戻ることはできない．また，最後の 1 枚をめくることになったら，その紙片を選ばなければならない．プレーヤーの選んだ紙片の数字が全ての数字の中で最大のものであれば，勝ちである．

ここには秘書問題という言葉は出て来ないが，続いて次の問題が示される．

> 独身の女性が年末までに結婚することを決意する．彼女には，10 人の男性が次々にプロポーズしてくるが，一旦お断りした男性は二度と現れないと想定する．このとき，10 人の中で最高の男性を射止めるための戦略はどのようなもので，その確率はいくらか？

この文脈は結婚問題に近い．

Scientific American 誌の 1960 年 3 月号には，Leo Moser (1921–1970) と J. R. Pounder によるグーゴル・ゲームへの解答が載っている．これは無情報最良選択問題（表 1.2 (a) の分類を参照）の解になっている．しかし，ゲームで使う紙

---

*4 グーゴル (googol) は 1 googol $= 10^{100}$ という大きな数の単位である．グーグル (Google) 社を創設した Lawrence Edward ("Larry") Page (1973–) は，1997 年に自分たちの検索エンジンのドメイン名として googol.com を取得しようとしたときに，間違って google.com を取得してしまい，それに合わせて検索エンジンの名前も google にしたということである (David Koller, January 2004. http://graphics.stanford.edu/~dk/google_name_origin.html).

片には，何らかの確率分布が頭にあって数字が書かれるとすれば，もとの問題は完全情報最良選択問題である[*5].

　初期の研究論文では，Lindley (1961) に結婚問題 (marriage problem) が出てくる．Chow et al. (1964) の論文の副題は秘書問題 (secretary problem) である[*6].

　これより前のエピソードとして，Wikipedia（英語版）の "Secretary problems" の項によれば，秘書問題が初めて世に出たのは，Merril Meeks Flood (1908–1991) が 1949 年に行った講義で言及した婚約者問題 (fiancé problem) と言われる．彼が 1950 年代に何度か研究会等で話すうちに，この問題は民間伝承 (folklore) として広く知られるようになったが，文献は残っていないようだ．1958 年に彼が Leonard E. Gillman (1917–2009) に送った手紙のコピーが Samuel Karlin (1924–2007) らにも送られ，R. Palermo により「最初の p 人を無条件に不採用とし，その後に現れるより良い候補者を採用する」という戦略の最適性が証明されているらしい．また，Bissinger and Siegel (1963) が *American Mathematical Monthly* 誌に最良選択問題を提出し，Bosch (1964) が解答を示している．

　Frederick Mosteller (1916–2006) は，この問題を 1955 年に Andrew M. Gleason (1921–2008) から又聞きしたと記している (Gilbert and Mosteller, 1966)．歴史的文献を概説している Ferguson (1989) には，同様の問題がイギリスの数学者 Arthur Cayley (1821–1895) により提示されており (Cayley, 1875)，さらに遥か昔に，ドイツの天文学者 Johannes Kepler (1571–1630) は，最初の妻を亡くし，次の妻を娶るときに，11 人の女性に会い，5 番目の人を選んだと記されている[*7].

[*5] Moser と Pounder の解は，紙片の総数を n とし，式

$$\frac{p}{n}\left(\frac{1}{p} + \frac{1}{p+1} + \frac{1}{p+2} + \cdots + \frac{1}{n-1}\right)$$

が最大になるような p の整数値を見つけ，p 枚の紙片をやり過ごした後に現れる最大数が書かれた紙片を選ぶことであるとされている．この式は，$p = r - 1$ とおけば，第 2 章の式 (2.3) と同じである．

[*6] この論文の第 2 著者 "S. Moriguti" は，東京大学名誉教授の故森口繁一先生 (1916–2002) であり，先生は 1992～93 年にも日本 OR 学会の論文誌に秘書問題に関する論文 5 編を連載されている（玉置, 2015）．先生はお名前のローマ字表記を訓令式の "Moriguti Sigeiti" で通された（伊理正夫，巨星墜つ—森口繁一先生を悼む，オペレーションズ・リサーチ，Vol.47, No.12, pp.754–755, 2002 年 12 月）．

[*7] 式 (2.3) の関数 $P(r; n)$ は $n = 11$ のとき $r = 5$ で最大になる．さすがは Kepler 先生！

Ferguson (1989) は秘書問題を「順に現れる物の価値を，それらの絶対的な値ではなく，1 つずつ相対的に（過去に現れた物との比較だけで）順位付けることにより観察し，最適の選択をする問題」と定義している．この定義は Samuels (1991) や玉置 (2002, 2012) に引用されている．

秘書問題について広範な萌芽的研究を含む John P. Gilbert と Frederick Mosteller の論文 Gilbert and Mosteller (1966) の冒頭には，美人コンテストと持参金問題が次のように紹介されている．

美人コンテスト (beauty contest)：ある男性がまだ会ったことのない n 人の女性の中から一番きれいな人を選んでデートをしたいとする．女性たちは彼の前に一人ずつランダムに現れ，彼はその人を見て，デートに誘うか，次の人を見たいかを決めなければならない．デートする人を決めた後で全員を見て，もし自分の選んだ人が一番きれいでなければ落胆する．一番きれいな人を選ぶ確率が最も高くなるようにするためには，どのような選び方をするのがよいか？

持参金問題 (dowry problem)：n 人の花嫁候補がそれぞれの持参金を紙に書いて封筒に入れて，花嫁募集中の男性に渡す．男性は封筒を 1 通ずつ手当たり次第に開封し，中の紙に書かれた持参金の額を見て，最高額と思えばその花嫁を選んで花嫁探しを終えるが，もっと高額の持参金を持った花嫁がいるのではないかと思えば，次の封筒を開ける．一旦開けた封筒をもとに戻すことはできない．最後の封筒になったら，その封筒を開けなければならない．もし男性の選んだ花嫁候補の持参金が最高額であったら，男性はその花嫁と持参金を得るが，そうでなければ何も得られない．男性は，持参金額を見たときに，どのような方法で，花嫁候補を選べばよいか?

Moser (1956) は次のような旅行者の問題 (tourist's problem) を示している．モーテルの設備をネット検索できない時代の話である．クルマで一本道を旅行している人が道に沿って n 軒のモーテルを一軒ずつチェックして行き，最も快適なモーテルであると思えばそこに宿泊し，もっと快適なモーテルが先にあるのではないかと思えば，次のモーテルを見る．道は引き返さない．最後のモーテルにまで来たら，必ずそ

　　こに宿泊しなければならない．この旅行者は，モーテルを見たとき
　　にどのような基準で泊まるか泊まらないかを決めればよいか？

Gilbert and Mosteller (1966) は上記の Gardner のコラムに言及した後，本書で
扱う次のような秘書問題等に対して最適方策を解説し，応募者が非常に多い場
合の漸近形と数値例も示している（同論文のページを示す）．

- （古典的秘書問題）採用する応募者がベストである確率を最大化する (p.39)
- 複数の応募者を採用して，その中にベストがいる確率を最大化する (p.41)
- 採用する人がベスト又はセカンドベストである確率を最大化する (p.49)
- （完全情報問題）既知の確率分布に従う n 個の乱数を順に取り出し，最大
  の数が出たと思うときに停止する (p.51)
- （期待値最大化問題）既知の確率分布に従う n 個の乱数を順に取り出し，
  取り出す数の期待値が増えなくなったと思うときに停止する (p.65)

　秘書問題及び関連する最適停止問題の理論と発表当時の研究動向の解説は，日
本語では穴太 (2000), 坂口 (1979, 1998), 玉置 (2002, 2012, 2015), Wikipedia「秘
書問題」等に，また，英文では Bruss (2005), Gilbert and Mosteller (1966), Fer-
guson (1989, 1992b), Freeman (1983), Goldenshluger et al. (2020), Rose (1982c),
Samuels (1991), Tamaki (2017), Wikipedia "Secretary problems" 等にある．

　秘書問題のように，各期に何らかの収益と費用を伴って稼働するシステムに
おいて，稼働を終えるときの利益（＝総収益－総費用）が最大になるように，又
は損失（＝総費用－総収益）が最小になるように制御して運用し，最適のタイミ
ングで稼働を停止するという設定において，各期でどのような場合に停止すれ
ばよいかという最適方策を探る問題を**最適停止問題** (optimal stopping problem)
と言う (DeGroot, 1970, Chapter 13)．秘書問題は，最適停止問題の一例として
「面接者が応募者を一人ずつ面接し，採用目的に従って，これぞと思った人を採
用する」という親しみやすい状況を設定し，数理的に問題を解く方法を研究す
る応用数学・数理工学である．

　表 1.2 に本書で取り扱う秘書問題の分類を示す．

表 1.2　本書で扱う秘書問題の分類.

(a) 基本形の 2 (採用目的) × 2 (情報量) 分類 (Bruss, 2005)

情報量 採用目的	無情報問題 応募者の絶対順位に関する情報がない.	完全情報問題 応募者の絶対順位に関する確率分布が既知.
最良選択問題 絶対的ベストの応募者を選ぶ確率を最大化する.	**古典的秘書問題 (2 章)** Lindley (1961), Dynkin (1963) Gilbert and Mosteller (1966)	**完全情報最良選択問題 (7.1, 7.2 節)** Gilbert and Mosteller (1966) Sakaguchi (1973), Samuels (1982)
期待順位最小化問題 選んだ応募者の絶対順位の期待値を最小化する.	**無情報期待順位最小化問題 (8.1 節)** Lindley (1961) Chow et al. (1964)	**完全情報期待順位最小化問題 (8.2 節)** (Robbins の問題) Bruss and Ferguson (1993)

(b) 古典的秘書問題の変形問題 (1 人だけ採用する秘書問題)

採用辞退とリコール	指定順位の応募者を採用	指定順位までの応募者を採用
採用辞退がある問題 (3.1 節) Smith (1975)	セカンドベストを採用 (4.1 節) Rose (1982a) Vanderbei (2012)	2 位までを採用 (5.1 節) Gilbert and Mosteller (1966) Gusein-Zade (1966)
リコールがある秘書問題 (3.2 節) Yang (1974), Petruccelli (1981) Smith and Deely (1975)	ワースト等を採用 (4.2 節) Ferguson (1992a)	3 位までを採用 (5.2 節) Quine and Law (1996)
	サードベストを採用 (4.3 節) Lin et al. (2019)	k 位までを採用 (5.3 節) Woryna (2017) Goldenshluger et al. (2020)
	k 位の応募者を採用 (4.4 節) Goldenshluger et al. (2020)	応募者数が ∞ の場合 (5.4 節) Mucci (1973) Frank and Samuels (1980)

表 1.2　本書で扱う秘書問題の分類（続き）.

(c) 複数の応募者を採用する秘書問題

2 人を採用する秘書問題	3 人を採用する秘書問題	m 人を採用する秘書問題
ベストを含む確率を最大化 (6.1.1 項) Gilbert and Mosteller (1966) Sakaguchi (1978)	ベストを含む確率を最大化 (6.1.2 項) Ano and Tamaki (1992)	ベストを含む確率を最大化 解析 (6.1.2 項) Ano and Tamaki (1992) Tamaki and Mazalov (2002) Matsui and Ano (2016)
1 及び 2 位を含む確率を最大化 (6.2.1 項) Nikolaev (1977), Tamaki (1979a)	1〜3 位を含む確率を最大化 (6.3.1 項) Ano (1989)	計算アルゴリズム (6.1.3 項) Goldenshluger et al. (2020)
1 又は 2 位を含む確率を最大化 (6.2.2 項) Tamaki (1979b)	1 及び 2 位を含む確率を最大化 (6.3.2 項) Ano (1989)	
漸近解 (6.4 節) Sakaguchi (1979)	漸近解 (6.4 節) Sakaguchi (1987)	
完全情報問題 (7.3 節) Tamaki (1980) Sakaguchi and Saario (1995)		

(d) 最良選択秘書問題等に対する成功確率の記号一覧

本書に現れるいろいろな最良選択秘書問題等の成功確率の最大値を表す記号の一覧を 172 ページの表 6.11 に示す.

2章 古典的秘書問題の解法

Solutions to the Classical Secretary Problem

前章の冒頭に示した古典的秘書問題にはいくつもの解法があるが，本章では，比較的易しい次の 4 つの方法を使った解法を紹介する．これらの方法は，後出の変形問題や他の設定の最適停止問題でも使われる．

- 順列組合せ
- Markov 決定過程
- One-stage look-ahead rule（OLA 停止規則）
- 期待効用最大化

その他に，新記録が現れる過程に対する順序統計の方法を用いて，相対的ベストの応募者が現れる過程を考察する．

2.1 順列組合せの応用

本節では，秘書問題に現れる基本的な言葉を紹介しながら，高校数学レベルの順列組合せ (combinatorics) により，古典的秘書問題（定義は 1.1 節）を考える．応募者数を n 人とする．

(1) 候補者

もしある応募者の順位がそれまでに面接した応募者よりも低ければ，全応募者中のベストではあり得ないので，この人を採用できないことは明らかである．従って，ある応募者が採用されるためには，その応募者がそれまでに面接した応募者の中でベストでなければならない．このような応募者を**候補者** (candidate) と言う．すなわち，古典的秘書問題において，候補者は相対順位が 1 位の応募者である．

(2) 相対順位の確率分布

確率変数 X_t を t 番目の応募者の相対順位とする $(1 \leq t \leq n)$．このとき，t

番目の応募者の相対順位が i である確率 $P\{X_t = i\}$ を考える $(1 \le i \le t)$. 例えば, t 番目の応募者が候補者である確率は $P\{X_t = 1\}$ と表される. 最初に面接する応募者 $(t = 1)$ の相対順位は必ず 1 位である $(P\{X_1 = 1\} = 1)$ から, 最初の応募者は必ず候補者である. また, 定義により, 最後の応募者の相対順位は絶対順位であり, 応募者の並び方の完全なランダム性により, 最後の応募者の絶対順位は等確率 $1/n$ で i 位であるから, 最後の応募者の相対順位の確率も $P\{X_n = i\} = 1/n \ (1 \le i \le n)$ である.

$2 \le t \le n$ については, t 番目の応募者の相対順位は 1 位から t 位までのどれかであるが, i 位になる場合は, t 人の応募者による $t!$ 通りの並び方のうちで, t 番目の応募者以外の $t-1$ 人による $(t-1)!$ 通りの並び方があり, それぞれの並び方が等確率で起こると仮定するので, その比として,

$$P\{X_t = i\} = \frac{(t-1)!}{t!} = \frac{1}{t} \qquad 1 \le i \le t \le n \qquad (2.1)$$

が得られる. 確率 $P\{X_t = i\}$ は i に依存せず一定である. また, 確率分布の正規化条件

$$\sum_{i=1}^{t} P\{X_t = i\} = 1 \qquad 1 \le t \le n$$

が成り立つ. 従って, 確率変数 X_t は自然数 $\{1, 2, \ldots, t\}$ にわたる**離散型一様分布** (discrete uniform distribution) に従う.

t 番目の応募者の相対順位が i 以上 (1〜i 位) である確率は

$$P\{X_t \le i\} = \sum_{j=1}^{i} P\{X_t = j\} = \frac{i}{t} \qquad 1 \le i \le t \le n$$

である. また, t 番目の応募者の相対順位が i 以下 (i〜t 位) である確率は

$$P\{X_t \ge i\} = \sum_{j=i}^{t} P\{X_t = j\} = \frac{t-i+1}{t} \qquad 1 \le i \le t \le n$$

である[*1].

[*1] 本書では, 順位が i 位の応募者にとって, 順位が 1〜$i-1$ 位の応募者を「上位」と言い, 順位が $i+1$〜n 位の応募者を「下位」と言う.

さて，s 番目の応募者と t 番目の応募者（$s < t$ とする）の相対順位は**独立**
(independent) である[*2]．なぜならば，$\{X_s = i, X_t = j\}$ という事象が起こ
るのは，1〜t 番目の応募者の $t!$ 通りの並び方のうち，1〜$(s-1)$ 番目の応
募者の $(s-1)!$ 通りの並び方と $(s+1)$〜$(t-1)$ 番目の応募者の $(t-1)!/s!$
通りの並び方の組合せで起こるので，

$$P\{X_s = i, X_t = j\} = \frac{(s-1)! \cdot (t-1)!/s!}{t!} = \frac{1}{s} \cdot \frac{1}{t} = P\{X_s = i\} \cdot P\{X_t = j\}$$

が成り立つからである．同様に考えて，各応募者の相対順位は，他の応募
者の相対順位とは独立である．

(3) 候補者が絶対的ベストである確率

応募者の並び方の完全なランダム性により，最初の応募者（必ず候補者で
ある）が全応募者中のベスト（**絶対的ベスト**）である確率は $1/n$ である．
一般に，t 番目の応募者が候補者であるとき，この人が絶対的ベストであ
る確率は，$t+1$ 番目以降の応募者が誰も候補者ではない（相対順位が 2
以下である）確率として，次のように求められる．

$$P\{X_{t+1} \geq 2, X_{t+2} \geq 2, \ldots, X_n \geq 2 \mid X_t = 1\}$$
$$= \frac{P\{X_t = 1, X_{t+1} \geq 2, X_{t+2} \geq 2, \ldots, X_n \geq 2\}}{P\{X_t = 1\}}$$
$$= \frac{P\{X_t = 1\}P\{X_{t+1} \geq 2\}P\{X_{t+2} \geq 2\} \cdots P\{X_n \geq 2\}}{P\{X_t = 1\}}$$
$$= P\{X_{t+1} \geq 2\}P\{X_{t+2} \geq 2\} \cdots P\{X_n \geq 2\}$$
$$= \frac{t}{t+1} \cdot \frac{t+1}{t+2} \cdots \frac{n-1}{n} = \frac{t}{n} \qquad 1 \leq t \leq n. \tag{2.2}$$

あるいは，次のようにも考えられる．絶対的ベストの応募者が $t+1$ 番目
以降に並んでいるときには，t 番目に候補者として現れる応募者が絶対的

[*2] 事象 $\mathcal{A}$ と事象 $\mathcal{B}$ が独立であるということは

$$P\{\mathcal{A} \cap \mathcal{B}\} = P\{\mathcal{A}\} \cdot P\{\mathcal{B}\}$$

が成り立つことである．

ベストであることはあり得ない．一方，絶対的ベストの応募者が t 番目以前に並んでいるときに，t 番目の応募者が候補者（相対的ベスト）であったとすれば，この応募者は絶対的ベストである．従って，t 番目に候補者として現れる応募者が絶対的ベストであるのは，絶対的ベストの応募者が t 番目以前に並んでいるときだけである．ここで，応募者の並び方は完全にランダムであると仮定しているので，絶対的ベストの応募者は 1 番目から n 番目までに等確率で並んでいる．従って，t 番目の応募者が候補者であるとき，この人が絶対的ベストである確率は，絶対的ベストの応募者が t 番目以前に並んでいる確率 t/n に等しい．

(4) 最適停止方策の存在（閾値規則）

ここで，ベストの応募者が採用される確率を最大にする最適方策が存在すると仮定する．t 番目の応募者が候補者であるときに，最適方策に基づいてこの人を採用せず，それ以降も同様の方策に従って面接を続けるとき，面接を停止するまでにベストの応募者が採用される確率を V_{t+1} とする $(t = 1, 2, \ldots, n-1)$．もし $t/n \geq V_{t+1}$ ならば，t 番目の応募者がベストである確率が，t 番目までの応募者を採用しない場合に，その後にベストの人が採用される確率に等しいかそれよりも大きいということなので，t 番目の応募者を採用して採用活動を停止するのがよい．また，最初の $t+1$ 人の応募者を採用しなければ，最初の t 人の応募者を採用しない場合よりもベストの応募者が採用される確率が大きくなることはないので，t が増えるにつれて V_{t+1} は減少する．よって，不等式

$$\cdots > \frac{t+1}{n} > \frac{t}{n} > \cdots > V_{t+1} \geq V_{t+2} \geq \cdots$$

が成り立つ．従って，1 番目の応募者から順に面接を進めていき，t 番目の応募者が候補者となったとき，もし $t/n \geq V_{t+1}$ ならこの人を採用することにすれば，そうしなかった場合に，後の $t' \, (> t)$ 番目の応募者が候補者であるときに，（$V_{t'+1} < V_{t+1} < t/n < t'/n$ であるから）$t'/n < V_{t'+1}$ となることは起こり得ない．よって，最適方策は，閾値 (threshold) と呼ばれる自然数 $r \, (1 \leq r \leq n)$ を用いて，次のように述べられる．

> $r-1$ 番目までの応募者は無条件で不採用とし，r 番目以降の応募者の
> うち，最初に現れる候補者を採用する（もし r 番目以降に候補者が現
> れなければ，最後の応募者を採用する）．

このような形の最適停止方策を**閾値規則** (threshold rule) と呼ぶ．

(5) ベストの応募者が採用される確率

n 人の応募者の中から，閾値 r を決め，閾値規則に従って採用される応募
者がベストである確率 $P(r;n)$ を求める．閾値が 1 であれば，最初の応募
者が常に候補者となり，その人がベストである確率は $P(1;n) = 1/n$ であ
る．また，閾値が n であれば，最後の応募者が全応募者中のベストである
ときにのみ候補者となるので，$P(n;n) = 1/n$ である．

$2 \le r \le n$ について，$P(r;n)$ は次のようにして得られる．

$$P(r;n)$$
$$= \sum_{t=r}^{n} P\{r \text{ 番目以降に最初に現れる候補者が } t \text{ 番目の応募者であり,}$$
$$\text{全応募者中でベスト}\}$$
$$= \sum_{t=r}^{n} P\{r \text{ 番目以降 } t-1 \text{ 番目までの応募者に候補者が現れない}\}$$
$$\times P\{t \text{ 番目の応募者が全応募者中でベスト}\}$$
$$= \sum_{t=r}^{n} \frac{r-1}{t-1} \cdot \frac{1}{n} = \frac{r-1}{n} \sum_{t=r}^{n} \frac{1}{t-1} \qquad 2 \le r \le n. \tag{2.3}$$

ここで，r 番目以降 $t-1$ 番目までの応募者に候補者が現れない（それら
の応募者の相対順位が全て 2 位以下である）確率が

$$P\{X_r \ge 2, X_{r+1} \ge 2, \ldots, X_{t-1} \ge 2\}$$
$$= P\{X_r \ge 2\} \cdot P\{X_{r+1} \ge 2\} \cdots P\{X_{t-1} \ge 2\}$$
$$= \frac{r-1}{r} \cdot \frac{r}{r+1} \cdots \frac{t-2}{t-1} = \frac{r-1}{t-1} \qquad r+1 \le t \le n$$

であることと，$P\{t \text{ 番目の応募者が全応募者中でベスト}\} = 1/n$ を用いた．
式 (2.3) は次のように考えても得られる．

$$P(r;n) = \sum_{t=r}^{n} P\{t \text{ 番目の応募者が候補者であり，全応募者中でベスト}\}$$

$$= \sum_{t=r}^{n} P\{r \text{ 番目以降, } t \text{ 番目の応募者が初めての候補者}\}$$

$$\times P\{t \text{ 番目の応募者がベスト} \mid t \text{ 番目の応募者が候補者}\}$$

$$= \sum_{t=r}^{n} \frac{r-1}{t(t-1)} \cdot \frac{t}{n} = \frac{r-1}{n} \sum_{t=r}^{n} \frac{1}{t-1} \qquad 2 \le r \le n.$$

ここで，

$$P\{r \text{ 番目以降, } t \text{ 番目の応募者が初めての候補者}\}$$

$$= P\{X_r \ge 2, X_{r+1} \ge 2, \ldots, X_{t-1} \ge 2, X_t = 1\}$$

$$= P\{X_r \ge 2\} \cdot P\{X_{r+1} \ge 2\} \cdots P\{X_{t-1} \ge 2\} \cdot P\{X_t = 1\}$$

$$= \frac{r-1}{r} \cdot \frac{r}{r+1} \cdots \frac{t-2}{t-1} \cdot \frac{1}{t} = \frac{r-1}{t(t-1)}$$

であることを使った.

(6) ベストの応募者が採用されない確率

閾値を r とする閾値規則を用いると，次のような場合に，ベストの応募者を採用することができない.

(i) ベストの応募者が $r-1$ 番目までに現れた. このことは確率 $(r-1)/n$ で起こる（最後の応募者が採用されるが，この人はベストではない）.

(ii) ベストの応募者が r 番目以降の面接に現れたが，r 番目以降に最初に現れた候補者を採用したら，この人はベストの応募者ではなかった. このことが起こる確率は，上記の式を参考にして，

$$\sum_{t=r}^{n} \frac{1}{t}\left(1 - \frac{t}{n}\right)\frac{r-1}{t-1} = 1 - \frac{r-1}{n}\left(1 + \sum_{t=r}^{n} \frac{1}{t-1}\right)$$

である.

これらの 2 つの場合の確率と式 (2.3) を足し合わせると 1 になる.

$$\frac{r-1}{n} + \left[1 - \frac{r-1}{n}\left(1 + \sum_{t=r}^{n} \frac{1}{t-1}\right)\right] + \frac{r-1}{n}\sum_{t=r}^{n} \frac{1}{t-1} = 1.$$

表 2.1 古典的秘書問題においてベストの応募者が採用される確率 $P(r;n)$.

r	$n=3$	$n=5$	$n=10$	$n=20$	$n=30$	$n=50$
1	0.33333	0.20000	0.10000	0.05000	0.03333	0.02000
2	**0.50000**	0.41667	0.28290	0.17739	0.13206	0.08958
3	0.33333	**0.43333**	0.36579	0.25477	0.19744	0.13917
4		0.35000	**0.39869**	0.30716	0.24617	0.17875
5		0.20000	0.39825	0.34288	0.28378	0.21167
6			0.37282	0.36610	0.31305	0.23959
7			0.32738	0.37932	0.33566	0.26350
8			0.26528	**0.38421**	0.35272	0.28409
9			0.18889	0.38195	0.36501	0.30182
10			0.10000	0.37345	0.37314	0.31704
11				0.35939	0.37756	0.33005
12				0.34032	**0.37865**	0.34105
13				0.31672	0.37671	0.35024
14				0.28894	0.37199	0.35776
15				0.26732	0.36471	0.36374
16				0.22213	0.35505	0.36829
17				0.18361	0.34316	0.37151
18				0.14196	0.32919	0.37348
19				0.09737	0.31326	**0.37428**
20				0.05000	0.29548	0.37396

空白は 0 を，太字は各 n における最大値を示す．これに対応する r が最適閾値．

$n = 2, 5, 10, 20, 30, 50$ について，$P(r;n)$ の数値を表 2.1 と図 2.1 に示す．これらを見ると，与えられた n に対し，r の関数 $P(r;n)$ には一意的な最大値の存在が予想できる．

(7) 最適閾値の決定

与えられた応募者数 n に対し，$P(r;n)$ が最大になるような r の最適値 r^* が 1 つだけ存在する．そのような r の値は，r を 1 から増やしていくとき，$P(r;n)$ が増加から非増加に転じる直前の r であるから，

$$P(r+1;n) \leq P(r;n) \iff \frac{r}{n} \sum_{t=r+1}^{n} \frac{1}{t-1} \leq \frac{r-1}{n} \sum_{t=r}^{n} \frac{1}{t-1}$$

$$\iff \sum_{t=r}^{n-1} \frac{1}{t} \leq 1$$

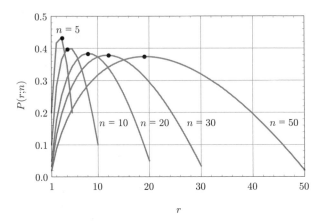

図 **2.1**　古典的秘書問題においてベストの応募者が採用される確率 $P(r; n)$. 各 n に対して, $P(r; n)$ が最大になる点を ● で示す.

により,

$$r^* = \min \left\{ r \geq 1 : \sum_{t=r}^{n-1} \frac{1}{t} \leq 1 \right\} \tag{2.4}$$

が得られる. このとき,

$$P(1; n) < P(2; n) < \cdots < P(r^*; n) \geq P(r^* + 1; n) > P(r^* + 2; n) > \cdots$$

となる. 従って, $P(r; n)$ は, $r = r^*$ において, 最大値

$$P(r^*; n) = \begin{cases} \dfrac{1}{n} & r^* = 1, \\ \dfrac{r^* - 1}{n} \displaystyle\sum_{t=r^*-1}^{n-1} \dfrac{1}{t} & 2 \leq r^* \leq n \end{cases} \tag{2.5}$$

を取ることが分かる.

表 2.2 に各 n に対する最適閾値 r^* と $P(r^*; n)$ を示す. 従って, n 人の応募者が現れる古典的秘書問題において, ベストの応募者が採用される確率を最大にする最適方策は「最初から $r^* - 1$ 番目までの応募者を無条件にやり過ごし (今風に言えば「スルー」し), r^* 番目以降の応募者について,

表 2.2 古典的秘書問題における最適閾値とベストの候補者が採用される確率.

n	r^*	$P(r^*; n)$	n	r^*	$P(r^*; n)$	n	r^*	$P(r^*; n)$
1	1	1.00000	21	9	0.38281	41	16	0.37572
2	1, 2	0.50000	22	9	0.38272	42	16	0.37548
3	2	0.50000	23	9	0.38281	43	16	0.37572
4	2	0.45833	24	10	0.38116	44	17	0.37519
5	3	0.43333	25	10	0.38092	45	17	0.37493
6	3	0.42778	26	10	0.38011	46	18	0.37482
7	3	0.41429	27	11	0.37980	47	18	0.37471
8	4	0.40982	28	11	0.37946	48	18	0.37444
9	4	0.40595	29	11	0.37869	49	19	0.37442
10	4	0.39869	30	12	0.37865	50	19	0.37428
11	5	0.39841	31	12	0.37826	60	23	0.37321
12	5	0.39551	32	13	0.37776	70	27	0.37239
13	6	0.39226	33	13	0.37768	80	30	0.37186
14	6	0.39171	34	13	0.37727	90	34	0.37142
15	6	0.38941	35	14	0.37700	100	38	0.37104
16	7	0.38809	36	14	0.37684	200	74	0.36946
17	7	0.38732	37	14	0.37642	300	111	0.36894
18	7	0.38541	38	15	0.37632	400	148	0.36867
19	8	0.38504	39	15	0.37612	500	185	0.36851
20	8	0.38421	40	16	0.37574	1000	369	0.36820
						∞	n/e	0.36788

相対的ベストが現れればその応募者を採用して採用活動を停止する。そのような応募者が現れなければ、最後の応募者を採用する」というものである。「最初から $r^* - 1$ 番目までの応募者を無条件にやり過ごす」ことの意義は、この間に面接した全ての応募者の適性を覚えていて（学習期間）、その後（探索期間）に面接し採用する候補者の水準を上げることにある。

(8) $n \to \infty$ での漸近形

n が非常に大きく、r も n に比例して大きいとき、区分求積法により、

$$\sum_{t=r}^{n-1} \frac{1}{t} = \frac{1}{n} \sum_{t=r}^{n-1} \frac{1}{t/n} \approx \int_{r/n}^{1} \frac{1}{x} dx = -\log\left(\frac{r}{n}\right) = \log\left(\frac{n}{r}\right)$$

と近似できるので、式 (2.4) により、$\log(n/r) = 1$ となる r を $r^* \approx n/e$ と書くと、

$$\lim_{n \to \infty} \frac{r^*}{n} = \lim_{n \to \infty} P(r^*; n) = \frac{1}{e} = 0.3678794417 \cdots \qquad (2.6)$$

が得られる．ここで，

$$e = 2.71828181846 \cdots$$

は微積分で馴染み深い **Napier の定数** (Napier's constant) と呼ばれる**自然対数の底** (base of natural logarithm) である．

式 (2.6) の意味は，多くの応募者を順に面接するときに，ベストの応募者を採用する確率を最大にするためには「応募者の初めから 36.8% を無条件で不採用とし，それ以降に現れる最初の相対的ベストの応募者を採用する」という規則が最適であり，そうすれば，36.8% の確率でベストの応募者が採用されるということである[*3]．

(9) ベストではない応募者が採用される確率

ベストの応募者が採用される確率を最大にする上記の最適方策が取られる場合でも，採用される相対的ベストの応募者は必ずしも絶対的ベストではない．応募者 n 人の中で絶対順位が k 位の人が採用される確率は

$$P_{r^*}(k) = \begin{cases} \displaystyle\sum_{i=k+1}^{n-r^*+2} \frac{1}{i-1} \binom{n-i}{r^*-2} \bigg/ \binom{n}{r^*-1} & 1 \le k \le n-r^*+1, \\ 0 & n-r^*+2 \le k \le n \end{cases}$$

で与えられる (Bartoszynski, 1974; Freeman, 1983)．$k=1$ の場合は，応募者 n 人中のベストの人が採用される確率

$$P_{r^*}(1) = \sum_{i=2}^{n-r^*+2} \frac{1}{i-1} \binom{n-i}{r^*-2} \bigg/ \binom{n}{r^*-1} = \frac{r^*-1}{n} \sum_{i=r^*}^{n} \frac{1}{i-1}$$

となり，式 (2.5) で得られた $P(r^*; n)$ と一致する．

[*3] 第 1 章（4 ページ）のコラム「百匹のやぎのがらがらどん」に示した問題への解答は次のとおりです．古典的秘書問題を知っていたトロールは，初めの 37 匹の山羊をやり過ごし，38 匹目以降に，それまでに現れたうちで一番大きい山羊を食べることにしました．

表 **2.3** 古典的秘書問題において，最適方策で採用される応募者の順位 k の確率分布.

k	$n=3$ $r^*=2$	$n=5$ $r^*=3$	$n=10$ $r^*=4$	$n=20$ $r^*=8$	$n=30$ $r^*=12$	$n=50$ $r^*=19$
∞	0.33333	0.40000	0.30000	0.35000	0.36667	0.36000
1	0.50000	0.43333	0.39869	0.38421	0.37865	0.37428
2	0.16667	0.13333	0.16536	0.14474	0.13842	0.13917
3	0	0.03333	0.07786	0.06491	0.06120	0.06326
4		0	0.03619	0.03048	0.02879	0.03095
5			0.01536	0.01434	0.01383	0.01567
6			0.00536	0.00659	0.00665	0.00807
7			0.00119	0.00290	0.03162	0.00418
8			0	0.00120	0.00147	0.00217
9				0.00045	0.00066	0.00112
10				0.00015	0.00029	0.00057
11				4.1×10^{-5}	0.00012	0.00029
12				8.5×10^{-6}	4.7×10^{-5}	0.00014
13				9.9×10^{-7}	1.7×10^{-5}	7.0×10^{-5}
14				0	5.6×10^{-6}	3.4×10^{-5}
15					1.6×10^{-6}	1.6×10^{-5}
16					4.1×10^{-7}	7.3×10^{-6}
17					8.3×10^{-8}	3.2×10^{-6}
18					1.2×10^{-8}	1.4×10^{-6}
19					9.6×10^{-10}	5.8×10^{-7}
20					0	2.3×10^{-7}

$k = \infty$ はどの応募者も採用されない場合を表す.

表 2.3 に示されている数値例を見ると，この確率は k が大きいほど小さくなる．また，ベストの応募者が $r^* - 1$ 番目以前に面接されたので，不採用となり，r^* 番目以降にはそれより良い応募者は現れず，その結果，どの応募者も採用されない（これを状態 ∞ とする）確率は

$$P_{r^*}(\infty) = 1 - \sum_{k=1}^{n-r^*+1} P_{r^*}(k) = \frac{r^*-1}{n} \quad ; \quad \lim_{n \to \infty} P_{r^*}(\infty) = \frac{1}{e}$$

である．採用される可能性があるのは絶対順位が $(n - r^* + 1)$ 位までの人である．従って，n が大きいとき，確率 $1/e \approx 36.8\%$ で誰も採用されないことになる．どの応募者も採用されない正の確率があるということは，この方策を取る場合に採用される応募者の順位の期待値は ∞ ということで

ある．一方，8.1 節に示すように，採用する応募者の期待順位を最小にするような方策を取れば，n がどんなに大きくても，期待順位が 4 位を超えることはない．ベストの応募者が採用される確率は最大であるが誰も採用できない確率も高いハイリスク・ハイリターンの方策を取るか，平均して良い応募者が採用されるような堅実な方策を取るか，採用目的の設定は採用する組織の経営方針に基づく戦略であり，数学者の責任範囲ではない．

2.2　候補者の面接番号を状態とする Markov 決定過程

　本節では，古典的秘書問題を Markov 決定過程として定式化し，その最適制御方策として，前節で得られた閾値規則が導かれることを示す (Dynkin, 1963), (ドゥインキン・ユシュケヴィッチ, 1972, pp.80–87)．

　そのために，n 人の応募者がある古典的秘書問題について，相次いで現れる「候補者の面接番号」を状態とする離散時間確率過程を考える．t 番目の応募者が i 番目の候補者であった場合に，$i+1$ 番目の候補者がいつ現れるかは，t 番目よりも前のどこで $i-1$ 人の候補者が現れたかに関係なく，$t+1$ 番目以降の応募者が候補者であるかどうかで決まる．従って，各候補者の面接番号は直前の候補者の面接番号のみに依存することが分かる．よって，この確率過程は有限個の状態 $\{1, 2, \ldots, n, \infty\}$ をもつ **Markov 過程** (Markov process) である[*4]．ここで，状態 ∞ は次に候補者がいない状況を表す．状態 ∞ から別の状態に移ることはなく，このような状態は**吸収状態** (absorbing state) と呼ばれる．

　最後の応募者が候補者である状態 n も吸収状態である．有限個の状態のうちいくつかが吸収状態である Markov 過程においては，過程が吸収状態ではない状態から始まると，確率 1 でどれかの吸収状態に達して停止する．このような場合に，各状態に利得を付与し，過程が吸収状態に至るときの利得が最大になるように状態推移を制御するモデルを **Markov 決定過程** (Markov decision process)

[*4] ここで考えている Markov 過程において，「時間」は「候補者の面接番号」という離散的変数である．Markov 過程の理論では，離散的時間上の Markov 過程を特に **Markov 連鎖** (Markov chain) と言うが，本書では，一般の「Markov 過程」と呼ぶことにする．有限個の状態をもつ Markov 連鎖については，羽鳥・森 (1982) 等の参考書を参照されたい．

と言う．本節では，古典的秘書問題を，状態推移を「候補者を採用して以後の面接を止めるか，採用せずに次の応募者を面接するか」という二者択一の方策で制御する Markov 決定過程と考える．

まず，上記の Markov 過程の状態推移確率を求める．確率変数 X_i を i 番目の応募者の相対順位とすれば，確率変数の集合 $\{X_i, X_{i+1}, X_{i+2}, \ldots, X_{j-1}, X_j\}$ は互いに独立である（2.1 節）．従って，i 番目の応募者が候補者であるとき，この人を採用せずに次の応募者の面接に進む場合に，それ以降に現れる最初の候補者が j 番目の応募者となる確率は

$$P\{X_{i+1} \geq 2, X_{i+2} \geq 2, \ldots, X_{j-1} \geq 2, X_j = 1 \mid X_i = 1\}$$

$$= P\{X_{i+1} \geq 2\} P\{X_{i+2} \geq 2\} \cdots P\{X_{j-1} \geq 2\} P\{X_j = 1\}$$

$$= \frac{i}{i+1} \cdot \frac{i+1}{i+2} \cdots \frac{j-2}{j-1} \cdot \frac{1}{j} = \frac{i}{j(j-1)} \qquad i+1 \leq j \leq n$$

である．ここで，事象 $\{X_{i+1} \geq 2\}$ は $i+1$ 番目の応募者が候補者でない（相対順位が 2 位以下である）ことを表す．また，$i+1$ 番目以降に最後まで候補者が現れない確率は

$$P\{X_{i+1} \geq 2, X_{i+2} \geq 2, \ldots, X_n \geq 2\}$$

$$= P\{X_{i+1} \geq 2\} \cdot P\{X_{i+2} \geq 2\} \cdots P\{X_n \geq 2\}$$

$$= \frac{i}{i+1} \cdot \frac{i+1}{i+2} \cdots \frac{n-1}{n} = \frac{i}{n}$$

である．実際，候補者がどこかで現れる確率は次のようになる．

$$\sum_{j=i+1}^{n} \frac{i}{j(j-1)} = i \sum_{j=i+1}^{n} \left(\frac{1}{j-1} - \frac{1}{j} \right) = 1 - \frac{i}{n} \qquad 1 \leq i \leq n-1.$$

従って，この Markov 過程において，状態 i から状態 j への推移確率 P_{ij} は

$$P_{ij} = \begin{cases} 0 & 1 \leq j \leq i \leq n-1, \\ \dfrac{i}{j(j-1)} & i+1 \leq j \leq n, \\ \dfrac{i}{n} & j = \infty, 1 \leq i \leq n-1 \end{cases}$$

で与えられる．便宜上，吸収状態からの推移確率を

$$P_{nn} = P_{\infty\infty} = 1 \quad ; \quad P_{nj} = P_{\infty j} = 0 \qquad 1 \le j \le n-1$$

とする．吸収状態でない状態 i からは必ず状態空間内のどこかの状態に移るので，正規化条件

$$\sum_{j=i+1}^{n} P_{ij} + P_{i\infty} = 1 \qquad 1 \le i \le n-1$$

が成り立つ．

例えば，$n = 10$ の場合の推移確率行列は次のような**上三角行列** (upper triangular matrix) になる．推移確率行列が上三角行列になるということは，Markov 過程が状態番号の増える方向にしか推移しないことを意味する．

$$
(P_{ij}) =
\begin{array}{c|ccccccccccc}
 & 1 & 2 & 3 & 4 & 5 & 6 & 7 & 8 & 9 & 10 & \infty \\
\hline
1 & 0 & \frac{1}{2\cdot1} & \frac{1}{3\cdot2} & \frac{1}{4\cdot3} & \frac{1}{5\cdot4} & \frac{1}{6\cdot5} & \frac{1}{7\cdot6} & \frac{1}{8\cdot7} & \frac{1}{9\cdot8} & \frac{1}{10\cdot9} & \frac{1}{10} \\
2 & 0 & 0 & \frac{2}{3\cdot2} & \frac{2}{4\cdot3} & \frac{2}{5\cdot4} & \frac{2}{6\cdot5} & \frac{2}{7\cdot6} & \frac{2}{8\cdot7} & \frac{2}{9\cdot8} & \frac{2}{10\cdot9} & \frac{2}{10} \\
3 & 0 & 0 & 0 & \frac{3}{4\cdot3} & \frac{3}{5\cdot4} & \frac{3}{6\cdot5} & \frac{3}{7\cdot6} & \frac{3}{8\cdot7} & \frac{3}{9\cdot8} & \frac{3}{10\cdot9} & \frac{3}{10} \\
4 & 0 & 0 & 0 & 0 & \frac{4}{5\cdot4} & \frac{4}{6\cdot5} & \frac{4}{7\cdot6} & \frac{4}{8\cdot7} & \frac{4}{9\cdot8} & \frac{4}{10\cdot9} & \frac{4}{10} \\
5 & 0 & 0 & 0 & 0 & 0 & \frac{5}{6\cdot5} & \frac{5}{7\cdot6} & \frac{5}{8\cdot7} & \frac{5}{9\cdot8} & \frac{5}{10\cdot9} & \frac{5}{10} \\
6 & 0 & 0 & 0 & 0 & 0 & 0 & \frac{6}{7\cdot6} & \frac{6}{8\cdot7} & \frac{6}{9\cdot8} & \frac{6}{10\cdot9} & \frac{6}{10} \\
7 & 0 & 0 & 0 & 0 & 0 & 0 & 0 & \frac{7}{8\cdot7} & \frac{7}{9\cdot8} & \frac{7}{10\cdot9} & \frac{7}{10} \\
8 & 0 & 0 & 0 & 0 & 0 & 0 & 0 & 0 & \frac{8}{9\cdot8} & \frac{8}{10\cdot9} & \frac{8}{10} \\
9 & 0 & 0 & 0 & 0 & 0 & 0 & 0 & 0 & 0 & \frac{9}{10\cdot9} & \frac{9}{10} \\
10 & 0 & 0 & 0 & 0 & 0 & 0 & 0 & 0 & 0 & 1 & 0 \\
\infty & 0 & 0 & 0 & 0 & 0 & 0 & 0 & 0 & 0 & 0 & 1
\end{array}
$$

次に，ベストの応募者を採用する確率が最も高くなるように，各面接の直後に継続するか否かの二者択一判断をする規則を導く．i 番目の応募者が候補者であった場合に，そのとき以後にベストの応募者が採用される確率 V_i を状態 i に付される利得とする $(1 \le i \le n)$．もし最後の応募者が候補者であれば，それ以前には相対的ベストの応募者がいなかったということであるから，候補者である最終応募者は必ず絶対的ベストとして採用されるので，$V_n = 1$ である．

一般に，i 番目の応募者である候補者を採用すれば，式 (2.2) に示されているように，この人は確率 $y_i = i/n$ で全応募者中のベストである．一方，この応募者を採用しないで，次の応募者の面接に進む（そして，その後も同じ判断規則を運用する）場合に，ベストの応募者が採用される確率は

$$\sum_{j=i+1}^{n} \frac{i}{j(j-1)} V_j$$

である．従って，この確率と $y_i = i/n$ を比べ，大きい方が得られる行動を選択することが最適方策である．

このようにして，Markov 過程上の最適性方程式

$$V_n = 1 \quad ; \quad V_i = \max\left\{ \frac{i}{n}, \sum_{j=i+1}^{n} \frac{i}{j(j-1)} V_j \right\} \qquad 1 \leq i \leq n-1 \qquad (2.7)$$

が成り立つ．これは n 個の変数 $\{V_i; 1 \leq i \leq n\}$ に対する線形連立方程式であるが，$V_n = 1$ を初期条件として，$i = n-1, n-2, \ldots, 2, 1$ の順に逐次的に解くことができ，全ての $\{V_i; 1 \leq i \leq n\}$ が得られる．数値結果を表 2.4 に示す．

式 (2.7) において，i 番目の応募者である候補者が採用されるのは，「i 番目の応募者である候補者がベストである確率」が「その応募者をやり過ごして次に現れる候補者（確率 $i/(j(j-1))$ で j 番目の応募者，$i+1 \leq j \leq n$）がベストである確率」よりも大きい，すなわち，

$$\frac{i}{n} - \sum_{j=i+1}^{n} \frac{i}{j(j-1)} \cdot \frac{j}{n} = \frac{i}{n}\left(1 - \sum_{j=i}^{n-1} \frac{1}{j} \right) \geq 0$$

という場合である．従って，i に関して単調増加の定数列 $\{H_i; 1 \leq i \leq n\}$ を

$$H_n := 1 \quad ; \quad H_i := 1 - \sum_{j=i}^{n-1} \frac{1}{j} \qquad 1 \leq i \leq n-1$$

で定義すれば，与えられた n に対し，i を 1 から増やしていくとき，H_i の値が負から正に変わる直後の i が最適閾値 r^* である（表 2.5）．

$$r^* := \min\{i \geq 1 : H_i \geq 0\} = \min\left\{ i \geq 1 : \sum_{j=i}^{n-1} \frac{1}{j} \leq 1 \right\}. \qquad (2.8)$$

表 2.4　古典的秘書問題において i 番目の応募者が候補者の場合にベストが採用される確率 V_i（Markov 決定過程）.

i	$n=3$	$n=5$	$n=10$	$n=20$	$n=30$	$n=50$
1	**0.50000**	0.43333	0.39869	0.38421	0.38765	0.37428
2	0.66667	**0.43333**	0.39869	0.38421	0.37865	0.37428
3	1.00000	0.60000	**0.39869**	0.38421	0.37865	0.37428
4		0.80000	0.40000	0.38421	0.37865	0.37428
5		1.00000	0.50000	0.38421	0.37865	0.37428
6			0.60000	0.38421	0.37865	0.37428
7			0.70000	**0.38421**	0.37865	0.37428
8			0.80000	0.40000	0.37865	0.37428
9			0.90000	0.45000	0.37865	0.37428
10			1.00000	0.50000	0.37865	0.37428
11				0.55000	**0.37865**	0.37428
12				0.60000	0.40000	0.37428
13				0.65000	0.43333	0.37428
14				0.70000	0.46667	0.37428
15				0.75000	0.50000	0.37428
16				0.80000	0.53333	0.37428
17				0.85000	0.56667	0.37428
18				0.90000	0.60000	**0.37428**
19				0.95000	0.63333	0.38000
20				1.00000	0.66667	0.40000

各 n に対して, 太字は $i = r^* - 1$ のときの V_i.

この結果は式 (2.4) と一致する. また, 任意の $1 \leq k \leq n-i$ について,

$$H_{i+k} - H_i = \sum_{j=i}^{n-1} \frac{1}{j} - \sum_{j=i+k}^{n-1} \frac{1}{j} = \sum_{j=i}^{i+k-1} \frac{1}{j} > 0$$

により, $H_i > 0$ ならば $H_{i+k} > H_i$ である. よって, 閾値規則が保証される.

$i = r^* - 1$ のとき, $j \geq i + 1 = r^*$ について $V_j = j/n$ であるから, ベストの応募者が採用される確率は

表 2.5 定数列 $H_n := 1, H_i := 1 - \sum_{j=i}^{n-1}(1/j)$ $(1 \leq i \leq n-1)$.

i	$n=2$	$n=3$	$n=5$	$n=10$	$n=20$	$n=30$	$n=50$
1	0	−0.5	−1.08333	−1.82897	−2.54774	−2.96165	−3.47921
2	1	**0.5**	−0.08333	−0.82897	−1.54774	−1.96165	−2.47921
3		1	**0.41667**	−0.32897	−1.04774	−1.46165	−1.97921
4			0.75000	**0.00437**	−0.71441	−1.12832	−1.64587
5			1.00000	0.25437	−0.46441	−0.87832	−1.39590
6				0.45437	−0.26441	−0.67832	−1.19590
7				0.62103	−0.09774	−0.51165	−1.02920
8				0.76389	**0.04512**	−0.36880	−0.88635
9				0.88889	0.17012	−0.24380	−0.76135
10				1.00000	0.28123	−0.13269	−0.65024
11					0.38123	−0.03269	−0.55024
12					0.47214	**0.05822**	−0.45933
13					0.55547	0.14156	−0.37599
14					0.63239	0.21848	−0.29907
15					0.70382	0.28991	−0.22764
16					0.77049	0.35658	−0.16098
17					0.83299	0.41908	−0.09848
18					0.89181	0.47790	−0.03965
19					0.94737	0.53345	**0.01590**
20					1.00000	0.58609	0.068534

太字は H_i が負から正に変わる直後であり，対応する i が最適閾値 r^* である．

$$V_{r^*-1} = \max\left\{ \frac{r^*-1}{n}, \sum_{j=r^*}^{n} \frac{r^*-1}{j(j-1)} \cdot \frac{j}{n} \right\}$$

$$= \frac{r^*-1}{n} \max\left\{ 1, \sum_{j=r^*-1}^{n-1} \frac{1}{j} \right\} = \frac{r^*-1}{n} \sum_{j=r^*-1}^{n-1} \frac{1}{j} \qquad (2.9)$$

である．V_{r^*-1} は式 (2.5) に示されている $P(r^*; n)$ と一致する．このことは表 2.2 と表 2.4 の比較でも確認できる．この r^* を用いて，漸化式 (2.7) の解は

$$V_i = \begin{cases} V_{r^*-1} & 1 \leq i \leq r^*-1, \\ \dfrac{i}{n} & r^* \leq i \leq n \end{cases}$$

で与えられる．

2.3　One-Stage Look-Ahead 最適停止規則

　本節では，古典的秘書問題を最適停止問題として定式化し，その解法である "one-stage look-ahead rule"（OLA 停止規則）により，ベストの応募者を採用する確率を最大にする最適方策を導く．古典的秘書問題では，応募者数 n を有限と仮定しているので，停止するまでの時間は有限である．このような問題は**有限継続時間** (finite horizon) をもつと言われる．

　有限継続時間をもつ Markov 過程に対する OLA 停止規則を Ross (1970, pp.134–139) に従って説明しよう．この説明で気をつけることは，時刻を示すパラメタ t は，$t = 0$ を停止時刻とし，実際に時刻が進む方向とは逆方向に考えて，停止が起こるまでに残された時間に取ることである（図 2.2）．このように停止時刻から時刻を 1 期ずつ遡り，各期において停止する場合と継続する場合の**期待利得**を比較して，過程の運用目的に適う方の行動を選んでいく方法を**後向きの反復計算法** (backward recursion) と呼ぶ．継続時間が有限であるから，後向きの計算法が可能となる．

　離散的状態空間 $\mathcal{S} := \{0, 1, 2, \ldots\}$（可算無限であってもよい）をもち，状態 i から状態 j への推移確率 P_{ij} が定義されている離散時間 Markov 過程を考える．各状態 $i \in \mathcal{S}$ について，そこで停止するときに得られる利得 $R(i)$ と，継続する場合に次の状態に移るための費用 $C(i)$ が与えられている．集合 $\{R(i); i \in \mathcal{S}\}$ は上に有界であり，集合 $\{C(i); i \in \mathcal{S}\}$ の下限は 0 であると仮定する．

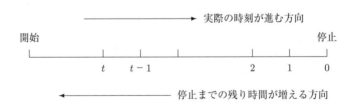

図 **2.2**　最適停止問題における停止までの残り時間 t.

$$\sup_{i \in \mathcal{S}} R(i) < \infty \quad ; \quad \inf_{i \in \mathcal{S}} C(i) \geq 0. \qquad (2.10)$$

時刻 t において（停止までの時間が t であるときに）状態 i にある Markov 過程が，各時刻での最適方策により，時刻 0 で停止するときの利得の期待値，すなわち，期待利得を $V_t(i)$ と表す．このとき，

(i) 停止する場合の停止時刻における状態が i であるときの利得は $R(i)$ である．

(ii) 停止しない場合には，次の時刻において状態は確率 P_{ij} で j になり，このとき，費用 $C(i)$ が発生して，時刻 0 で停止するときの期待利得は $V_{t-1}(j)$ となる．

Markov 決定過程においては，(i) の場合の利得 $R(i)$ と，(ii) の場合の期待利得 $-C(i) + \sum_{j \in \mathcal{S}} P_{ij} V_{t-1}(j)$ を比較して，大きい方を選択する二者択一行動を取る．この行動は，$t = 0, 1, 2, \ldots$ に対する漸化式

$$V_0(i) = R(i) \quad ; \quad V_t(i) = \max \left\{ R(i), -C(i) + \sum_{j \in \mathcal{S}} P_{ij} V_{t-1}(j) \right\} \quad i \in \mathcal{S}$$
$$(2.11)$$

で表される．式 (2.11) は**最適性方程式** (optimality equation) と呼ばれる．さらに，**Bellman の最適性原理** (Bellman's principle of optimality) により[*5]，各時刻 t に対する式 (2.11) の解が全過程に対する最適方策を与えることになる．

数列 $\{V_t(i); t = 0, 1, 2, \ldots\}$ は，過程が継続する限り，t に関して広義の単調増加である．もし単調増加数列 $\{V_t(i); t = 0, 1, 2, \ldots\}$ に上限

$$V(i) = \lim_{t \to \infty} V_t(i) \quad i \in \mathcal{S}$$

が存在すれば，この Markov 過程は**安定** (stable) であると言われ，方程式

$$V(i) = \max \left\{ R(i), -C(i) + \sum_{j \in \mathcal{S}} P_{ij} V(j) \right\} \quad i \in \mathcal{S} \qquad (2.12)$$

[*5] Richard Ernest Bellman (1920–1984) はアメリカの応用数学者．Bellman の最適性原理とは「ある方策が最適ならば，その部分方策は，対応する部分問題に対して，やはり最適になっている」という性質を言う．これを最適停止問題に適用すると，全期間にわたる最適選択のためには，「各時刻において，それまでの期間の最適選択の（詳細な履歴は問わず）結果のみに基づき，その時刻における最適選択をすればよい」ということになる．

が上限 $V(i)$ を与える．従って，$i \in \mathcal{S}$ に対して，次の不等式が成り立つ．

$$V_t(i) \leq V_{t+1}(i) \leq V(i) \qquad t = 0, 1, 2, \ldots$$

もし $R(i)$ の集合と $C(i)$ の集合が式 (2.10) を満たせば，Markov 過程は安定であることが証明される (Ross, 1970, p.136)．

　次に，ある状態において，その状態で停止する方が次に進むよりも期待利得が大きくなるか又は同じであるような状態の集合

$$\mathcal{B} := \left\{ i \in \mathcal{S} : R(i) \geq -C(i) + \sum_{j \in \mathcal{S}} P_{ij} R(j) \right\}$$

を定義する．一般に，もし集合 $\mathcal{B}$ に属する全ての状態 $i \in \mathcal{B}$ から $\mathcal{B}$ に属さないどの状態 $j \notin \mathcal{B}$ にも推移する確率が 0 $(P_{ij} = 0)$ であるならば，集合 $\mathcal{B}$ は閉じている (closed) と言われる．

　最適停止問題に対する二者択一の最適方策は次の定理により与えられる (Ross, 1970, p.137)．

安定な Markov 過程における最適停止方策は，閉じた集合 $\mathcal{B}$ に属する状態で停止し，$\mathcal{B}$ に属さない状態では次の状態に進むことである．

　この定理の証明は，各時刻 t について，$i \in \mathcal{B}$ に対してのみ $V_t(i) = R(i)$ が成り立つことを示せばよい．このことを t に関する数学的帰納法で証明する．まず，$t = 0$ については，$i \in \mathcal{S}$ に対して $V_0(i) = R(i)$ が式 (2.11) にある．次に，$t-1$ について，$j \in \mathcal{B}$ に対して $V_{t-1}(j) = R(j)$ が成り立つと仮定すれば，$i \in \mathcal{B}$ に対して，最適性方程式 (2.11) と集合 $\mathcal{B}$ の定義により，

$$V_t(i) = \max \left\{ R(i), -C(i) + \sum_{j \in \mathcal{S}} P_{ij} V_{t-1}(j) \right\}$$

$$= \max \left\{ R(i), -C(i) + \sum_{j \in \mathcal{B}} P_{ij} V_{t-1}(j) \right\}$$

$$= \max \left\{ R(i), -C(i) + \sum_{j \in \mathcal{B}} P_{ij} R(j) \right\} = R(i)$$

となる．従って，数学的帰納法により，全ての t について $V_t(i) = R(i)$ が証明された．ここで $t \to \infty$ を考えると，Markov 過程が安定であれば，極限 $V(i) = \lim_{t \to \infty} V_t(i)$ が存在し，$V(i) = R(i)$ が成り立つ．一方，$\mathcal{B}$ の定義により，$i \notin \mathcal{B}$ からは次の状態に進む方が期待利得が $R(i)$ よりも大きくなる．

$$-C(i) + \sum_{j \in \mathcal{S}} P_{ij} R(j) > R(i) \qquad i \notin \mathcal{B}.$$

よって，状態 $i \in \mathcal{S}$ において，停止か継続かを判断する二者択一規則

$$V(i) = R(i) : 停止 \quad i \in \mathcal{B} \quad ; \quad V(i) > R(i) : 継続 \quad i \notin \mathcal{B}$$

が得られる．証明終り．

　この定理で定義された最適方策は，直前（実時間では直後）の状態における期待利益から停止するか継続するかを判断する方法であるので，**one-stage look-ahead rule（OLA 停止規則）** と呼ばれる．最適方策を得るために，最適性方程式 (2.11) の解 $V_t(i)$ を明示的に求める必要はない．

　以下では，n 人の応募者がある古典的秘書問題を OLA 停止規則として定式化する．2 通りの Markov 決定過程が考えられる．

(1)「候補者の面接番号」を状態とする Markov 決定過程

　この離散時間 Markov 過程では，離散的時刻パラメタ t を候補者の出現順序を最後から逆向きに数えた番号とする．すなわち，最後の候補者を $t = 0$，その前の候補者を $t = 1$，最後から 3 人目の候補者を $t = 2$ のように番号を付ける．従って，隣接する離散的時刻パラメタの間（例えば，最後の候補者とその前の候補者との間に現れる応募者たち）には，何人かの応募者の面接が行われ，候補者間の間隔は一定ではないことに注意する．

　候補者の面接番号を状態とし，状態空間を $\{1, 2, \ldots, n, \infty\}$ と表し，∞ は候補者がいない状態を表すものとする．このとき，各状態における停止の場合の利得と状態推移確率は次のように与えられる．面接の継続に必要な費用は発生しないと仮定する．

　この Markov 決定過程 $\{V_t(i)\}$ は以下の要素で構成される．

$$R(i) = \frac{i}{n} \quad 1 \leq i \leq n \quad ; \quad R(\infty) = 0,$$

$$P_{ij} = \frac{i}{j(j-1)} \quad i+1 \leq j \leq n \quad ; \quad P_{i\infty} = \frac{i}{n} \quad 1 \leq i \leq n-1,$$

$$P_{nn} = P_{\infty\infty} = 1 \quad ; \quad P_{nj} = P_{\infty j} = 0 \quad 1 \leq j \leq n-1.$$

時刻 t における状態が i である（最後から t 番目の候補者の面接番号が i である）ときの期待利得（ベストが採用される確率）$V_t(i)$ は，候補者である i 番目の応募者がベストである確率 $R(i) = i/n$ と，この応募者の採用を見送る場合の期待利益 $\sum_{j=i+1}^n P_{ij} V_{t-1}(j)$ とを比べ，その大きい方に等しい（$t = 1, 2, \dots$）．従って，$V_t(i)$ に対する最適性方程式は

$$V_0(i) = \frac{i}{n} \quad ; \quad V_t(i) = \max \left\{ \frac{i}{n}, \sum_{j=i+1}^n \frac{i}{j(j-1)} V_{t-1}(j) \right\} \qquad 1 \leq i \leq n$$

で与えられる．この漸化式から，$\{V_0(i)\}$ を初期条件として，$\{V_1(i)\}, \{V_2(i)\},$ $\dots$ の順に逐次的に求めることができ，$V(i) := V_n(i), 1 \leq i \leq n,$ が得られる．$\{V(i); 1 \leq i \leq n\}$ は漸化式

$$V(n) = 1 \quad ; \quad V(i) = \max \left\{ \frac{i}{n}, \sum_{j=i+1}^n \frac{i}{j(j-1)} V(j) \right\} \qquad 1 \leq i \leq n-1$$

を満たす．これは式 (2.7) と同じ形になっている．

この Markov 決定過程において，採用すべき候補者の面接番号の集合は

$$\mathcal{B} := \left\{ i \geq 1 : \frac{i}{n} \geq \sum_{j=i+1}^n \frac{i}{j(j-1)} \cdot \frac{j}{n} \right\} = \left\{ i \geq 1 : \sum_{j=i}^{n-1} \frac{1}{j} \leq 1 \right\}$$

$$= \{r^*, r^*+1, r^*+2, \dots, n\},$$

$$r^* := \min\{i \geq 1 : R(i) \geq V(i)\} = \min \left\{ i \geq 1 : \sum_{j=i}^{n-1} \frac{1}{j} \leq 1 \right\}$$

である．$j \geq i+1$ に対して，推移確率は $P_{ij} > 0$ であるから，$i \in \mathcal{B}$ なら $j \in \mathcal{B}$ である．従って，集合 $\mathcal{B}$ は閉じている．よって，二者択一の最適方策が存在し，$\mathcal{B}$ の定義から，最適方策は「r^* 番目以降の面接において最初

表 2.6 古典的秘書問題に対する候補者の面接番号を状態とする Markov 決定過程の成功確率 $\{V_t(i); t = 0, 1, 2, \dots\}$ と $\{V(i)\}$ ($n = 10$).

i	$R(i)$	$V_0(i)$	$V_1(i)$	$V_2(i)$	$V_3(i)$	$V_4(i)$	$V(i)$
1	$\frac{1}{10}$	$\frac{1}{10}$	$\frac{7129}{25200}$	$\frac{3853}{10080}$	$\frac{3349}{8400}$	$\frac{3349}{8400}$	0.39869
2	$\frac{2}{10}$	$\frac{2}{10}$	$\frac{4609}{12600}$	$\frac{3349}{8400}$	$\frac{3349}{8400}$	$\frac{3349}{8400}$	0.39869
3	$\frac{3}{10}$	$\frac{3}{10}$	$\frac{3349}{8400}$	$\frac{3349}{8400}$	$\frac{3349}{8400}$	$\frac{3349}{8400}$	**0.39869**
4	$\frac{4}{10}$	$\frac{4}{10}$	$\frac{4}{10}$	$\frac{4}{10}$	$\frac{4}{10}$	$\frac{4}{10}$	*0.40000*
5	$\frac{5}{10}$	$\frac{5}{10}$	$\frac{5}{10}$	$\frac{5}{10}$	$\frac{5}{10}$	$\frac{5}{10}$	*0.50000*
6	$\frac{6}{10}$	$\frac{6}{10}$	$\frac{6}{10}$	$\frac{6}{10}$	$\frac{6}{10}$	$\frac{6}{10}$	*0.60000*
7	$\frac{7}{10}$	$\frac{7}{10}$	$\frac{7}{10}$	$\frac{7}{10}$	$\frac{7}{10}$	$\frac{7}{10}$	*0.70000*
8	$\frac{8}{10}$	$\frac{8}{10}$	$\frac{8}{10}$	$\frac{8}{10}$	$\frac{8}{10}$	$\frac{8}{10}$	*0.80000*
9	$\frac{9}{10}$	$\frac{9}{10}$	$\frac{9}{10}$	$\frac{9}{10}$	$\frac{9}{10}$	$\frac{9}{10}$	*0.90000*
10	1	1	1	1	1	1	*1.00000*

$V(i)$ 欄の斜字は $R(i) \geq V(i)$ である $V(i)$. 対応する状態 i の集合が $\mathcal{B} = \{4, 5, 6, 7, 8, 9, 10\}$ であり，その最小値が最適閾値 $r^* = 4$ である．$V(i)$ 欄の太字が最大の成功確率 $V(r^* - 1)$ である．

に現れる候補者を採用する」という閾値規則になる．

$n = 10$ の場合に，この Markov 決定過程に対する $\{V_t(i); t = 0, 1, 2, \dots\}$ と $\{V(i)\}$ の計算例を表 2.6 に示す．最適閾値 r^* は $R(i) \geq V(i)$ であるような最小の i として得られる．$V(r^* - 1)$ が最大の成功確率である．

(2) 「応募者の相対順位」を状態とする Markov 決定過程

この離散時間 Markov 過程では，時刻パラメタ t を応募者の面接順序を表す番号とする（実時間の進行方向に沿って $t = 1, 2, \dots, n$ と数えるので，上述の (1) 及び一般理論の説明とは時間の進行方向が逆であることに注意する）．各応募者の相対順位を状態とし，状態空間を $\{1, 2, \dots, n\}$ と表す．時刻 t において状態 i で停止するときの期待利得 $V_t(i)$ は，もし $i = 1$ なら応募者は候補者であり，この人がベストとなる確率は t/n である．この人を採用しなければ，時刻 $t+1$ における状態は（時刻 t における状態には関係なく）確率 $1/(t+1)$ で j となり，期待利得は $V_{t+1}(j)$ となる ($1 \leq j \leq t+1$).時刻 t において面接する応募者が候補者でなければ ($i \neq 1$)，この人がベストであることはない．従って，$V_t(i)$ に対する最適性方程式は

$$V_n(1) = 1 \quad ; \quad V_t(1) = \max\left\{ \frac{t}{n}, \frac{1}{t+1}\sum_{j=1}^{t+1} V_{t+1}(j) \right\} \quad 1 \le t \le n-1,$$

$$V_n(i) = 0 \quad ; \quad V_t(i) = \frac{1}{t+1}\sum_{j=1}^{t+1} V_{t+1}(j) \quad 2 \le i \le n, 1 \le t \le n-1$$

$$(2.13)$$

で与えられる．この連立方程式は，$\{V_n(i)\}$ を初期値として，$\{V_{n-1}(i)\}$, $\{V_{n-2}(i)\}$, ..., $\{V_2(i)\}$, $\{V_1(i)\}$ の順に逐次的に解き，全ての $\{V_t(i); 1 \le t \le n, 1 \le i \le t\}$ を求めることができる．ここで，

$$V_t := \frac{1}{t}\sum_{i=1}^{t} V_t(i) \qquad 1 \le t \le n$$

を定義すれば，上の連立方程式は

$$V_t(1) = \max\left\{ \frac{t}{n}, V_{t+1} \right\} \quad ; \quad V_t(i) = V_{t+1} \quad 2 \le i \le n, 1 \le t \le n-1$$

と書くことができるので，$\{V_t; 1 \le t \le n\}$ に対する漸化式

$$V_n = \frac{1}{n} \quad ; \quad V_t = V_{t+1} + \frac{1}{t}\max\left\{ 0, \frac{t}{n} - V_{t+1} \right\} \qquad 1 \le t \le n-1$$

が得られる．$r^* \le t \le n$ である限り，V_t は t の減少関数である．

$$V_t \ge V_{t+1} \qquad r^* \le t \le n-1.$$

具体的な解は

$$V_{n-1} = \frac{2n-3}{n(n-1)} = \frac{n-2}{n}\left(\frac{1}{n-2} + \frac{1}{n-1} \right),$$

$$V_{n-2} = \frac{3n^2 - 12n + 11}{n(n-1)(n-2)} = \frac{n-3}{n}\left(\frac{1}{n-3} + \frac{1}{n-2} + \frac{1}{n-1} \right),$$

$$V_{n-3} = \frac{4n^3 - 30n^2 + 70n - 50}{n(n-1)(n-2)(n-3)}$$

$$= \frac{n-4}{n}\left(\frac{1}{n-4} + \frac{1}{n-3} + \frac{1}{n-2} + \frac{1}{n-1} \right)$$

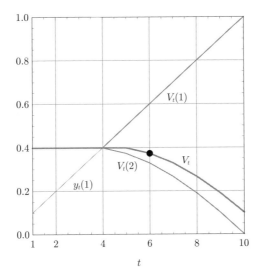

図 2.3 古典的秘書問題に対する $y_t(1) = t/n$ と期待利得 $V_t, V_t(1), (n = 10)$. ● は最適閾値.

等となり，一般に，

$$
V_t = \begin{cases} \dfrac{t-1}{n} \displaystyle\sum_{i=t-1}^{n-1} \dfrac{1}{i} = P(t;n) & r^* \le t \le n, \\[4mm] V_{r^*} & 1 \le t \le r^* - 1 \end{cases}
$$

で与えられる．$P(t;n)$ は式 (2.3) に与えられている．ここで，

$$
r^* = \min\left\{ t \ge 1 : \dfrac{t}{n} \ge V_{t+1} \right\} = \min\left\{ t \ge 1 : \sum_{i=t}^{n-1} \dfrac{1}{i} \le 1 \right\}
$$

であり，ベストの応募者が採用される確率は

$$
V_{r^*} = \dfrac{r^* - 1}{n} \sum_{i=r^*-1}^{n-1} \dfrac{1}{i}
$$

となる（この式の V_t と式 (2.9) の V_i は定義が異なることに注意する）．
$n = 10$ の場合に，$y_t(1) = t/n$ と期待利得 $V_t, V_t(1), V_t(2)$ を図 2.3 に示す．
また，$n = 5$ と $n = 10$ の場合に，$\{V_t(i); 1 \le i \le n\}$ 及び V_t を表 2.7 に示す．

表 **2.7** 古典的秘書問題に対する応募者の相対順位を状態とする **Markov** 決定過程の期待利得 $\{V_t(i); 1 \le i \le n\}$ と V_t. t は面接番号, i は相対順位.

(a) $n = 5$

t	$V_t(1)$	$V_t(2)$	$V_t(3)$	$V_t(4)$	$V_t(5)$	V_t
5	1	0	0	0	0	0.20000
4	$\frac{4}{5}$	$\frac{1}{5}$	$\frac{1}{5}$	$\frac{1}{5}$		0.35000
3^*	$\frac{3}{5}$	$\frac{7}{20}$	$\frac{7}{20}$			**0.43333**
2	$\frac{13}{30}$	$\frac{13}{30}$				0.43333
1	$\frac{13}{30}$					0.43333

(b) $n = 10$

t	$V_t(1)$	$V_t(2)$	$V_t(3)$	$V_t(4)$	$V_t(5)$	$V_t(6)$	$V_t(7)$	$V_t(8)$	$V_t(9)$	$V_t(10)$	V_t
10	1	0	0	0	0	0	0	0	0	0	0.10000
9	$\frac{9}{10}$	$\frac{1}{10}$	$\frac{1}{10}$	$\frac{1}{10}$	$\frac{1}{10}$	$\frac{1}{10}$	$\frac{1}{10}$	$\frac{1}{10}$	$\frac{1}{10}$		0.18889
8	$\frac{4}{5}$	$\frac{17}{90}$	$\frac{17}{90}$	$\frac{17}{90}$	$\frac{17}{90}$	$\frac{17}{90}$	$\frac{17}{90}$				0.26528
7	$\frac{7}{10}$	$\frac{191}{720}$	$\frac{191}{720}$	$\frac{191}{720}$	$\frac{191}{720}$	$\frac{191}{720}$	$\frac{191}{720}$				0.32738
6	$\frac{3}{5}$	$\frac{55}{168}$	$\frac{55}{168}$	$\frac{55}{168}$	$\frac{55}{168}$	$\frac{55}{168}$					0.37282
5	$\frac{1}{2}$	$\frac{1879}{5040}$	$\frac{1879}{5040}$	$\frac{1879}{5040}$	$\frac{1879}{5040}$						0.39825
4^*	$\frac{2}{5}$	$\frac{2509}{6300}$	$\frac{2509}{6300}$	$\frac{2509}{6300}$							**0.39869**
3	$\frac{3349}{8400}$	$\frac{3349}{8400}$	$\frac{3349}{8400}$								0.39869
2	$\frac{3349}{8400}$	$\frac{3349}{8400}$									0.39869
1	$\frac{3349}{8400}$										0.39869

太字は V_t の最大値. これに対応する t が最適閾値 r^* である.

2.4 期待効用最大化法

Lindley (1961) は, 古典的秘書問題を含むいろいろな問題に適用可能な期待効用最大化問題を定式化した. 本節では, 一般的な枠組みを示した後で, 最良選択問題である古典的秘書問題に応用する. 他の応用はそれぞれの章で示す. Ferguson (1992b) 及び穴太 (2000, pp.83–85) にも解説がある.

n 人の応募者に対し, t 番目の応募者の相対順位が i であるとき, この応募者の絶対順位が k である確率は**超幾何分布** (hypergeometric distribution)

$$P_t(k \mid i) = \frac{\binom{k-1}{i-1}\binom{n-k}{t-i}}{\binom{n}{t}} \qquad i \leq k \leq n-t+i, 1 \leq i \leq t \leq n,$$

$$\sum_{k=i}^{n-t+1} P_t(k \mid i) = 1 \qquad 1 \leq i \leq t \leq n \tag{2.14}$$

で与えられる．これは n 人の応募者の中から t 番目の応募者までの t 人を選ぶ
とき，絶対順位が $k-1$ 以上の $k-1$ 人の中から相対順位が $i-1$ 以上の $i-1$
人が選ばれ，絶対順位が $k+1$ 以下の $n-k$ 人の中から相対順位が $i+1$ 以下の
$t-i$ 人が選ばれる確率である（図 2.4）．

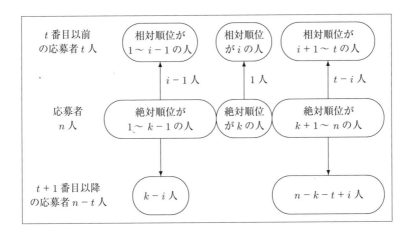

図 2.4　超幾何分布 $P_t(k \mid i)$ の構成．

本書では，以下のような場合が現れる．

(1) t 番目の応募者が相対的ベストであるとき，絶対順位が k (≥ 1) である確率

$$P_t(k \mid 1) = \binom{n-k}{t-1} \bigg/ \binom{n}{t} = \frac{t(n-t)!}{(n-t-k+1)!} \bigg/ \frac{n!}{(n-k)!}$$

$$= \frac{t(n-t)(n-t-1)(n-t-2)\cdots(n-t-k+2)}{n(n-1)(n-2)\cdots(n-k+1)}.$$

(1-i) 絶対的ベストである確率

$$P_t(1 \mid 1) = \frac{t}{n}.$$

(1-ii) 絶対的セカンドベストである確率

$$P_t(2 \mid 1) = \frac{t(n-t)}{n(n-1)}.$$

(1-iii) 絶対的サードベストである確率

$$P_t(3 \mid 1) = \frac{t(n-t)(n-t-1)}{n(n-1)(n-2)}.$$

(2) t 番目の応募者が相対的セカンドベストであるとき，絶対順位が k (≥ 2) である確率

$$P_t(k \mid 2) = (k-1)\binom{n-k}{t-2} \bigg/ \binom{n}{t} = \frac{(k-1)t(t-1)(n-t)!}{(n-t-k+2)!} \bigg/ \frac{n!}{(n-k)!}$$

$$= \frac{(k-1)t(t-1)(n-t)(n-t-1)(n-t-2)\cdots(n-t-k+3)}{n(n-1)(n-2)\cdots(n-k+1)}.$$

(2-ii) 絶対的セカンドベストである確率

$$P_t(2 \mid 2) = \frac{t(t-1)}{n(n-1)}.$$

(2-iii) 絶対的サードベストである確率

$$P_t(3 \mid 2) = \frac{2t(t-1)(n-t)}{n(n-1)(n-2)}.$$

(3) t 番目の応募者が相対的サードベストであるとき，絶対順位が k (≥ 3) である確率

$$P_t(k \mid 3) = \binom{k-1}{2}\binom{n-k}{t-3} \bigg/ \binom{n}{t}$$

$$= \frac{(k-1)(k-2)t(t-1)(t-2)(n-t)!}{2(n-t-k+3)!} \bigg/ \frac{n!}{(n-k)!}$$

$$= \frac{\begin{array}{c}(k-1)(k-2)t(t-1)(t-2) \\ \times (n-t)(n-t-1)(n-t-2)\cdots(n-t-k+4)\end{array}}{2n(n-1)(n-2)\cdots(n-k+1)}.$$

(3-iii) 絶対的サードベストである確率

$$P_t(3 \mid 3) = \frac{t(t-1)(t-2)}{n(n-1)(n-2)}.$$

n 人の応募者に対し，絶対順位が k である応募者を採用する場合の枠組みとして，**効用関数** (utility function) $U(k)$ を付す定式化が考えられる $(1 \leq k \leq n)$[*6]. 応募者は絶対順位が小さいほど価値があると想定する場合は，効用関数 $U(k)$ は k に関して単調非増加とする：$U(1) \geq U(2) \geq \cdots \geq U(n)$.

秘書問題では，次のような場合が取り上げられる．

- $U(1) = 1, U(2) = U(3) = \cdots = U(n) = 0$：絶対順位が 1 位の応募者を採用する最良選択問題．これは古典的秘書問題に相当する．
- $U(1) = 0, U(2) = 1, U(3) = \cdots = U(n) = 0$（この場合は $U(k)$ は k の単調減少関数ではない）：絶対順位が 2 位の応募者（**セカンドベスト** (second best) と言う）を採用する秘書問題（4.1 節）．
- $U(1) = U(2) = 1, U(3) = U(4) = \cdots = U(n) = 0$：ベスト又はセカンドベストを採用する秘書問題（5.1 節）．
- $U(k) = n - k \ (1 \leq k \leq n)$：採用する人の絶対順位の期待値を最小化する秘書問題（8.1 節）．

それぞれの場合において，t 番目の応募者の相対順位が i であるとき，この応募者を採用するときの効用の期待値（以下で，**期待効用**と言う）は

$$y_t(i) = \sum_{k=i}^{n-t+i} U(k)P_t(k \mid i) \qquad 1 \leq i \leq t \leq n$$

で与えられる．ここで，超幾何分布に関する等式

$$P_t(k \mid i) = \frac{i}{t+1}P_{t+1}(k \mid i+1) + \left(1 - \frac{i}{t+1}\right)P_{t+1}(k \mid i)$$

を用いると，後向き反復計算に使える漸化式

$$y_n(i) = U(i) \qquad 1 \leq i \leq n,$$
$$y_t(i) = \frac{i}{t+1}y_{t+1}(i+1) + \left(1 - \frac{i}{t+1}\right)y_{t+1}(i) \qquad 1 \leq i \leq t \leq n-1$$

[*6] $U(k)$ は**利得関数** (payoff function) とも呼ばれる.

が成り立つことが分かる.

効用関数 $U(k)$ が k に関して単調減少であるとき,期待効用 $\{y_t(i); 1 \leq i \leq t \leq n\}$ は i に関して減少関数であり,t に関して増加関数である.

$$\text{(i)} \quad y_t(i) \geq y_t(i+1), \qquad \text{(ii)} \quad y_t(i) \leq y_{t+1}(i).$$

（証明）(i) を t についての逆向きの帰納法で証明する.まず,$y_n(i) = U(i) \geq U(i+1) = y_n(i+1)$ であるから,$t = n$ について成り立つ.もし $t+1$ について成り立つとすれば,

$$
\begin{aligned}
y_t(i+1) &= \frac{i+1}{t+1}y_{t+1}(i+2) + \left(1 - \frac{i+1}{t+1}\right)y_{t+1}(i+1) \\
&= \frac{i}{t+1}y_{t+1}(i+2) + \left(1 - \frac{i}{t+1}\right)y_{t+1}(i+1) \\
&\quad + \frac{1}{t+1}\left[y_{t+1}(i+2) - y_{t+1}(i+1)\right] \\
&\leq \frac{i}{t+1}y_{t+1}(i+2) + \left(1 - \frac{i}{t+1}\right)y_{t+1}(i+1) \\
&\leq \frac{i}{t+1}y_{t+1}(i+1) + \left(1 - \frac{i}{t+1}\right)y_{t+1}(i) = y_t(i)
\end{aligned}
$$

であるから,t についても成り立つ.よって,全ての $1 \leq t \leq n$ について成り立つ.(ii) の証明は,(i) を用いて,

$$
\begin{aligned}
y_t(i) &= \frac{i}{t+1}y_{t+1}(i+1) + \left(1 - \frac{i}{t+1}\right)y_{t+1}(i) \\
&\leq \frac{i}{t+1}y_{t+1}(i) + \left(1 - \frac{i}{t+1}\right)y_{t+1}(i) = y_{t+1}(i)
\end{aligned}
$$

である.証明終り.

t 番目の応募者の相対順位が i であるときの最大期待効用を $V_t(i)$ とすると,期待効用を最大化する最適停止問題に対する最適性方程式は

$$
\begin{aligned}
&V_n(i) = y_n(i) = U(i) \qquad 1 \leq i \leq n, \\
&V_t(i) = \max\left\{y_t(i), \frac{1}{t+1}\sum_{j=1}^{t+1}V_{t+1}(j)\right\} \qquad 1 \leq i \leq t \leq n-1 \quad (2.15)
\end{aligned}
$$

となる．これを $t = n-1, n-2, \ldots, 2, 1$ の順に計算することで，全ての $1 \leq t \leq n$ について $\{V_t(i); 1 \leq i \leq t\}$ が得られる．

その上で，最適停止方策は「t 番目の応募者の相対順位 i が

$$y_t(i) \geq \frac{1}{t+1} \sum_{j=1}^{t+1} V_{t+1}(j) := V_{t+1} \qquad 1 \leq t \leq n-1$$

を満たせば，この応募者を採用して，採用活動を停止する」ということになる．

相対順位 i の応募者を採用する最適閾値を

$$r_i^* := \min \{t \geq 1 : y_t(i) \geq V_{t+1}\}$$

とする．これは

$$y_t(i) < V_{t+1} \quad 1 \leq t \leq r_i^* - 1 \quad ; \quad y_t(i) \geq V_{t+1} \quad r_i^* \leq t \leq n$$

のことである．このとき，以下の事実が分かる（図 2.5）．

(i) $\cdots \geq y_{r_i^*}(i-2) \geq y_{r_i^*}(i-1) \geq y_{r_i^*}(i) \geq V_{r_i^*+1}$ であるから，$t = r_i^*$ 番目の応募者は相対順位が i 以上なら採用するのが最適である．

(ii) $\cdots \geq y_{r_i^*+2}(i) \geq y_{r_i^*+1}(i) \geq y_{r_i^*}(i) \geq V_{r_i^*+1}$ であるから，$t = r_i^*$ 番目以降の応募者は相対順位が i なら採用するのが最適である．

この事実により，閾値規則が最適方策となることが保証される (穴太, 2000, p.84), (Ferguson, 1992b)．

例えば，古典的秘書問題では，$U(1) = 1, U(2) = U(3) = \cdots = U(n) = 0$ であるから，

$$y_t(1) = \sum_{k=1}^{n-t+1} U(k) P_t(k \mid 1) = U(1) P_t(1 \mid 1) = \frac{t}{n} \qquad 1 \leq t \leq n,$$
$$y_t(i) = 0 \qquad 2 \leq i \leq t \leq n$$

により，

$$V_n(1) = U(1) = 1 \quad ; \quad V_n(i) = U(i) = 0 \qquad 2 \leq i \leq n$$

である．従って，最適性方程式 (2.15) は

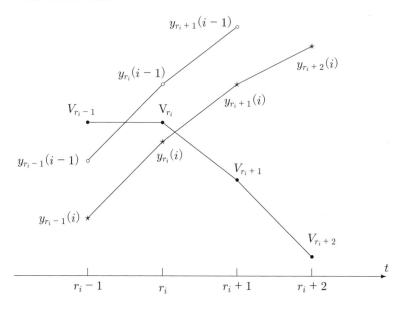

図 2.5 最適閾値 $t = r_i$ の近傍における期待効用 $y_t(i)$ とその最大値 V_{r_i}.

$$V_n(1) = 1 \quad ; \quad V_t(1) = \max\left\{\frac{t}{n}, \frac{1}{t+1}\sum_{j=1}^{t+1}V_{t+1}(j)\right\} \quad 1 \le t \le n-1,$$

$$V_n(i) = 0 \quad ; \quad V_t(i) = \frac{1}{t+1}\sum_{j=1}^{t+1}V_{t+1}(j) \quad 2 \le i \le n, 1 \le t \le n-1$$

となる．これは古典的秘書問題に対する「応募者の相対順位」を状態とする Markov 決定過程の最適性方程式 (2.13) と同じである．

2.5　順序統計

　古典的秘書問題において，過去に面接した全ての応募者よりも適性が高い相対的ベストの応募者の出現は，競技等において**新記録** (record) が出る状況に類似している．そこで，新記録が出る過程を取り扱う**順序統計** (order statistics) の

方法を用いて，古典的秘書問題における相対的ベストの現れ方を考察すること
ができる (Bruss, 1988; Arnold et al., 1998, p.22, p.254; 穴太, 2000, p.155).

一連の記録 $Y_1, Y_2, \ldots,$ を既知の連続型確率分布から引き出される独立で同一
の分布に従う乱数の列とする．秘書問題では，これらの乱数は応募者の適性に
相当する．Y_t が Y_{t-1} 以前に現れる全ての乱数よりも大きければ（すなわち，新
記録であれば）1 の値を取り，そうでなければ 0 の値を取る離散型確率変数を
I_t とする．

$$I_1 = 1 \quad ; \quad I_t := \begin{cases} 1 & Y_t > \max\{Y_1, Y_2, \ldots Y_{t-1}\} \text{ のとき,} \\ 0 & \text{それ以外のとき} \end{cases} \quad t = 2, 3, \ldots.$$

順序統計では，確率変数 I_t を **新記録定義変数** (record indicator variable) と呼ぶ．
古典的秘書問題では，$I_t = 1$ は t 番目の応募者が相対的ベストであることを意
味する．

一般性を失うことなく，各乱数 Y_t は独立に区間 $[0, 1]$ 上の連続型一様分布に
従うと仮定する．このとき，

$$P\{I_t = 1\} = P\{Y_t \text{が相対的ベスト}\} = \frac{1}{t} \quad ; \quad P\{I_t = 0\} = 1 - \frac{1}{t}$$

であるから，I_t は **Bernoulli 分布** (Bernoulli distribution) に従う離散型確率変
数である．I_t の平均と分散は

$$E[I_t] = E[(I_t)^2] = \frac{1}{t} \quad ; \quad \text{Var}[I_t] = E[(I_t)^2] - (E[I_t])^2 = \frac{1}{t}\left(1 - \frac{1}{t}\right)$$

で与えられる．

任意の自然数 k について，k 個の新記録定義変数 $\{I_{t_1}, I_{t_2}, \ldots, I_{t_k}\}$ の結合分
布は

$$P\{I_{t_1} = 1, I_{t_2} = 1, \ldots, I_{t_k} = 1\}$$
$$= \iint \cdots \int_{0 \le y_1 < y_2 < \cdots < y_k \le 1} P\{I_{t_1} = 1, I_{t_2} = 1, \ldots, I_{t_k} = 1$$
$$\mid Y_{t_1} = y_1, Y_{t_2} = y_2, \ldots, Y_{t_k} = y_k\} dy_1 dy_2 \cdots dy_k$$

$$= \iint \cdots \int_{0 \leq y_1 < y_2 < \cdots < y_k \leq 1} y_1^{t_1-1} y_2^{t_2-t_1-1} \cdots y_k^{t_k-t_{k-1}-1} dy_1 dy_2 \cdots dy_k$$

$$= \int_0^1 y_1^{t_1-1} dy_1 \int_{y_1}^1 y_2^{t_2-t_1-1} dy_2 \cdots \int_{y_{k-1}}^1 y_k^{t_k-t_{k-1}-1} dy_k$$

$$= \frac{1}{t_1} \cdot \frac{1}{t_2} \cdots \frac{1}{t_k} \qquad 1 \leq t_1 < t_2 < \cdots < t_k$$

である (Arnold et al., 1998, p.23; 穴太, 2000, p.158). この結果からも，確率変数 $\{I_{t_1}, I_{t_2}, \ldots, I_{t_k}\}$ は互いに独立であることが分かる.

　次に，新記録の出現数（秘書問題では，相対的ベストの出現数）を考える. $r \geq 1$ について，$r \sim n$ 番目の記録の中に出る新記録の数

$$R(r,n) := I_r + I_{r+1} + I_{r+2} + \cdots + I_n = \sum_{t=r}^n I_t$$

は，0 から $n - r + 1$ までの整数値を取る確率変数である．$R(r,n)$ の確率母関数は，$\{I_r, I_{r+1}, I_{r+2}, \ldots, I_n\}$ が互いに独立であることから，

$$G(s;r,n) := \sum_{t=0}^{n-r+1} P\{R(r,n) = t\}s^t = E\left[s^{R(r,n)}\right] = E\left[s^{\sum_{t=r}^n I_t}\right]$$

$$= \prod_{t=r}^n E\left[s^{I_t}\right] = \prod_{t=r}^n \left(1 - \frac{1}{t} + \frac{s}{t}\right) = \prod_{t=r}^n \frac{s+t-1}{t}$$

で与えられる．これより，$r \sim n$ 番目の確率変数に新記録が出ない確率は

$$P\{R(r,n) = 0\} = G(0;r,n) = \prod_{t=r}^n \frac{t-1}{t} = \frac{r-1}{n}$$

である．$R(r,n)$ の平均と分散は，独立な確率変数の和の平均と分散として，

$$E[R(r,n)] = E\left[\sum_{t=r}^n I_t\right] = \sum_{t=r}^n E[I_t] = \sum_{t=r}^n \frac{1}{t},$$

$$\mathrm{Var}[R(r,n)] = \mathrm{Var}\left[\sum_{t=r}^n I_t\right] = \sum_{t=r}^n \mathrm{Var}[I_t] = \sum_{t=r}^n \frac{1}{t}\left(1 - \frac{1}{t}\right)$$

で与えられる.

表 2.8　第 1 種の Stirling 数.

n	$\begin{bmatrix} n \\ 1 \end{bmatrix}$	$\begin{bmatrix} n \\ 2 \end{bmatrix}$	$\begin{bmatrix} n \\ 3 \end{bmatrix}$	$\begin{bmatrix} n \\ 4 \end{bmatrix}$	$\begin{bmatrix} n \\ 5 \end{bmatrix}$	$\begin{bmatrix} n \\ 6 \end{bmatrix}$	$\begin{bmatrix} n \\ 7 \end{bmatrix}$	$\begin{bmatrix} n \\ 8 \end{bmatrix}$
1	1							
2	1	1						
3	2	3	1					
4	6	11	6	1				
5	24	50	35	10	1			
6	120	274	225	85	15	1		
7	720	1764	1624	735	175	21	1	
8	5040	13068	13132	6769	1960	322	28	1

特に, 最初の新記録から（$r = 1$ の場合を）考えると, 最初の確率変数は必ず新記録であるから, $P\{R(1,n) = 0\} = 0$ である. また, n が大きいとき,

$$E[R(1,n)] = \sum_{t=1}^{n} \frac{1}{t} \approx \log n + \gamma,$$

$$\mathrm{Var}[R(1,n)] = \sum_{t=1}^{n} \frac{1}{t}\left(1 - \frac{1}{t}\right) \approx \log n + \gamma - \frac{\pi^2}{6}$$

となる. ここで, $\gamma = 0.5772156649 \cdots$ は **Euler の定数** (Euler's constant) であり, 級数の和 $\displaystyle\sum_{t=1}^{\infty} \frac{1}{t^2} = \frac{\pi^2}{6} = 1.6449340668 \cdots$ を用いた.

$P\{R(1,n) = t\}$ は確率母関数 $G(s; 1, n)$ の s の多項式展開における s^t の係数である. **上昇階乗** (rising factorial) に対する**第 1 種の Stirling 数** (Stirling number of the first kind) による展開式

$$x(x+1)(x+2)\cdots(x+n-1) = \sum_{t=1}^{n} \begin{bmatrix} n \\ t \end{bmatrix} x^t$$

(Knuth, 1997, p.67) を用いると,

$$P\{R(1,n) = t\} = \frac{1}{n!}\begin{bmatrix} n \\ t \end{bmatrix} \qquad 1 \le t \le n$$

と表すことができる. 第 1 種の Stirling 数を表 2.8 に示す.

r 番目の相対的ベストが最後の相対的ベストであるということは, $r \sim n$ 番目の確率変数に新記録が 1 回しか出ないことに相当し, このことが起こる確率は

$$P(r;n) := P\{R(r,n) = 1\} = \left.\frac{dG(s;r,n)}{ds}\right|_{s=0} = \frac{r-1}{n}\sum_{t=r-1}^{n-1}\frac{1}{t} \qquad 1 \le r \le n$$

である[*7]. なお, Arnold et al. (1998, p.255) 及び穴太 (2000, p.158) は

$$P(r,n) = P\left\{\sum_{t=r}^{n} I_t = 1\right\} = \sum_{t=r}^{n} P\{I_t = 1\}\prod_{j=r(\neq t)}^{n} P\{I_j = 0\}$$

$$= \sum_{t=r}^{n}\frac{1}{t}\prod_{j=r(\neq t)}^{n}\left(1 - \frac{1}{j}\right) = \frac{1}{n} + \frac{r-1}{n}\sum_{t=r}^{n-1}\frac{1}{t} \qquad 1 \le r \le n$$

を導いている. 古典的秘書問題における最適方策は, この確率を最大にするような r の最適値 r^* を決めて, r^* 番目以降で最初に現れる相対的ベストの応募者を採用することである. この結果は式 (2.3) に一致する.

$r/n \approx c > 0$ を保ちながら, $n \to \infty, r \to \infty$ とするとき,

$$\lim_{n\to\infty} P\{R(r,n) = 0\} = c \quad ; \quad \lim_{n\to\infty} P\{R(r,n) = 1\} = -c\log c$$

$$\lim_{n\to\infty} P\{R(r,n) = k\} = c\frac{(-\log c)^k}{k!} \quad k = 0, 1, 2, \dots$$

となる. これは平均が $-\log c$ の Poisson 分布である (Gilbert and Mosteller, 1966, p.41).

[*7] 次のように計算するとよい.

$$\frac{1}{G(s;r,n)}\frac{dG(s;r,n)}{ds} = \frac{d}{ds}\log G(s;r,n) = \frac{d}{ds}\log\prod_{t=r}^{n}\frac{s+t-1}{t}$$

$$= \frac{d}{ds}\sum_{t=r}^{n}\log\frac{s+t-1}{t} = \sum_{t=r}^{n}\frac{1}{s+t-1}$$

において $s = 0$ とすることにより,

$$\frac{1}{G(0;r,n)}\left.\frac{dG(s;r,n)}{ds}\right|_{s=0} = \sum_{t=r}^{n}\left.\frac{1}{s+t-1}\right|_{s=0} = \sum_{t=r}^{n}\frac{1}{t-1} = \sum_{t=r-1}^{n-1}\frac{1}{t}.$$

また, $s = 1$ とすることにより, $G(1;n,r) = 1$ であるから,

$$E[R(n,r)] = \left.\frac{dG(s;r,n)}{ds}\right|_{s=1} = \sum_{t=r}^{n}\frac{1}{t} = \frac{1}{r} + \frac{1}{r+1} + \cdots + \frac{1}{n}$$

が得られる.

3章　採用辞退とリコールがある秘書問題
Secretary Problems with Refusal and Backward Solicitation

これまでに，古典的秘書問題の様々な変形問題が考えられてきた．以下の各章において，それらの中から基本的と思われる秘書問題を選び，その解法と数値計算例を示す．

まず，本章において，

- 採用辞退がある秘書問題
- リコール（過去の候補者にまで遡って採用を提案すること）がある秘書問題
- リコール期間に制限がある秘書問題

を取り上げる．

3.1　採用辞退がある秘書問題

採用辞退 (refusal) がある秘書問題では，古典的秘書問題と同じ設定において，応募者を順に面接するが，採用を提案された候補者（相対順位が 1 位の応募者）は必ずしも採用を受諾するわけではなく，候補者が採用を**受諾** (acceptance) する確率 p が 1 以下の場合を考える．$p = 1$ の（必ず受諾する）場合は古典的秘書問題に帰着する．候補者が受諾すれば採用活動は停止するが，辞退すれば次の応募者に面接を進める．このような設定の秘書問題においても，ベストの応募者を採用する確率を最大にするための最適方策は閾値規則である．

採用辞退がある秘書問題は Smith (1975) が発案し，OLA 最適停止規則を応用して解いた．本節では，次の 2 つの方法による解を示す．

- 順列組合せ
- OLA 最適停止規則

(1) 順列組合せによる解法

まず，Ferguson (1992b) 及び穴太 (2000, pp.148–150) に従って，順列組合せによる解法を示す．

応募者数を n 人とし，候補者の受諾確率を $p\,(0 < p \leq 1)$ とする．閾値を r とする閾値規則に従って採用される応募者がベストである確率 $P(r;n)$ を求める．閾値が $r = n$ であれば，最後の応募者の直前まで採用はなく，最後の応募者が全応募者中のベストであるときにのみ候補者となり，この人が採用を受諾すればベストの応募者が採用されることになるので，$P(n;n) = p/n$ である．

$r\,(\leq n)$ 番目以降の面接において，初めから数えて t 番目の応募者が候補者であり，その人が採用を受諾して，全応募者中のベストである確率は

$$\frac{1}{t} \cdot p \cdot \frac{t}{n} = \frac{p}{n} \qquad r \leq t \leq n$$

である．また，r 番目から $t-1$ 番目までの全ての応募者が採用されない（候補者として採用を受諾することがない）確率は

$$\left(1 - \frac{p}{r}\right)\left(1 - \frac{p}{r+1}\right)\left(1 - \frac{p}{r+2}\right)\cdots\left(1 - \frac{p}{t-1}\right)$$

$$= \frac{r-p}{r} \cdot \frac{r+1-p}{r+1} \cdot \frac{r+2-p}{r+2} \cdots \frac{t-1-p}{t-1} = \frac{(r-1)!\,\Gamma(t-p)}{(t-1)!\,\Gamma(r-p)}$$

で与えられる．ここで，$\Gamma(x)$ は次のように定義される**ガンマ関数** (gamma function) である．

$$\Gamma(x) := \int_0^\infty x^{u-1} e^{-u} du \qquad x > 0 \quad ; \quad \Gamma(x) = (x-1)\Gamma(x-1),$$

$$\Gamma(n) = (n-1)! \qquad (n \text{ が自然数のとき，ガンマ関数は階乗となる}),$$

$$\Gamma(x) \approx \sqrt{2\pi}\, e^{-x} x^{x-\frac{1}{2}} \qquad x \gg 1 \text{ のとき} \quad (\textbf{Stirling の近似公式}).$$

上記の 2 つの確率の積を $t = r$ から $t = n$ まで足し合わせることにより，

$$P(r;n) = \sum_{t=r}^{n} \frac{p}{n} \cdot \frac{(r-1)!\,\Gamma(t-p)}{(t-1)!\,\Gamma(r-p)} = \frac{p(r-1)!}{n\Gamma(r-p)} \sum_{t=r}^{n} \frac{\Gamma(t-p)}{(t-1)!} \qquad (3.1)$$

が得られる.

応募者数が $n = 20$ の場合に, $p = 0.2,\ 0.5,\ 0.8,\ 0.9$ 及び 1 に対する $P(r; n)$ を表 3.1 に示す($p = 1$ の場合は表 2.1 の数値に一致する).採用を受諾する確率 p が小さくなればなるほど,最適閾値は小さくなり,早めに採用を始めなければならないことが分かる($p \leq 0.05$ では $r^* = 1$ となるので,最初の候補者から採用を提案する).また,p が小さければ,ベストの応募者が採用される確率は低くなる.

与えられた n に対して,r を 1 から順に増やしていくとき,$P(r; n)$ は増加から減少に転じる.$P(r; n)$ が最大になるのは,階差

$$P(r+1; n) - P(r; n) = \frac{p}{n}\left[\frac{p(r-1)!}{\Gamma(r-p+1)}\sum_{t=r+1}^{n}\frac{\Gamma(t-p)}{(t-1)!} - 1\right]$$

が正から負に転じるときの r においてであり,最適閾値は

$$r^* = \min\left\{r \geq 1 : \frac{p(r-1)!}{\Gamma(r-p+1)}\sum_{t=r+1}^{n}\frac{\Gamma(t-p)}{(t-1)!} \leq 1\right\} \tag{3.2}$$

で与えられる.このとき,ベストの応募者が採用される確率は

$$P(r^*; n) = \frac{p(r^*-1)!}{n\Gamma(r^*-p)}\sum_{t=r^*}^{n}\frac{\Gamma(t-p)}{(t-1)!} \tag{3.3}$$

となる.$p = 0.2,\ 0.5,\ 0.8$ 及び 1 に対する r^* と $P(r^*; n)$ を表 3.2 に示す. n が非常に大きいときの最適閾値 r^* の漸近形を求める.t が非常に大きいとき,Stirling の近似公式により,

$$\frac{t^p \Gamma(t-p)}{(t-1)!} \approx \frac{t^p e^{-(t-p)}(t-p)^{t-p-\frac{1}{2}}}{e^{-t}t^{t-\frac{1}{2}}} \approx e^p\left(1 - \frac{p}{t}\right)^{t-p-\frac{1}{2}} \approx 1$$

であるから,r が非常に大きいとき,区分求積法により,

$$\frac{(r-1)!}{\Gamma(r-p+1)} \approx \frac{1}{r^{1-p}},$$

$$\sum_{t=r+1}^{n}\frac{\Gamma(t-p)}{(t-1)!} \approx \sum_{t=r+1}^{n}\frac{1}{t^p} \approx \int_r^n \frac{dx}{x^p} = \frac{n^{1-p} - r^{1-p}}{1-p}$$

表 3.1　辞退がある秘書問題においてベストが採用される確率（応募者 20 人）.

p は受諾確率，r は閾値，ベストが採用される確率は $P(r; 20)$ 又は式 (3.8) の V_{r^*}.

r	$p = 0.2$	$p = 0.5$	$p = 0.8$	$p = 0.9$	$p = 1$
1	0.11748	0.12537	0.07899	0.06368	0.05000
2	0.13435	0.20074	0.19497	0.18678	0.17739
3	**0.13817**	0.23432	0.25829	0.25779	0.25477
4	0.13732	0.25119	0.29767	0.30398	0.30716
5	0.13402	0.25850	0.32208	0.33417	0.34288
6	0.12919	**0.25944**	0.33581	0.35264	0.36610
7	0.12330	0.25576	**0.34132**	0.36194	0.37932
8	0.11663	0.24851	0.34020	**0.36370**	**0.38421**
9	0.10937	0.23841	0.33356	0.35909	0.38195
10	0.10163	0.22596	0.32220	0.34899	0.37345
11	0.09350	0.21154	0.30674	0.33406	0.35939
12	0.08504	0.19542	0.28766	0.31482	0.34032
13	0.07631	0.17783	0.26535	0.29169	0.31672
14	0.06735	0.15894	0.24013	0.26504	0.28894
15	0.05818	0.13890	0.21226	0.23516	0.26732

太字は各 p に対する最大値. このときの r が最適閾値となる.

となる. 従って，最適閾値の漸近形として，

$$r^* \approx \min\left\{ r \geq 1 : \frac{p}{1-p}\left[\left(\frac{n}{r}\right)^{1-p} - 1 \right] \leq 1 \right\}$$

$$= \min\left\{ r \geq 1 : \left(\frac{n}{r}\right)^{1-p} \leq \frac{1}{p} \right\}$$

$$= \min\left\{ r \geq 1 : r \geq np^{1/(1-p)} \right\} = np^{1/(1-p)} \tag{3.4}$$

が得られる. このとき，ベストの応募者が採用される確率は

$$P(r^*; n) \approx p^{1/(1-p)} \tag{3.5}$$

に近づく. $p \to 1$ のとき，$x = 1/(1-p)$ とおくと

$$\lim_{p \to 1} p^{1/(1-p)} = \lim_{x \to \infty} \left(1 - \frac{1}{x}\right)^x = \frac{1}{e}$$

であり，r^* は下から n/e（古典的秘書問題の最適閾値）に，$P(r^*; n)$ は $1/e$ に近づくことが分かる.

表 **3.2** 辞退がある秘書問題における最適閾値とベストが採用される確率.

n は応募者数, p は受諾確率, r^* は最適閾値, $P(r^*; n)$ はベストが採用される確率.

	$p = 0.2$		$p = 0.5$		$p = 0.8$		$p = 1$	
n	r^*	$P(r^*; n)$	r^*	$P(r^*; n)$	r^*	$P(r^*; n)$	r^*	$P(r^*; n)$
1	1	0.20000	1	0.50000	1	0.80000	1	0.50000
2	1	0.18000	1	0.37500	2	0.40000	2	0.50000
3	1	0.16800	1	0.31250	2	0.42667	2	0.50000
4	1	0.15960	2	0.29688	2	0.40800	2	0.45833
5	1	0.15322	2	0.29219	2	0.38272	3	0.43333
6	1	0.14811	2	0.28451	3	0.37504	3	0.42778
7	2	0.14413	2	0.27609	3	0.37027	3	0.41429
8	2	0.14410	3	0.27368	3	0.36182	4	0.40982
9	2	0.14368	3	0.27237	4	0.35862	4	0.45595
10	2	0.14302	3	0.26986	4	0.35660	4	0.39869
15	3	0.13927	4	0.26229	6	0.34590	6	0.38941
20	3	0.13817	6	0.25944	7	0.34132	8	0.38092
25	4	0.13732	7	0.25770	9	0.33875	10	0.38421
30	5	0.13658	8	0.25636	11	0.33664	12	0.37865
40	6	0.13596	11	0.25471	14	0.33451	16	0.37574
50	7	0.13549	13	0.25379	17	0.33313	19	0.37428
100	14	0.13462	26	0.25188	34	0.33036	38	0.37104
200	27	0.13418	51	0.25094	66	0.32903	74	0.36946
500	67	0.13392	126	0.25038	165	0.32822	185	0.36851
1000	134	0.13383	251	0.25019	328	0.32795	369	0.36820
∞		0.13375		0.25000		0.32768		0.36788

$p = 1$ の場合は古典的秘書問題.

(2) OLA 最適停止規則

次に, Smith (1975) による OLA 最適停止規則を用いた解法を示す. そのために, 「応募者の相対順位」を状態とする Markov 決定過程を 2.3 節 (2) のように定義する. 時刻パラメタ t は面接番号を表し, 状態 i は応募者の相対順位とする $(1 \leq i \leq t \leq n)$.

t 番目の応募者の相対順位が i であるとき, 最適方策の結果としてベストの応募者が採用される確率（成功確率）$V_t(i)$ を考える. 相対的ベスト（候補者）である応募者は, 確率 p で採用提案を受諾すれば採用され, 確率 t/n で絶対的ベストとなる. もし確率 $1 - p$ で採用提案を辞退すれば, $t + 1$ 番

目の応募者の面接に進む. このとき, $t+1$ 番目の応募者の相対順位は, それ以前の応募者の相対順位とは独立に, 1 から $t+1$ までの離散型一様分布に従い, 確率 $1/(t+1)$ で相対的 j 位である ($j=1,2,\dots,t+1$). t 番目の応募者が候補者ではないので採用を提案せずに, 次の応募者の面接に進むときも同様である.

従って, $V_t(i)$ は最適性方程式

$$V_n(1) = p \quad ; \quad V_n(i) = 0 \qquad 2 \le i \le n,$$

$$V_t(1) = \max\left\{\frac{pt}{n} + \frac{1-p}{t+1}\sum_{j=1}^{t+1}V_{t+1}(j), \frac{1}{t+1}\sum_{j=1}^{t+1}V_{t+1}(j)\right\} \quad 1 \le t \le n-1,$$

$$V_t(i) = \frac{1}{t+1}\sum_{j=1}^{t+1}V_{t+1}(j) \qquad 2 \le i \le t, 1 \le t \le n-1$$

を満たす. この連立方程式を, $\{V_n(i)\}$ を初期値として, $\{V_{n-1}(i)\}$, $\{V_{n-2}(i)\}$, ..., $\{V_2(i)\}$, $\{V_1(i)\}$ の順に逐次的に解き, 全ての $\{V_t(i); 1 \le t \le n, 1 \le i \le t\}$ を数値的に求めることができる.

ここで,

$$V_n := \frac{p}{n} \quad ; \quad V_t := \frac{1}{t}\sum_{i=1}^{t}V_t(i) \qquad 1 \le t \le n$$

を定義すると, 次の式が成り立つ.

$$V_t(1) = \max\left\{\frac{pt}{n} + (1-p)V_{t+1}, V_{t+1}\right\} \qquad 1 \le t \le n-1,$$

$$V_t(i) = V_{t+1} \qquad 2 \le i \le t, 1 \le t \le n-1.$$

これより, $\{V_t; 1 \le t \le n\}$ に対する次の漸化式が得られる.

$$\begin{aligned}
V_t &= \frac{1}{t}\left[V_t(1) + \sum_{i=2}^{t}V_t(i)\right]\\
&= \frac{1}{t}\left[\max\left\{\frac{pt}{n} + (1-p)V_{t+1}, V_{t+1}\right\} + (t-1)V_{t+1}\right]\\
&= V_{t+1} + \frac{p}{t}\max\left\{\frac{t}{n} - V_{t+1}, 0\right\} \qquad 1 \le t \le n-1.
\end{aligned}$$

この漸化式により，$V_n = p/n$ から始めて，t が減る方向に V_t を求めると，

$$V_{n-1} = \frac{p(2n-2-p)}{n(n-1)},$$

$$V_{n-2} = \frac{p(3n^2 - 9n + 6 - 3np + 4p + p^2)}{n(n-1)(n-2)},$$

$$V_{n-3} = \frac{p(2n-4-p)(2n^2 - 8n + 6 - 2np + 3p + p^2)}{n(n-1)(n-2)(n-3)}$$

等であり，一般に，

$$V_t = \begin{cases} \dfrac{p(t-1)}{(1-p)n} \left[\displaystyle\prod_{i=t-1}^{n-1} \left(1 + \dfrac{1-p}{i}\right) - 1 \right] & r^* \le t \le n, \\ V_{r^*} & 1 \le t \le r^* - 1 \end{cases} \tag{3.6}$$

が得られる．この V_t と式 (3.1) の $P(t;n)$ は同じものである[*1].

V_t は t の減少関数であり，t/n は t の増加関数であるから，$t \ge r^*$ であるときにのみ $V_{t+1} \le t/n$ であるような自然数 $r^* \in \{1, 2, \ldots, n-1\}$ が存在する．最適閾値 r^* は

$$\frac{t}{n} \ge V_{t+1} \iff \frac{p}{1-p} \left[\prod_{i=t}^{n-1} \left(1 + \frac{1-p}{i}\right) - 1 \right] \le 1$$

を満たす最小の整数 t である．よって，

$$r^* = \min\left\{ t \ge 1 : \prod_{i=t}^{n-1} \left(1 + \frac{1-p}{i}\right) \le \frac{1}{p} \right\} \tag{3.7}$$

が得られる．最大化されたベストの応募者が採用される確率は（$r^* = 1$ の場合もうまく表せるように式を変形して）

$$V_{r^*} = \frac{p}{(1-p)n} \left[(r^* - p) \prod_{i=r^*}^{n-1} \left(1 + \frac{1-p}{i}\right) - r^* + 1 \right] \tag{3.8}$$

[*1] 次の恒等式が成り立つ．

$$\frac{(t-1)!}{\Gamma(t-p)} \sum_{i=t}^{n} \frac{\Gamma(i-p)}{(i-1)!} = \frac{t-1}{1-p} \left[\prod_{i=t-1}^{n-1} \left(1 + \frac{1-p}{i}\right) - 1 \right] \qquad 1 \le t \le n.$$

である (Smith, 1975). 順列組合せと OLA 最適停止規則という 2 つの方法による最適閾値 r^* と最大化された成功確率 $V_{r^*} = P(r^*; n)$ は，表現は異なるが，それぞれ同じ数値を与えることが確認できる.

$n \to \infty$ における r^*/n と V_{r^*} の極限は以下のようにして得られる. まず，$0 < p < 1$ に対する不等式[*2]

$$\left(\frac{i+1}{i}\right)^{1-p} < 1 + \frac{1-p}{i} < \left(\frac{i+1-p}{i-p}\right)^{1-p} \qquad i \geq 1$$

を $i = r^*, r^*+1, \ldots, n-1$ に適用して，

$$\prod_{i=r^*}^{n-1} \left(\frac{i+1}{i}\right)^{1-p} < \prod_{i=r^*}^{n-1} \left(1 + \frac{1-p}{i}\right) < \prod_{i=r^*}^{n-1} \left(\frac{i+1-p}{i-p}\right)^{1-p}$$

が成り立つ. よって，上に与えられた r^* の定義により，

$$\left(\frac{n}{r^*}\right)^{1-p} < \frac{1}{p} < \left(\frac{n-p}{r^*-p}\right)^{1-p}$$

である. これは

$$\frac{n}{r^*} < \left(\frac{1}{p}\right)^{1/(1-p)} \quad ; \quad \frac{n-p}{r^*-p} > \left(\frac{1}{p}\right)^{1/(1-p)}$$

と書くことができる. 従って，

$$np^{1/(1-p)} < r^* < np^{1/(1-p)} + p\left[1 - p^{1/(1-p)}\right]$$

が成り立つ. よって，**はさみうちの原理** (squeeze theorem) により，極限

$$\lim_{n \to \infty} (r^*/n) = p^{1/(1-p)} \tag{3.9}$$

が得られる. また，式 (3.8) より，次の漸近形も得られる.

$$\lim_{n \to \infty} V_{r^*} = \lim_{n \to \infty} (r^*/n) = p^{1/(1-p)}. \tag{3.10}$$

[*2] **Bernoulli の不等式** (Bernoulli's inequality)

$$0 < a < 1 \text{ に対し} \quad (1+x)^a < 1 + ax \qquad x > 0$$

において，$x \to 1/i, a \to 1 - p < 1$ とおけば，左の不等式が得られる. 右の不等式は数値的に確認できる.

3.2 リコール（過去に遡っての採用提案）がある秘書問題

　古典的秘書問題と同じ設定で n 人の応募者を順に面接するとき，面接が終わったばかりの応募者だけを見て，相対的ベストなら採用提案の判断をするのではなく，その人を含め，以前に面接した全ての応募者（面接時に相対的ベストであっても採用提案がなかった応募者がいるかもしれない）のうちのベストに採用提案するという**過去の応募者に遡っての採用提案** (backward solicitation) を，簡単に**リコール** (recall) と呼ぶ．但し，一度採用提案を辞退した応募者に再び採用提案をすることはない．本節では，リコールがある秘書問題を考える．採用提案された候補者が辞退する可能性もあるとする．

　n 人の応募者に対し，最初から t 番目 $(1 \leq t \leq n)$ までの t 人の応募者のうちのベスト（候補者）が，t 番目を 0 として逆方向に数えて s 人目の応募者であるとする $(0 \leq s \leq t-1, \infty)$．特に，$t$ 番目の応募者がベストである場合を $s = 0$ で表す．また，t 人の応募者のうちのベストが採用提案を辞退したことがあるので，新たに採用提案できる応募者がいない状態を $s = \infty$ で表す．

　s 人前の応募者に候補者として採用提案したときに受諾される確率を s の非増加関数 $p(s)$ で与える．候補者は面接から時間が経つほど，他の会社等で採用されている可能性が高まるので，受諾確率は s が増えるとともに増えることはないと想定する．面接したばかりの候補者が採用提案を受諾する確率は $p(0)$ である．また，これまでの応募者中のベストは採用辞退したことがあるので，採用提案できる応募者がいないことを $p(\infty) \, (= 0)$ で表す．

　採用辞退とリコールがある秘書問題に関しては，初期に以下のような研究がなされ，その後も多くの変形問題が研究されている．

(o) 古典的秘書問題：$p(0) = 1, p(s) = 0 \; (1 \leq s \leq n-1)$．

(i) リコールがない（面接直後の候補者の採用辞退だけがある）秘書問題：$p(0) = p > 0, p(s) = 0 \; (1 \leq s \leq n-1)$，3.1 節の Smith (1975) の研究．

(ii) リコールだけがある（面接直後の候補者の採用辞退はない）秘書問題：$p(0) = 1, p(s) > 0 \; (1 \leq s \leq n-1)$，本節で説明する Yang (1974) の研究．

(iii) 採用辞退とリコールがある秘書問題： $p(s) > 0 \ (0 \leq s \leq n-1)$，本節で
説明する Petruccelli (1981) の研究.

(iv) 採用辞退がなく，リコール期間に $m-1$ 人前まで遡る制限がある秘書問
題： $p(s) = 1 \ (0 \leq s \leq m-1)$，$p(s) = 0 \ (s \geq m)$，本節で数値解を示す
Smith and Deely (1975) の研究.

また，s の非増加関数である受諾確率を $p(s)$ として，次のような例がある.

- 面接後の受諾確率が一定： $p(0) = p, p(s) = q, s = 1, 2, \ldots \ (0 \leq q \leq p \leq 1)$,
- 受諾確率が幾何数列に従う： $p(s) = pq^s, s = 0, 1, 2, \ldots \ (0 < p, q < 1)$.

本節では，リコールがある秘書問題に対する最適性方程式を導出した後，ま
ず，(iv) リコール期間に制限がある秘書問題 (Smith and Deely, 1975) の解を最
適性方程式の数値解で示す．続いて，Yang (1974) と Petruccelli (1981) に従っ
て，採用辞退とリコールがある秘書問題 (ii) と (iii) を解析的に取り扱う.

n 人の応募者に対し，最初から t 番目までの応募者のうちのベストが t 番目の
s 人前の応募者（この人が候補者）であるときに，最適方策により絶対的ベス
トが採用される確率（成功確率）を $V_t(s)$ で表す $(1 \leq t \leq n, 0 \leq s \leq t-1, \infty)$.
このとき，成功確率 $\{V_t(s); 1 \leq t \leq n\}$ に対する最適性方程式は次のように与え
られる (Yang, 1974; Petruccelli, 1981)：

$$V_t(s) = \max \left\{ V_t^b(s), V_t^f(s) \right\} \qquad\qquad 0 \leq s \leq t-1, \infty,$$

$$V_t^b(s) = p(s)\frac{t}{n} + [1 - p(s)]V_t(\infty) \qquad 0 \leq s \leq t-1, \infty,$$

$$V_t(\infty) = \frac{1}{t+1}V_{t+1}(0) + \frac{t}{t+1}V_{t+1}(\infty),$$

$$V_t^f(s) = \frac{1}{t+1}V_{t+1}(0) + \frac{t}{t+1}V_{t+1}(s+1) \qquad 0 \leq s \leq t-1, \infty,$$

$$V_n(s) = p(s) \qquad\qquad\qquad 0 \leq s \leq n-1, \infty. \qquad (3.11)$$

ここで，t 番目までの応募者中のベスト（候補者）が s 人前の応募者であると
き，$V_t^b(s)$ はこの候補者に採用提案する場合の成功確率を表し，$V_t^f(s)$ はこの
候補者に採用提案しない場合の成功確率を表す．式 (3.11) の最初の式は，最適
方策が $V_t^b(s)$ と $V_t^f(s)$ のうちの大きい方を選ぶことであることを意味する.

式 (3.11) の 2 つ目の式は，面接者が候補者に採用提案する場合に，もし候補

者が確率 $p(s)$ で提案を受諾すれば，ここで面接を停止すると，確率 t/n でこの候補者が絶対的ベストとなるが，もし候補者が確率 $1-p(s)$ で提案を辞退すれば，この時点でベストが採用提案を辞退したことになるので，成功確率が $V_t(\infty)$ となることを示す．後者の場合には，$t+1$ 番目の応募者に面接が進み，この応募者の相対的順位は等確率 $1/(t+1)$ で $1,2,\ldots,t+1$ 位である．式 (3.11) の3つ目の式は，$t+1$ 番目の応募者が相対的ベストなら成功確率は $V_{t+1}(0)$ となり，そうでなければ，過去のベストが採用提案を辞退しているので，成功確率は $V_{t+1}(\infty)$ となることを示す．

式 (3.11) の4つ目の式は，t 番目の応募者の s 人前の応募者がベストの候補者であるが，面接者がこの候補者に採用を提案しないので，$t+1$ 番目の応募者に面接が進み，上記と同様に，$t+1$ 番目の応募者が相対的ベストなら成功確率は $V_{t+1}(0)$ となり，そうでなければ，$t+1$ 番目の応募者の $s+1$ 人前の応募者がベストであるから，成功確率は $V_{t+1}(s+1)$ となることを示す．式 (3.11) の最後の式は，最後（n 番目）の応募者には必ず採用が提案されるので，その受諾確率が成功確率となることを示す．なお，$V_n(\infty)=p(\infty)=0$ である．

成功確率 $\{V_t(s);1\leq t\leq n\}$ に対する t に関する連立漸化式 (3.11) は，与えられた受諾確率 $p(s)$ に対し，初期値 $V_n(s)=p(s)$ から始めて，$t=n-1,n-2,\ldots$ について逐次的に解くことができ，最後に得られる $V_1(0)=V_1^f(0)$ が成功確率の最大値である．

(1) 採用辞退がなく，リコール期間に制限がある秘書問題（数値解）

最適性方程式 (3.11) を Smith and Deely (1975) が解析した「採用辞退がなく，リコール期間に $m-1$ 人前まで遡る制限」がある秘書問題

$$p(s)=1 \quad 0\leq s\leq m-1 \quad ; \quad p(s)=0 \quad m\leq s\leq n-1$$

に適用して得られる数値例を表 3.3 と表 3.4 に示す．表 3.3 は，応募者数 $n=10$ とリコール期間 $m=4$ に対して，初期値 $V_n(s)=V_n^b(s)=p(s),V_n^f(s)=0$ を与えて，連立漸化式 (3.11) を数値計算した結果を示す．表 3.4 は，種々の応募者数 n とリコール期間 m に対して，最適閾値とそれに対する成功確率を示す．例えば，応募者数が 50 人の場合に，90%以上の確率でベストを採用したければ，31 人前までの応募者の中のベスト

表 3.3　リコール期間に制限がある秘書問題における成功確率 $V_t(s) = \max\left\{V_t^b(s), V_t^f(s)\right\}$, $0 \le s \le t-1$.

応募者数 $n = 10$, リコール期間 $m = 4$, 受諾確率 $p(s) = 1$ $(0 \le s \le 3)$; $p(s) = 0$ $(4 \le s \le 9)$.

t	$V_t^b(0)$	$V_t^b(1)$	$V_t^b(2)$	$V_t^b(3)$	$V_t^b(4)$	$V_t^b(5)$	$V_t^b(6)$	$V_t^b(7)$	$V_t^b(8)$	$V_t^b(9)$
10	1	1	1	1	0	0	0	0	0	0
9	0.9	0.9	0.9	0.9	0	0	0	0	0	
8	0.8	0.8	0.8	0.8	0	0	0	0		
7	0.7	0.7	0.7	0.7	0	0	0			
6	0.6	0.6	0.6	0.6	0	0				
5	0.5	0.5	0.5	**0.5**	0					
4	0.4	0.4	0.4	0.4						
3	0.3	0.3	0.3							
2	0.2	0.2								
1	0.1									

t	$V_t^f(0)$	$V_t^f(1)$	$V_t^f(2)$	$V_t^f(3)$	$V_t^f(4)$	$V_t^f(5)$	$V_t^f(6)$	$V_t^f(7)$	$V_t^f(8)$	$V_t^f(9)$	$V_t(\infty)$
10	0	0	0	0	0	0	0	0	0	0	0.1
9	1	1	1	0.1	0.1	0.1	0.1	0.1	0.1		0.2
8	1	1	0.91111	0.2	0.2	0.2	0.2	0.2			0.3
7	1	0.92222	0.825	0.3	0.3	0.3	0.3				0.4
6	0.93333	0.85	0.74286	0.4	0.4	0.4					0.48889
5	0.86389	0.77460	0.65556	**0.48889**	0.48889						0.56389
4	0.79246	0.69722	0.57278	0.56389							0.62103
3	0.72103	0.62770	0.62103								0.65437
2	0.65881	0.65437									0.65659
1	**0.65659**										**0.65659**

$1 \le t \le 4$ では $V_t^b(3) < V_t^f(3)$ であり, $5 \le t \le 10$ では $V_t^b(3) > V_t^f(3)$. よって, $r^* = 5$. 成功確率は $V_1^f(0) = 0.65659$.

表 3.4 採用辞退がなく，リコール期間に制限がある秘書問題における最適閾値 r^* と成功確率 $V_1(0)$.

応募者数 n，リコール期間 m，
受諾確率 $p(s) = 1\ (0 \leq s \leq m - 1); p(s) = 0\ (m \leq s \leq n - 1)$.

m	r^*	$V_1(0)$	m	r^*	$V_1(0)$
	$n = 10$			$n = 100$	
1	4	0.39869	1	38	0.37104
2	5	0.47745	2	38	0.37750
3	5	0.56344	4	39	0.39072
4	5	0.65659	5	40	0.39754
5	5	0.75437	10	43	0.43331
6	6	0.85437	15	45	0.47217
7	7	0.92103	20	47	0.51399
8	8	0.96389	25	48	0.55853
9	9	0.98889	30	49	0.60515
			35	50	0.65322
	$n = 50$		40	50	0.70227
1	19	0.37428	45	50	0.75190
2	20	0.38739	50	50	0.80183
5	21	0.42954	55	55	0.84805
10	24	0.50959	60	60	0.88583
15	25	0.60042	63	63	0.90502
20	25	0.69733	65	65	0.91651
25	25	0.79675	70	70	0.94117
30	30	0.88245	75	75	0.96064
32	32	0.90804	80	80	0.97560
35	35	0.93900	85	85	0.98660
40	40	0.97434	90	90	0.99408
45	45	0.99352	95	95	0.99844
49	49	0.99959	99	99	0.99990

に採用提案をすればよいことが分かる．この問題における閾値を

$$r^*(m) := \min\left\{ t \leq n : V_t^f(m-1) \leq V_t^b(m-1) \right\}$$

とする．面接を進めていくとき，始めのうち（t が小さいとき）は $V_t^f(m-1) > V_t^b(m-1)$ である．初めて $V_t^f(m-1) \leq V_t^b(m-1)$ となる面接番号 $t = r^*(m)$ が閾値である．Smith and Deely (1975) によれば，漸化式の解

59

析により，$m \geq n/2$ の場合に，閾値と最大の成功確率が次のように与えられる．

$$r^*(m) = m \quad ; \quad V_1(0) = 2 - \frac{m}{n} - \sum_{j=m}^{n-1} \frac{1}{j}.$$

以下では，リコール期間に制限がないと仮定する．

受諾確率 $p(s)$ が特別な条件を満たす場合には，その条件に応じた解析的性質を導くことができる．Yang (1974) と Petruccelli (1981) に示されている性質をいくつか紹介し，それらを例題に適用する．

(2) $V_t(\infty)$ の明示解

最適性方程式 (3.11) の 3 つ目の式は $\{V_t(\infty); 1 \leq t \leq n\}$ に対する漸化式

$$\frac{V_t(\infty)}{t} - \frac{V_{t+1}(\infty)}{t+1} = \frac{V_{t+1}(0)}{t(t+1)} \qquad 1 \leq t \leq n-1$$

と書くことができる．初期値 $V_n(\infty) = 0$ を使って，この漸化式を解くと，

$$V_t(\infty) = t \sum_{i=t+1}^{n} \frac{V_i(0)}{i(i-1)} \qquad 1 \leq t \leq n-1 \tag{3.12}$$

が得られる．

(3) 面接が最後の応募者まで続くための必要十分条件は

$$\frac{p(s+1)}{p(s)} \geq 1 - \frac{p(0)}{n-1} \qquad 0 \leq s \leq n-2 \tag{3.13}$$

で与えられることを示す (Petruccelli, 1981)[*3]．ここで，「面接が最後の応募者まで続く」ということは次の不等式が成り立つことである．

$$V_t(s) = V_t^f(s) \geq V_t^b(s) \qquad 0 \leq s \leq t-1, 1 \leq t \leq n-1. \tag{3.14}$$

[*3] Yang (1974) は，面接直後の採用辞退がない場合 ($p(0) = 1$) に，面接が最後の応募者まで続くための必要十分条件

$$\frac{p(s+1)}{p(s)} \geq \frac{n-2}{n-1} \qquad 0 \leq s \leq n-2$$

を示している．

（必要性の証明）式 (3.14) が成り立てば式 (3.13) が成り立つことを示す.
$t = n - 1$ に対する式 (3.11) の 4 つ目と 2 つ目の式から,

$$
\begin{aligned}
& V_{n-1}^f(s) - V_{n-1}^b(s) \\
&= \frac{1}{n}V_n(0) + \frac{n-1}{n}V_n(s+1) - p(s)\frac{n-1}{n} - [1-p(s)]V_{n-1}(\infty) \\
&= \frac{1}{n}p(0) + \frac{n-1}{n}p(s+1) - p(s)\frac{n-1}{n} - [1-p(s)]\frac{1}{n}p(0) \\
&= \frac{n-1}{n}p(s)\left[\frac{p(s+1)}{p(s)} - 1 + \frac{p(0)}{n-1}\right] \qquad 0 \le s \le n-2
\end{aligned}
$$

である. ここで, $V_n(s+1) = p(s+1)$ 及び $V_{n-1}(\infty) = (1/n)V_n(0) = (1/n)p(0)$ を用いた. 式 (3.14) が成り立てば, その特別の場合である $t = n-1$ について $V_{n-1}^f(s) \ge V_{n-1}^b(s)$ が成り立つので, このとき, 式 (3.13) が成り立つ. これで必要性が証明できた.

（十分性の証明）式 (3.13) が成り立てば式 (3.14) が成り立つことを示す. この証明は少し長い. 式 (3.14) を t に関する後向きの帰納法により証明する. そのために, 式 (3.14) が t 以上について成り立つと仮定し, そのとき $t-1$ についても成り立つことを示す. 式 (3.14) が t 以上について成り立つと仮定すれば,

$$
V_{t+1}(s+1) = V_{t+1}^f(s+1) = \frac{1}{t+2}V_{t+2}(0) + \frac{t+1}{t+2}V_{t+2}(s+2)
$$

のような関係式を繰り返し使って,

$$
\begin{aligned}
V_t^f(s) &= \frac{1}{t+1}V_{t+1}(0) + \frac{t}{t+1}V_{t+1}(s+1) \\
&= \frac{1}{t+1}V_{t+1}(0) + \frac{t}{(t+1)(t+2)}V_{t+2}(0) + \frac{t}{t+2}V_{t+2}(s+2) \\
&= \cdots \\
&= t\left[\frac{V_{t+1}(0)}{t(t+1)} + \frac{V_{t+2}(0)}{(t+1)(t+2)} + \frac{V_{t+3}(0)}{(t+2)(t+3)} + \cdots \right. \\
&\qquad \left. + \frac{V_n(0)}{(n-1)n} + \frac{V_n(s+n-t)}{n}\right] \\
&= t\sum_{i=t+1}^{n}\frac{V_i(0)}{(i-1)i} + \frac{t}{n}p(s+n-t) = V_t(\infty) + \frac{t}{n}p(s+n-t)
\end{aligned}
$$

が得られる．一方において，

$$V_t^b(s) = p(s)\frac{t}{n} + [1 - p(s)]V_t(\infty)$$

である．従って，不等式 (3.14) は

$$\frac{1}{t}V_t(\infty) \geq \frac{1}{n}\left[1 - \frac{p(s+n-t)}{p(s)}\right] \qquad 0 \leq s \leq t-1, 1 \leq t \leq n \quad (3.15)$$

と書くことができる．$t = n$ のとき，この式の両辺は 0 になるので，不等式 (3.15) は $t = n$ について成り立つ．式 (3.15) を t に関する後向きの帰納法の仮定として，t を $t-1$ に置き換えた

$$\frac{1}{t-1}V_{t-1}(\infty) \geq \frac{1}{n}\left[1 - \frac{p(s+n-t+1)}{p(s)}\right] \quad (3.16)$$

が成り立つことを示せば，帰納法により式 (3.15) が証明される．

式 (3.16) において，式 (3.12) により，

$$\begin{aligned}
\frac{1}{t-1}V_{t-1}(\infty) &= \sum_{i=t}^{n}\frac{V_i(0)}{(i-1)i} = \frac{V_t(0)}{(t-1)t} + \sum_{i=t+1}^{n}\frac{V_i(0)}{(i-1)i} \\
&= \frac{V_t(0)}{(t-1)t} + \frac{1}{t}V_t(\infty) \\
&\geq \frac{V_t(0)}{(t-1)t} + \frac{1}{n}\left[1 - \frac{p(s+n-t)}{p(s)}\right]
\end{aligned}$$

であるから，式 (3.16) が成り立つためには，

$$\frac{V_t(0)}{(t-1)t} \geq \frac{p(s+n-t) - p(s+n-t+1)}{np(s)} \quad (3.17)$$

であればよい．

式 (3.17) の証明を以下に示す．最適性方程式 (3.11) の解

$$\begin{aligned}
V_{n-1}(0) &= \frac{1}{n}V_n(0) + \frac{n-1}{n}V_n(1) = \frac{1}{n}p(0) + \frac{n-1}{n}p(1), \\
V_{n-2}(0) &= \frac{1}{n-1}V_{n-1}(0) + \frac{n-2}{n-1}V_{n-1}(1) = \frac{1}{n}[p(0) + p(1)] + \frac{n-2}{n}p(2), \\
V_{n-3}(0) &= \frac{1}{n}[p(0) + p(1) + p(2)] + \frac{n-3}{n}p(3), \quad \ldots
\end{aligned}$$

を繰り返すことにより，

$$V_t(0) = \frac{1}{n}\left[\sum_{s=0}^{n-t-1} p(s) + tp(n-t)\right] \qquad 2 \le t \le n-1$$

が得られる．

$p(s)$ は s の単調非増加関数であるから，$0 \le s \le n-t-1$ について $p(s) \ge p(n-t)$ である．よって，

$$V_t(0) \ge \frac{1}{n}[(n-t)p(n-t) + tp(n-t)] = p(n-t)$$

が成り立つ．さらに，式 (3.13) が成り立てば，

$$p(s) \ge p(0)\left[1 - \frac{p(0)}{n-1}\right]^s \qquad 0 \le s \le n-1$$

であるから，

$$V_t(0) \ge p(0)\left[1 - \frac{p(0)}{n-1}\right]^{n-t} \ge p(0)\left[1 - \frac{(n-t)p(0)}{n-1}\right]$$

$$\ge p(0)\left[1 - \frac{n-t}{n-1}\right] = p(0)\frac{t-1}{n-1} \ge p(0)\frac{t(t-1)}{n(n-1)}$$

が成り立つ．最後に，もう一度，式 (3.13) を用いると，

$$\frac{V_t(0)}{t(t-1)} \ge \frac{p(0)}{n(n-1)} \ge \frac{1}{n}\left[1 - \frac{p(s+n-t+1)}{p(s+n-t)}\right]$$

$$\ge \frac{p(s+n-t)}{np(s)}\left[1 - \frac{p(s+n-t+1)}{p(s+n-t)}\right]$$

$$= \frac{p(s+n-t) - p(s+n-t+1)}{np(s)}$$

となり，式 (3.17) が示された．よって，式 (3.16) も成り立つ．

式 (3.16) により式 (3.15) が $t-1$ についても成り立つことになり，t に関する後向きの帰納法により，式 (3.15) が全ての t について成り立つことが証明された．式 (3.15) は式 (3.14) と同等であったので，これで，式 (3.13) が式 (3.14) の十分条件であることの証明が完了した．

面接が最後の応募者まで続く場合には，最後の応募者の面接が終わったと

ころで，ベストの応募者は n 人の応募者に均等に分布しており，最後から数えて s 番目の応募者が採用提案を受諾する確率は $p(s)$ であるから，ベストの応募者が採用される確率は

$$\frac{1}{n}\sum_{s=0}^{n-1} p(s) \tag{3.18}$$

で与えられる．

(4) 採用辞退とリコールがある秘書問題の4つの例題を考察する．

(a) 面接直後の候補者の採用辞退はなく，リコールされた候補者の受諾確率が一定である秘書問題：$p(0)=1, p(s)=q\ (0<q<1), 1\le s\le n-1$ (Yang, 1974)．

$p(1)/p(0)=q$ であるから，もし $n-1\le 1/(1-q)$ なら式 (3.13) が成り立つので，最後（n 番目）の応募者まで面接をする．このときは，最適閾値を $r^*=n$ とし，ベストの応募者が採用される確率は，式 (3.18) により，

$$\frac{1}{n}\sum_{s=0}^{n-1} p(s) = \frac{1+(n-1)q}{n}$$

である（例えば，表3.5で $q=0.8, n\le 5$ の場合）．もし $q=1$ なら，応募者が何人であっても最後まで面接し，絶対的ベストの応募者に採用を提案して，その応募者は必ず受諾するので，確率1でベストの応募者が採用される．

もし $n-1>1/(1-q)$ なら式 (3.13) が成り立たないので，最適方策は，$r-1$ 番目までの応募者をやり過ごし，r 番目以降に面接する応募者が相対的ベストであれば候補者として採用を提案し，必ず受諾される．この場合にベストの応募者が選ばれる確率は，式 (2.3) に示されているように，

$$\frac{r-1}{n}\sum_{t=r}^{n}\frac{1}{t-1}$$

である．もし最後まで候補者がいなければ，絶対的ベストの人は最初にやり過ごした $r-1$ 人の応募者の中にいたはずであるから，その中のベストの人に採用を提案し，受諾されたら採用する．この場合にベストの応募者が選ばれる確率は

$$q\frac{r-1}{n}$$

である．ベストの応募者が選ばれる確率は，両者を足し合わせて

$$P(r;n) = \frac{r-1}{n}\sum_{t=r}^{n}\frac{1}{t-1} + q\frac{r-1}{n} = \frac{r-1}{n}\left(q + \sum_{t=r-1}^{n-1}\frac{1}{t}\right) \quad (3.19)$$

で与えられる．これを最大にする r の値 r^* は 2.1 節 (7) と同じ方法で求められる．すなわち，

$$P(r+1;n) \leq P(r;n) \iff q + \sum_{t=r}^{n-1}\frac{1}{t} \leq 1$$

より

$$r^* := \min\left\{r \geq 1 : q + \sum_{t=r}^{n-1}\frac{1}{t} \leq 1\right\} \quad (3.20)$$

が得られる．$r = r^*$ のとき，$P(r;n)$ は最大値

$$P(r^*;n) = \frac{r^*-1}{n}\left(q + \sum_{t=r^*-1}^{n-1}\frac{1}{t}\right) \quad (3.21)$$

を取る．与えられた q に対し，$n \to \infty$ のときの r^* の漸近形を $r^*/n \approx x$ の形に求める．このとき，

$$P(r^*;n) \approx \frac{r^*}{n}\left(q + \log\frac{n}{r^*}\right) \approx x(q - \log x) := f(x)$$

は，$df(x)/dx = q - 1 - \log x = 0$ より，$x = e^{q-1}$ のときに最大値 $f\left(e^{q-1}\right) = e^{q-1}$ を取る．これより，漸近形

$$\lim_{n\to\infty}\frac{r^*}{n} = e^{-(1-q)} \quad ; \quad \lim_{n\to\infty}P(r^*;n) = e^{-(1-q)} \quad (3.22)$$

が得られる．数値例を表 3.5 に示す．

表 3.5 面接直後の候補者の採用辞退がなく，リコールされた候補者の受諾確率が一定である秘書問題における最適閾値 r^* と成功確率 V_{r^*}.

応募者数 n, 受諾確率 $p(0) = 1, p(s) = q, 1 \leq s \leq n-1$.

n	$q = 0$ r^*	V_{r^*}	$q = 0.2$ r^*	V_{r^*}	$q = 0.5$ r^*	V_{r^*}	$q = 0.8$ r^*	V_{r^*}
1	1	1.00000	1	1.00000	1	1.00000	1	1.00000
2	1,2	0.50000	2	0.60000	2	0.75000	2	0.90000
3	2	0.50000	2	0.56667	2,3	0.66667	3	0.86667
4	2	0.45833	3	0.51667	3	0.66667	4	0.85000
5	3	0.43333	3	0.51333	4	0.65000	5	0.84000
6	3	0.42778	3	0.49444	4	0.64167	5,6	0.83333
7	3	0.41429	4	0.49286	5	0.63810	6	0.83333
8	4	0.40982	4	0.48482	6	0.63095	7	0.83214
9	4	0.40595	5	0.48201	6	0.63029	8	0.83056
10	4	0.39869	5	0.47825	7	0.62738	9	0.82889
15	6	0.38941	8	0.46740	10	0.62022	13	0.82535
20	8	0.38421	10	0.46345	13	0.61672	17	0.82361
25	10	0.38092	12	0.46068	16	0.61464	21	0.82257
30	12	0.37865	14	0.45866	18	0.61252	25	0.82189
40	16	0.37574	19	0.45630	25	0.61155	33	0.82104
50	19	0.37428	23	0.45489	31	0.61053	42	0.82054
100	38	0.37104	46	0.45209	61	0.60850	82	0.81964
200	74	0.36946	91	0.45071	122	0.60752	164	0.81919
500	185	0.36851	225	0.44988	304	0.60692	410	0.81891
1000	369	0.36820	450	0.44960	606	0.60673	819	0.81882
∞	n/e	0.36788		0.44933		0.60653		0.81873

$q = 0$ の場合は古典的秘書問題（表 2.2）.

(b) 面接直後の候補者の採用辞退はなく，リコールされた候補者の受諾確率が幾何分布に従う秘書問題：$p(0) = 1, p(s) = q^s \ (0 < q < 1), 1 \leq s \leq n-1$ (Yang, 1974).

　最後の応募者まで面接が続くための必要十分条件 (3.13) により，$n-1 \leq 1/(1-q)$ である場合には，最後の応募者の面接まで誰にも採用を提案せず，全応募者の面接が終わったところで，全員の中の相対的ベスト，すなわち，絶対的ベストの応募者に採用を提案する．このとき，ベストの応募者は確率 $1/n$ で s 人前に面接した人であり $(0 \leq s \leq n-1)$，その人が提

案を受諾する確率は $p(s)$ であるから，ベストの応募者が採用される確率は，式 (3.18) により，

$$\frac{1}{n}\sum_{s=0}^{n-1} p(s) = \frac{1}{n}\sum_{s=0}^{n-1} q^s = \frac{1-q^n}{n(1-q)} \tag{3.23}$$

である．この場合の最適閾値は $r^* = n$ とする．

$n-1 \geq 1/(1-q)$ の場合には，最適閾値

$$r^* := \max\left\{ r \leq n : q > 1 - \left[(r-1)\left(1 - \sum_{t=r}^{n-1}\frac{1}{t}\right)\right]^{-1}\right\} \tag{3.24}$$

が存在すれば，r^*-1 番目までの応募者をやり過ごした後，r^* 番目の応募者を面接したところで，それまでに面接した r^* 人の応募者のうちのベストの応募者に採用を提案する．もし辞退すれば，r^*+1 番目以降の応募者を順に面接し，相対的ベストの応募者に採用を提案する．このとき，ベストの応募者が選ばれる確率は

$$V_{r_*} = \frac{1-q^{r^*}}{n(1-q)}\left(1 - \sum_{t=r^*}^{n-1}\frac{1}{t}\right) + \frac{r^*}{n}\sum_{t=r^*}^{n-1}\frac{1}{t} \tag{3.25}$$

である．

n が非常に大きいときの r^* と V_{r^*} の漸近形は，与えられた q の値にかかわらず，古典的秘書問題と同じく，

$$\lim_{n\to\infty}\frac{r^*}{n} = \lim_{n\to\infty} V_{r^*} = \frac{1}{e} = 0.36788 \tag{3.26}$$

である．

例えば，$q = 0.8$ の場合には，$1/(1-q) = 5$ であるから，$n > 6$ の場合には式 (3.13) が成り立たない．よって，例えば $n = 10$ なら，式 (3.24) により，$r^* = 7$ である．この場合の $1 \leq t \leq 9$ に対して，成功確率 $V_t(s) = \max\{V_t^b(s), V_t^f(s)\}, 0 \leq s \leq t-1$，を表 3.6 に示す．$1 \leq t \leq 6$ に対して $V_t^b(s) < V_t^f(s)$ であるから応募者が相対的ベストであっても採用を提案せず，$7 \leq t \leq 10$ に対しては $V_t^b(s) > V_t^f(s)$ であるから，最初に現れる相対的ベストの応募者に採用を提案する．いろいろな q の値に対する数値例を表 3.7 に示す．

表 3.6　面接直後の候補者の採用辞退がなく、リコールされた候補者の受諾確率が幾何分布に従う秘書問題における成功確率 $V_t(s) = \max\left\{V_t^b(s), V_t^f(s)\right\}, 0 \le s \le t-1$.

応募者数 $n = 10, p(0) = 1, p(s) = q^s$ $(q = 0.8), 1 \le s \le n-1$.

t	$V_t^b(0)$	$V_t^b(1)$	$V_t^b(2)$	$V_t^b(3)$	$V_t^b(4)$	$V_t^b(5)$	$V_t^b(6)$	$V_t^b(7)$	$V_t^b(8)$	$V_t^b(9)$
10	1	0.82684	0.68832	0.57750	0.48884	0.41792	0.36118	0.31579	0.27947	0.25042
9	0.9	0.74000	0.61200	0.50960	0.42768	0.36214	0.30972	0.26777	0.23422	
8	0.8	0.67778	0.58000	0.58178	0.43920	0.38914	0.34909	0.31705		
7	0.7	0.61306	0.54350	0.48786	0.44334	0.40773	0.37924			
6	0.6	0.54548	0.50186	0.46696	0.43905	0.41671				
5	0.5	0.47541	0.45574	0.44001	0.42742					
4	0.4	0.40336	0.40605	0.40820						
3	0.3	0.32972	0.35350							
2	0.2	0.25481								
1	0.1									

t	$V_t^f(0)$	$V_t^f(1)$	$V_t^f(2)$	$V_t^f(3)$	$V_t^f(4)$	$V_t^f(5)$	$V_t^f(6)$	$V_t^f(7)$	$V_t^f(8)$	$V_t^f(9)$	$V_t(\infty)$
10	0	0	0	0	0	0	0	0	0	0	0.1
9	0.82	0.676	0.56080	0.46864	0.39491	0.33593	0.28874	0.25099	0.22080		0.18889
8	0.75778	0.644	0.55298	0.48016	0.42191	0.37530	0.33802	0.30819			0.26528
7	0.69306	0.60750	0.53906	0.48430	0.44050	0.40545	0.37742				0.32738
6	0.62548	0.56586	0.51816	0.48001	0.44948	0.42506					0.37706
5	0.57579	0.53605	0.50425	0.47881	0.45846						0.41681
4	0.54400	0.51860	0.49821	0.48193							0.44861
3	0.52492	0.50966	0.49745								0.47404
2	0.51474	0.50660									0.49439
1	**0.51067**										

$1 \le t \le 6$ では $V_t^b(s) < V_t^f(s)$ であり、$7 \le t \le 10$ では $V_t^b(s) > V_t^f(s)$. 成功確率は $V_1^f(0) = 0.51067$.

表 3.7 面接直後の候補者の採用辞退がなく，受諾確率が幾何分布に従う秘書問題における最適閾値 r^* と成功確率 V_{r^*}.

応募者数 n，受諾確率 $p(0) = 1, p(s) = q^s, 1 \leq s \leq n-1$.

	$q = 0.2$		$q = 0.5$		$q = 0.8$		$q = 0.9$	
n	r^*	V_{r^*}	r^*	V_{r^*}	r^*	V_{r^*}	r^*	V_{r^*}
1	1	1.00000	1	1.00000	1	1.00000	1	1.00000
2	2	0.60000	2	0.75000	2	0.90000	2	0.95000
3	2	0.53333	3	0.58333	3	0.81333	3	0.90333
4	2	0.31200	3	0.54167	4	0.73800	4	0.85975
5	3	0.45333	3	0.49583	5	0.67232	5	0.81902
6	3	0.43644	4	0.47188	6	0.61488	6	0.78093
7	4	0.42072	4	0.45506	6	0.58206	7	0.74529
8	4	0.41728	5	0.43724	6	0.55056	8	0.71192
9	4	0.40913	5	0.43119	7	0.52978	9	0.68064
10	5	0.40460	5	0.42210	7	0.51067	10	0.65132
11	5	0.40192	6	0.41559	8	0.49558	11	0.62381
12	5	0.39683	6	0.41150	8	0.48337	11	0.60317
15	7	0.39060	7	0.40031	9	0.45479	12	0.55289
20	8	0.38477	9	0.39043	11	0.42744	15	0.50159
25	10	0.38145	11	0.38491	13	0.41168	17	0.47032
30	11	0.37729	13	0.38143	15	0.40166	19	0.44928
40	16	0.37615	16	0.37736	19	0.39002	23	0.42320
50	19	0.37435	20	0.37533	23	0.38370	27	0.40806
100	38	0.37110	39	0.37131	41	0.37358	46	0.38150
200	75	0.36947	75	0.36953	78	0.37012	83	0.37230
500	184	0.36851	186	0.36852	189	0.36862	194	0.36899
1000	369	0.36820	370	0.36820	373	0.36822	378	0.36832
∞		$1/e$		$1/e$		$1/e$		$1/e$

$q = 0$ の場合は古典的秘書問題（表 2.2）.

$\lim_{n \to \infty}(r^*/n) = \lim_{n \to \infty} V_{r^*} = 1/e = 0.36788$.

各 q の欄における横線の下では最適閾値が式 (3.24) で計算される.

(c) 面接直後の候補者の採用辞退があり，リコールされた候補者が 面接直後の受諾確率よりも低い一定の確率で受諾する秘書問題：$p(0) = p, p(s) = q(0 < q < p < 1), 1 \leq s \leq n-1$ (Petruccelli, 1981).

このとき，式 (3.11) の条件は $s = 0$ のとき $q/p \geq 1 - p/(n-1)$ となる．ここで，$a := q/p\,(< 1)$ とすれば，この条件は $n \leq 1 + p/(1-a)$ となり，

少し大きな n に対して成り立たない．この例題の数値例を示す表 3.8 では，この場合は各 q の欄における横線の上側に示されており，最適閾値を $r^* = n$ として，成功確率は，式 (3.18) により，次のように与えられる．

$$V_{r^*} = \frac{1}{n} \sum_{s=0}^{n-1} p(s) = \frac{p + (n-1)q}{n}. \tag{3.27}$$

$n > 1 + p/(1-a)$ の場合には，面接が最後の応募者に達する前に現れる候補者に採用提案することが最適方策となる．この最適方策では，最適閾値 r^* が存在して，1〜$r^* - 1$ 番目までの応募者を無条件にやり過ごす．r^* 番目以降に現れる最初の候補者に採用を提案して，受諾されれば採用する．r^*〜n 番目の応募者に候補者が現れない場合には，1〜$r^* - 1$ 番目の応募者の中のベストに採用を提案する．Petruccelli (1981) によれば，最適閾値は

$$r^* = \min \left\{ t \geq 1 : \prod_{i=t}^{n-1} \left(1 + \frac{1-p}{i} \right) \leq \frac{p - q(1-p)}{p^2} \right\} \tag{3.28}$$

で与えられ，ベストの応募者が選ばれる確率の最大値は

$$V_{r^*} = \begin{cases} \dfrac{p}{n} \displaystyle\prod_{t=1}^{n-1} \left(1 + \dfrac{1-p}{t} \right) & r^* = 1, \\[4mm] \dfrac{r^* - 1}{n} \left\{ q + \dfrac{p}{1-p} \left[\displaystyle\prod_{t=r^*-1}^{n-1} \left(1 + \dfrac{1-p}{t} \right) - 1 \right] \right\} & r^* \geq 2 \end{cases} \tag{3.29}$$

で与えられる．

式 (3.29) の V_{r^*} は次のようにして導かれる[*4]．r^* 番目以降に最初に現れる候補者が t ($r^* \leq t \leq n$) 番目の応募者であり，この人が採用提案を受諾し，絶対的ベストである確率は

$$\left[\prod_{j=r^*}^{t-1} \left(1 - \frac{p}{j} \right) \right] \frac{p}{t} \cdot \frac{t}{n}$$

$$= \frac{p(r^* - 1)}{(1-p)n} \left[\prod_{j=r^*-1}^{t-1} \left(1 + \frac{1-p}{j} \right) - \prod_{j=r^*-1}^{t-2} \left(1 + \frac{1-p}{j} \right) \right]$$

[*4] ここでの導出方法は，玉置光司先生の原稿を参考にした．

である．ここで，$1 - p/j$ は j 番目の応募者が候補者として採用提案を受諾しない確率である．これらを $t = r^* \sim n$ 番目の応募者について加えると，

$$\sum_{t=r^*}^{n} \left[\prod_{j=r^*}^{t-1} \left(1 - \frac{p}{j} \right) \right] \frac{p}{t} \cdot \frac{t}{n} = \frac{p(r^*-1)}{(1-p)n} \left[\prod_{j=r^*-1}^{n-1} \left(1 + \frac{1-p}{j} \right) - 1 \right]$$

$$= \frac{p}{(1-p)n} \left[(r^*-p) \prod_{j=r^*}^{n-1} \left(1 + \frac{1-p}{j} \right) - r^* + 1 \right]$$

となる（$r^* = 1$ の場合も扱えるように最後の変形を行った）．さらに，最後まで候補者が現れなかった場合に，$1 \sim r^* - 1$ 番目の応募者の中にいる絶対的ベストの応募者に採用を提案して受諾される確率

$$\frac{(r^*-1)q}{n}$$

を加えて，式 (3.29) のの V_{r^*} を得る．

また，最適閾値 r^* は，t 番目の応募者が候補者であるので採用を提案する場合の成功確率

$$p \cdot \frac{t}{n} + (1-p) \sum_{i=t+1}^{n} \left[\prod_{j=t+1}^{i-1} \left(1 - \frac{p}{j} \right) \right] \frac{p}{i} \cdot \frac{i}{n} = \frac{pt}{n} \prod_{j=t}^{n-1} \left(1 + \frac{1-p}{t} \right)$$

と，採用を提案しない場合の成功確率 V_{t+1} が拮抗する面接番号として，

$$r^* = \min \left\{ t \geq 1 : \frac{pt}{n} \prod_{j=t}^{n-1} \left(1 + \frac{1-p}{t} \right) \geq V_{t+1} \right\}$$

から式 (3.28) の r^* が得られる．

$n \to \infty$ のときの最適閾値と成功確率の漸近形は

$$\lim_{n \to \infty} \frac{r^*}{n} = p^{1/(1-p)} \left[\frac{p}{p - q(1-p)} \right]^{1/(1-p)},$$

$$\lim_{n \to \infty} V_{r^*} = p^{1/(1-p)} \left[\frac{p}{p - q(1-p)} \right]^{p/(1-p)}$$

である．

表 3.8　面接直後の候補者の採用辞退があり，リコールされた候補者の受諾確率が一定である秘書問題における最適閾値 r^* とベストの候補者が採用される確率 V_{r^*}.

応募者数 n，受諾確率 $p(0) = p = 0.75, p(s) = q, 1 \le s \le n-1, a := q/p < 1$.

n	$a = \frac{1}{4}$		$a = \frac{1}{2}$		$a = \frac{2}{3}$		$a = \frac{3}{4}$	
	r^*	V_{r^*}	r^*	V_{r^*}	r^*	V_{r^*}	r^*	V_{r^*}
2	1	0.46875	2	0.56250	2	0.62500	2	0.65625
3	2	0.46875	2	0.53125	3	0.58333	3	0.62500
4	2	0.43945	3	0.51563	3	0.57813	4	0.60938
5	3	0.42891	3	0.50391	4	0.57187	4	0.60938
6	3	0.42217	4	0.50039	5	0.56458	5	0.60625
7	4	0.41330	4	0.49365	5	0.56362	6	0.60268
8	4	0.41222	5	0.49292	6	0.56152	6	0.60059
9	4	0.40716	6	0.48869	7	0.55850	7	0.60017
10	5	0.40585	6	0.48849	7	0.55828	8	0.59902
15	7	0.39839	9	0.48270	10	0.55385	11	0.59538
20	9	0.39471	11	0.47979	14	0.55228	15	0.59427
25	11	0.39253	14	0.47849	17	0.55120	19	0.59333
30	13	0.39108	17	0.47744	20	0.55038	22	0.59270
40	17	0.38927	19	0.47179	27	0.55949	27	0.59011
50	21	0.38819	28	0.47534	33	0.54890	37	0.59160
100	42	0.38608	55	0.47382	67	0.54781	73	0.59038
200	83	0.38504	109	0.47306	132	0.54729	146	0.59031
500	206	0.38441	271	0.47261	329	0.54697	364	0.59006
1000	410	0.38421	540	0.47245	657	0.54686	727	0.58998
∞		0.38400		0.47230		0.54675		0.58990

$n \to \infty$ のとき，r^* の漸近形は，それぞれ $0.4096n\,(a = \frac{1}{4})$, $0.5398n\,(a = \frac{1}{2})$, $0.6561n\,(a = \frac{2}{3})$, $0.7260n\,(a = \frac{3}{4})$.

数値例を表 3.8 に示す．与えられた p, q の値に対し，最適閾値 r^* は n の単調増加関数であり，成功確率 V_{r^*} は n の単調減少関数である．

以上の解において，$q \to 0$ の極限では，リコールがなく，面接直後の採用辞退だけがある 3.1 節で扱われた Smith (1975) の問題に帰着する．また，$p \to 1$ の極限では，面接直後の採用辞退がなく，リコールされた候補者の受諾確率が幾何分布に従うという上記 (b) で考察した Yang (1974) の問題に帰着する．

(d) 面接直後の候補者の採用辞退があり，リコールされた候補者の受諾確率が
幾何分布に従う秘書問題：$p(0) = p, p(s) = pq^s (0 < p, q < 1), 1 \leq s \leq n-1$
(Petruccelli, 1981).

式 (3.11) により，もし $p/(1-q) \geq n-1$，すなわち，$n \leq (1-q+p)/(1-q)$
では，最後（n 番目）の応募者まで面接が続く．このとき，絶対的ベスト
は等確率 $1/n$ で最後から s 人前の応募者であり（$0 \leq s \leq n-1$），その応
募者に採用が提案されたときに受諾する確率が $p(s)$ であるから，ベスト
の応募者が採用される確率は，式 (3.18) により，

$$V_{r^*} = \frac{1}{n} \sum_{s=0}^{n-1} p(s) = \frac{p}{n} \sum_{s=0}^{n-1} q^s = \frac{p(1-q^n)}{n(1-q)}$$

である．この場合の最適閾値は $r^* = n$ とする．

また，$n > (1-q+p)/(1-q)$ では，下に示された閾値 r^* が存在する．最
初の r^* 人の応募者をやり過ごし，r^* 人目の応募者の面接が終わったとこ
ろで，それまでに面接した r^* 人の中でベストの応募者に採用を提案する．
もし辞退したら，r^*+1 人目以降の応募者を順に面接し，相対的ベストの
応募者に採用を提案する．これを最後の応募者まで繰り返す．最適閾値は

$$r^* := \min \left\{ t \geq 1 : \prod_{i=t+1}^{n-1} \left(1 + \frac{1-p}{i} \right) \leq \left[p \left(1 + \frac{1-p}{t(1-q)} \right) \right]^{-1} \right\} \tag{3.30}$$

である．また，ベストの応募者が採用される確率は

$$V_{r^*} = \frac{p}{n} \left\{ \frac{1-q^{r^*}}{1-q} + \frac{r^* - p \left(1 - q^{r^*} \right)/(1-q)}{1-p} \left[\prod_{i=r^*}^{n-1} \left(1 + \frac{1-p}{i} \right) - 1 \right] \right\} \tag{3.31}$$

で与えられる．$n \to \infty$ のとき

$$\lim_{n \to \infty} \frac{r^*}{n} = \lim_{n \to \infty} V_{r^*} = p^{1/(1-p)} \tag{3.32}$$

である．この漸近形は，3.1 節に示された面接直後の採用辞退だけがある
（リコールがない）秘書問題（$p(0) = p > 0, p(s) = 0, 1 \leq s \geq n-1$）に対

表 3.9　面接直後の候補者採用辞退があり, リコールされた候補者の受諾確率が幾何分布に従う秘書問題における最適閾値 r^* と成功確率 V_{r^*}.

応募者数 n, 受諾確率 $p(0) = p = 0.75, p(s) = pq^s, 1 \leq s \leq n-1$.

	$q = 0.2$		$q = 0.5$		$q = 0.8$		$q = 0.9$	
n	r^*	V_{r^*}	r^*	V_{r^*}	r^*	V_{r^*}	r^*	V_{r^*}
1	1	0.75000	1	0.75000	1	0.75000	1	0.75000
2	1	0.46875	2	0.56250	2	0.67500	2	0.71250
3	2	0.43750	2	0.48438	3	0.61000	3	0.67750
4	2	0.40547	3	0.43359	4	0.55350	4	0.64481
5	2	0.37465	3	0.41543	4	0.50978	5	0.61427
6	3	0.37089	3	0.39475	5	0.48217	6	0.58570
7	3	0.36258	4	0.38109	5	0.45977	7	0.55897
8	3	0.35216	4	0.37383	6	0.44149	8	0.53394
9	3	0.34115	4	0.36481	6	0.42877	8	0.51345
10	4	0.34703	5	0.35883	6	0.41587	9	0.49615
15	6	0.33536	6	0.34224	8	0.38047	11	0.44040
20	7	0.33029	8	0.33471	10	0.36182	13	0.40916
25	9	0.32749	10	0.32989	12	0.35035	15	0.38919
30	10	0.32525	11	0.32750	13	0.34282	17	0.37532
40	14	0.32306	14	0.32422	17	0.33414	20	0.35785
50	17	0.32173	18	0.32238	20	0.32928	24	0.34717
100	33	0.31901	33	0.31920	36	0.32113	40	0.32748
200	64	0.31770	65	0.31775	68	0.31825	72	0.32008
500	159	0.31692	160	0.31693	163	0.31701	168	0.31733
1000	317	0.31666	318	0.31667	321	0.31669	326	0.31677
∞		0.31641		0.31641		0.31641		0.31641

$$\lim_{n \to \infty} (r^*/n) = \lim_{n \to \infty} V_{r^*} = p^{1/(1-p)} = 0.31641.$$

する漸近形 (3.4) 及び (3.5) と同じである. 従って, 応募者数が非常に多くなると, 幾何分布に従う受諾確率をもつ候補者に遡って採用を提案する効果は消える.

$p = 0.75$ の場合の数値例を表 3.9 に示す. それぞれの q の値に対する欄において, 横線の位置より小さい n の場合には面接が最後の応募者まで続き (このとき, $r^* = n$), 横線の位置より大きい n の場合には, 式 (3.30) で与えられる最適閾値 r^* が存在する. 与えられた p, q の値に対し, r^* は n の単調増加関数であり, 成功確率 V_{r^*} は n の単調減少関数である.

4章 セカンドベスト等を採用する秘書問題
Secretary Problems for Employing the Second Best

　古典的秘書問題はベストを採用する確率を最大にする最適方策を求める問題であったが，セカンドベストを採用する確率を最大にする最適方策を求める秘書問題の解がRose (1982a) により示された．また，1983 年頃に同じ問題が Princeton 大学にいたVanderbei (2012) により，「大学教員を採用するポスドク（博士号保持）研究者の面接では，最良の候補者はどうせ Harvard 大学に就職するだろうから，2 番目に良い候補者を採用する」**ポスドク変形問題** (postdoc variant) と冗談めかして研究された（研究はE. B. Dynkin の指導により行われた）．

　その後，セカンドベストを採用する秘書問題は，次のように発展した．
- 最良又は最悪の秘書を採用する問題等 (Ferguson, 1992a)
- サードベストを採用する秘書問題 (Lin et al., 2019)
- 絶対順位が k 位の秘書を採用する問題（Szajowski (1982) による漸近解と Goldenshluger et al. (2020) による計算アルゴリズム）
- 中央値 (median) の順位をもつ応募者を採用する秘書問題 (Rose, 1982b)

本章では，これらの一連の研究を紹介する．また，最良選択問題から少し寄り道をする．

4.1　セカンドベストを採用する秘書問題

　まず，研究の出発点となった，n 人の応募者に対し，セカンドベストを採用する確率を最大にする最適方策を求める秘書問題（ポスドク変形問題）を，期待効用最大化問題として解く (Rose, 1982a; Vanderbei, 2012)．この問題の効用関数は

$$U(1) = 0, U(2) = 1, U(3) = U(4) = \cdots = U(n) = 0$$

である．応募者がセカンドベストとして採用されるためには，面接時に相対的ベスト又はセカンドベストでなければならない（候補者は相対的ベストとセカンドベストである）．t 番目の応募者が相対的ベストのとき，この応募者を採用

する効用の期待値，すなわち，この人が絶対的セカンドベストになる確率は

$$y_t(1) = \sum_{k=1}^{n-t+1} U(k)P_t(k \mid 1) = P_t(2 \mid 1) = \frac{t(n-t)}{n(n-1)}$$

である．ここで，$P_t(k \mid i)$ は式 (2.14) により定義される超幾何分布であり，t 番目の応募者の相対順位が i であるとき，絶対順位が k である確率を表す．また，t 番目の応募者が相対的セカンドベストのとき，この人を採用する場合に絶対的セカンドベストになる確率は

$$y_t(2) = \sum_{k=2}^{n-t+2} U(k)P_t(k \mid 2) = P_2(2 \mid 2) = \frac{t(t-1)}{n(n-1)}$$

である．これらは次の性質をもつ．

$$y_t(1) > y_t(2) \quad 1 \le t < \frac{n+1}{2} \quad ; \quad y_t(1) < y_t(2) \quad \frac{n+1}{2} < t \le n,$$
$$y_t(1) + y_t(2) = \frac{t}{n}.$$

また，t 番目の応募者の相対順位が 3 位以下のとき，この人を採用しても絶対的セカンドベストになることはないので，採用しない（候補者でない）．

$$y_t(i) = 0 \qquad 3 \le i \le t.$$

　上記の $y_t(1)$ と $y_t(2)$ は，順列組合せ的考察からも以下のようにして導かれる．まず，t 番目の応募者が相対的セカンドベストであるとき，最終的にもセカンドベストである確率 $y_t(2)$ は，$t+1$ 番目以降に相対的ベスト又はセカンドベストの応募者が現れない確率として（X_t は t 番目の応募者の相対順位），

$$y_t(2) = P\{X_{t+1} \ge 3, X_{t+2} \ge 3, X_{t+3} \ge 3, \dots, X_{n-1} \ge 3, X_n \ge 3\}$$
$$= \frac{t-1}{t+1} \cdot \frac{t}{t+2} \cdot \frac{t+1}{t+3} \cdots \frac{n-3}{n-1} \cdot \frac{n-2}{n} = \frac{t(t-1)}{n(n-1)} \qquad 1 \le t \le n$$

が得られる．次に，t 番目の応募者が相対的ベストであるとき，この人が最終的にセカンドベストになる確率 $y_t(1)$ を考える．n 番目の応募者が相対的ベストなら，この人は絶対的ベストであり，セカンドベストになる確率は $y_n(1) = 0$ であ

る. $t \leq n-1$ について, t 番目の応募者が相対的ベストであるとき, $t+1$ 番目の応募者は確率 $1/(t+1)$ で相対的ベストになり, t 番目の応募者は相対的セカンドベストになる. 後者がセカンドベストとして採用される確率は $y_{t+1}(2)$ である. また, $t+1$ 番目の応募者は確率 $t/(t+1)$ で相対的ベストではなく, t 番目の応募者が $t+1$ 回目の面接後も相対的ベストである. 後者がセカンドベストとして採用される確率は $y_{t+1}(1)$ である. 従って, 関係式

$$y_t(1) = \frac{1}{t+1}y_{t+1}(2) + \frac{t}{t+1}y_{t+1}(1) \qquad 1 \leq t \leq n-1$$

が成り立つ. これに $y_{t+1}(2) = (t+1)t/n(n-1)$ を代入して得られる漸化式

$$y_n(1) = 0 \quad ; \quad y_t(1) = \frac{t}{t+1}y_{t+1}(1) + \frac{t}{n(n-1)} \qquad 1 \leq t \leq n-1$$

を $y_{n-1}(1), y_{n-2}(1), \ldots, y_1(1)$ の順に解いて, 上の $y_t(1)$ が得られる.

$V_t(i)$ を t 番目の応募者の相対順位が i であるときに, 最適方策によりセカンドベストが採用される確率とする. このとき, $\{V_t(i)\}$ に対する最適性方程式は

$$V_t(i) = \max\left\{ y_t(i), \frac{1}{t+1}\sum_{j=1}^{t+1}V_{t+1}(j) \right\} \qquad 1 \leq i \leq t \leq n-1$$

で与えられる. ここで,

$$V_n = \frac{1}{n}\sum_{i=1}^{n}V_n(i) = \frac{1}{n} \quad ; \quad V_t := \frac{1}{t}\sum_{i=1}^{t}V_t(i) \qquad 1 \leq t \leq n-1$$

を導入すると, 最適性方程式は次のように書くことができる.

$$V_n(1) = 0, \quad V_n(2) = 1, \quad V_n(i) = 0 \qquad 3 \leq i \leq n,$$
$$V_t(i) = \max\{y_t(i), V_{t+1}\}, \quad i = 1, 2, \quad i \leq t \leq n-1,$$
$$V_t(i) = V_{t+1} \qquad 3 \leq i \leq t \leq n-1$$

この方程式の数値解として, $n = 5$ と $n = 10$ の場合に, 成功確率 $\{V_t(i); 1 \leq i \leq t\}$ と V_t を表 4.1 に示す. また, $n = 10$ の場合に, 期待効用 $\{y_t(i)\ i = 1, 2\}$ 及び $\{V_t(i)\}, V_t$ を図 4.1 に示す.

表 4.1　セカンドベストを採用する秘書問題の成功確率 $\{V_t(i); 1 \le i \le t\}$ と V_t.

(a) $n = 5$ $(r^* = 3)$

t	$y_t(1)$	$y_t(2)$	$V_t(1)$	$V_t(2)$	$V_t(3)$	$V_t(4)$	$V_t(5)$	V_t
5	0	1	0	1	0	0	0	$\frac{1}{5}$
4	$\frac{1}{5}$	$\frac{3}{5}$	$\frac{1}{5}$	$\frac{3}{5}$	$\frac{1}{5}$	$\frac{1}{5}$		$\frac{3}{10}$
3	$\frac{3}{10}$	$\frac{3}{10}$	$\frac{3}{10}$	$\frac{3}{10}$	$\frac{3}{10}$			$\frac{3}{10}$
2	$\frac{3}{10}$	$\frac{1}{10}$	$\frac{3}{10}$	$\frac{3}{10}$				$\frac{3}{10}$
1	$\frac{1}{5}$	0	$\frac{3}{10}$					$\frac{3}{10}$

t 欄の太字は最適閾値 r^*.

(b) $n = 10$ $(r^* = 6)$

t	$y_t(1)$	$y_t(2)$	$V_t(1)$	$V_t(2)$	$V_t(3)$	$V_t(4)$	$V_t(5)$	$V_t(6)$	$V_t(7)$	$V_t(8)$	$V_t(9)$	$V_t(10)$	V_t
10	0	1	0	1	0	0	0	0	0	0	0	0	$\frac{1}{10}$
9	$\frac{1}{10}$	$\frac{4}{5}$	$\frac{1}{10}$	$\frac{4}{5}$	$\frac{1}{10}$	$\frac{1}{10}$	$\frac{1}{10}$	$\frac{1}{10}$	$\frac{1}{10}$	$\frac{1}{10}$	$\frac{1}{10}$		$\frac{8}{45}$
8	$\frac{8}{45}$	$\frac{28}{45}$	$\frac{8}{45}$	$\frac{28}{45}$	$\frac{8}{45}$	$\frac{8}{45}$	$\frac{8}{45}$	$\frac{8}{45}$	$\frac{8}{45}$	$\frac{8}{45}$			$\frac{7}{30}$
7	$\frac{7}{30}$	$\frac{7}{15}$	$\frac{7}{30}$	$\frac{7}{15}$	$\frac{7}{30}$	$\frac{7}{30}$	$\frac{7}{30}$	$\frac{7}{30}$	$\frac{7}{30}$				$\frac{4}{15}$
6	$\frac{4}{15}$	$\frac{1}{3}$	$\frac{4}{15}$	$\frac{1}{3}$	$\frac{4}{15}$	$\frac{4}{15}$	$\frac{4}{15}$	$\frac{4}{15}$					$\frac{8}{15}$
5	$\frac{5}{18}$	$\frac{2}{9}$	$\frac{5}{18}$	$\frac{5}{18}$	$\frac{5}{18}$	$\frac{5}{18}$	$\frac{5}{18}$						$\frac{5}{18}$
4	$\frac{4}{15}$	$\frac{2}{15}$	$\frac{5}{18}$	$\frac{5}{18}$	$\frac{5}{18}$	$\frac{5}{18}$							$\frac{5}{18}$
3	$\frac{7}{30}$	$\frac{1}{15}$	$\frac{5}{18}$	$\frac{5}{18}$	$\frac{5}{18}$								$\frac{5}{18}$
2	$\frac{8}{45}$	$\frac{1}{45}$	$\frac{5}{18}$	$\frac{5}{18}$									$\frac{5}{18}$
1	$\frac{1}{10}$	0	$\frac{5}{18}$										$\frac{5}{18}$

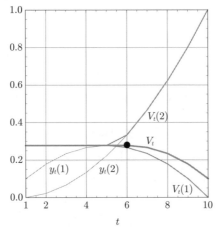

図 4.1　セカンドベストを採用する秘書問題に対する $\{y_t(i)\}$, $\{V_t(i)\}$, V_t $(n = 10)$. ● は最適閾値.

閾値 r をもつ閾値規則を次のように定める.

(i) $r-1$ 番目までの応募者は無条件に不採用とする.

(ii) r 番目以降に現れる相対的ベストの応募者は採用してもしなくてもよい（セカンドベストが採用される確率は変わらない）.

(iii) r 番目以降に最初に現れる相対的セカンドベストの応募者を採用する.

(iv) 最後まで相対的セカンドベストが現れなければ, 最後の応募者を採用する.

このとき, $r \leq t \leq n-1$ に対して,

$$V_t(1) = \frac{t(n-t)}{n(n-1)}, \quad V_t(2) = \frac{t(t-1)}{n(n-1)}, \quad V_t(i) = V_{t+1} \quad 3 \leq i \leq t$$

であるから, $\{V_t; r \leq t \leq n-1\}$ に対する漸化式

$$V_t = \frac{1}{t}[V_t(1) + V_t(2) + (t-2)V_{t+1}] = \frac{1}{n} + \frac{t-2}{t}V_{t+1}$$

が導かれる. $V_n = 1/n$ から始めて, これを t に関して逆向きに解くと,

$$V_{n-1} = \frac{2(n-2)}{n(n-1)}, \quad V_{n-2} = \frac{3(n-3)}{n(n-1)}, \quad V_{n-3} = \frac{4(n-4)}{n(n-1)}, \quad \cdots$$

が得られ, 一般に,

$$V_t = \begin{cases} \dfrac{(t-1)(n-t+1)}{n(n-1)} & r \leq t \leq n, \\ \dfrac{(r-1)(n-r+1)}{n(n-1)} = V_r & 1 \leq t \leq r-1 \end{cases}$$

である. このとき, $i \leq t \leq r-1$ について $V_t(i) = V_r$ となることに注意する. このような t 番目の面接に現れる候補者は採用してもしなくても, セカンドベストが採用される確率は同じになる.

このような閾値規則における最適閾値は

$$r^* = \min\{t \geq 1 : y_t(2) \geq V_{t+1}\} = \min\left\{t \geq 1 : t \geq \frac{n+1}{2}\right\}$$

$$= \begin{cases} \dfrac{n}{2} + 1 & n \text{ が偶数のとき}, \\ \dfrac{n+1}{2} & n \text{ が奇数のとき} \end{cases} \quad \left(\tfrac{n+1}{2} \text{以上の最小の整数}\right)$$

で与えられる．このとき，セカンドベストが採用される確率の最大値 $P_n^{(2)}$ は

$$V_t = \begin{cases} V_{r^*} & 1 \leq t \leq r^* - 1, \\ \dfrac{(t-1)(n-t+1)}{n(n-1)} & r^* \leq t \leq n \end{cases}$$

$$P_n^{(2)} = V_{r^*} = \begin{cases} \dfrac{n}{4(n-1)} & n \text{ が偶数のとき}, \\ \dfrac{n+1}{4n} & n \text{ が奇数のとき} \end{cases}$$

となる．n が非常に大きいとき，

$$\lim_{n \to \infty} \frac{r^*}{n} = \frac{1}{2} \quad ; \quad \lim_{n \to \infty} P_n^{(2)} = \frac{1}{4} = 0.25$$

である．表 4.2 に各 n に対する r^* と $P_n^{(2)}$ を示す．

この結果を，ベストを採用する古典的秘書問題の漸近形（$r^* \approx n/e$, 成功確率 $\approx 1/e = 0.36788\cdots$）と比べると，セカンドベストを採用する方が，最適閾値が大きく，成功確率が低いことが分かる．その理由は，セカンドベストを採用するために，ベストを採用しない対策を講じなければならないからである．

4.2　最良選択問題から少し寄り道

本節では，最良選択問題から少し寄り道 (small digression) をして，秘書問題にまつわる 4 つの小問題を楽しむ．

(1) ワースト（最悪）選択問題

古典的秘書問題は絶対的に最良の応募者を選ぶ確率を最大化する最適方策を求める問題であったが，逆に最悪の応募者を選ぶ確率を最大化する方策を求める**最悪選択問題** (worst choice problem) については，効用関数

$$U(1) = U(2) = \cdots = U(n-1) = 0, U(n) = 1$$

に対する期待効用最大化問題を考えればよい．このとき，

表 4.2 セカンドベストを採用する秘書問題の最適閾値と成功確率.

n	r^*	$P_n^{(2)}$	n	r^*	$P_n^{(2)}$	n	r^*	$P_n^{(2)}$
			21	11	0.26190	41	41	0.25610
2	2	0.50000	22	12	0.26190	42	22	0.25610
3	2	0.33333	23	12	0.26087	43	22	0.25581
4	3	0.33333	24	13	0.26087	44	23	0.25581
5	3	0.30000	25	13	0.26000	45	23	0.25556
6	4	0.30000	26	14	0.26000	46	24	0.25556
7	4	0.28571	27	14	0.25926	47	24	0.25532
8	5	0.28571	28	15	0.25926	48	25	0.25532
9	5	0.27778	29	15	0.25862	49	25	0.25510
10	6	0.27778	30	16	0.25862	50	26	0.25510
11	6	0.27273	31	16	0.25806	60	31	0.25434
12	7	0.27273	32	17	0.25806	70	36	0.25362
13	7	0.26923	33	17	0.25758	80	41	0.25316
14	8	0.26923	34	18	0.25758	90	46	0.25281
15	8	0.26667	35	18	0.25714	100	51	0.25253
16	9	0.26667	36	19	0.25714	200	101	0.25216
17	9	0.26471	37	19	0.25676	300	151	0.25084
18	10	0.26471	38	20	0.25676	400	201	0.25063
19	10	0.26316	39	20	0.25641	500	251	0.25050
20	11	0.26316	40	21	0.25641	1000	501	0.25025
						∞	$n/2$	0.25000

$$y_t(t) = \sum_{k=t}^{n} U(k) P_t(k \mid t) = P_t(n \mid t) = \frac{t}{n},$$
$$y_t(i) = 0 \qquad 1 \leq i \leq t-1$$

となる.

(2) セカンドワースト選択問題

2 番目に最悪の応募者を選ぶ確率を最大化する方策を求める**セカンドワースト選択問題** (second worst choice problem) については, 効用関数

$$U(1) = U(2) = \cdots = U(n-2) = U(n) = 0, U(n-1) = 1$$

に対する期待効用最大化問題を考えればよい. このとき,

$$y_t(t) = \sum_{k=t}^{n} U(k)P_t(k \mid t) = P_t(n-1 \mid t) = \frac{t(n-t)}{n(n-1)},$$

$$y_t(t-1) = \sum_{k=t-1}^{n-1} U(k)P_t(k \mid t-1) = P_t(n-1 \mid t-1) = \frac{t(t-1)}{n(n-1)},$$

$$y_t(i) = 0 \qquad 1 \le i \le t-2$$

となる.

(3) 最良又は最悪の秘書を採用する秘書問題

「相互に依存する複数の選択基準をもつ秘書問題」の例として，**最良又は最悪の秘書を採用する問題** (best-or-worst choice secretary problem) を示す (Ferguson, 1992a; Bayón et al., 2018).

この問題では，t 番目の応募者の面接において，この応募者がそれまでに面接した応募者の中で相対的ベスト又は相対的ワーストであるとき，候補者と呼ぶ．この問題に対する最適方策は閾値 r をもつ閾値規則とし，最良又は最悪の秘書が採用される確率を次の式で求める.

$$P(r;n) = \sum_{t=r}^{n} P\{r \text{ 番目以降に最初に現れる候補者が } t \text{ 番目の応募者であり,}$$
$$\text{全応募者中で最良又は最悪}\}$$
$$= \sum_{t=r}^{n} P\{t \text{ 番目の応募者がベスト} \mid t \text{ 番目の応募者が候補者}\}$$
$$\times P\{t \text{ 番目の応募者が候補者}\}$$
$$\times P\{r \text{ 番目以降 } t-1 \text{ 番目までの応募者に候補者が現れない}\}.$$

t 番目の応募者が候補者である確率は，相対順位 X_t を用いて，

$$P\{X_t = 1 \text{ 又は } t\} = P\{X_t = 1\} + P\{X_t = t\} = \frac{1}{t} + \frac{1}{t} = \frac{2}{t}$$

である．t 番目の応募者が相対的ベストであるとき，この人が全応募者中のベストである確率は t/n である．t 番目の応募者が相対的ワーストであるとき，この人が全応募者中のワーストである確率も t/n である．また，r 番目以降 $t-1$ 番目までの応募者に候補者が現れない確率は

$$\left(1 - \frac{2}{r}\right)\left(1 - \frac{2}{r+1}\right)\left(1 - \frac{2}{r+2}\right) \cdots \left(1 - \frac{2}{t-2}\right)\left(1 - \frac{2}{t-1}\right)$$

$$= \frac{r-2}{r} \cdot \frac{r-1}{r+1} \cdot \frac{r}{r+2} \cdots \frac{t-4}{t-2} \cdot \frac{t-3}{t-1} = \frac{(r-2)(r-1)}{(t-2)(t-1)}$$

である．これらを上の式に代入して

$$P(r;n) = \sum_{t=r}^{n} \frac{t}{n} \cdot \frac{2}{t} \cdot \frac{(r-2)(r-1)}{(t-2)(t-1)} = \frac{2(r-1)(n-r+1)}{n(n-1)}$$

が得られる．この確率は上記のセカンドベストを採用する秘書問題の確率のちょうど 2 倍である．最適閾値 r^* は，r の関数 $P(r;n)$ が最大になる r の値として，

$$P(r+1;n) \leq P(r;n) \iff r(n-r) \leq (r-1)(n-r+1) \iff 2r \geq n+1$$

により，

$$r^* = \min\left\{r \geq 1 : r \geq \frac{n+1}{2}\right\} = \begin{cases} \dfrac{n}{2}+1 & n \text{ が偶数のとき，} \\ \dfrac{n+1}{2} & n \text{ が奇数のとき} \end{cases}$$

が得られる．$r = r^*$ のとき，$P(r;n)$ は最大値

$$P(r^*;n) = \frac{2(r^*-1)(n-r^*+1)}{n(n-1)} = \begin{cases} \dfrac{n}{2(n-1)} & n \text{ が偶数のとき，} \\ \dfrac{n+1}{2n} & n \text{ が奇数のとき} \end{cases}$$

を取る．n が非常に大きいとき，最適閾値の漸近形は

$$\lim_{n \to \infty} \frac{r^*}{n} = \lim_{n \to \infty} P(r^*;n) = \frac{1}{2}$$

となる．

(4) ベストでなければむしろ独身を選ぶ結婚問題

古典的秘書問題と同様の設定を結婚問題に流用して，ベストが選ばれれば "1" の利得，ベスト以外なら "−1" の利得，誰も選ばない（独身を通す）場

合は "0" の利得とするモデルを考える (Sakaguchi, 1984; Ferguson, 1992b). n 人の応募者が現れる古典的秘書問題では，閾値を r とするとき，絶対的ベストが $r-1$ 番目までに現れれば誰も選ばれず，$r \leq t \leq n-1$ である t 番目に現れた候補者は，確率 t/n で絶対的ベストであり，確率 $1 - t/n$ で絶対的ベストでない（2.1 節 (6)）．古典的秘書問題とは異なり，n 番目の応募者は相対的ベストのときにだけ選ばれる．

従って，この問題で最大化する期待利得は

$$P(r;n) = 0 \times \frac{r-1}{n} + \sum_{t=r}^{n} \frac{r-1}{t(t-1)} \left[1 \times \frac{t}{n} + (-1) \times \left(1 - \frac{t}{n} \right) \right]$$

$$= \frac{2(r-1)}{n} \sum_{t=r}^{n} \frac{1}{t-1} - \left(1 - \frac{r-1}{n} \right)$$

である．与えられた n に対して関数 $P(r;n)$ を最大にする r の値は，不等式 $P(r+1;n) \leq P(r;n)$ が成り立つ最小の r である．この不等式は

$$\sum_{t=r+1}^{n} \frac{1}{t-1} \leq \frac{1}{2}$$

と書くことができるので，最適閾値 r^* は

$$r^* := \min \left\{ r \geq 1 : \sum_{t=r+1}^{n} \frac{1}{t-1} \leq \frac{1}{2} \right\}$$

で与えられる．このとき，最大期待利得は次のようになる．

$$P(r^*;n) = \frac{2(r^*-1)}{n} \sum_{t=r^*}^{n} \frac{1}{t-1} - \left(1 - \frac{r^*-1}{n} \right)$$

n が非常に大きいとき，2.1 節 (8) に示したように，区分求積法により，

$$\sum_{t=r}^{n} \frac{1}{t-1} \approx \int_{r/n}^{1} \frac{dx}{x} = \log \left(\frac{n}{r} \right)$$

が成り立つので，最適閾値と最大期待利得の漸近形は

$$\lim_{n \to \infty} \frac{r^*}{n} = \frac{1}{\sqrt{e}} = 0.606531 \cdots \quad ; \quad \lim_{n \to \infty} P(r^*;n) = \frac{2}{\sqrt{e}} - 1 = 0.213061 \cdots$$

となる．よって，61%の候補者をやり過ごし，その後に現れるベストを選ぶことにすれば，21%の確率で最良の伴侶に巡り合うか，さもなくば独身を貫くことができる．

4.3 サードベストを採用する秘書問題

n 人の応募者から絶対順位が k 位の人を 1 人だけ採用する確率を最大化する最適方策を求める秘書問題は "kth best problem" と呼ばれ，$k = 3$ の場合（サードベストを採用する秘書問題）の厳密解が Lin et al. (2019) により得られている．

この問題は期待効用最大化問題として定式化される．この問題の効用関数は

$$U(1) = U(2) = 0, U(3) = 1, U(4) = U(5) = \cdots = U(n) = 0$$

である．t 番目の応募者の相対順位 i が 4 位以下 $(i \geq 4)$ なら，この応募者を採用しても絶対順位が 3 位になることはないので，採用しない．相対順位 i が 3 位以上 $(i = 1, 2, 3)$ の場合に，この応募者を採用するとするときに絶対的サードベストとなる確率 $y_t(i)$ は，式 (2.14) に与えられている超幾何分布 $P_t(k \mid i)$ を用いて，効用の期待値として，

$$y_t(1) = \sum_{k=1}^{n-t+1} U(k)P_t(k \mid 1) = P_t(3 \mid 1) = \frac{t(n-t)(n-t-1)}{n(n-1)(n-2)},$$

$$y_t(2) = \sum_{k=1}^{n-t+1} U(k)P_t(k \mid 2) = P_t(3 \mid 2) = \frac{2t(t-1)(n-t)}{n(n-1)(n-2)},$$

$$y_t(3) = \sum_{k=1}^{n-t+1} U(k)P_t(k \mid 3) = P_t(3 \mid 3) = \frac{t(t-1)(t-2)}{n(n-1)(n-2)},$$

$$y_t(1) + y_2(t) + y_3(t) = \frac{t}{n}$$

で与えられる．t に依存する $\{y_t(1), y_t(2), y_t(3)\}$ の大小関係は次のとおりである．

$$y_t(3) > y_t(2) > y_t(1) \qquad \frac{2(n+1)}{3} < t \leq n,$$

$$y_t(2) > y_t(3) > y_t(1) \qquad \frac{n+1}{2} < t < \frac{2(n+1)}{3},$$

$$y_t(2) > y_t(1) > y_t(3) \qquad \frac{n+1}{3} < t < \frac{n+1}{2},$$

$$y_t(1) > y_t(2) > y_t(3) \qquad 1 \le t < \frac{n+1}{3}.$$

$V_t(i)$ を t 番目の応募者の相対順位が i であるときに, 最適方策によりサードベストが採用される確率とする. このとき, 最適性方程式は以下のような単純な構造をもつ.

$$V_n(1) = V_n(2) = V_n(4) = \cdots = V_n(n) = 0, V_n(3) = 1 \quad ; \quad V_n = \frac{1}{n},$$

$$V_t(i) = \max\{y_t(i), V_{t+1}\} \qquad i = 1, 2, 3, \quad 1 \le t \le n-1,$$

$$V_t(i) = V_{t+1} \qquad 4 \le i \le t \le n-1.$$

ここで,

$$V_t := \frac{1}{t} \sum_{i=1}^{t} V_t(i) \qquad 1 \le t \le n$$

とした.

最適閾値 r_1^* と r_2^* $(< r_1^*)$ は

$$r_1^* := \min\{t \ge 1 : y_t(3) \ge V_{t+1}\} \quad ; \quad r_2^* := \min\{t \ge 1 : y_t(2) \ge V_{t+1}\}$$

で与えられる. 成功確率の最大値は $V_{r_2^*-1}$ である.

閾値 r_1^* と r_2^* $(< r_1^*)$ をもつ閾値規則を次のように定める.

(i) $r_2^* - 1$ 番目までの応募者は無条件に不採用とする.

(ii) r_2^* 番目以降に最初に現れる相対的ベスト又はセカンドベストの応募者を採用する.

(iii) r_1^* 番目以降に最初に現れる相対的サードベストの応募者を採用する.

(iv) 最後まで相対的サードベストが現れなければ, 最後の応募者を採用する.

例えば, $n = 13$ 人の応募者の中からサードベストを採用する秘書問題に対して, 各応募者の成功確率 $\{V_t(i); 1 \le i \le t\}$ と V_t を表 4.3 のように計算することができる. この表を見ると, $y_t(3) \ge V_{t+1}$ を満たす最小の t が $r_1^* = 9$ であり, $y_t(2) \ge V_{t+1}$ を満たす最小の t が $r_2^* = 7$ であることが分かる. また, この場合の成功確率が $V_{r_2^*-1} = V_6 = 0.26410$ であることも分かる.

表 4.3 サードベストを採用する秘書問題における各応募者の成功確率 {$V_t(i)$; $1 \le i \le t$} と V_t ($n = 13$).

t	$y_t(1)$	$y_t(2)$	$y_t(3)$	$V_t(1)$	$V_t(2)$	$V_t(3)$	$V_t(4)$	$V_t(5)$	$V_t(6)$	$V_t(7)$	$V_t(8)$	$V_t(9)$	$V_t(10)$	$V_t(11)$	$V_t(12)$	$V_t(13)$	V_t
13	0	0	1	$\frac{13457}{51480}$	$\frac{13457}{51480}$	$\frac{13457}{51480}$	$\frac{13457}{51480}$	$\frac{13457}{51480}$	$\frac{13457}{51480}$	$\frac{553}{2160}$	$\frac{9497}{38610}$	$\frac{971}{4290}$	$\frac{82}{429}$	$\frac{11}{78}$	$\frac{1}{13}$	0	0.07691
12	0	$\frac{2}{13}$	1	$\frac{13457}{51480}$	$\frac{13457}{51480}$	$\frac{13457}{51480}$	$\frac{13457}{51480}$	$\frac{13457}{51480}$	$\frac{13457}{51480}$	$\frac{553}{2160}$	$\frac{9497}{38610}$	$\frac{971}{4290}$	$\frac{82}{429}$	$\frac{11}{78}$	$\frac{1}{13}$		0.14103
11	$\frac{1}{78}$	$\frac{10}{39}$	$\frac{26}{143}$	$\frac{13457}{51480}$	$\frac{13457}{51480}$	$\frac{13457}{51480}$	$\frac{13457}{51480}$	$\frac{13457}{51480}$	$\frac{13457}{51480}$	$\frac{553}{2160}$	$\frac{9497}{38610}$	$\frac{971}{4290}$	$\frac{82}{429}$	$\frac{11}{78}$			0.19114
10	$\frac{5}{143}$	$\frac{45}{143}$	$\frac{60}{143}$	$\frac{13457}{51480}$	$\frac{13457}{51480}$	$\frac{13457}{51480}$	$\frac{13457}{51480}$	$\frac{13457}{51480}$	$\frac{13457}{51480}$	$\frac{553}{2160}$	$\frac{9497}{38610}$	$\frac{971}{4290}$	$\frac{82}{429}$				0.22634
9	$\frac{9}{143}$	$\frac{48}{143}$	$\frac{42}{143}$	$\frac{13457}{51480}$	$\frac{13457}{51480}$	$\frac{13457}{51480}$	$\frac{13457}{51480}$	$\frac{13457}{51480}$	$\frac{13457}{51480}$	$\frac{553}{2160}$	$\frac{9497}{38610}$	$\frac{971}{4290}$					**0.24597**
8	$\frac{40}{429}$	$\frac{140}{429}$	$\frac{28}{143}$	$\frac{13457}{51480}$	$\frac{13457}{51480}$	$\frac{13457}{51480}$	$\frac{13457}{51480}$	$\frac{13457}{51480}$	$\frac{13457}{51480}$	$\frac{553}{2160}$	$\frac{9497}{38610}$						0.25602
7	$\frac{35}{286}$	$\frac{42}{143}$	$\frac{35}{286}$	$\frac{13457}{51480}$	$\frac{13457}{51480}$	$\frac{13457}{51480}$	$\frac{13457}{51480}$	$\frac{13457}{51480}$	$\frac{13457}{51480}$	$\frac{553}{2160}$							**0.26140**
6	$\frac{21}{143}$	$\frac{35}{143}$	$\frac{10}{143}$	$\frac{13457}{51480}$	$\frac{13457}{51480}$	$\frac{13457}{51480}$	$\frac{13457}{51480}$	$\frac{13457}{51480}$	$\frac{13457}{51480}$								0.26140
5	$\frac{70}{429}$	$\frac{80}{429}$	$\frac{5}{143}$	$\frac{13457}{51480}$	$\frac{13457}{51480}$	$\frac{13457}{51480}$	$\frac{13457}{51480}$	$\frac{13457}{51480}$									0.26140
4	$\frac{24}{143}$	$\frac{18}{143}$	$\frac{2}{143}$	$\frac{13457}{51480}$	$\frac{13457}{51480}$	$\frac{13457}{51480}$	$\frac{13457}{51480}$										0.26140
3	$\frac{45}{286}$	$\frac{10}{143}$	$\frac{1}{286}$	$\frac{13457}{51480}$	$\frac{13457}{51480}$	$\frac{13457}{51480}$											0.26140
2	$\frac{5}{39}$	$\frac{1}{39}$	0	$\frac{13457}{51480}$	$\frac{13457}{51480}$												0.26140
1	$\frac{1}{13}$	0	0	$\frac{13457}{51480}$													0.26140

t	$y_t(2)$	$y_t(3)$	V_t
11			$\frac{82}{429} = 0.19114$
10	$\frac{45}{143} = 0.31469 > V_{11}$	$\frac{60}{143} = 0.41958 > V_{11}$	$\frac{971}{4290} = 0.22634$
$r_1^* =$ **9**	$\frac{48}{143} = 0.33566 > V_{10}$	$\frac{42}{143} = 0.29371 > V_{10}$	$\frac{9497}{38610} =$ **0.24597**
8	$\frac{140}{429} = 0.33634 > V_9$	$\frac{28}{143} = 0.19580 < V_9$	$\frac{553}{2160} = 0.25602$
$r_2^* =$ **7**	$\frac{42}{143} = 0.29371 > V_8$	$\frac{35}{286} = 0.12238 < V_8$	$\frac{13457}{51480} =$ **0.26140**
6	$\frac{35}{143} = 0.24476 < V_7$	$\frac{10}{143} = 0.06993 < V_7$	$\frac{13457}{51480} = 0.26140$
5	$\frac{80}{429} = 0.18648 < V_6$	$\frac{5}{143} = 0.03497 < V_6$	$\frac{13457}{51480} = 0.26140$

t 欄の太字は最適閾値 r_1^* と r_2^*.

Lin et al. (2019) は，上記の最適性方程式の解として，2 つの閾値 $r_1^* = b_n$ と $r_2^* = a_n$ を計算する以下のアルゴリズムを示している．

$$b_n := \min\left\{2 \le j \le n-2 : \sum_{i=j+1}^{n-1} \frac{1}{i-2} \le \frac{1}{2}\right\},$$

$$u_n := (b_n - 2)(2n - 4)\sum_{i=b_n}^{n} \frac{1}{i-2},$$

$$f_n(x) := 3x^2 - (1 + 4n)x + 2(n+1) + (n-2)b_n + u_n,$$

$$a_n := \min\{2 \le j \le b_n : f_n(j) \le 0\}.$$

このとき，最大化された確率は

$$P_n^{(3)} = \frac{(a_n - 1)[a_n^2 - (2n+1)a_n + (n-2)b_n + 2(n+1) + u_n]}{n(n-1)(n-2)}$$

で与えられる．また，次の式が成り立つ．

$$2 \le a_n \le a_{n+1} \le a_n + 1 \quad ; \quad 3 \le b_n \le b_{n+1} \le b_n + 1 \qquad n \ge 3.$$

このアルゴリズムにより計算した閾値 r_1^*, r_2^* と $P_n^{(3)}$ を表 4.4 に示す．$P_n^{(3)}$ は n の緩やかな減少関数である．

Lin et al. (2019) によれば，$n \to \infty$ のとき，閾値の漸近形は

$$\lim_{n\to\infty} \frac{r_1^*}{n} = \frac{1}{\sqrt{e}} = 0.6065306597\cdots,$$

$$\lim_{n\to\infty} \frac{r_2^*}{n} = \frac{2}{2\sqrt{e} + \sqrt{4e - 6\sqrt{e}}} = 0.4664401167\cdots$$

となり，サードベストの応募者が採用される確率の最大値は

$$\lim_{n\to\infty} P_n^{(3)} = \frac{8\left(2\sqrt{e} - 2 + \sqrt{4e - 6\sqrt{e}}\right)}{\left(2\sqrt{e} + \sqrt{4e - 6\sqrt{e}}\right)^3} = 0.2321693873\cdots$$

である．

$k = 3, 4, 5$ について，n 人の応募者に対して，絶対順位が k 位の応募者を採

表 4.4 サードベストを採用する秘書問題の最適閾値と成功確率.

n	r_1^*	r_2^*	$P_n^{(3)}$	n	r_1^*	r_2^*	$P_n^{(3)}$
3	3	2	0.50000	26	17	13	0.24582
4	3	2	0.33333	27	17	13	0.24499
5	4	3	0.33333	28	18	14	0.24478
6	5	4	0.30000	29	19	14	0.24421
7	5	4	0.29286	30	19	15	0.24380
8	6	4	0.28214	35	22	17	0.24210
9	7	5	0.27513	40	25	19	0.24074
10	7	5	0.27090	50	31	24	0.23901
11	8	6	0.26732	60	37	29	0.23781
12	8	6	0.26157	70	44	33	0.23699
13	9	7	0.26140	80	50	38	0.23640
14	10	7	0.25821	90	56	43	0.23592
15	10	8	0.25528	100	62	47	0.23554
16	11	8	0.25323	200	122	94	0.23385
17	11	9	0.25314	300	183	141	0.23328
18	12	9	0.25256	400	244	187	0.23300
19	13	10	0.25071	500	303	234	0.23283
20	13	10	0.25025	600	365	281	0.23273
21	14	11	0.24900	700	426	327	0.23265
22	14	11	0.24824	800	486	374	0.23259
23	15	11	0.24752	900	547	421	0.23254
24	16	12	0.24690	1000	608	467	0.23250
25	16	12	0.24621	∞			0.23217

$\lim_{n \to \infty}(r_1^*/n) = 0.60653$, $\lim_{n \to \infty}(r_2^*/n) = 0.46644$.

用する秘書問題の $n \to \infty$ における漸近解が Szajowski (1982) により研究され
ている．その結果によれば，k 位の応募者が採用される確率の最大値は，$k = 3$
のとき 0.2322（上の結果と一致），$k = 4$ のとき 0.2089，$k = 5$ のとき 0.1919 で
あり，k の減少関数のようである．

4.4 第 k 位の応募者を採用する秘書問題（計算アルゴリズム）

n 人の応募者の中から絶対順位が k 位の応募者を採用する確率を最大化する秘
書問題に対する計算アルゴリズムが Goldenshluger et al. (2020, p.236) に示され
ている．以下において，応募者数 n と採用する応募者の絶対順位 k $(2 \leq k \leq n/2)$

が与えられていると仮定する．計算アルゴリズムは 2.4 節に示された期待効用最大化法に基づくので，式 (2.14) に示された超幾何分布

$$P_t(a \mid i) = \frac{\binom{a-1}{i-1}\binom{n-a}{t-i}}{\binom{n}{t}} \qquad i \le a \le n-t+i, 1 \le i \le t \le n$$

を用いる．この問題に対する効用関数 $U(a), 1 \le a \le n$, は

$$U(1) = U(2) = \cdots = U(k-1) = 0, U(k) = 1, U(k+1) = \cdots = U(n) = 0$$

である．計算アルゴリズムは次のように与えられる．

(a) $1 \le t \le k$ のとき，

$$U_t(k \mid i) = \sum_{a=i}^{n-t+i} U(a)P_t(a \mid i) = P_t(k \mid i) \quad 1 \le i \le t.$$
$$\ell_t = t.$$
$$y_t(i) = P_t(k \mid i) \quad ; \quad f_t(i) = 1/t \qquad 1 \le i \le t.$$

(b) $k+1 \le t \le n-k+1$ のとき，

$$U_t(k \mid i) = \begin{cases} P_t(k \mid i) & 1 \le i \le k, \\ 0 & k+1 \le i \le t. \end{cases}$$
$$\ell_t = k+1.$$
$$y_t(i) = \begin{cases} P_t(k \mid i) & 1 \le i \le k, \\ 0 & i = k+1. \end{cases}$$
$$f_t(i) = \begin{cases} 1/t & 1 \le i \le k, \\ 1-k/t & i = k+1. \end{cases}$$

(c) $n-k+2 \le t \le n$ のとき，

$$U_t(k \mid i) = \begin{cases} 0 & 1 \le i \le t-n+k-1, \\ P_t(k \mid i) & t-n+k \le i \le k, \\ 0 & k+1 \le i \le t. \end{cases}$$

$\ell_t = n - t + 2.$

$$y_t(i) = \begin{cases} 0 & i = 1, \\ P_t(k \mid t-n+k-2+i) = \dbinom{k-1}{n-t+2-i}\dbinom{n-k}{i-2} \Big/ \dbinom{n}{t} \\ & 2 \le i \le n-t+2. \end{cases}$$

$$f_t(i) = \begin{cases} 2 - (n+1)/t & i = 1, \\ 1/t & 2 \le i \le n-t+2. \end{cases}$$

$\{y_t(i)\}$ と $\{f_t(i)\}$ を使って，$\{b_t; 1 \le t \le n\}$ を逐次的に計算する．

$$b_1 = -\infty \quad ; \quad b_2 = \sum_{i=1}^{\ell_n} y_n(i) f_n(i),$$

$$b_t = \sum_{i=1}^{\ell_{n-t+2}} \max\{b_{t-1}, y_{n-t+2}(i)\} f_{n-t+2}(i) \qquad 3 \le t \le n.$$

このとき，$P_n^{(k)} = b_n$ が成功確率の最大値である．閾値 $\{r_1^*, r_2^*, \dots\}$ は

$$r_{k-i+1}^* := \min\{1 \le t \le n : y_t(i) > b_{n-t+1}\} \qquad i \le k$$

により与えられる．

　このアルゴリズムを用いて絶対順位が 3 位の応募者を採用する秘書問題に対して最適閾値と成功確率を計算した結果は，表 4.4 に示された Lin et al. (2019) の方法による計算結果と一致する．

　表 4.5 に，絶対順位が 4 位の応募者を採用する秘書問題の最適閾値 r_1^*, r_2^* と，そのときの成功確率 $P_n^{(4)}$ を示す．$P_n^{(4)}$ は n の減少関数である．Szajowski (1982) は $\lim\limits_{n \to \infty} P_n^{(4)} \approx 0.2089$ を導いている．この場合には 2 つの最適閾値が存在する．

$$r_1^* = \min\{1 \le t \le n : y_t(4) > b_{n-t+1}\},$$

$$r_2^* = \min\{1 \le t \le n : y_t(3) > b_{n-t+1}\} < r_1^*.$$

表 4.5　絶対順位が 4 位の応募者を採用する秘書問題の最適閾値と成功確率.

n	r_1^*	r_2^*	$P_n^{(4)}$	n	r_1^*	r_2^*	$P_n^{(4)}$
				26	19	15	0.22311
4		3	0.62500	27	20	15	0.22296
5		4	0.36667	28	20	16	0.22234
6	5	4	0.30000	29	21	16	0.22167
7	6	5	0.27619	30	22	17	0.22142
8	7	5	0.26429	35	25	19	0.21933
9	7	6	0.25794	40	28	19	0.21817
10	8	6	0.25298	50	35	27	0.21614
11	9	7	0.24545	60	42	33	0.21495
12	9	7	0.24394	70	49	38	0.21409
13	10	8	0.24068	80	55	43	0.21340
14	11	9	0.23689	90	62	48	0.21290
15	11	9	0.23590	100	69	54	0.21250
16	12	9	0.23370	200	136	107	0.21069
17	13	10	0.23162	300	204	159	0.21010
18	13	10	0.23051	400	272	212	0.20981
19	14	11	0.22962	500	339	265	0.20963
20	15	11	0.22755	600	407	318	0.20951
21	15	12	0.22744	700	475	371	0.20943
22	16	13	0.22611	800	542	424	0.20936
23	17	13	0.22530	900	610	477	0.20931
24	18	14	0.22465	1000	677	530	0.20928
25	18	14	0.22420	∞			$0.2089^\star$

$\star$ $\displaystyle\lim_{n\to\infty} P_n^{(4)} \approx 0.2089$ は Szajowski (1982) による.

閾値 r_1^*, r_2^* をもつ閾値規則を次のように定める.

(i) $r_2^* - 1$ 番目までの応募者は無条件に不採用とする.

(ii) r_2^* 番目以降に最初に現れる相対的 1〜3 位の応募者を採用する.

(iii) r_1^* 番目以降に最初に現れる相対的 4 位の応募者を採用する.

(iv) 最後まで相対的 4 位の応募者が現れなければ, 最後の応募者を採用する.

表 4.6 に, 絶対順位が 5 位の応募者を採用する秘書問題の最適閾値 r_1^*, r_2^*, r_3^* と, そのときの成功確率 $P_n^{(5)}$ を示す. $P_n^{(5)}$ は n の減少関数である. Szajowski (1982) は $\displaystyle\lim_{n\to\infty} P_n^{(5)} \approx 0.1919$ を導いた. この場合には 3 つの閾値が存在する.

表 4.6 絶対順位が 5 位の応募者を採用する秘書問題の最適閾値と成功確率.

n	r_1^*	r_2^*	r_3^*	$P_n^{(5)}$	n	r_1^*	r_2^*	r_3^*	$P_n^{(5)}$
5		4	3	0.60000	27	21	17	14	0.20812
6		5	3	0.38889	28	22	17	15	0.20766
7		5	4	0.31429	29	22	18	15	0.20699
8	7	6	5	0.26429	30	23	19	16	0.20624
9	8	6	5	0.25608	35	27	21	18	0.20419
10	9	7	6	0.24603	40	30	24	21	0.20253
11	9	7	6	0.23990	50	37	30	26	0.20035
12	10	8	7	0.23442	60	45	36	31	0.19889
13	11	9	7	0.22937	70	52	42	36	0.19785
14	11	9	8	0.22727	80	58	48	41	0.19709
15	12	10	8	0.22416	90	66	53	47	0.19653
16	13	10	9	0.22111	100	73	59	52	0.19608
17	14	11	9	0.21984	200	145	117	103	0.19402
18	14	12	10	0.21749	300	217	176	154	0.19334
19	15	12	10	0.21620	400	289	234	206	0.19301
20	16	13	11	0.21444	500	361	292	257	0.19281
21	16	13	11	0.21373	600	433	350	308	0.19268
22	17	14	12	0.21245	700	505	409	359	0.19258
23	18	14	12	0.21108	800	576	467	411	0.19251
24	19	15	13	0.21064	900	648	525	462	0.19246
25	19	16	13	0.20952	1000	720	583	513	0.19241
26	20	16	14	0.20889	∞				0.1919*

$\star$ $\lim_{n\to\infty} P_n^{(5)} \approx 0.1919$ は Szajowski (1982) による.

$$r_1^* = \min\{1 \le t \le n : y_t(5) > b_{n-t+1}\},$$
$$r_2^* = \min\{1 \le t \le n : y_t(4) > b_{n-t+1}\} < r_1^*,$$
$$r_3^* = \min\{1 \le t \le n : y_t(3) > b_{n-t+1}\} < r_2^*.$$

閾値 r_1^*, r_2^*, r_3^* をもつ閾値規則を次のように定める.

(i) $r_3^* - 1$ 番目までの応募者は無条件に不採用とする.

(ii) r_3^* 番目以降に最初に現れる相対的 1〜3 位の応募者を採用する.

(iii) r_2^* 番目以降に最初に現れる相対的 4 位の応募者を採用する.

(iv) r_1^* 番目以降に最初に現れる相対的 5 位の応募者を採用する.

(v) 最後まで相対的 5 位の応募者が現れなければ, 最後の応募者を採用する.

表 4.7　絶対順位が k 位の応募者を採用する秘書問題の成功確率.

$n = 51$		$n = 101$		$n = 501$		$n = 1001$	
k	$P_n^{(k)}$	k	$P_n^{(k)}$	k	$P_n^{(k)}$	k	$P_n^{(k)}$
2	0.25490	2	0.25248	2	0.25050	2	0.25025
3	0.23887	3	0.23551	3	0.23284	3	0.23250
4	0.21609	4	0.21245	4	0.20963	4	0.20928
5	0.20013	5	0.19602	5	0.19281	5	0.19241
6	0.19114	6	0.18658	6	0.18307	6	0.18264
7	0.18209	7	0.17728	7	0.17362	7	0.17317
8	0.17593	8	0.17038	8	0.16627	8	0.16577
9	0.17076	9	0.16491	9	0.16054	9	0.16001
10	0.16590	10	0.15962	10	0.15506	10	0.15451
13	0.15624	15	0.14284	25	0.11684	25	0.11584
15	0.15190	20	0.13268	50	0.09537	50	0.09372
18	0.14714	$25^\dagger$	0.12616	100	0.07938	100	0.07643
20	0.14515	30	0.12156	$125^\dagger$	0.07546	125	0.07181
23	0.14319	40	0.11641	200	0.06970	$250^\dagger$	0.06040
$25^\star$	0.14269	$50^\star$	0.11467	$250^\star$	0.06876	$500^\star$	0.05504

† は第 1 四分位数, ★ は中央値.

表 4.7 に，いろいろな k の値について，n 人の応募者から絶対順位が k 位の応募者を採用する秘書問題における成功確率 $P_n^{(k)}$ を示す．各 n について，$P_n^{(k)}$ は k の減少関数である．

Rose (1982b) は，応募者数の中央値に相当する絶対順位が $(n+1)/2$ 位の秘書が採用される確率は，$n \to \infty$ のとき 0 に近づくことを示した．

$$\lim_{n\to\infty} P_n^{((n+1)/2)} = 0.$$

このことが表 4.7 で確認できる．応募者数の第 1 四分位数 (quartile) に相当する絶対順位が $(n+1)/4$ 位の秘書が採用される確率も，$n \to \infty$ のとき 0 に近づくことが予想される．

$$\lim_{n\to\infty} P_n^{((n+1)/4)} = 0.$$

5章 ベスト又はセカンドベスト等を採用する秘書問題

Secretary Problems Employing the Best or the Second Best

　与えられた数の応募者に対してベスト又はセカンドベストを採用する確率を最大にする最適方策を求める秘書問題は，最初に Gilbert and Mosteller (1966, pp.49–50) によって取り上げられ，Gusein-Zade (1966) らによる研究が続いた．穴太 (2000, pp.84–87) に解説がある．その後，この問題のモデルは，与えられた自然数 k について，絶対順位が $1 \sim k$ 位の応募者を 1 人採用する確率を最大にする最適方策を求める秘書問題に発展し，応募者数が非常に大きい場合の漸近形も詳しく研究された．

　本章では，まずベスト又はセカンドベストを採用する秘書問題を次の 3 つの方法により考える．

- 期待効用最大化法
- 候補者の面接番号を状態とする Markov 決定過程
- 順列組合せ (Bartoszynski, 1976)

続いて，ベスト，セカンドベスト又はサードベストを採用する確率を最大にする最適方策を求める秘書問題に対する明示解 (Quine and Law, 1996) と，絶対順位が $1 \sim k$ 位の応募者を 1 人採用する秘書問題に対するアルゴリズムによる計算法 (Woryna, 2017; Goldenshluger et al., 2020) を紹介する．最後に，$n \to \infty$ での漸近解 (Mucci, 1973; Frank and Samuels, 1980) を詳しく解説する．

5.1　ベスト又はセカンドベストを採用する秘書問題

(1) 期待効用最大化法

　　n 人の応募者に対してベスト又はセカンドベストを採用する秘書問題は，効用関数を $U(1) = 1, U(2) = 1$ とする期待効用最大化問題（2.4 節）として定式化される．

　　式 (2.14) に与えられている超幾何分布 $P_t(k \mid i)$ を用いると，t 番目の応

募者が相対的ベストのとき，この応募者を採用する効用の期待値，すなわち，この人が絶対的ベスト又はセカンドベストである確率は

$$y_t(1) = \sum_{k=1}^{n-t+1} U(k)P_t(k \mid 1) = P_t(1 \mid 1) + P_t(2 \mid 1) = \frac{t}{n} + \frac{t(n-t)}{n(n-1)}$$
$$1 \le t \le n$$

で与えられる．また，t 番目の応募者が相対的セカンドベストのとき，この応募者を採用するときに絶対的セカンドベストである（絶対的ベストにはなり得ない）確率は

$$y_t(2) = \sum_{k=2}^{n-t+2} U(k)P_t(k \mid 2) = P_t(2 \mid 2) = \frac{t(t-1)}{n(n-1)} \qquad 2 \le t \le n$$

である．これらには次の関係がある．

$$y_t(1) > y_t(2) \quad ; \quad y_t(1) + y_t(2) = \frac{2t}{n} \qquad 2 \le t \le n.$$

一方，t 番目の応募者の相対順位が 3 位以下のとき，この応募者を採用してもベスト又はセカンドベストになることはないので，期待効用は 0 である．この応募者は候補者ではない．

$$y_t(i) = 0 \qquad 3 \le i \le t \le n.$$

$V_t(i)$ を t 番目の応募者の相対順位が i であるとき，最適方策により，絶対順位がベスト又はセカンドベストとして採用される確率（成功確率）とする．このとき，$\{V_t(i); 1 \le i \le t \le n\}$ に対する最適性方程式は

$$V_n(1) = V_n(2) = 1, \quad V_n(i) = 0 \qquad 3 \le i \le n,$$
$$V_t(1) = \max\{y_t(1), V_{t+1}\} \quad 1 \le t \le n-1,$$
$$V_t(2) = \max\{y_t(2), V_{t+1}\} \quad 2 \le t \le n-1,$$
$$V_t(i) = V_{t+1} \qquad 3 \le i \le t \le n-1 \tag{5.1}$$

で与えられる．ここで，

表 5.1 ベスト又はセカンドベストを採用する秘書問題の成功確率 $\{V_t(i)\}$ と V_t.

(a) $n = 5$ $(r_1^* = 4, r_2^* = 2)$

t	$y_t(1)$	$y_t(2)$	$V_1(t)$	$V_2(t)$	$V_3(t)$	$V_4(t)$	$V_5(t)$	V_t
5	1	1	1	1	0	0	0	$\frac{2}{5}$
4	1	$\frac{3}{5}$	1	$\frac{3}{5}$	$\frac{2}{5}$	$\frac{2}{5}$		$\frac{3}{5}$
3	$\frac{9}{10}$	$\frac{1}{10}$	$\frac{9}{10}$	$\frac{3}{5}$	$\frac{3}{5}$			$\frac{7}{10}$
2	$\frac{7}{10}$	$\frac{3}{10}$	$\frac{7}{10}$	$\frac{7}{10}$				$\frac{7}{10}$
1	$\frac{2}{5}$	0	$\frac{7}{10}$					$\frac{7}{10}$

t 欄の太字は最適閾値 r^*.

(b) $n = 10$ $(r_1^* = 7, r_2^* = 4)$

t	$y_t(1)$	$y_t(2)$	$V_t(1)$	$V_t(2)$	$V_t(3)$	$V_t(4)$	$V_t(5)$	$V_t(6)$	$V_t(7)$	$V_t(8)$	$V_t(9)$	$V_t(10)$	V_t
10	1	1	1	1	0	0	0	0	0	0	0	0	$\frac{1}{5}$
9	1	$\frac{4}{5}$	1	$\frac{4}{5}$	$\frac{1}{5}$	$\frac{1}{5}$	$\frac{1}{5}$	$\frac{1}{5}$	$\frac{1}{5}$	$\frac{1}{5}$	$\frac{1}{5}$		$\frac{16}{45}$
8	$\frac{44}{45}$	$\frac{28}{45}$	$\frac{44}{45}$	$\frac{28}{45}$	$\frac{16}{45}$	$\frac{16}{45}$	$\frac{16}{45}$	$\frac{16}{45}$	$\frac{16}{45}$	$\frac{16}{45}$			$\frac{7}{15}$
7	$\frac{14}{15}$	$\frac{7}{15}$	$\frac{14}{15}$	$\frac{7}{15}$	$\frac{7}{15}$	$\frac{7}{15}$	$\frac{7}{15}$	$\frac{7}{15}$	$\frac{7}{15}$				$\frac{8}{15}$
6	$\frac{13}{15}$	$\frac{1}{3}$	$\frac{13}{15}$	$\frac{8}{15}$	$\frac{8}{15}$	$\frac{8}{15}$	$\frac{8}{15}$	$\frac{8}{15}$					$\frac{53}{90}$
5	$\frac{7}{9}$	$\frac{2}{9}$	$\frac{7}{9}$	$\frac{53}{90}$	$\frac{53}{90}$	$\frac{53}{90}$	$\frac{53}{90}$						$\frac{47}{75}$
4	$\frac{2}{3}$	$\frac{2}{15}$	$\frac{2}{3}$	$\frac{47}{75}$	$\frac{47}{75}$	$\frac{47}{75}$							$\frac{191}{300}$
3	$\frac{8}{15}$	$\frac{1}{15}$	$\frac{191}{300}$	$\frac{191}{300}$	$\frac{191}{300}$								$\frac{191}{300}$
2	$\frac{17}{45}$	$\frac{1}{45}$	$\frac{191}{300}$	$\frac{191}{300}$									$\frac{191}{300}$
1	$\frac{1}{5}$	0	$\frac{191}{300}$										$\frac{191}{300}$

$$V_n = \frac{1}{n}\sum_{i=1}^n V_n(i) = \frac{2}{n} \quad ; \quad V_t := \frac{1}{t}\sum_{i=1}^t V_t(i) \qquad 1 \le t \le n-1$$

とした. $n = 5$ と $n = 10$ の場合に，漸化式 (5.1) から計算した $\{V_t(i); 1 \le i \le t \le n\}$ と V_t $(1 \le t \le n)$ を表 5.1 に示す．図 5.1 にそれらを図示する．
2 つの閾値 r_1 と r_2 $(r_1 > r_2)$ をもつ閾値規則を次のように定める．

(i) $r_2 - 1$ 番目の応募者までは無条件で不採用とする．

(ii) r_2 番目から $r_1 - 1$ 番目までに最初に現れる相対的ベストの応募者を採用する．

(iii) そのような応募者が現れなければ，r_1 番目以降に最初に現れる相対的ベスト又はセカンドベストの応募者を採用する．

(iv) 最後までそのような応募者が現れなければ，最後の応募者を採用する．

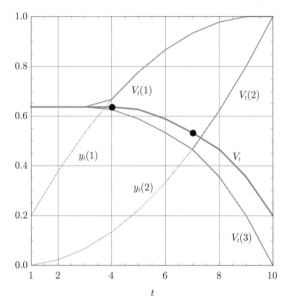

図 5.1　ベスト又はセカンドベストを採用する秘書問題に対する期待効用 $\{y_t(i)\}$ と成功確率 $\{V_t(i)\}$, V_t $(n = 10)$. ● は最適閾値.

最適性方程式 (5.1) を解析する.　まず，$\{V_t; 1 \leq t \leq n\}$ を求めよう．$V_n = 2/n$ から始め，$r_1 \leq t \leq n-1$ について，

$$V_t = \frac{1}{t}\left[\frac{t}{n} + \frac{t(n-t)}{n(n-1)} + \frac{t(t-1)}{n(n-1)} + (t-2)V_{t+1}\right] = \frac{2}{n} + \frac{t-2}{t}V_{t+1}$$

が成り立つ.　この漸化式を解いて，

$$V_t = \frac{2(t-1)(n-t+1)}{n(n-1)} \qquad r_1 \leq t \leq n$$

が得られる.　例えば，次のようになる.

$$V_{n-1} = \frac{4(n-2)}{n(n-1)}, \quad V_{n-2} = \frac{6(n-3)}{n(n-1)}, \quad V_{n-3} = \frac{8(n-4)}{n(n-1)}, \quad \ldots.$$

ここで，t を n から減らしていくときに，$V_t(2) = \max\{y_t(2), V_{t+1}\}$ において，$y_t(2) \geq V_{t+1}$ が保たれる最小の t を最適閾値 r_1^* とする.

$$r_1^* := \min\{1 \leq t \leq n : y_t(2) \geq V_{t+1}\}$$
$$= \min\left\{1 \leq t \leq n : \frac{t(t-1)}{n(n-1)} \geq \frac{2t(n-t)}{n(n-1)}\right\}$$
$$= \min\left\{1 \leq t \leq n : t \geq \frac{2n+1}{3}\right\}. \tag{5.2}$$

すなわち，r_1^* は $(2n+1)/3$ 以上の最小の整数である．この r_1^* を用いて，

$$V_{r_1^*} := \frac{2(r_1^*-1)(n-r_1^*+1)}{n(n-1)}$$

を得る．

次に，$r_2 \leq t \leq r_1^* - 1$ について，

$$V_t = \frac{1}{t}\left[\frac{t}{n} + \frac{t(n-t)}{n(n-1)} + (t-1)V_{t+1}\right] = \frac{2n-t-1}{n(n-1)} + \frac{t-1}{t}V_{t+1}$$

が成り立つ．これを解いて，

$$V_t = \frac{t-1}{n}\left(2\sum_{j=t}^{r_1^*-1}\frac{1}{j-1} - \frac{r_1^*-t}{n-1}\right) + \frac{t-1}{r_1^*-1}V_{r_1^*}$$
$$= \frac{t-1}{n}\left(2\sum_{j=t}^{r_1^*-1}\frac{1}{j-1} + \frac{2n-3r_1^*+t+2}{n-1}\right) \qquad r_2 \leq t \leq r_1^* - 1$$

が得られる．ここで，t を $r_1^* - 1$ から減らしていくときに，

$$V_t(1) = \max\{y_t(1), V_{t+1}\}$$

において，$y_t(1) \geq V_{t+1}$ が保たれる最小の t をもう 1 つの最適閾値 r_2^* とする．

$$r_2^* := \min\{1 \leq t \leq r_1^* - 1 : y_t(1) \geq V_{t+1}\}$$
$$= \min\left\{1 \leq t \leq r_1^* - 1 : \frac{t}{n} + \frac{t(n-t)}{n(n-1)}\right.$$
$$\left. \geq \frac{t}{n}\left(2\sum_{j=t+1}^{r_1^*-1}\frac{1}{j-1} + \frac{2n-3r_1^*+t+3}{n-1}\right)\right\}$$
$$= \min\left\{1 \leq t \leq r_1^* - 1 : \sum_{j=t+1}^{r_1^*-1}\frac{1}{j-1} \leq \frac{3r_1^*-2t-4}{2(n-1)}\right\} \tag{5.3}$$

このようにして決めた r_1^* と r_2^* を用いて得られる

$$P_n^{(1\sim2)} := V_{r_2^*} := \frac{r_2^* - 1}{n} \left(2 \sum_{j=r_2^*}^{r_1^*-1} \frac{1}{j-1} + \frac{2n - 3r_1^* + r_2^* + 2}{n-1} \right) \quad (5.4)$$

が最適閾値によって最大化されたベスト又はセカンドベストが採用される確率である．なお，$1 \le t \le r_2^*$ では V_t は一定である．

$$V_t = V_{r_2^*} \qquad 1 \le t \le r_2^*.$$

n が非常に大きいときの漸近形を

$$r_1^* \approx \alpha n \quad ; \quad r_2^* \approx \beta n$$

の形に仮定すれば，$\alpha = \frac{2}{3}$ である．また，区分求積法により，

$$\sum_{j=r_2^*+1}^{r_1^*-1} \frac{1}{j-1} \approx \int_{\beta n}^{\alpha n} \frac{dx}{x} = \log \frac{\alpha}{\beta}$$

であるから，β に対する方程式

$$\frac{3\alpha - 2\beta}{2} = 1 - \beta = \log \frac{2}{3\beta}$$

が成り立つ．この方程式の解は $\beta \approx 0.346982$ である．このとき，

$$\lim_{n \to \infty} P_n^{(1\sim2)} = \beta \left(2 \log \frac{\alpha}{\beta} + 2 - 3\alpha + \beta \right) = \beta(2 - \beta) \approx 0.573567$$

である．この確率は，ベストを 1 人だけ採用する古典的秘書問題の $1/e \approx$ 0.368 やセカンドベストを 1 人だけ採用する秘書問題の $\frac{1}{4} = 0.25$ よりもかなり高いことが分かる．その理由は，「ベスト又はセカンドベストを採用する」という目的が「ベストを採用する」という目的や「セカンドベストを採用する」という目的よりも緩い制約であるからと考えられる．

表 5.2 に 2 つの最適閾値 r_1^*, r_2^* と成功確率 $P_n^{(1\sim2)}$ を示す．$P_n^{(1\sim2)}$ は n の減少関数である．

表 5.2 ベスト又はセカンドベストを採用する秘書問題の最適閾値と成功確率.

n	r_1^*	r_2^*	$P_n^{(1\sim2)}$	n	r_1^*	r_2^*	$P_n^{(1\sim2)}$
				31	21	12	0.59289
2	2	2	1.00000	32	22	12	0.59284
3	3	2	0.83333	33	23	12	0.59218
4	3,4	2	0.75000	34	23	13	0.59125
5	4	2,3	0.70000	35	24	13	0.59116
6	5	3	0.68889	36	25	13	0.59056
7	5	3	0.66667	37	25	14	0.58986
8	6	4	0.65179	38	26	14	0.58975
9	7	4	0.64722	39	27	14	0.58920
10	7	4	0.63667	40	27	15	0.58867
11	8	5	0.63030	41	28	15	0.58854
12	9	5	0.62756	42	29	15	0.58804
13	9	5	0.62125	43	29	16	0.58763
14	10	6	0.61807	44	30	16	0.58749
15	11	6	0.61614	45	31	16	0.58703
16	11	6	0.61186	46	31	17	0.58673
17	12	7	0.61015	47	32	17	0.58658
18	13	7	0.60868	48	33	17	0.58615
19	13	7	0.60554	49	33	18	0.58593
20	14	8	0.60462	50	34	18	0.58578
21	15	8	0.60342	60	41	22	0.58364
22	15	8	0.60099	70	47	26	0.58189
23	16	9	0.60052	80	54	30	0.58054
24	17	9	0.59952	90	61	32	0.58030
25	17	9	0.59757	100	67	35	0.57956
26	18	10	0.59737	200	134	70	0.57658
27	19	10	0.59651	300	201	105	0.57557
28	19	11	0.59486	400	267	140	0.57507
29	20	11	0.59487	500	334	174	0.57477
30	21	11	0.59412	1000	667	348	0.57417
				∞	$2n/3$	$0.347n$	0.57357

$n = 2$ の場合は，2 人目（最後）の応募者を採用すれば必ずベスト
又はセカンドベストである．

(2) 候補者の面接番号を状態とする Markov 決定過程

ベスト又はセカンドベストを採用する秘書問題についても，2.2 節と同様の「候補者の面接番号」を状態とする Markov 決定過程として定式化することができる (ドゥインキン・ユシュケヴィッチ, 1972, p.114).

そのために，相対的ベスト又はセカンドベストの応募者 (以下では「候補者」と呼ぶ) の面接番号 i とその相対順位 k を状態 (i, k) とする離散時間 Markov 過程を考える．この Markov 過程の推移確率 $P_{(i,\cdot),(j,k)}$ は，ある候補者が i 番目の応募者 (その相対順位は問わない) であったときに，次の候補者が j 番目の応募者で，その相対順位が k 位となる確率である．これを計算するために，X_i を i 番目の応募者の相対順位とする．i 番目の応募者が候補者であるのは $X_i = 1$ 又は $X_i = 2$ のときである．各 X_i は互いに独立であるから，$i \geq 2$ について，

$$
\begin{aligned}
P_{(i,\cdot),(j,k)} &= P\{X_{i+1} \geq 3, X_{i+2} \geq 3, X_{i+3} \geq 3, \ldots, X_{j-3} \geq 3, X_{j-2} \geq 3, \\
&\qquad X_{j-1} \geq 3, X_j = k\} \\
&= P\{X_{i+1} \geq 3\} \cdot P\{X_{i+2} \geq 3\} \cdot P\{X_{i+3} \geq 3\} \cdots \\
&\qquad \times P\{X_{j-3} \geq 3\} \cdot P\{X_{j-2} \geq 3\} \cdot P\{X_{j-1} \geq 3\} \cdot P\{X_j = k\} \\
&= \frac{i-1}{i+1} \cdot \frac{i}{i+2} \cdot \frac{i+1}{i+3} \cdots \frac{j-5}{j-3} \cdot \frac{j-4}{j-2} \cdot \frac{j-3}{j-1} \cdot \frac{1}{j} \\
&= \frac{i(i-1)}{j(j-1)(j-2)} \qquad 2 \leq i < j \leq n,\ k = 1, 2
\end{aligned}
$$

である．ここで，事象 $\{X_{i+1} \geq 3\}$ は $i+1$ 番目の応募者が相対的ベストでも相対的セカンドベストでもない，すなわち，候補者ではないことを表す．また，最初の応募者は必ず候補者であるが，次に現れる候補者が j 番目の応募者であり，その相対順位が k 位である確率は

$$
\begin{aligned}
P_{(1,\cdot),(j,k)} &= P\{X_2 \geq 2, X_3 \geq 2, \ldots, X_{j-1} \geq 2, X_j = l \mid X_1 = k\} \\
&= P\{X_2 \geq 2\} \cdot P\{X_3 \geq 2\} \cdots P\{X_{j-1} \geq 2\} \cdot P\{X_j = l\} \\
&= \frac{1}{2} \cdot \frac{2}{3} \cdots \frac{j-2}{j-1} \cdot \frac{1}{2j} = \frac{1}{2j(j-1)} \qquad 2 \leq j \leq n,\ k = 1, 2
\end{aligned}
$$

である．上記の $P_{(i,\cdot),(j,k)}$ は j 番目の応募者である候補者の相対順位 k に

依存しないことに注意する.

また,ある候補者が i 番目の応募者として現れた後,最後まで候補者が現れない(この状態を "∞" で表す)確率は

$$P_{(i,\cdot),\infty} = P\{X_{i+1} \geq 3, X_{i+2} \geq 3, \ldots, X_{n-1} \geq 3, X_n \geq 3\}$$

$$= 1 - \sum_{j=i+1}^{n} P_{(i,\cdot),(j,1)} - \sum_{j=i+1}^{n} P_{(i,\cdot),(j,2)}$$

$$= 1 - 2\sum_{j=i+1}^{n} \frac{i(i-1)}{j(j-1)(j-2)} = \frac{i(i-1)}{n(n-1)} \qquad 2 \leq i \leq n-1,$$

$$P_{(1,\cdot),\infty} = P\{X_2 \geq 2, X_3 \geq 2, \ldots, X_n \geq 2\}$$

$$= 1 - P_{(1,\cdot),(j,1)} - P_{(1,\cdot),(j,2)} = 1 - \sum_{j=2}^{n} \frac{1}{j(j-1)} = \frac{1}{n}$$

である[*1]. どこかで次の候補者が現れる確率は

$$\sum_{j=i+1}^{n} [P_{(i,\cdot),(j,1)} + P_{(i,\cdot),(j,2)}] = \sum_{j=i+1}^{n} \frac{2i(i-1)}{j(j-1)(j-2)} = 1 - \frac{i(i-1)}{n(n-1)}$$

$$2 \leq i \leq n-1,$$

$$\sum_{j=2}^{n} [P_{(1,\cdot),(j,1)} + P_{(1,\cdot),(j,2)}] = \sum_{j=2}^{n} \frac{1}{j(j-1)} = 1 - \frac{1}{n}$$

である.従って,有限個の状態をもつ Markov 過程における状態推移確率の正規化条件

$$P_{(i,\cdot),\infty} + \sum_{j=i+1}^{n} [P_{(i,\cdot),(j,1)} + P_{(i,\cdot),(j,2)}] = 1 \qquad 1 \leq i \leq n-1$$

が成り立つ.

例えば,$n = 10$ のとき,状態推移確率 $P_{(i,k),(j,l)}$ は,k と l に依存せず,(i,j) 成分が次のような上三角行列になる.

[*1] $2 \leq t \leq i < n$ に対して,次の恒等式が成り立つ.

$$(t-1)\sum_{j=i+1}^{n} \frac{1}{(j-1)(j-2)\cdots(j-t+1)} = \prod_{j=1}^{t-1} \frac{1}{i-j} - \prod_{j=1}^{t-1} \frac{1}{n-j}.$$

$$(P_{(i,\cdot),(j,\cdot)})$$

$$
=
\begin{array}{c}
\\1\\2\\3\\4\\5\\6\\7\\8\\9
\end{array}
\begin{pmatrix}
1 & 2 & 3 & 4 & 5 & 6 & 7 & 8 & 9 & 10\\
0 & \frac{1}{2\cdot1} & \frac{1}{3\cdot2} & \frac{1}{4\cdot3} & \frac{1}{5\cdot4} & \frac{1}{6\cdot5} & \frac{1}{7\cdot6} & \frac{1}{8\cdot7} & \frac{1}{9\cdot8} & \frac{1}{10\cdot9}\\
0 & 0 & \frac{2\cdot1}{3\cdot2\cdot1} & \frac{2\cdot1}{4\cdot3\cdot2} & \frac{2\cdot1}{5\cdot4\cdot3} & \frac{2\cdot1}{6\cdot5\cdot4} & \frac{2\cdot1}{7\cdot6\cdot5} & \frac{2\cdot1}{8\cdot7\cdot6} & \frac{2\cdot1}{9\cdot8\cdot7} & \frac{2\cdot1}{10\cdot9\cdot8}\\
0 & 0 & 0 & \frac{3\cdot2}{4\cdot3\cdot2} & \frac{3\cdot2}{5\cdot4\cdot3} & \frac{3\cdot2}{6\cdot5\cdot4} & \frac{3\cdot2}{7\cdot6\cdot5} & \frac{3\cdot2}{8\cdot7\cdot6} & \frac{3\cdot2}{9\cdot8\cdot7} & \frac{3\cdot2}{10\cdot9\cdot8}\\
0 & 0 & 0 & 0 & \frac{4\cdot3}{5\cdot4\cdot3} & \frac{4\cdot3}{6\cdot5\cdot4} & \frac{4\cdot3}{7\cdot6\cdot5} & \frac{4\cdot3}{8\cdot7\cdot6} & \frac{4\cdot3}{9\cdot8\cdot7} & \frac{4\cdot3}{10\cdot9\cdot8}\\
0 & 0 & 0 & 0 & 0 & \frac{5\cdot4}{6\cdot5\cdot4} & \frac{5\cdot4}{7\cdot6\cdot5} & \frac{5\cdot4}{8\cdot7\cdot6} & \frac{5\cdot4}{9\cdot8\cdot7} & \frac{5\cdot4}{10\cdot9\cdot8}\\
0 & 0 & 0 & 0 & 0 & 0 & \frac{6\cdot5}{7\cdot6\cdot5} & \frac{6\cdot5}{8\cdot7\cdot6} & \frac{6\cdot5}{9\cdot8\cdot7} & \frac{6\cdot5}{10\cdot9\cdot8}\\
0 & 0 & 0 & 0 & 0 & 0 & 0 & \frac{7\cdot6}{8\cdot7\cdot6} & \frac{7\cdot6}{9\cdot8\cdot7} & \frac{7\cdot6}{10\cdot9\cdot8}\\
0 & 0 & 0 & 0 & 0 & 0 & 0 & 0 & \frac{8\cdot7}{9\cdot8\cdot7} & \frac{8\cdot7}{10\cdot9\cdot8}\\
0 & 0 & 0 & 0 & 0 & 0 & 0 & 0 & 0 & \frac{9\cdot8}{10\cdot9\cdot8}
\end{pmatrix}
$$

i 番目の応募者が相対的ベストであるとき（この確率は $1/i$），この応募者を採用した場合に絶対的ベスト又はセカンドベストになる確率は

$$y_i(1) = \frac{i}{n} + \frac{i(n-i)}{n(n-1)} = \frac{i(2n-i-1)}{n(n-1)} \qquad 1 \le i \le n$$

である．i 番目の応募者が相対的セカンドベストであるとき（この確率は $1/i$），この応募者を採用した場合に絶対的セカンドベストになる確率は

$$y_i(2) = \frac{i(i-1)}{n(n-1)} \qquad 2 \le i \le n$$

である．これらには次の関係がある．

$$y_i(1) > y_i(2) \quad ; \quad y_i(1) + y_i(2) = \frac{2i}{n} \qquad 1 \le i \le n-1.$$

また，i 番目の応募者が相対的サードベスト以下であるとき，この応募者が採用されたときに絶対的ベスト又はセカンドベストになる確率は 0 であるから，このような応募者が候補者になることはない．

$$y_i(k) = 0 \qquad 3 \le k \le i \le n.$$

$V_i(k)$ を i 番目の応募者の相対順位が k であるときに，最適方策の結果，絶対順位がベスト又はセカンドベストとなる確率とすれば，$\{V_i(k); k = 1, 2; 1 \le i \le n\}$ に対する最適性方程式は以下のようになる．

$$V_n(k) = y_n(k) = 1 \quad ; \quad V_i(k) = \max\{y_i(k), V_i\} \qquad k = 1, 2$$

$$1 \le i \le n-1 \qquad (5.5)$$

表 5.3 ベスト又はセカンドベストを採用する秘書問題に対する「候補者の面接番号」を状態とする Markov 決定過程の $\{y_t(i)\}, \{V_t(i)\}, V_i \ (n = 10)$.

	i	$y_i(1)$	$y_i(2)$	$V_i(1)$	$V_i(2)$	V_i
	10	1	1	1	1	
	9	1	$\frac{4}{5}$	1	$\frac{4}{5}$	$\frac{1}{5}$
	8	$\frac{44}{45}$	$\frac{28}{45}$	$\frac{44}{45}$	$\frac{28}{45}$	$\frac{16}{45}$
$r_1^* = \mathbf{7}$	$\frac{14}{15}$	$\frac{\mathbf{7}}{\mathbf{15}}$	$\frac{14}{15}$	$\frac{\mathbf{7}}{\mathbf{15}}$	$\frac{7}{15}$
	6	$\frac{13}{15}$	$\frac{1}{3}$	$\frac{13}{15}$	$\frac{8}{15}$	$\frac{8}{15}$
	5	$\frac{7}{9}$	$\frac{2}{9}$	$\frac{7}{9}$	$\frac{53}{90}$	$\frac{53}{90}$
$r_2^* = \mathbf{4}$	$\frac{\mathbf{2}}{\mathbf{3}}$	$\frac{2}{15}$	$\frac{\mathbf{2}}{\mathbf{3}}$	$\frac{47}{75}$	$\frac{47}{75}$
	3	$\frac{8}{15}$	$\frac{1}{15}$	$\frac{191}{300}$	$\frac{191}{300}$	$\frac{\mathbf{191}}{\mathbf{300}}$
	2	$\frac{17}{45}$	$\frac{1}{45}$	$\frac{191}{300}$	$\frac{191}{300}$	$\frac{191}{300}$
	1	$\frac{1}{5}$	$\frac{191}{300}$	$\frac{191}{300}$	$\frac{191}{300}$	

ここで,

$$V_i := \sum_{j=i+1}^{n} \left[P_{(i,\cdot),(j,1)} V_j(1) + P_{(i,\cdot),(j,2)} V_j(2) \right] \qquad 1 \le i \le n-1$$

とおいた. $n = 10$ の場合に, この漸化式を数値的に解いた結果を表 5.3 に示す. $V_{r_2^*-1} = V_3 = \frac{191}{300} = 0.63667$ が成功確率である.

2 つの閾値 r_1 と r_2 $(r_1 \ge r_2)$ をもつ閾値規則を次のように定める. 式 (5.5) により V_i を i を減らしながら逐次計算すると, $r_1 \le i \le n-1$ について $V_i(k) = y_i(k)$ $(k = 1, 2)$ であり, これが続く限り,

$$V_i = \sum_{j=i+1}^{n} \sum_{k=1}^{2} P_{(i,\cdot),(j,k)} V_j(k) = \sum_{j=i+1}^{n} \sum_{k=1}^{2} P_{(i,\cdot),(j,k)} y_j(k)$$

$$= \sum_{j=i+1}^{n} \frac{i(i-1)}{j(j-1)(j-2)} \cdot \frac{2j}{n} = \frac{2i(i-1)}{n} \sum_{j=i+1}^{n} \frac{1}{(j-1)(j-2)}$$

$$= \frac{2i(i-1)}{n} \left(\frac{1}{i-1} - \frac{1}{n-1} \right) = \frac{2i(n-i)}{n(n-1)} \qquad r_1 \le i \le n-1$$

である. これが $y_i(2)$ と拮抗するときが最適閾値 $i = r_1^*$ であるから,

$$r_1^* = \min\{i \ge 1 : y_i(2) \ge V_i\} = \min\left\{ i \ge 1 : \frac{i(i-1)}{n(n-1)} \ge \frac{2i(n-i)}{n(n-1)} \right\}$$

$$= \min\left\{ i \ge 1 : i \ge \frac{2n+1}{3} \right\} \tag{5.6}$$

が得られる. すなわち, $r_1^* \leq i \leq n-1$ では $y_i(2) \geq V_i$ であり, $i = r_1^* - 1$ で初めて $y_i(2) < i$ となって, ここで停止する場合の成功確率は

$$V_{r_1^*-1} := V_{r_1^*-1}(2) = \frac{2(r_1^*-1)(n-r_1^*+1)}{n(n-1)}$$

である. さらに i が減ると, $r_2 \leq i \leq r_1^*-1$ について, $V_i(1) = y_i(1), V_i(2) = V_i$ であり, これが続く限り,

$$\begin{aligned}
V_i &= \sum_{j=i+1}^{n} \sum_{k=1}^{2} P_{(i,\cdot),(j,k)} V_j(k) \\
&= \sum_{j=r_1^*+1}^{n} \sum_{k=1}^{2} P_{(i,\cdot),(j,k)} y_j(k) + \sum_{j=i+1}^{r_1^*} \sum_{k=1}^{2} P_{(i,\cdot),(j,k)} y_j(k) \\
&= \frac{2i(i-1)(n-r_1^*)}{n(n-1)(r_1^*-1)} + \frac{i(r_1^*-i)}{n(r_1^*-1)} \\
&\quad + \sum_{j=i+1}^{r_1^*} \frac{i(i-1)}{j(j-1)(j-2)} \left[\frac{j(n-j)}{n(n-1)} + V_j \right]
\end{aligned}$$

である. 初期値 $V_{r_1^*-1}$ から始め, この逆向き漸化式により, V_i を次のように計算することができる.

$$V_i = \frac{i}{n} \left(2 \sum_{j=i+1}^{r_1^*-1} \frac{1}{j-1} + \frac{2n-3r_1^*+i+3}{n-1} \right) \qquad r_2 \leq i \leq r_1^*-1 \quad (5.7)$$

これが $y_i(1)$ と拮抗するときが最適閾値 $i = r_2^*$ であるから,

$$\begin{aligned}
r_2^* &= \min\{1 \leq i \leq r_1^*-1 : y_i(1) \geq V_i\} \\
&= \min\left\{ 1 \leq i \leq r_1^*-1 : \frac{i(2n-i-1)}{n(n-1)} \right. \\
&\qquad\qquad \left. \geq \frac{i}{n} \left(2 \sum_{j=i+1}^{r_1^*-1} \frac{1}{j-1} + \frac{2n-3r_1^*+i+3}{n-1} \right) \right\} \\
&= \min\left\{ 1 \leq i \leq r_1^*-1 : \sum_{j=i+1}^{r_1^*-1} \frac{1}{j-1} \leq \frac{3r_1^*-2i-4}{2(n-1)} \right\} \quad (5.8)
\end{aligned}$$

の値が決まる．すなわち，$r_2^* \leq i \leq r_1^* - 1$ では $y_1(1) \geq V_i$ であり，$i = r_2^* - 1$ で初めて $y_i(1) < V_i$ となって，ここで停止する場合の成功確率は

$$P_n^{(1\sim2)} = V_{r_2^*-1} := V_{r_2^*-1}(1)$$
$$= \frac{r_2^* - 1}{n} \left(2 \sum_{j=r_2^*}^{r_1^*-1} \frac{1}{j-1} + \frac{2n - 3r_1^* + r_2^* + 2}{n-1} \right) \tag{5.9}$$

である．なお，$1 \leq i \leq r_2^* - 1$ では V_i は定数である（$V_i = V_{r_2^*-1}, 1 \leq i \leq r_2^* - 1$）．この $P_n^{(1\sim2)}$ は，(1) において期待効果最大化法により得られた結果 (5.4) と同じであり，その数値は表 5.2 に示されている．

(3) 順列組合せによる解法

　ベスト又はセカンドベストを採用する秘書問題に対する順列組合せによる解法においても，最適停止方策を 2 つの閾値 r と s $(r \leq s)$ をもつ閾値規則として求める (Bartoszynski, 1976)．n 人の応募者を一人ずつ面接する時刻を面接番号として，次の 3 つの期に分ける．

$$\mathcal{A} := \{1, 2, \ldots, r-1\}, \quad \mathcal{B} := \{r, r+1, \ldots, s-1\}, \quad \mathcal{C} := \{s, s+1, \ldots, n\}$$

　(i) $\mathcal{A}$ 期の応募者は無条件で不採用とする．

　(ii) $\mathcal{B}$ 期には最初に現れる相対的ベストの応募者を採用する．

　(iii) そのような応募者がいなければ，$\mathcal{C}$ 期に最初に現れる相対的ベスト又はセカンドベストの応募者を採用する．

i_1 を絶対的ベストの応募者の面接番号とする．i_2 を絶対的セカンドベストの応募者の面接番号とする．これらの応募者が採用される確率を考える．もし応募者 i_1 と応募者 i_2 がともに $\mathcal{A}$ 期に現れると，どの応募者も採用されない．従って，少なくとも一方が $\mathcal{A}$ 期以外に現れる場合を考える．以下では，X_t を t 番目の応募者の相対順位とする（2.1 節）．

　(i) 応募者 i_1 が $\mathcal{B}$ 期に初めての相対的ベストとして現れ，その後，応募者 i_2 が現れる．

$$P\{i_1 = t \in \mathcal{B}\} = \frac{1}{n} \qquad r \leq t \leq s - 1,$$
$$P\{i_2 > i_1 \mid i_1 = t \in \mathcal{B}\} = \frac{n-t}{n-1}.$$

応募者 i_1 が $\mathcal{B}$ 期の初めての相対的ベストとして現れるのは，$\mathcal{B}$ 期の t より前の応募者が相対的ベストでない場合であり，その確率は

$$P\{X_r \geq 2, X_{r+1} \geq 2, \ldots, X_{t-1} \geq 2\}$$
$$= P\{X_r \geq 2\} \cdot P\{X_{r+1} \geq 2\} \cdots P\{X_{t-1} \geq 2\}$$
$$= \frac{r-1}{r} \cdot \frac{r}{r+1} \cdots \frac{t-2}{t-1} = \frac{r-1}{t-1}$$

である．よって，確率

$$P_1 = \sum_{t=r}^{s-1} \frac{1}{n} \cdot \frac{n-t}{n-1} \cdot \frac{r-1}{t-1} = \frac{r-1}{n(n-1)} \sum_{t=r}^{s-1} \frac{n-t}{t-1}$$

で応募者 i_1 が $\mathcal{B}$ 期に採用される．

(ii) 応募者 i_1 が $\mathcal{C}$ 期に初めての相対的ベストとして現れ，その後，応募者 i_2 が現れる．

$$P\{i_1 = t \in \mathcal{C}\} = \frac{1}{n} \qquad s \leq t \leq n,$$
$$P\{i_2 > i_1 \mid i_1 = t \in \mathcal{C}\} = \frac{n-t}{n-1}.$$

$\mathcal{B}$ 期に相対的ベストが現れない確率は

$$P\{X_r \geq 2, X_{r+1} \geq 2, \ldots, X_{s-1} \geq 2\}$$
$$= P\{X_r \geq 2\} \cdot P\{X_{r+1} \geq 2\} \cdots P\{X_{s-1} \geq 2\}$$
$$= \frac{r-1}{r} \cdot \frac{r}{r+1} \cdots \frac{s-2}{s-1} = \frac{r-1}{s-1}$$

である．また，$\mathcal{C}$ 期の t より前の応募者が相対的ベストでもセカンドベストでもない確率は

$$P\{X_s \geq 3, X_{s+1} \geq 3, X_{s+2} \geq 3, \ldots, X_{t-3} \geq 3, X_{t-2} \geq 3, X_{t-1} \geq 3\}$$
$$= P\{X_s \geq 3\} \cdot P\{X_{s+1} \geq 3\} \cdot P\{X_{s+3} \geq 3\} \cdots$$
$$\times P\{X_{t-3} \geq 3\} \cdot P\{X_{t-2} \geq 3\} \cdot P\{X_{t-1} \geq 3\}$$
$$= \frac{s-2}{s} \cdot \frac{s-1}{s+1} \cdot \frac{s}{s+2} \cdots \frac{t-5}{t-3} \cdot \frac{t-4}{t-2} \cdot \frac{t-3}{t-1} = \frac{(s-2)(s-1)}{(t-2)(t-1)}$$

である. よって, 確率

$$P_2 = \sum_{t=s}^{n} \frac{1}{n} \cdot \frac{n-t}{n-1} \cdot \frac{r-1}{s-1} \cdot \frac{(s-2)(s-1)}{(t-2)(t-1)}$$

$$= \frac{(r-1)(s-2)}{n(n-1)} \sum_{t=s}^{n-1} \frac{n-t}{(t-2)(t-1)}$$

で応募者 i_1 が $\mathcal{C}$ 期に採用される.

(iii) 応募者 i_2 が $\mathcal{B}$ 期に初めての相対的ベストとして現れ, その後, 応募者 i_1 が現れる.

$$P\{i_2 = t \in \mathcal{B}\} = \frac{1}{n} \qquad r \le t \le s-1,$$

$$P\{i_1 > i_2 \mid i_2 = t \in \mathcal{B}\} = \frac{n-t}{n-1}.$$

応募者 i_2 が $\mathcal{B}$ 期の初めての相対的ベストとして現れるのは, $\mathcal{B}$ 期の t より前の応募者が相対的ベストでない場合であり, その確率は $(r-1)/(t-1)$ である. よって, 確率

$$P_1 = \sum_{t=r}^{s-1} \frac{1}{n} \cdot \frac{n-t}{n-1} \cdot \frac{r-1}{t-1} = \frac{r-1}{n(n-1)} \sum_{t=r}^{s-1} \frac{n-t}{t-1}$$

で応募者 i_2 が $\mathcal{B}$ 期に採用される.

(iv) 応募者 i_2 が $\mathcal{C}$ 期に初めての相対的ベストとして現れ, その後, 応募者 i_1 が現れる.

$$P\{i_2 = t \in \mathcal{C}\} = \frac{1}{n} \qquad s \le t \le n,$$

$$P\{i_1 > i_2 \mid i_2 = t \in \mathcal{C}\} = \frac{n-t}{n-1}.$$

$\mathcal{B}$ 期において相対的ベストが現れない確率は $(r-1)/(s-1)$ である. $\mathcal{C}$ 期の t より前の応募者が相対的ベストでもセカンドベストでもない確率は $[(s-2)(s-1)]/[(t-2)(t-1)]$ である. よって, 確率

$$P_2 = \sum_{t=s}^{n} \frac{1}{n} \cdot \frac{n-t}{n-1} \cdot \frac{(r-1)(s-2)}{(t-2)(t-1)} = \frac{(r-1)(s-2)}{n(n-1)} \sum_{t=s}^{n-1} \frac{n-t}{(t-2)(t-1)}$$

で応募者 i_2 が $\mathcal{C}$ 期に採用される.

(v) 応募者 i_1 が $\mathcal{A}$ 期に現れ（この人は採用されない），応募者 i_2 が $\mathcal{C}$ 期に初めての相対的ベストとして現れる．$\mathcal{C}$ 期での面接番号は，応募者 i_1 が既に $\mathcal{A}$ 期に現れているので，上記の $\mathcal{C}$ に代えて

$$\mathcal{C}' := \{s-1, s, s+1, \ldots, t, \ldots, n-1\}$$

を考える．応募者 i_1 が $\mathcal{A}$ 期に現れ，応募者 i_2 が $\mathcal{C}'$ 期に初めての相対的ベストとして現れる確率は次のようになる．

$$P\{i_1 \in \mathcal{A}\} = P\{X_r \geq 2, X_{r+1} \geq 2, \ldots, X_n \geq 2\}$$
$$= P\{X_r \geq 2\} \cdot P\{X_{r+1} \geq 2\} \cdots P\{X_n \geq 2\}$$
$$= \frac{r-1}{r} \cdot \frac{r}{r+1} \cdots \frac{n-1}{n} = \frac{r-1}{n},$$
$$P\{i_2 = t \in \mathcal{C}' \mid i_1 \in \mathcal{A}\} = \frac{1}{n-1} \qquad s-1 \leq t \leq n-1.$$

$\mathcal{C}'$ 期において t より前の応募者が相対的ベストでない確率は

$$P\{X_{s-1} \geq 2, X_s \geq 2, X_{s+1} \geq 2, \ldots, X_{t-1} \geq 2\}$$
$$= P\{X_{s-1} \geq 2\} \cdot P\{X_s \geq 2\} \cdot P\{X_{s+1} \geq 2\} \cdots P\{X_{t-1} \geq 2\}$$
$$= \frac{s-2}{s-1} \cdot \frac{s-1}{s} \cdot \frac{s}{s+1} \cdots \frac{t-2}{t-1} = \frac{s-2}{t-1}$$

である．よって，確率

$$P_3 = \frac{r-1}{n} \cdot \frac{1}{n-1} \sum_{t=s-1}^{n-1} \frac{s-2}{t-1} = \frac{(r-1)(s-2)}{n(n-1)} \sum_{t=s}^{n} \frac{1}{t-2}$$

で応募者 i_2 が $\mathcal{C}$ 期に採用される．

(vi) 応募者 i_2 が $\mathcal{A}$ 期に現れ，応募者 i_1 が $\mathcal{B}$ 期に現れる．
応募者 i_2 に $r-1$ 通りの面接順があり，応募者 i_1 に $s-r$ 通りの面接順があり，残りの応募者に $(n-2)!$ 通りの面接順があって，これらが等確率で起こるので，確率

$$P_4 = P\{i_2 \in \mathcal{A}, i_1 \in \mathcal{B}\} = \frac{(r-1)(s-r)(n-2)!}{n!} = \frac{(r-1)(s-r)}{n(n-1)}$$

で応募者 i_1 が $\mathcal{B}$ 期に採用される．

(vii) 応募者 i_2 が $\mathcal{A}$ 期に現れ（この人は採用されない）, 応募者 i_1 が $\mathcal{C}$ 期に初めての相対的ベストとして現れる. (v) と同様に考えて,

$$P\{i_2 \in \mathcal{A}\} = \frac{r-1}{n},$$

$$P\{i_1 = t \in \mathcal{C}' \mid i_2 \in \mathcal{A}\} = \frac{1}{n-1} \qquad s-1 \leq t \leq n-1.$$

$\mathcal{C}'$ 期において t より前の応募者が相対的ベストでない確率は

$$P\{X_{s-1} \geq 2, X_s \geq 2, X_{s+1} \geq 2, \ldots, X_{t-1} \geq 2\} = \frac{s-2}{t-1}$$

である. よって, 確率

$$P_3 = \frac{r-1}{n} \cdot \frac{1}{n-1} \sum_{t=s-1}^{n-1} \frac{s-2}{t-1} = \frac{(r-1)(s-2)}{n(n-1)} \sum_{t=s}^{n} \frac{1}{t-2}$$

で応募者 i_1 が $\mathcal{C}$ 期に採用される.

以上の結果を次のようにまとめることができる.

(a) $\mathcal{B}$ 期にベストの応募者が採用される場合：(i) と (vi)

$$P_1 + P_4 = \frac{r-1}{n(n-1)} \left(\sum_{t=r}^{s-1} \frac{n-t}{t-1} + s - r \right) = \frac{r-1}{n} \sum_{t=r}^{s-1} \frac{1}{t-1}.$$

(b) $\mathcal{B}$ 期にセカンドベストの応募者が採用される場合：(iii)

$$P_1 = \frac{r-1}{n(n-1)} \sum_{t=r}^{s-1} \frac{n-t}{t-1}$$

(c) $\mathcal{C}$ 期にベストの応募者が採用される場合：(ii) と (vii)

$$P_2 + P_3 = \frac{(r-1)(s-2)}{n(n-1)} \left[\sum_{t=s}^{n-1} \frac{n-t}{(t-2)(t-1)} + \sum_{t=s}^{n} \frac{1}{t-2} \right]$$
$$= \frac{(r-1)(n-s+1)}{n(n-1)}.$$

(d) $\mathcal{C}$ 期にセカンドベストの応募者が採用される場合：(iv) と (v)

$$P_2 + P_3 = \frac{(r-1)(n-s+1)}{n(n-1)}.$$

Ferguson (1992b) 及び穴太 (2000, pp.86–87) には次の結果が示されている（式を少し変形した）.

$$P\{\text{ベストの応募者が採用される}\} = P_1 + P_2 + P_3 + P_4$$
$$= \frac{r-1}{n}\left(\sum_{t=r}^{s-1}\frac{1}{t-1} + 1 - \frac{s-2}{n-1}\right),$$
$$P\{\text{セカンドベストの応募者が採用される}\} = P_1 + P_2 + P_3$$
$$= \frac{r-1}{n}\left(\sum_{t=r}^{s-1}\frac{1}{t-1} + 1 - \frac{2s-r-2}{n-1}\right).$$

一方，成功の確率を期ごとに分ければ，

$$\mathcal{B}\,\text{期に成功する確率} = 2P_1 + P_4 = \frac{r-1}{n(n-1)}\left(2\sum_{t=r}^{s-1}\frac{n-t}{t-1} + s - r\right),$$

$$\mathcal{C}\,\text{期に成功する確率} = 2(P_2 + P_3) = \frac{2(r-1)(n-s+1)}{n(n-1)}$$

である．両者を加えると，2 つの閾値 r と s $(r < s)$ に基づいてベスト又はセカンドベストの応募者が採用される確率

$$P(r,s;n) = 2(P_1+P_2+P_3)+P_4 = \frac{r-1}{n}\left(2\sum_{t=r}^{s-1}\frac{1}{t-1} + \frac{2n-3s+r+2}{n-1}\right)$$

が得られる．この結果は Gilbert and Mosteller (1966, p.49) と一致している．また，期待効用最大化法による結果 (5.4) 及び候補者の面接番号を状態とする Markov 決定過程による結果 (5.9) とも一致している．
n が非常に大きいとき，(1) で与えた $\beta \approx 0.346982$ を使って，漸近形は

$$P\{\text{ベストの応募者が採用される}\} = \beta\left(1 - \beta + \tfrac{1}{3}\right) \approx 0.342246$$
$$P\{\text{セカンドベストの応募者が採用される}\} = \tfrac{2}{3}\beta \approx 0.231321$$

となる．
以上に示した順列組合せによる解法では，与えられた n に対して，$P(r,s;n)$ を r と s の 2 変数関数として与えることはできたが，これを最大化する r

表5.4　ベスト又はセカンドベストを採用する秘書問題に対する成功確率の採用者内訳.

n	r_1^* (s)	r_2^* (r)	$P\{$ベスト$\}$	$P\{$セカンドベスト$\}$	$P\{$ベスト又はセカンドベスト$\}$
2	2	2	0.50000	0.50000	1.00000
3	3	2	0.50000	0.33333	0.83333
4	3	2	0.41667	0.33333	0.75000
4	4	2	0.45833	0.29167	0.75000
5	4	2	0.40000	0.30000	0.70000
5	4	3	0.40000	0.30000	0.70000
6	5	3	0.41111	0.27778	0.68889
7	5	3	0.38095	0.28571	0.66667
8	6	4	0.37946	0.27232	0.65179
9	7	4	0.38611	0.26111	0.64722
10	7	4	0.36833	0.26833	0.63667
20	14	8	0.35757	0.24704	0.60462
30	21	11	0.35453	0.23959	0.59412
40	27	15	0.34818	0.24049	0.58867
50	18	34	0.34840	0.23738	0.58578
100	67	35	0.34473	0.23483	0.57956
200	134	70	0.34377	0.23281	0.57658
300	201	105	0.34344	0.23213	0.57557
400	267	140	0.34284	0.23223	0.57507
500	334	174	0.34286	0.23191	0.57477
1000	667	348	0.34249	0.23168	0.57417
∞	$2n/3$	$0.347n$	0.34225	0.23132	0.57357

と s の最適値は明示的に与えられていない. Gilbert and Mosteller (1966, p.50, Table 6) は (r,s) 平面上で $P(r,s;n)$ を最大にする (r,s) の整数値を数値的に探して, r は r_2^* に, s は r_1^* に一致する数値を得ている. これらの結果の数値例を成功確率の採用者内訳として表5.4に示す.

5.2　3位以内の応募者を採用する秘書問題

絶対順位が3位以内の応募者を採用する秘書問題に対しても, 次の3つの解法が可能である.

- 効用関数を $U(1) = U(2) = U(3) = 1$ とする期待効用最大化法

- 候補者（相対順位が 1〜3 位の応募者）の面接番号を状態とする Markov 決定過程 (Quine and Law, 1996)
- 計算アルゴリズム (Woryna, 2017; Goldenshluger et al., 2020)

(1) 期待効用最大化法

応募者数を n 人とする．t 番目の応募者が相対的ベストであるとき（この確率は $1/t$），この応募者を採用した場合に絶対的ベスト，セカンドベスト又はサードベストになる確率（期待効用）は

$$y_t(1) = \sum_{k=1}^{n-t+1} U(k)P_t(k \mid 1) = P_t(1 \mid 1) + P_t(2 \mid 1) + P_t(3 \mid 1)$$
$$= \frac{t}{n} + \frac{t(n-t)}{n(n-1)} + \frac{t(n-t)(n-t-1)}{n(n-1)(n-2)}$$
$$= \frac{t[(n-1)(n-2) + (n-t)(2n-t-3)]}{n(n-1)(n-2)} \qquad 1 \le t \le n$$

である．また，t 番目の応募者が相対的セカンドベストであるとき（この確率は $1/t$），この応募者を採用した場合に絶対的セカンド又はサードベストになる（絶対的ベストにはなり得ない）確率は

$$y_t(2) = \sum_{k=2}^{n-t+1} U(k)P_t(k \mid 2) = P_t(2 \mid 2) + P_t(3 \mid 2)$$
$$= \frac{t(t-1)}{n(n-1)} + \frac{2t(t-1)(n-t)}{n(n-1)(n-2)}$$
$$= \frac{t(t-1)(3n-2t-2)}{n(n-1)(n-2)} \qquad 2 \le t \le n$$

である．さらに，t 番目の応募者が相対的サードベストであるとき（この確率は $1/t$），この応募者を採用した場合に絶対的サードベストになる（絶対的ベスト又はセカンドベストにはなり得ない）確率は

$$y_t(3) = \sum_{k=3}^{n-t+1} U(k)P_t(k \mid 3) = P_t(3 \mid 3) = \frac{t(t-1)(t-2)}{n(n-1)(n-2)} \quad 3 \le t \le n$$

である．以上により，関係式

$$y_t(1) > y_t(2) > y_t(3) \quad ; \quad y_t(1) + y_t(2) + y_t(3) = \frac{3t}{n} \quad 1 \le t \le n$$

が成り立つ．一方，t 番目の応募者が相対的 4 位以下であるとき，この応募者が採用されたときに絶対的ベスト，セカンドベスト又はサードベストになる確率は 0 であるので，この応募者は候補者ではない．

$$y_t(i) = 0 \qquad 4 \leq i \leq t \leq n.$$

$V_t(i)$ を t 番目の応募者が相対順位 i の候補者であるとき，最適方策の結果として，絶対順位が 1~3 位となる確率（最大期待効用，成功確率）とする．このとき，$\{V_t(i); 1 \leq i \leq t \leq n\}$ に対する最適性方程式は

$$V_n(1) = V_n(2) = V_n(3) = 1, \quad V_n(i) = 0 \qquad 4 \leq i \leq n,$$
$$V_t(i) = \max\{y_t(i), V_{t+1}\} \qquad i = 1, 2, 3 \qquad 1 \leq t \leq n-1,$$
$$V_t(i) = V_{t+1} \qquad 4 \leq i \leq t \leq n-1 \tag{5.10}$$

で与えられる．ここで，

$$V_n = \frac{1}{n}\sum_{i=1}^{n} V_n(i) = \frac{3}{n} \quad ; \quad V_t := \frac{1}{t}\sum_{i=1}^{t} V_t(i) \qquad 1 \leq t \leq n-1$$

とした．

$n = 13$ の場合に，この漸化式の解を表 5.5 に示す．この表を見ると，3 つの最適閾値が存在し，$y_t(3) \geq V_{t+1}$ を満たす最小の t が $r_1^* = 11$ であり，$y_t(2) \geq V_{t+1}$ を満たす最小の t が $r_2^* = 8$ であり，$y_t(1) \geq V_{t+1}$ を満たす最小の t が $r_3^* = 5$ であることが分かる．また，これらの最適閾値により最大化された絶対順位が 1~3 位の応募者を採用する確率は 0.77203 である．

(2) 候補者の面接番号を状態とする Markov 決定過程

Quine and Law (1996) は絶対順位が 3 位以内の応募者を採用する秘書問題の解を，「候補者の面接番号」を状態とする Markov 決定過程を用いて明示的に求めた．この問題において，候補者は相対順位が 1~3 位の応募者である．i 番目の応募者が候補者であるとき，次の候補者が j 番目の応募者として現れ，その相対順位が l 位である確率 $P_{ij}^{(l)}$ は

表 5.5 3 位以内の応募者を採用する秘書問題における期待効用 $\{y_t(i)\}$ と成功確率 $\{V_t(i)\}$, V_t ($n = 13$).

t	$y_t(1)$	$y_t(2)$	$y_t(3)$	$V_t(1)$	$V_t(2)$	$V_t(3)$	$V_t(4)$	$V_t(5)$	$V_t(6)$	$V_t(7)$	$V_t(8)$	$V_t(9)$	$V_t(10)$	$V_t(11)$	$V_t(12)$	$V_t(13)$	V_t
13	1	1	1	1	1	1	0	0	0	0	0	0	0	0	0	0	0.23077
12	1	1	$\frac{10}{13}$	1	1	1	$\frac{3}{13}$	$\frac{3}{13}$	$\frac{3}{13}$	$\frac{3}{13}$	$\frac{3}{13}$	$\frac{3}{13}$	$\frac{3}{13}$	$\frac{3}{13}$	$\frac{3}{13}$		0.40385
11	$\frac{285}{286}$	$\frac{25}{26}$	$\frac{15}{26}$	1	1	1	$\frac{21}{52}$	$\frac{21}{52}$	$\frac{21}{52}$	$\frac{21}{52}$	$\frac{21}{52}$	$\frac{21}{52}$	$\frac{21}{52}$	$\frac{21}{52}$			0.52448
10	$\frac{141}{143}$	$\frac{255}{286}$	$\frac{60}{143}$	$\frac{285}{286}$	$\frac{255}{286}$	$\frac{75}{143}$	$\frac{75}{143}$	$\frac{75}{143}$	$\frac{75}{143}$	$\frac{75}{143}$	$\frac{75}{143}$	$\frac{75}{143}$	$\frac{75}{143}$				0.60839
9	$\frac{138}{143}$	$\frac{114}{143}$	$\frac{42}{143}$	$\frac{141}{143}$	$\frac{114}{143}$	$\frac{87}{143}$	$\frac{87}{143}$	$\frac{87}{143}$	$\frac{87}{143}$	$\frac{87}{143}$	$\frac{87}{143}$	$\frac{87}{143}$					0.67133
8	$\frac{133}{143}$	$\frac{98}{143}$	$\frac{28}{143}$	$\frac{138}{143}$	$\frac{98}{143}$	$\frac{96}{143}$	$\frac{96}{143}$	$\frac{96}{143}$	$\frac{96}{143}$	$\frac{96}{143}$	$\frac{96}{143}$						0.70979
7	$\frac{251}{286}$	$\frac{161}{286}$	$\frac{35}{286}$	$\frac{133}{143}$	$\frac{161}{286}$	$\frac{203}{286}$	$\frac{203}{286}$	$\frac{203}{286}$	$\frac{203}{286}$	$\frac{203}{286}$							0.74126
6	$\frac{115}{143}$	$\frac{125}{286}$	$\frac{10}{143}$	$\frac{251}{286}$	$\frac{125}{286}$	$\frac{106}{143}$	$\frac{106}{143}$	$\frac{106}{143}$	$\frac{106}{143}$								0.76399
5	$\frac{101}{143}$	$\frac{45}{143}$	$\frac{5}{143}$	$\frac{115}{143}$	$\frac{45}{143}$	$\frac{437}{572}$	$\frac{437}{572}$	$\frac{437}{572}$									0.77203
4	$\frac{83}{143}$	$\frac{29}{143}$	$\frac{2}{143}$	$\frac{101}{143}$	$\frac{29}{143}$	$\frac{552}{715}$	$\frac{552}{715}$										0.77203
3	$\frac{1}{26}$	$\frac{31}{143}$	$\frac{1}{286}$	$\frac{83}{143}$	$\frac{31}{143}$	$\frac{552}{715}$											0.77203
2	$\frac{3}{13}$	$\frac{1}{286}$	0	$\frac{1}{26}$	$\frac{1}{286}$												0.77203
1	0	0	0	$\frac{3}{13}$													0.77203

t	$y_t(1)$	$y_t(2)$	$y_t(3)$	V_t
12	$1 > V_{12}$			$\frac{21}{52} = 0.40385$
$r_1^* = 11$	$\frac{285}{286} = 0.99650 > V_{11}$	$\frac{25}{26} = 0.96154 > V_{12}$	$\frac{15}{26} = 0.57692 > V_{12}$	$\frac{75}{143} = 0.52448$
10	$\frac{141}{143} = 0.98601 > V_{10}$	$\frac{255}{286} = 0.89161 > V_{11}$	$\frac{60}{143} = 0.41958 < V_{11}$	$\frac{87}{143} = 0.60839$
9	$\frac{138}{143} = 0.96503 > V_9$	$\frac{114}{143} = 0.79720 > V_{10}$	$\frac{42}{143} = 0.29371 < V_{10}$	$\frac{96}{143} = 0.67133$
$r_2^* = 8$	$\frac{133}{143} = 0.93007 > V_8$	$\frac{98}{143} = 0.68531 > V_9$	$\frac{28}{143} = 0.19580 < V_9$	$\frac{203}{286} = 0.70979$
7	$\frac{251}{286} = 0.87762 > V_7$	$\frac{161}{286} = 0.56294 < V_8$	$\frac{35}{286} = 0.12238 < V_8$	$\frac{106}{143} = 0.74126$
6	$\frac{115}{143} = 0.80420 > V_6$	$\frac{125}{286} = 0.43706 < V_7$	$\frac{10}{143} = 0.06993 < V_7$	$\frac{437}{572} = 0.76399$
$r_3^* = 5$	$\frac{101}{143} = 0.70629 < V_5$	$\frac{45}{143} = 0.31469 < V_6$	$\frac{5}{143} = 0.03497 < V_6$	$\frac{552}{715} = 0.77203$
4		$\frac{29}{143} = 0.20280 < V_5$	$\frac{5}{143} = 0.03497 < V_5$	$\frac{552}{715} = 0.77203$

$$P_{ij}^{(1)} = \frac{i}{j(j-1)} \qquad 1 \leq i < j \leq n,\ l = 1,$$

$$P_{ij}^{(2)} = \frac{i(i-1)}{j(j-1)(j-2)} \qquad 2 \leq i < j \leq n,\ l = 1,2,$$

$$P_{ij}^{(3)} = \frac{i(i-1)(i-2)}{j(j-1)(j-2)(j-3)} \qquad 3 \leq i < j \leq n,\ l = 1,2,3$$

で与えられる. さらに, i 番目の応募者が相対的 k 位であるときに絶対順位が3位以内になる（成功する）確率 $y_i(k)$ は次のように与えられる.

$$y_i(1) = \frac{i[(n-1)(n-2) + (n-i)(2n-i-3)]}{n(n-1)(n-2)} \qquad 1 \leq i \leq n,$$

$$y_i(2) = \frac{i(i-1)(3n-2i-2)}{n(n-1)(n-2)} \qquad 2 \leq i \leq n,$$

$$y_i(3) = \frac{i(i-1)(i-2)}{n(n-1)(n-2)} \qquad 3 \leq i \leq n,$$

$$y_i(1) > y_i(2) > y_i(3) \quad ; \quad y_i(1) + y_i(2) + y_i(3) = \frac{3i}{n} \qquad 1 \leq i \leq n.$$

i 番目の応募者が相対順位 k の候補者であるとき, 最適方策により成功する確率を $V_i(k)$ とする. $\{V_i(k)\}$ に対する最適性方程式は以下の構造をもつ $(k = 1, 2, 3)$. V_i の計算法は後で具体的に示す.

$$V_n(k) = y_n(k) = 1 \quad ; \quad V_i(k) = \max\{y_i(k), V_i\} \qquad 1 \leq i \leq n - 1.$$

$$(5.11)$$

3つの閾値 r_1, r_2, r_3 $(r_1 > r_2 > r_3)$ をもつ閾値規則を次のように定める.

 (i) $r_3 - 1$ 番目の応募者までは無条件で不採用とする.

 (ii) r_3 番目から $r_2 - 1$ 番目までに最初に現れる相対的ベストの応募者を採用する.

(iii) そのような応募者が現れなければ, r_2 番目から $r_1 - 1$ 番目までに最初に現れる相対的ベスト又はセカンドベストの応募者を採用する.

(iv) そのような応募者が現れなければ, r_1 番目以降に最初に現れる相対的ベスト, セカンドベスト又はサードベストの応募者を採用する.

 (v) 最後までそのような応募者が現れなければ, 最後の応募者を採用する.

最適性方程式 (5.11) を解析する. まず, $r_1 \leq i \leq n-1$ において, i 番目以降に現れる候補者を採用して成功する確率を

$$V_i = \sum_{j=i+1}^{n} P_{ij}^{(3)}[y_j(1) + y_j(2) + y_j(3)] = \sum_{j=i+1}^{n} \frac{i(i-1)(i-2)}{j(j-1)(j-2)(j-3)} \cdot \frac{3j}{n}$$

$$= \frac{3i(n-i)(n+i-3)}{2n(n-1)(n-2)} := g_i(3)$$

とおく. 従って, 最適閾値 r_1^* とその漸近形は次のように得られる.

$$r_1^* := \min\{i \geq 1 : y_i(3) \geq g_i(3)\}$$

$$= \min\left\{i \geq 1 : \frac{i(i-1)(i-2)}{n(n-1)(n-2)} \geq \frac{3i(n-i)(n+i-3)}{2n(n-1)(n-2)}\right\}$$

$$= \min\left\{i \geq 1 : (i-1)(i-2) \geq \frac{3}{2}(n-i)(n+i-3)\right\}$$

$$= \min\left\{i \geq 1 : i \geq \frac{3}{2} + \sqrt{\frac{3(2n-3)^2 + 2}{20}}\right\}, \tag{5.12}$$

$$\lim_{n\to\infty} \frac{r_1^*}{n} = \sqrt{\frac{3}{5}} = 0.7745966692\cdots.$$

次に, $r_2 \leq i \leq r_1^* - 1$ では, (i) $r_1^* - 1$ 番目までに現れる相対的ベスト又はセカンドベストを採用して成功する確率と, (ii) そうでない場合[*2]に r_1^* 番目以降に現れる候補者を採用して成功する確率を足し合わせて,

$$V_i = \sum_{j=i+1}^{r_1^*-1} P_{ij}^{(2)}[y_j(1) + y_j(2)] + \sum_{j=r_1^*}^{n} \frac{i(i-1)}{(r_1^*-1)(r_1^*-2)} P_{r_1^*-1,j}^{(3)} \frac{3j}{n}$$

$$= \sum_{j=i+1}^{r_1^*-1} \frac{i(i-1)}{(j-1)(j-2)} \left[\frac{3}{n} - \frac{(j-1)(j-2)}{n(n-1)(n-2)}\right]$$

$$+ \sum_{j=r_1^*}^{n} \frac{3i(i-1)(r_1^*-3)}{n(j-1)(j-2)(j-3)}$$

---

*2 $i+1 \sim r_1^* - 1$ 番目に相対的ベスト又はセカンドベストの応募者が現れない確率は

$$P\{X_{i+1} \geq 3, X_{i+2} \geq 3, \ldots, X_{r_1^*-2} \geq 3, X_{r_1^*-1} \geq 3\} = \frac{i(i-1)}{(r_1^*-1)(r_2^*-1)}.$$

$$= \frac{i(i-1)}{n}\left[\frac{3}{i-1} - \frac{3}{2(r_1^*-2)} - \frac{5r_1^* - 2i - 11}{2(n-1)(n-2)}\right] := g_i(2)$$

とおく．従って，最適閾値 r_2^* とその漸近形は次のように得られる．

$$r_2^* := \min\{1 \leq i \leq r_1^* - 1 : y_i(2) \geq g_i(2)\}$$

$$= \min\left\{1 \leq i \leq r_1^* - 1 : \frac{(i-1)[6(n-i) + 5(r_1^*-3)]}{(n-1)(n-2)} + \frac{3(i-1)}{r_1^*-2} \geq 6\right\},$$

$$(5.13)$$

$$\lim_{n\to\infty}\frac{r_2^*}{n} = 0.5867809358\cdots.$$

さらに，$r_3 \leq i \leq r_2^* - 1$ では，(i) $r_2^* - 1$ 番目までに現れる相対的ベストを採用して成功する確率，(i) が起こらず（確率 $i/(r_2^*-1)$），(ii) $r_2^* \sim r_1^* - 1$ 番目に現れる相対的ベスト又はセカンドベストを採用して成功する確率，及び，(i) も (ii) も起こらず（確率 $i(r_2^*-2)/(r_1^*-1)(r_1^*-2)$），(iii) r_1^* 番目以降に現れる候補者を採用して成功する確率を足し合わせて，

$$V_i = \sum_{j=i+1}^{r_2^*-1} P_{ij}^{(1)} y_j(1) + \sum_{j=r_2^*}^{r_1^*-1} \frac{i}{r_2^*-1} P_{r_2^*-1,j}^{(2)}[y_j(1) + y_j(2)]$$

$$+ \sum_{j=r_1^*}^{n} \frac{i(r_2^*-2)}{(r_1^*-1)(r_1^*-2)} P_{r_1^*-1,j}^{(3)} \frac{3j}{n}$$

$$= \sum_{j=i+1}^{r_2^*-1} \frac{i[(n-1)(n-2) + (n-j)(2n-j-3)]}{(j-1)n(n-1)(n-2)}$$

$$+ \sum_{j=r_2^*}^{r_1^*-1} \frac{i(r_2^*-2)}{(j-1)(j-2)}\left[\frac{3}{n} - \frac{(j-1)(j-2)}{n(n-1)(n-2)}\right]$$

$$+ \sum_{j=r_1^*}^{n} \frac{3i(r_2^*-2)(r_1^*-3)}{n(j-1)(j-2)(j-3)}$$

$$= \frac{i}{n}\left[3\sum_{j=i}^{r_2^*-2}\frac{1}{j} + \frac{i(6n-i-9) + 6n - 8}{2(n-1)(n-2)} + 3 - \Delta(r_1^*, r_2^*)\right] := g_i(1)$$

とおく．ここで，

$$\Delta(r_1^*, r_2^*) := \frac{r_2^*(6n + 5r_1^* - 3r_2^* - 12) - 10r_1^* + 18}{2(n-1)(n-2)} + \frac{3(r_2^* - 2)}{2(r_1^* - 2)},$$

$$\lim_{n \to \infty} \Delta(r_1^*, r_2^*) = 3.5164678000 \cdots$$

を定義した．最適閾値 r_3^* とその漸近形は次のように得られる．

$$r_3^* := \min\{1 \le i \le r_2^* - 1 : y_i(1) \ge g_i(1)\}$$

$$= \min\left\{1 \le i \le r_2^* - 1 : 3\sum_{t=i}^{r_2^*-2} \frac{1}{t} + \frac{3i(4n - i - 5)}{2(n-1)(n-2)} \le \Delta(r_1^*, r_2^*)\right\},$$

$$(5.14)$$

$$\lim_{n \to \infty} \frac{r_3^*}{n} = 0.3367151938 \cdots .$$

そして，$1 \le i \le r_3^* - 1$ において，$V_i(1) = V_i(2) = V_i(3) = g_{r_3^*-1}(1)$（定数）である．成功確率の最大値とその漸近形は

$$P_n^{(1\sim3)} = g_{r_3^*-1}(1)$$

$$= \frac{r_3^* - 1}{n}\left[3\sum_{t=r_3^*-1}^{r_2^*-2} \frac{1}{t} + \frac{r_3^*(6n - r_3^* - 7)}{2(n-1)(n-2)} + 3 - \Delta(r_1^*, r_2^*)\right], \quad (5.15)$$

$$\lim_{n \to \infty} P_n^{(1\sim3)} = 0.7081900157 \cdots$$

で与えられる．ここで示した漸近値は 5.4 節（141 ページ）でも得られる．$n = 13$ の場合の数値例を表 5.6 に示す．最適閾値 $r_1^* = 11, r_2^* = 8, r_3^* = 5$ と最大化された成功確率 $\frac{552}{715} = 0.77203$ が得られる．この結果は，(1) において期待効用最大化法により得られた結果（表 5.5）と一致する．また，いろいろな n の値に対して，絶対順位が 1〜3 位の応募者を採用する秘書問題の最適閾値と成功確率を表 5.7 に示す[*3]．

期待効用最大化法では，最適閾値を数値的にしか求めることができなかった．Quine and Law (1996) による Markov 決定過程を用いた解法により，3 つの最適閾値に対する解析的な式が導かれていることに注意する．

[*3] Quine and Law (1996, p.636) に示されている $n = 4$ の場合の成功確率 $\frac{37}{48}$ は $\frac{23}{24} = 0.95833 \cdots$ の間違いである．

表 5.6　3 位以内の応募者を採用する秘書問題に対する「候補者の面接番号」を状態とする Markov 決定過程の $\{y_t(i)\}, \{V_t(i)\}, V_t\ (n = 13)$.

i	$y_i(1)$	$y_i(2)$	$y_i(3)$	$V_i(1)$	$V_i(2)$	$V_i(3)$	V_i
13	1	1	1	1	1	1	
12	1	1	$\frac{10}{13}$	1	1	$\frac{10}{13}$	$\frac{3}{13}$
$r_1^* = 11$	1	$\frac{25}{26}$	$\mathbf{\frac{15}{26}}$	1	$\frac{25}{26}$	$\mathbf{\frac{15}{26}}$	$\frac{21}{52}$
10	$\frac{285}{286}$	$\frac{255}{286}$	$\frac{60}{143}$	$\frac{285}{286}$	$\frac{255}{286}$	$\frac{75}{143}$	$\frac{75}{143}$
9	$\frac{141}{143}$	$\frac{114}{143}$	$\frac{42}{143}$	$\frac{141}{143}$	$\frac{114}{143}$	$\frac{87}{143}$	$\frac{87}{143}$
$r_2^* = 8$	$\frac{138}{143}$	$\mathbf{\frac{98}{143}}$	$\frac{28}{143}$	$\frac{138}{143}$	$\mathbf{\frac{98}{143}}$	$\frac{96}{143}$	$\frac{96}{143}$
7	$\frac{133}{143}$	$\frac{161}{286}$	$\frac{35}{286}$	$\frac{133}{143}$	$\frac{203}{286}$	$\frac{203}{286}$	$\frac{203}{286}$
6	$\frac{251}{286}$	$\frac{125}{286}$	$\frac{10}{143}$	$\frac{251}{286}$	$\frac{106}{143}$	$\frac{106}{143}$	$\frac{106}{143}$
$r_3^* = 5$	$\mathbf{\frac{115}{143}}$	$\frac{45}{143}$	$\frac{5}{143}$	$\mathbf{\frac{115}{143}}$	$\frac{437}{572}$	$\frac{437}{532}$	$\frac{437}{532}$
4	$\frac{101}{143}$	$\frac{29}{143}$	$\frac{2}{143}$	$\frac{552}{715}$	$\frac{552}{715}$	$\mathbf{\frac{552}{715}}$	$\mathbf{\frac{552}{715}}$
3	$\frac{83}{143}$	$\frac{31}{286}$	$\frac{1}{286}$	$\frac{552}{715}$	$\frac{552}{715}$	$\frac{552}{715}$	$\frac{552}{715}$
2	$\frac{11}{26}$	$\frac{1}{26}$	0	$\frac{552}{715}$	$\frac{552}{715}$	$\frac{552}{715}$	$\frac{552}{715}$
1	$\frac{3}{13}$	0	0	$\frac{552}{715}$	$\frac{552}{715}$	$\frac{552}{715}$	$\frac{552}{715}$

5.3　k 位以内の応募者を採用する秘書問題（計算アルゴリズム）

　n 人の応募者の中から絶対順位が k 位以内の応募者を 1 人採用する秘書問題に対して，Woryna (2017) 及び Goldenshluger et al. (2020, p.235) に示されている計算アルゴリズムを紹介し，$k = 4$ と $k = 5$ の場合に各 n について最適閾値と成功確率を，また他の k についても成功確率を示す．

　以下において，応募者数 n と採用したい応募者の順位の上限 k が与えられていると仮定する．

(1) Woryna (2017) の方法

　この方法では，まず最適閾値 $\{r_1^*, r_2^*, \ldots, r_k^*\}$ を求める．そのために，整数 $\{t_1, t_2, \ldots, t_k\}$ を，

$$t_k := \min\left\{ x \geq 1 : \sum_{j=0}^{k-2} \binom{k-1}{j}\binom{n-k}{x+k-j-1} \leq \frac{k-1}{k}\binom{n-k}{x} \right\}$$

から始めて，k が小さくなる順に逐次的に次の式で計算する．

表 5.7　3 位以内の応募者を採用する秘書問題の最適閾値と成功確率.

n	r_1^*	r_2^*	r_3^*	$P_n^{(1\sim3)}$	n	r_1^*	r_2^*	r_3^*	$P_n^{(1\sim3)}$
3	3	3	3	1.00000	30	24	18	11	0.73492
4	4	3	2	0.95833	35	28	21	13	0.73076
5	5	4	2	0.88333	40	32	24	14	0.72813
6	5	4	3	0.85000	50	40	30	18	0.72396
7	6	5	3	0.83571	60	47	36	21	0.72143
8	7	5	3	0.81071	70	55	42	24	0.71948
9	8	6	4	0.80357	80	63	48	28	0.71805
10	9	7	4	0.79190	90	71	54	31	0.71694
11	9	7	4	0.78203	100	78	59	34	0.71603
12	10	8	5	0.77803	200	156	118	68	0.71212
13	11	8	5	0.77203	300	233	177	102	0.71080
14	12	9	5	0.76586	400	311	236	135	0.71015
15	12	10	6	0.76200	500	388	294	169	0.70976
16	13	10	6	0.75991	600	466	353	203	0.70950
17	14	11	6	0.75534	700	543	412	236	0.70931
18	15	11	7	0.75340	800	621	470	270	0.70917
19	16	12	7	0.75112	900	698	529	304	0.70906
20	16	13	7	0.74748	1000	775	588	337	0.70897
25	20	15	9	0.74031	∞	$0.775n$	$0.587n$	$0.337n$	0.70819

$n = 3$ の場合は，3 人目（最後）の応募者を採用をすれば必ずベスト，セカンドベスト又はサードベストである.

$$t_l := \min\left\{1 \le x \le n - l : d_l(x) \le D_l(t_{l+1}, t_{l+2}, \ldots, t_k)\right\}$$

$$1 \le l \le k - 1. \tag{5.16}$$

ここで，$D_l(t_{l+1}, t_{l+2}, \ldots, t_k)$ と $d_l(x)$ は次のように定義される.

$$D_k = \frac{(n - k)!}{n!},$$

$$D_l(t_{l+1}, t_{l+2}, \ldots, t_k) = \frac{1}{l} \sum_{i=l}^{k-1} \left(\prod_{j=l+1}^{i} t_j\right) d_i(t_{i+1}) + \frac{1}{l} \left(\prod_{j=l+1}^{k} t_j\right) D_k$$

$$1 \le l \le k - 1,$$

$$
d_l(x) := \begin{cases}
-1 + \dfrac{kx}{n} + \dfrac{\dbinom{n-x-1}{k}}{\dbinom{n}{k}} + \dfrac{x}{n}\dbinom{n}{k}^{-1}\displaystyle\sum_{j=1}^{x}\dfrac{\dbinom{n-j-1}{k-1}}{j} & l = 0, \\[3em]
-\dfrac{k}{n} - \dfrac{1}{\dbinom{n}{k}}\displaystyle\sum_{j=1}^{x}\dfrac{\dbinom{n-j-1}{k-1}}{j} & l = 1, \\[3em]
\dfrac{kx!(n-l-x)!}{l(l-1)n!}\displaystyle\sum_{j=0}^{l-2}\binom{k-1}{j}\binom{n-k}{x+l-j-1} & 2 \le l \le k.
\end{cases}
$$

このとき，降順に並べた k 個の最適閾値 $\{r_1^*, r_2^*, \ldots, r_k^*\}$ は $r_l^* = t_l + l$ $(1 \le l \le k)$ で与えられる．

絶対順位が k 位以内の応募者が採用される確率は

$$
P_n^{(1\sim k)} = -\sum_{i=0}^{k-1}\left(\prod_{j=1}^{i} t_j\right) d_i(t_{i+1}) - \left(\prod_{j=1}^{k} t_j\right) D_k \tag{5.17}
$$

で与えられる．

例えば，$k = 4$ の場合には，以下の計算式により，最適閾値 $\{r_1^*, r_2^*, r_3^*, r_4^*\}$ と成功確率 $P_n^{(1\sim k)}$ を算出することができる．まず，以下を計算する．

$$
d_0(t_1) = -1 + \frac{4t_1}{n} + \frac{\dbinom{n-t_1-1}{4}}{\dbinom{n}{4}} + \frac{t_1}{\dbinom{n}{4}}\sum_{j=1}^{t_1}\binom{n-j-1}{3}\frac{1}{j},
$$

$$
d_1(t_2) = -\frac{4}{n} - \frac{1}{\dbinom{n}{4}}\sum_{j=1}^{t_2}\binom{n-j-1}{3}\frac{1}{j},
$$

$$
d_2(t_3) = \frac{2t_3!(n-2-t_3)!}{n!}\binom{n-4}{t_3+1},
$$

$$d_3(t_4) = \frac{2t_4!(n-3-t_4)!}{3n!}\left[\binom{n-4}{t_4+2} + 3\binom{n-4}{t_4+1}\right],$$

$$d_4(x) = \frac{x!(n-4-x)!}{3n!}\left[\binom{n-4}{x+3} + 3\binom{n-4}{x+2} + 3\binom{n-4}{x+1}\right].$$

$$D_4 = \frac{(n-4)!}{n!} = \frac{1}{n(n-1)(n-2)(n-3)},$$

$$D_3(t_4) = \frac{1}{3}\left[d_3(t_4) + t_4 D_4\right],$$

$$D_2(t_3,t_4) = \frac{1}{2}\left[d_2(t_3) + t_3 d_3(t_4) + t_3 t_4 D_4\right],$$

$$D_1(t_2,t_3,t_4) = d_1(t_2) + t_2 d_2(t_3) + t_2 t_3 d_3(t_4) + t_2 t_3 t_4 D_4.$$

$$t_4 = \min\left\{x \geq 1 : \binom{n-4}{x+3} + 3\binom{n-4}{x+2} + 3\binom{n-4}{x+1} \leq \frac{3}{4}\binom{n-4}{x}\right\}$$

$$= \min\{1 \leq x \leq n-4 : d_4(x) \leq D_4/4\},$$

$$t_3 = \min\{1 \leq x \leq n-3 : d_3(x) \leq D_3(t_4)\},$$

$$t_2 = \min\{1 \leq x \leq n-2 : d_2(x) \leq D_2(t_3,t_4)\},$$

$$t_1 = \min\{1 \leq x \leq n-1 : d_1(x) \leq D_1(t_2,t_3,t_4)\}.$$

これらを用いて，最適閾値と成功確率を次の式で計算する．

$$r_i^* = t_{5-i} + i \qquad 1 \leq i \leq 4,$$

$$P_n^{(1\sim4)} = -d_0(t_1) - t_1 d_1(t_2) - t_1 t_2 d_2(t_3) - t_1 t_2 t_3 d_3(t_4) - t_1 t_2 t_3 t_4 D_4.$$

(2) Goldenshluger et al. (2020, p.235) の方法

n 人の応募者に対し，$t\,(\leq n)$ 番目の応募者の相対順位が $i\,(\leq t)$ であるとき，この応募者の絶対順位が $a\,(\geq i)$ となる確率は，式 (2.14) に示された次の超幾何分布で与えられる．

$$P_t(a \mid i) = \frac{\binom{a-1}{i-1}\binom{n-a}{t-i}}{\binom{n}{t}} \qquad 1 \leq i \leq a \leq n-t+i.$$

採用する応募者の順位の上限が k であるとき，効用関数は

$$
U(a) = \begin{cases} 1 & 1 \leq a \leq k, \\ 0 & k+1 \leq a \leq n \end{cases}
$$

である．t 番目の応募者の相対順位が i であるとき，この応募者の絶対順位 $k\ (\geq i)$ の期待値を $U_t(k \mid i)$ と書く．

与えられた n と k に対し，以下の式により，$U_t(k|i)$, ℓ_t, $\{y_t(i); 1 \leq i \leq t\}$, 及び $\{f_t(i); 1 \leq i \leq t\}$ を $1 \leq t \leq n$ について計算する．

(a) $1 \leq t \leq k$ のとき，

$$
\begin{aligned}
U_t(k \mid i) &= \sum_{a=i}^{n-t+i} U(a) P_t(a \mid i) \\
&= \begin{cases} \displaystyle\sum_{a=i}^{\min\{k, n-t+i\}} \dfrac{\dbinom{a-1}{i-1}\dbinom{n-a}{t-i}}{\dbinom{n}{t}} & 1 \leq i \leq t, \\ 0 & t+1 \leq i \leq k. \end{cases}
\end{aligned}
$$

各 t について，$\{U_t(k|1), U_t(k|2), \ldots, U_t(k|t)\}$ は異なる正の値をもつ．

$$
\ell_t = t.
$$

$$
y_t(i) = U_t(k|i) \quad ; \quad f_t(i) = 1/t \qquad 1 \leq i \leq t.
$$

(b) $k+1 \leq t \leq n-k+1$ のとき，

$$
U_t(k \mid i) = \begin{cases} \displaystyle\sum_{a=i}^{\min\{k, n-t+i\}} \dfrac{\dbinom{a-1}{i-1}\dbinom{n-a}{t-i}}{\dbinom{n}{t}} & 1 \leq i \leq k, \\ 0 & k+1 \leq i \leq t. \end{cases}
$$

$\{U_t(k|1), U_t(k|2), \ldots, U_t(k|k)\}$ は異なる正の値をもつ．

$$\ell_t = k + 1.$$

$$y_t(i) = \begin{cases} U_t(k \mid i) & 1 \le i \le k, \\ 0 & i = k + 1. \end{cases}$$

$$f_t(i) = \begin{cases} 1/t & 1 \le i \le k, \\ 1 - k/t & i = k + 1. \end{cases}$$

(c) $n - k + 2 \le t \le n - 1$ のとき $(k = 2$ の場合はスキップ)[*4],

$$U_t(k|i) = \begin{cases} 1 & 1 \le i \le k - n + t, \\ \displaystyle\sum_{a=i}^{\min\{k, n-t+i\}} \frac{\dbinom{a-1}{i-1}\dbinom{n-a}{t-i}}{\dbinom{n}{t}} & k - n + t + 1 \le i \le k, \\ 0 & k + 1 \le i \le t. \end{cases}$$

$$\ell_t = n - t + 2.$$

$$y_t(i) = \begin{cases} 1 & i = 1, \\ U_t(k \mid t - n + k - 1 + i) & 2 \le i \le n - t + 1, \\ 0 & i = n - t + 2. \end{cases}$$

$$f_t(i) = \begin{cases} 1 - (n-k)/t & i = 1, \\ 1/t & 2 \le i \le n - t + 1, \\ 1 - k/t & i = n - t + 2. \end{cases}$$

[*4] この場合の $y_t(i)$ に対する原著論文の間違い (Goldenshluger et al., 2020, 式 (5.3)) が筆者の指摘により訂正された (2020 年 10 月 31 日付けの私信).

(d) $t = n$ のとき,

$$U_n(k \mid i) = \begin{cases} 1 & 1 \leq i \leq k, \\ 0 & k+1 \leq i \leq n. \end{cases}$$

$$\ell_n = 2 \quad ; \quad y_n(1) = 1 \quad ; \quad y_n(2) = 0.$$

$$f_n(1) = k/n \quad ; \quad f_n(2) = 1 - k/n.$$

これらを使って, 次の式により, $\{b_t; 1 \leq t \leq n\}$ を逐次的に計算する.

$$b_1 = -\infty \quad ; \quad b_2 = \sum_{i=1}^{\ell_n} y_n(i) f_n(i),$$

$$b_t = \sum_{i=1}^{\ell_{n-t+2}} \max\{b_{t-1}, y_{n-t+2}(i)\} f_{n-t+2}(i) \qquad 3 \leq t \leq n.$$

この計算による $P_n^{(1 \sim k)} = b_n$ が成功確率の最大値である. 最適閾値は

$$r_{k-i+1}^* := \min\{1 \leq i \leq n : y_t(k \mid i) > b_{n-t+1}\} \qquad 1 \leq i \leq k$$

により与えられる.

これらの計算アルゴリズムを用いて計算した絶対順位が 4 位及び 5 位以内の応募者を採用する秘書問題における最適閾値と成功確率をそれぞれ表 5.8 と 5.9 に示す. さらに, 大きな応募者数 n について, $k = 1 \sim 25$ 乃至 35 位以内の応募者を採用する秘書問題における成功確率を表 5.10 に示す. これらの表から, 成功確率 $P_n^{(1 \sim k)}$ は応募者数 n の減少関数であり, 採用順位の上限 k の増加関数であることが分かる. その理由は 5.1 節 (1) に示唆したとおりである.

5.4 無限の応募者が現れる場合の漸近形

n 人の応募者から絶対順位が k 位以内の応募者を 1 人採用する秘書問題について, $n \to \infty$ における成功確率の漸近形が Mucci (1973) と Frank and Samuels (1980) により研究されている.

この問題を期待効用最大化問題として定式化するために, 2.4 節で導入された効用関数 $U(i)$ は i に関して単調非増加 $(U(i) \geq U(i+1) \geq U(i+2) \geq \cdots)$ で

表 **5.8**　4 位以内の応募者を採用する秘書問題の最適閾値と成功確率.

n	r_1^*	r_2^*	r_3^*	r_4^*	$P_n^{(1\sim4)}$	n	r_1^*	r_2^*	r_3^*	r_4^*	$P_n^{(1\sim4)}$
4	4	4	4	4	1.00000	26	22	19	15	9	0.83278
5	5	4	3	2	0.99167	27	23	20	15	10	0.83117
6	6	5	4	3	0.95556	28	24	20	16	10	0.83055
7	7	6	4	3	0.92857	29	25	21	16	10	0.82912
8	7	6	5	3	0.91310	30	26	22	17	11	0.82807
9	8	7	6	4	0.89841	35	30	25	20	12	0.82391
10	9	8	6	4	0.89206	40	34	29	22	14	0.82071
11	10	8	7	4	0.88019	50	42	36	28	17	0.81625
12	11	9	7	5	0.87431	60	51	43	33	21	0.81319
13	12	10	8	5	0.86884	70	59	50	39	24	0.81119
14	12	11	8	5	0.86192	80	67	57	44	27	0.80963
15	13	11	8	6	0.85846	90	76	64	50	30	0.80832
16	14	12	9	6	0.85524	100	84	71	55	34	0.80741
17	15	13	10	6	0.85142	200	167	140	109	67	0.80304
18	16	13	10	7	0.84749	300	250	210	163	100	0.80158
19	17	14	11	7	0.84623	400	333	280	217	133	0.80085
20	17	15	12	7	0.84269	500	416	349	272	166	0.80042
21	18	15	12	8	0.84081	600	499	419	326	199	0.80013
22	19	16	13	8	0.83942	700	582	489	380	232	0.79992
23	20	17	13	8	0.83746	800	665	558	434	265	0.79977
24	21	18	14	9	0.83527	900	748	628	488	298	0.79965
25	22	18	14	9	0.83431	1000	831	698	543	331	0.79955

あり，$\lim_{i\to\infty} U(i) = 0$ と仮定する．Mucci (1973) に従って，n 人の応募者が現れる秘書問題に対する期待効用最大化を考える．面接番号を t とするとき，$t/n = \alpha$ を一定に保ちながら極限 $n \to \infty$ を取ることにより，離散型変数 t に関する漸化式である最適性方程式を連続型変数 α に関する微分方程式に変換する．

　そのために，応募者数 n を明示して，期待効用を

$$y_t^{(n)}(i) = \sum_{j=i}^{n-t+i} U(j) P_t^{(n)}(j\mid i) = \sum_{j=i}^{n-t+i} U(j) \binom{j-1}{i-1}\binom{n-j}{t-i} \bigg/ \binom{n}{t}$$

$$1 \leq i \leq t \leq n$$

と書く．このとき，t 番目の応募者の相対順位が i であるときにベストが採用される確率 $V_t^{(n)}(i)$ に対する最適性方程式は，式 (2.15) に示されているように，

表 5.9 5 位以内の応募者を採用する秘書問題の最適閾値と成功確率.

n	r_1^*	r_2^*	r_3^*	r_4^*	r_5^*	$P_n^{(1\sim5)}$	n	r_1^*	r_2^*	r_3^*	r_4^*	r_5^*	$P_n^{(1\sim5)}$
6	6	5	4	3	2	0.99861	27	24	21	18	14	9	0.89274
7	7	6	5	4	3	0.98730	28	25	22	19	15	10	0.89227
8	8	7	6	5	3	0.96994	29	26	23	20	16	10	0.89075
9	9	8	6	5	4	0.95456	30	27	24	20	16	10	0.88974
10	9	8	7	6	4	0.94821	35	31	27	23	19	12	0.88558
11	10	9	8	6	4	0.94156	40	35	31	27	21	14	0.88245
12	11	10	8	7	5	0.93272	50	44	39	33	26	17	0.87812
13	12	11	9	7	5	0.92928	60	53	46	40	31	20	0.87503
14	13	11	10	8	5	0.92388	70	61	54	46	36	23	0.87290
15	14	12	10	8	6	0.91850	80	70	62	53	42	27	0.87136
16	15	13	11	9	6	0.91648	90	79	69	59	47	30	0.87017
17	16	14	12	9	6	0.91234	100	87	77	66	52	33	0.86917
18	16	14	12	10	7	0.90861	200	174	153	130	103	66	0.86476
19	17	15	13	10	7	0.90726	300	260	229	195	154	98	0.86329
20	18	16	14	11	7	0.90509	400	346	305	260	205	131	0.86255
21	19	17	14	11	8	0.90194	500	433	381	325	256	163	0.86211
22	20	18	15	12	8	0.90087	600	519	457	389	308	196	0.86182
23	21	18	16	12	8	0.89875	700	605	533	454	359	229	0.86161
24	22	19	16	13	8	0.89698	800	692	609	519	410	261	0.86145
25	22	20	17	13	9	0.89571	900	778	685	584	461	294	0.86133
26	23	21	18	14	9	0.89443	1000	864	761	648	512	326	0.86123

表 5.10　k 位以内の応募者を 1 人採用する秘書問題の成功確率.

$n = 50$		$n = 100$		$n = 500$		$n = 1000$		$n \to \infty$	
k	$P_n^{(1 \sim k)}$	k	$P_n^{(1 \sim k)}$	k	$P_n^{(1 \sim k)}$	k	$P_n^{(1 \sim k)}$	k	$P_n^{(1 \sim k)}$
1	0.37428	1	0.37104	1	0.36851	1	0.36820	1	0.36788
2	0.58578	2	0.57956	2	0.57477	2	0.57417	2	0.57357
3	0.72396	3	0.71603	3	0.70976	3	0.70897	3	0.70819
4	0.81625	4	0.80741	4	0.80042	4	0.79955	4	0.79868
5	0.87812	5	0.86917	5	0.86211	5	0.86123	5	0.86035
6	0.91950	6	0.91113	6	0.90442	6	0.90358	6	0.9027
7	0.94711	7	0.93968	7	0.93359	7	0.93282	7	0.9321
8	0.96555	8	0.95915	8	0.95378	8	0.95310	8	0.9524
9	0.97778	9	0.97241	9	0.96779	9	0.96720	9	0.9666
10	0.98584	10	0.98140	10	0.97754	10	0.97703	10	0.9765
11	0.99104	11	0.98750	11	0.98432	11	0.98390	11	0.9835
12	0.99440	12	0.99163	12	0.98905	12	0.98871	12	0.9884
13	0.99654	13	0.99442	13	0.99235	13	0.99207	13	0.9918
14	0.99789	14	0.99629	14	0.99466	14	0.99443	14	0.9942
15	0.99874	15	0.99755	15	0.99627	15	0.99609	15	0.9959
20	0.99992	20	0.99971	20	0.99938	20	0.99933	20	0.9993
25	1.00000	25	0.99997	25	0.99990	25	0.99988	25	0.9999
		30	1.00000	30	0.99998	30	0.99998		
				35	1.00000	35	1.00000		

$n \to \infty, k = 6 \sim 25$ に対する数値は Frank and Samuels (1980) から転載.

$$V_n^{(n)}(i) = y_n^{(n)}(i) = U(i) \qquad 1 \le i \le n,$$

$$V_t^{(n)}(i) = \max \left\{ y_t^{(n)}(i), \frac{1}{t+1} \sum_{j=1}^{t+1} V_{t+1}^{(n)}(j) \right\} \qquad 1 \le i \le t \le n-1$$

で与えられる．ここで，

$$V_t^{(n)} := \frac{1}{t} \sum_{i=1}^{t} V_t^{(n)}(i) \qquad 1 \le t \le n$$

を定義すると，

$$V_n^{(n)} = \frac{1}{n} \sum_{i=1}^{n} V_n^{(n)}(i) = \frac{1}{n} \sum_{i=1}^{n} U(i)$$

である．また，最適性方程式は

$$V_t^{(n)} = \frac{1}{t} \sum_{i=1}^{t} \max\left\{ y_t^{(n)}(i), V_{t+1}^{(n)} \right\} \qquad 1 \le t \le n-1$$

と書くことができる. 従って,

$$V_t^{(n)} - V_{t+1}^{(n)} = \frac{1}{t} \sum_{i=1}^{t} \max\left\{ y_t^{(n)}(i) - V_{t+1}^{(n)}, 0 \right\} \qquad 1 \le t \le n-1$$

が得られる. これらの式において

$$V_t^{(n)} \equiv f^{(n)}(t/n) \qquad 1 \le t \le n$$

と書くと, 最適性方程式は

$$f^{(n)}(1) = V_n^{(n)} = \frac{1}{n} \sum_{i=1}^{n} U(i),$$

$$f^{(n)}\left(\frac{t}{n}\right) - f^{(n)}\left(\frac{t+1}{n}\right) = \frac{1}{t} \sum_{i=1}^{t} \max\left\{ y_t^{(n)}(i) - f^{(n)}\left(\frac{t+1}{n}\right), 0 \right\}$$

$$1 \le t \le n-1$$

となる. ここで, $t/n = \alpha$ を一定に保ちながら, $n, t \to \infty$ とする極限[*5]

$$f(\alpha) := \lim_{n,t \to \infty} f^{(n)}(t/n) \qquad 0 < \alpha \le 1,$$

$$f(1) = \lim_{n \to \infty} f^{(n)}(1) = \lim_{n \to \infty} \frac{1}{n} \sum_{i=1}^{n} U(i) = \lim_{i \to \infty} U(i) = 0$$

を考えると[*6],

[*5] 数列 $\{a_n; n = 1, 2, \dots\}$ に対して, その **Cesáro 平均** (Cesáro mean) を $c_n := \frac{1}{n} \sum_{i=1}^{n} a_i$ とするとき, 次の定理が成り立つ.

$$\lim_{n \to \infty} a_n = a \quad \Longrightarrow \quad \lim_{n \to \infty} c_n = a.$$

[*6] Stirling の近似公式

$$n \to \infty \text{ のとき}, \quad n! \approx e^{-(n+1)} n^{n+\frac{1}{2}}$$

$$y_t^{(n)}(i) = y_{n\alpha}^{(n)}(i) = \sum_{j=i}^{n(1-\alpha)+i} U(j) \binom{j-1}{i-1} \binom{n-j}{n\alpha-i} \bigg/ \binom{n}{n\alpha} \approx R_i(\alpha),$$

$$R_i(\alpha) := \alpha^i \sum_{j=i}^{\infty} U(j) \binom{j-1}{i-1} (1-\alpha)^{j-i} \qquad 0 \le \alpha \le 1 \tag{5.18}$$

となる．よって，関数 $f(\alpha)$ に対する 1 階の常微分方程式

$$f(1) = 0 \quad ; \quad \frac{df(\alpha)}{d\alpha} = -\frac{1}{\alpha} \sum_{i=1}^{\infty} \max\{R_i(\alpha) - f(\alpha), 0\} \quad 0 < \alpha \le 1 \tag{5.19}$$

が導かれる．これより，$f(\alpha)$ は α の非増加関数であることが分かる．以下では，関数 $\{R_i(\alpha); i = 1, 2 \ldots\}$ の性質を分析した上で，$n \to \infty$ の極限における $V_t^{(n)}$ の漸近形 $f(\alpha)$ を，微分方程式 (5.19) の解として求める．

式 (5.18) で定義された関数 $R_i(\alpha)$ には，次のような性質 (i)〜(iv) がある．

(i) $\dfrac{dR_i(\alpha)}{d\alpha} = \dfrac{i}{\alpha} [R_i(\alpha) - R_{i+1}(\alpha)]$

$\qquad\qquad = i \sum_{j=i}^{\infty} [U(j) - U(j+1)] \binom{j}{i} \alpha^{i-1} (1-\alpha)^{j-i} \qquad 0 < \alpha \le 1.$

（証明）　$\dfrac{dR_i(\alpha)}{d\alpha} = \sum_{j=i}^{\infty} U(j) \binom{j-1}{i-1}$

$\qquad\qquad\qquad \times \left[i\alpha^{i-1}(1-\alpha)^{j-i} - (j-i)\alpha^i(1-\alpha)^{j-i-1} \right]$

$\qquad\qquad = \dfrac{i}{\alpha} \left[\sum_{j=i}^{\infty} U(j) \binom{j-1}{i-1} \alpha^i (1-\alpha)^{j-i} \right.$

$\qquad\qquad\qquad \left. - \sum_{j=i+1}^{\infty} U(j) \binom{j-1}{i} \alpha^{i+1} (1-\alpha)^{j-i-1} \right]$

$\qquad\qquad = \dfrac{i}{\alpha} [R_i(\alpha) - R_{i+1}(\alpha)].$

を用いると，次の極限が得られる．

$$\lim_{n \to \infty} \left[\binom{n-k}{n\alpha-i} \bigg/ \binom{n}{n\alpha} \right] = \alpha^i (1-\alpha)^{k-i}.$$

次に，二項係数の加法公式 $\binom{j-1}{i-1} + \binom{j-1}{i} = \binom{j}{i}$ を用いて，

$$R_i(\alpha) - R_{i+1}(\alpha)$$

$$= \sum_{j=i}^{\infty} U(j) \binom{j-1}{i-1} \alpha^i (1-\alpha)^{j-i} - \sum_{j=i+1}^{\infty} U(j) \binom{j-1}{i} \alpha^{i+1} (1-\alpha)^{j-i-1}$$

$$= U(i)\alpha^i + \sum_{j=i+1}^{\infty} U(j) \left[\binom{j}{i} - \binom{j-1}{i} \right] \alpha^i (1-\alpha)^{j-i}$$

$$+ \sum_{j=i+1}^{\infty} U(j) \binom{j-1}{i} [\alpha^i (1-\alpha) - \alpha^i] (1-\alpha)^{j-i-1}$$

$$= \sum_{j=i}^{\infty} U(j) \binom{j}{i} \alpha^i (1-\alpha)^{j-i} - \sum_{j=i+1}^{\infty} U(j) \binom{j-1}{i} \alpha^i (1-\alpha)^{j-i-1}$$

$$= \sum_{j=i}^{\infty} [U(j) - U(j+1)] \binom{j}{i} \alpha^i (1-\alpha)^{j-i}.$$

(ii) 効用関数 $U(j)$ は j に関して非増加, かつ正であるから, $U(j) \geq U(j+1) > 0$ である. よって, (i) の式の中辺と右辺はともに正である. 従って, 任意の $0 < \alpha \leq 1$ について, $R_i(\alpha) > R_{i+1}(\alpha)$ であり, さらに $dR_i(\alpha)/d\alpha > 0$ により, $R_i(\alpha)$ は α の強い意味での増加関数である.

(iii) 任意の自然数 k について, $\sum_{i=1}^{k} R_i(\alpha) = \alpha \sum_{i=1}^{k} U(i) + k\alpha \int_{\alpha}^{1} \frac{R_{k+1}(x)}{x^2} dx.$

（証明） $$\sum_{i=1}^{k} R_i(\alpha) = \sum_{i=1}^{k} \sum_{j=i}^{\infty} U(j) \binom{j-1}{i-1} \alpha^i (1-\alpha)^{j-i}$$

$$= \sum_{j=1}^{k} U(j) \sum_{i=1}^{j} \binom{j-1}{i-1} \alpha^i (1-\alpha)^{j-i}$$

$$+ \sum_{j=k+1}^{\infty} U(j) \sum_{i=1}^{k} \binom{j-1}{i-1} \alpha^i (1-\alpha)^{j-i}$$

$$= \alpha \sum_{j=1}^{k} U(j) + \sum_{j=k+1}^{\infty} U(j) \sum_{i=1}^{k} \binom{j-1}{i-1} \alpha^i (1-\alpha)^{j-i}.$$

一方，次の式が成り立つ.

$$\int_\alpha^1 \frac{R_{k+1}(x)}{x^2} dx = \sum_{j=k+1}^\infty U(j) \binom{j-1}{k} \int_\alpha^1 x^{k-1}(1-x)^{j-k-1} dx.$$

よって，$j \geq k+1$ について，次の式が示されればよい．

$$\sum_{i=1}^k \binom{j-1}{i-1} \alpha^i (1-\alpha)^{j-i} = k\alpha \binom{j-1}{k} \int_\alpha^1 x^{k-1}(1-x)^{j-k-1} dx.$$

これは右辺で部分積分を繰り返すことにより確認される．

(iv) $i = 1, 2, \ldots$ について，$R_i(0) = 0, R_i(1) = U(i)$. 式 (5.18) より自明.

さて，$f(\alpha), 0 < \alpha \leq 1$, は α の非増加関数で $f(1) = 0$ である．また，各 i について，$R_i(\alpha), 0 \leq \alpha \leq 1$, は α の強い意味での増加関数であり，$R_i(0) = 0, R_i(1) = U(i) > 0$ である．従って，方程式 $f(\alpha) = R_i(\alpha)$ には，解 $\alpha = \alpha_i \in (0,1)$ が一意的に存在する．それらを

$$f(\alpha_i) = R_i(\alpha_i) \qquad 0 < \alpha_1 < \alpha_2 < \cdots < 1$$

とする．このとき，各 $\alpha_i \in (0,1)$ に対して，

$$f(\alpha) \geq f(\alpha_i) = R_i(\alpha_i) > R_i(\alpha) \qquad 0 < \alpha < \alpha_i,$$
$$f(\alpha) \leq f(\alpha_i) = R_i(\alpha_i) < R_i(\alpha) \qquad \alpha_i < \alpha \leq 1$$

が成り立つ．よって，

$$\max\{R_i(\alpha) - f(\alpha), 0\} = \begin{cases} 0 & 0 < \alpha < \alpha_i, \\ R_i(\alpha) - f(\alpha) & \alpha_i < \alpha \leq 1 \end{cases}$$

である．従って，$0 < \alpha_j \leq \alpha < \alpha_{j+1}$ であるような区間 $[\alpha_j, \alpha_{j+1}]$ において，関数 $f(\alpha)$ に対する 1 階常微分方程式

$$\frac{df(\alpha)}{d\alpha} = \frac{1}{\alpha} \sum_{i=1}^j [f(\alpha) - R_i(\alpha)] \qquad \alpha_j \leq \alpha < \alpha_{j+1},$$

境界条件： $f(\alpha_j) = R_j(\alpha_j)$; $f(\alpha_{j+1}) = R_{j+1}(\alpha_{j+1})$ (5.20)

が得られる．

このとき，次の式が成り立つ．

$$\frac{d}{d\alpha}\left[\frac{f(\alpha)}{\alpha^j}\right] = \frac{f'(\alpha)}{\alpha^j} - j\frac{f(\alpha)}{\alpha^{j+1}}$$

$$= \frac{1}{\alpha^{j+1}}\sum_{i=1}^{j}[f(\alpha) - R_i(\alpha)] - j\frac{f(\alpha)}{\alpha^{j+1}}$$

$$= -\frac{1}{\alpha^{j+1}}\sum_{i=1}^{j}R_i(\alpha) \qquad \alpha_j \le \alpha < \alpha_{j+1}.$$

また，$2 \le j \le n$ について，上の性質 (i) により，

$$\frac{d}{d\alpha}\left[\frac{1}{\alpha^j}\sum_{i=1}^{j-1}R_i(\alpha)\right] = -\frac{j}{\alpha^{j+1}}\sum_{i=1}^{j-1}R_i(\alpha) + \frac{1}{\alpha^j}\sum_{i=1}^{j-1}\frac{dR_i(\alpha)}{d\alpha}$$

$$= -\frac{j}{\alpha^{j+1}}\sum_{i=1}^{j-1}R_i(\alpha) + \frac{1}{\alpha^{j+1}}\sum_{i=1}^{j-1}i\left[R_i(\alpha) - R_{i+1}(\alpha)\right]$$

$$= \frac{1}{\alpha^{j+1}}\left[-j\sum_{i=1}^{j-1}R_i(\alpha) + \sum_{i=1}^{j}R_i(\alpha) - jR_j(\alpha)\right]$$

$$= -\frac{j-1}{\alpha^{j+1}}\sum_{i=1}^{j}R_i(\alpha)$$

である．よって，

$$\frac{d}{d\alpha}\left[\frac{1}{\alpha^j}\sum_{i=1}^{j-1}R_i(\alpha)\right] = (j-1)\frac{d}{d\alpha}\left[\frac{f(\alpha)}{\alpha^j}\right] \qquad \alpha_j \le \alpha < \alpha_{j+1}$$

が成り立つ．この式の両辺を α について α_j から α_{j+1} まで積分すると，

$$\frac{1}{\alpha_{j+1}^j}\sum_{i=1}^{j-1}R_i(\alpha_{j+1}) - \frac{1}{\alpha_j^j}\sum_{i=1}^{j-1}R_i(\alpha_j)$$

$$= (j-1)\left[\frac{1}{\alpha_{j+1}}f(\alpha_{j+1}) - \frac{1}{\alpha_j}f(\alpha_j)\right]$$

$$= (j-1)\left[\frac{1}{\alpha_{j+1}}R_{j+1}(\alpha_{j+1}) - \frac{1}{\alpha_j}R_j(\alpha_j)\right]$$

となる．すなわち，

$$\frac{1}{\alpha_j^j}\left[\sum_{i=1}^{j-1} R_i(\alpha_j) - (j-1)R_j(\alpha_j)\right]$$

$$= \frac{1}{\alpha_{j+1}^j}\left[\sum_{i=1}^{j-1} R_i(\alpha_{j+1}) - (j-1)R_{j+1}(\alpha_{j+1})\right]$$

が成り立つ．よって，$\{R_i(\alpha); i = 1, 2 \ldots\}$ を用いて，α の関数

$$H_j(\alpha) := \frac{1}{\alpha^j}\sum_{i=1}^{j-1}[R_i(\alpha) - R_j(\alpha)] \qquad 2 \le j \le n,$$

$$G_j(\alpha) := H_j(\alpha) + \frac{j-1}{\alpha^j}[R_j(\alpha) - R_{j+1}(\alpha)]$$

$$= \frac{1}{\alpha^j}\sum_{i=1}^{j-1}[R_i(\alpha) - R_{j+1}(\alpha)] \qquad 2 \le j \le n-1$$

を定義すれば，$\{\alpha_j; j = 2, 3, \ldots\}$ を逆順に決める関係式

$$H_j(\alpha_j) = G_j(\alpha_{j+1}) \qquad 2 \le j \le n-1 \tag{5.21}$$

が成り立つ．

$j = 1$ については，式 (5.20) により，$0 < \alpha_1 \le \alpha < \alpha_2$ であるような区間 $[\alpha_1, \alpha_2]$ において，$f(\alpha)$ に対する 1 階常微分方程式

$$\frac{df(\alpha)}{d\alpha} = \frac{1}{\alpha}[f(\alpha) - R_1(\alpha)] \qquad \alpha_1 \le \alpha < \alpha_2,$$

境界条件：　$f(\alpha_1) = R_1(\alpha_1) \quad ; \quad f(\alpha_2) = R_2(\alpha_2)$

が成り立つ．よって，次の式が得られる．

$$\frac{d}{d\alpha}\left[\frac{f(\alpha)}{\alpha}\right] = \frac{f'(\alpha)}{\alpha} - \frac{f(\alpha)}{\alpha^2} = \frac{1}{\alpha^2}[f(\alpha) - R_1(\alpha)] - \frac{f(\alpha)}{\alpha^2}$$

$$= -\frac{R_1(\alpha)}{\alpha^2} \qquad \alpha_1 \le \alpha < \alpha_2.$$

この式の両辺を α について α_1 から α_2 まで積分すると，次の式が得られる．

$$\int_{\alpha_1}^{\alpha_2} \frac{R_1(\alpha)}{\alpha^2} d\alpha = \frac{f(\alpha_1)}{\alpha_1} - \frac{f(\alpha_2)}{\alpha_2} = \frac{R_1(\alpha_1)}{\alpha_1} - \frac{R_2(\alpha_2)}{\alpha_2}. \tag{5.22}$$

ここで,

$$S(j) := \sum_{i=1}^{j} U(i) \qquad j \geq 1$$

を導入すれば, 式 (5.18) により,

$$-\frac{d}{d\alpha} \sum_{j=1}^{\infty} \frac{S(j)}{j} (1-\alpha)^j = \sum_{j=1}^{\infty} S(j)(1-\alpha)^{j-1}$$

$$= \sum_{j=1}^{\infty} \left[\sum_{i=1}^{j} U(i) \right] (1-\alpha)^{j-1} = \sum_{i=1}^{\infty} U(i) \sum_{j=i}^{\infty} (1-\alpha)^{j-1}$$

$$= \frac{1}{\alpha} \sum_{i=1}^{\infty} U(i)(1-\alpha)^{i-1} = \frac{R_1(\alpha)}{\alpha^2}$$

である. この式の両辺を α について α_1 から α_2 まで積分すると,

$$\int_{\alpha_1}^{\alpha_2} \frac{R_1(\alpha)}{\alpha^2} d\alpha = \sum_{j=1}^{\infty} \frac{S(j)}{j} (1-\alpha_1)^j - \sum_{j=1}^{\infty} \frac{S(j)}{j} (1-\alpha_2)^j$$

であるから, 式 (5.22) により,

$$\sum_{j=1}^{\infty} \frac{S(j)}{j} (1-\alpha_1)^j - \frac{R_1(\alpha_1)}{\alpha_1} = \sum_{j=1}^{\infty} \frac{S(j)}{j} (1-\alpha_2)^j - \frac{R_2(\alpha_2)}{\alpha_2}$$

が成り立つ. よって, $\{R_i(\alpha); i = 1, 2\}$ を用いて, α の関数

$$H_1(\alpha) := \sum_{j=1}^{\infty} \frac{S(j)}{j} (1-\alpha)^j - \frac{R_1(\alpha)}{\alpha},$$

$$G_1(\alpha) := H_1(\alpha) + \frac{1}{\alpha} [R_1(\alpha) - R_2(\alpha)]$$

$$= \sum_{j=1}^{\infty} \frac{S(j)}{j} (1-\alpha)^j - \frac{R_2(\alpha)}{\alpha}$$

を定義すれば, 式 (5.21) で $j = 1$ の場合となる次の式が成り立つ.

$$H_1(\alpha_1) = G_1(\alpha_2).$$

さらに, $f(\alpha)$ は区間 $[0, \alpha_1]$ において定数であり, その値は成功確率の最大値 $P_\infty^{(1 \sim k)}$ に等しい.

$$f(\alpha) = f(0) = f(\alpha_1) = R_1(\alpha_1) = P_\infty^{(1 \sim k)} \qquad 0 \leq \alpha \leq \alpha_1.$$

特に，$U(i)$ が k までで打ち切られている場合には，$U(i) = 0, i \geq k+1$ であるから，$\{\alpha_1, \alpha_2, \ldots, \alpha_k\}$ を

$$\alpha_{k+1} := 1 \quad ; \quad H_j(\alpha_j) = G_j(\alpha_{j+1}) \qquad 1 \leq j \leq k \tag{5.23}$$

により，逐次的に求めることができる．このとき，最適閾値 $\{r_1, r_2, \ldots, r_k\}$ の漸近形が

$$\lim_{n \to \infty} \frac{r_j}{n} = \alpha_j \qquad 1 \leq j \leq k$$

で与えられ，成功確率の最大値 $P_\infty^{(1 \sim k)} := R_1(\alpha_1)$ が得られる．

この場合の性質をいくつか示す．まず，$R_i(\alpha)$ の性質 (i) と (iii) から

$$R_{k+i}(\alpha) = 0 \qquad i \geq 1,$$

$$R_k(\alpha) = \alpha^k U(k) \quad ; \quad \sum_{i=1}^{k} R_i(\alpha) = \alpha S(k)$$

である．また，$j \geq 1$ について，

$$H_{k+j}(\alpha) = H_{k+1}(\alpha) = \frac{1}{\alpha^{k+1}} \sum_{i=1}^{k} [R_i(\alpha) - R_{k+1}(\alpha)]$$

$$= \frac{1}{\alpha^{k+1}} \sum_{i=1}^{k} R_i(\alpha) = \frac{S(k)}{\alpha^k},$$

$$G_{k+j}(\alpha) = G_{k+1}(\alpha) = \frac{1}{\alpha^{k+1}} \sum_{i=1}^{k} [R_i(\alpha) - R_{k+2}(\alpha)]$$

$$= \frac{1}{\alpha^{k+1}} \sum_{i=1}^{k} R_i(\alpha) = \frac{S(k)}{\alpha^k} = H_{k+j}(\alpha)$$

である．これらを用いて，

$$H_k(\alpha) = \frac{1}{\alpha^k} \sum_{i=1}^{k-1} [R_i(\alpha) - R_k(\alpha)] = \frac{1}{\alpha^k} \left[\sum_{i=1}^{k} R_i(\alpha) - k R_k(\alpha) \right]$$

$$= \frac{\alpha S(k) - k R_k(\alpha)}{\alpha^k} = \frac{S(k)}{\alpha^{k-1}} - k U(k),$$

$$G_k(\alpha) = \frac{1}{\alpha^k} \sum_{i=1}^{k-1} [R_i(\alpha) - R_{k+1}(\alpha)] = \frac{1}{\alpha^k} \sum_{i=1}^{k-1} R_i(\alpha)$$

$$= \frac{1}{\alpha^k} \left[\sum_{i=1}^{k} R_i(\alpha) - R_k(\alpha) \right] = \frac{\alpha S(k) - \alpha^k U(k)}{\alpha^k}$$

$$= \frac{S(k)}{\alpha^{k-1}} - U(k)$$

が得られる．よって，

$$G_k(1) = S(k) - U(k) = S(k-1)$$

である．一方，

$$\frac{S(k)}{\alpha_k^{k-1}} = H_k(\alpha_k) = G_k(\alpha_{k+1}) = G_k(1)$$

であるから，α_k が次のように明示的に得られる．

$$\alpha_k = \left[\frac{S(k)}{S(k) + (k-1)U(k)} \right]^{1/(k-1)} \qquad k \geq 2. \qquad (5.24)$$

絶対順位が k 位以内の応募者を 1 人採用する秘書問題に対しては，

$$U(i) = \begin{cases} 1 & 1 \leq i \leq k, \\ 0 & i \geq k+1 \end{cases} \quad ; \quad S(i) = \begin{cases} i & 1 \leq i \leq k-1, \\ k & i \geq k \end{cases}$$

である．このとき，一般に，

$$R_i(\alpha) = \alpha^i \sum_{j=i}^{k} \binom{j-1}{i-1} (1-\alpha)^{j-i} \qquad 1 \leq i \leq k,$$

$$R_1(\alpha) = 1 - (1-\alpha)^k, \quad R_2(\alpha) = 1 - (1-\alpha)^k - k\alpha(1-\alpha)^{k-1},$$

$$R_3(\alpha) = 1 - (1-\alpha)^k - k\alpha(1-\alpha)^{k-1} - \tfrac{1}{2}k(k-1)\alpha^2(1-\alpha)^{k-2}, \quad \dots$$

$$R_k(\alpha) = \alpha^k, \quad R_{k-1}(\alpha) = \alpha^{k-1}[1 + (k-1)(1-\alpha)],$$

$$R_{k-2}(\alpha) = \alpha^{k-2} \left[1 + (k-2)(1-\alpha) + \tfrac{1}{2}(k-1)(k-2)(1-\alpha)^2 \right], \quad \dots$$

$$H_k(\alpha) = \frac{k(1 - \alpha^{k-1})}{\alpha^{k-1}} \quad ; \quad G_k(\alpha) = \frac{k - \alpha^{k-1}}{\alpha^{k-1}},$$

$$H_{k-1}(\alpha) = \frac{k}{\alpha^{k-2}} + k(k-2)\alpha - k(k-1) \quad ; \quad G_{k-1}(\alpha) = \frac{k(1 - \alpha^{k-2})}{\alpha^{k-2}}, \quad \cdots$$

$$H_2(\alpha) = \frac{k(1-\alpha)^{k-1}}{\alpha} \quad ; \quad G_2(\alpha) = H_2(\alpha) + \tfrac{1}{2}k(k-1)(1-\alpha)^{k-2},$$

$$H_1(\alpha) = -k\log\alpha + \sum_{j=1}^{k-1}\left(1 - \frac{k}{j}\right)(1-\alpha)^j - \frac{1 - (1-\alpha)^k}{\alpha},$$

$$G_1(\alpha) = H_1(\alpha) + k(1-\alpha)^{k-1}$$

である．さらに，式 (5.22) の特別の場合として，

$$\alpha_k = \left(\frac{k}{2k-1}\right)^{1/(k-1)} \qquad k \geq 2 \tag{5.25}$$

が得られる[*7]．

　以下に，$k = 1 \sim 5$ について，具体的な計算結果を示す．

(i) $k = 1$ の場合（古典的秘書問題）.

　$R_1(\alpha) = \alpha, R_i(\alpha) = 0 \ (i \geq 2)$ から[*8]，

$$H_1(\alpha) = \sum_{k=1}^{\infty} \frac{(1-\alpha)^k}{k} - 1 = -\log\alpha - 1 \quad ; \quad G_1(\alpha) = -\log\alpha.$$

$\alpha_2 = 1$ より，方程式 $H_1(\alpha_1) = G_1(1) = 0$ の解として，$\alpha_1 = e^{-1} = 0.367879$ が得られる．従って，最適閾値と成功確率の漸近形は

$$\lim_{n\to\infty}(r_1/n) = \alpha_1 = e^{-1} \quad ; \quad P_\infty^{(1)} = R_1(\alpha_1) = e^{-1}$$

[*7] 式 (5.25) は，Gusein-Zade (1966), Dynkin (1963), ドゥインキン・ユシュケヴィッチ (1972, p.117) により，候補者の面接番号を状態とする Markov 決定過程を用いて得られている．

[*8]

$$-\log(1-x) = x + \frac{x^2}{2} + \frac{x^3}{3} + \cdots = \sum_{k=1}^{\infty}\frac{x^k}{k} \qquad |x| < 1.$$

である.

$$f(\alpha) = \begin{cases} e^{-1} & 0 \le \alpha \le e^{-1}, \\ -\alpha \log \alpha & e^{-1} \le \alpha \le 1. \end{cases}$$

(ii) $k = 2$ の場合（ベスト又はセカンドベストを採用する秘書問題）.
$R_1(\alpha) = 1 - (1-\alpha)^2 = \alpha(2-\alpha), R_2(\alpha) = \alpha^2, R_i(\alpha) = 0 \ (i \ge 3)$ から[*9],

$$H_2(\alpha) = 2(1/\alpha - 1) \quad ; \quad G_2(\alpha) = 2/\alpha - 1,$$
$$H_1(\alpha) = -2 \log \alpha + 2\alpha - 3 \quad ; \quad G_1(\alpha) = -2 \log \alpha - 1.$$

$\alpha_3 = 1$ より, 方程式 $H_2(\alpha_2) = G_2(1) = 1$ の解として, $\alpha_2 = \frac{2}{3} = 0.666667$
が得られる. 方程式 $H_1(\alpha_1) = G_1(\alpha_2)$, すなわち, $\alpha_1 - \log \alpha_1 = 1 - \log(\frac{2}{3})$
の解として, $\alpha_1 = 0.346982$ が得られる. 成功確率は $P_\infty^{(1 \sim 2)} = R_1(\alpha_1) =$
$1 - (1-\alpha_1)^2 = 0.573567$ である.

$$f(\alpha) = \begin{cases} \alpha_1(2-\alpha_1) = 0.573567 & 0 \le \alpha \le \alpha_1, \\ \alpha\left[\alpha - 2\log\left(\frac{3}{2}\alpha\right)\right] & \alpha_1 \le \alpha \le \frac{2}{3}, \\ 2\alpha(1-\alpha) & \frac{2}{3} \le \alpha \le 1. \end{cases}$$

(iii) $k = 3$ の場合（絶対順位が 3 位以内の応募者を採用する秘書問題）.
5.2 節を参照. $R_1(\alpha) = 1 - (1-\alpha)^3 = \alpha(3 - 3\alpha + \alpha^2), R_2(\alpha) = \alpha^2(3 - 2\alpha), R_3(\alpha) = \alpha^3, R_i(\alpha) = 0 \ (i \ge 4)$ から,

$$H_3(\alpha) = 3(1/\alpha^2 - 1) \quad ; \quad G_3(\alpha) = 3/\alpha^2 - 1,$$
$$H_2(\alpha) = \frac{3(1-\alpha)^2}{\alpha} \quad ; \quad G_2(\alpha) = \frac{3(1-\alpha)}{\alpha},$$
$$H_1(\alpha) = -3 \log \alpha - \frac{3\alpha^2 - 12\alpha + 11}{2} \quad ; \quad G_1(\alpha) = -3 \log \alpha + \frac{3\alpha^2 - 5}{2}.$$

$\alpha_4 = 1$ より, 方程式 $H_3(\alpha_3) = G_3(1) = 2$ の解として, $\alpha_3 = \sqrt{\frac{3}{5}} = 0.774597$
が得られる. 方程式 $H_2(\alpha_2) = G_2(\alpha_3)$ の解として, $\alpha_2 = 0.586781$ が得ら
れる. 方程式 $H_1(\alpha_1) = G_1(\alpha_2)$ の解として, $\alpha_1 = 0.336715$ が得られる.
成功確率は $P_\infty^{(1 \sim 3)} = R_1(\alpha_1) = 1 - (1-\alpha_1)^3 = 0.708190$ である.

[*9] Mucci (1973) の $H_1(\alpha) = 2\alpha - 2\log\alpha - 2$ と $G_1(\alpha) = -2\log\alpha$ は間違っている.

(iv) $k = 4$ の場合（絶対順位が 4 位以内の応募者を採用する秘書問題）.

$R_1(\alpha) = 1 - (1 - \alpha)^4 = \alpha(4 - 6\alpha + 4\alpha^2 - \alpha^3), R_2(\alpha) = \alpha^2(6 - 8\alpha + 3\alpha^2), R_3(\alpha) = \alpha^3(4 - 3\alpha), R_4(\alpha) = \alpha^4, R_i(\alpha) = 0 \ (i \geq 5)$ から,

$$H_4(\alpha) = 4(1/\alpha^3 - 1) \quad ; \quad G_4(\alpha) = 4/\alpha^3 - 1,$$
$$H_3(\alpha) = \frac{4(1-\alpha)^2(1+2\alpha)}{\alpha^2} \quad ; \quad G_3(\alpha) = \frac{4(1-\alpha^2)}{\alpha^2},$$
$$H_2(\alpha) = \frac{4(1-\alpha)^3}{\alpha} \quad ; \quad G_2(\alpha) = \frac{2(\alpha^3 - 3\alpha^2 + 2)}{\alpha},$$
$$H_1(\alpha) = -4\log\alpha + \frac{4}{3}\alpha^3 - 6\alpha^2 + 12\alpha - \frac{25}{3},$$
$$G_1(\alpha) = -4\log\alpha - \frac{8}{3}\alpha^3 + 6\alpha^2 - \frac{13}{3}.$$

$\alpha_5 = 1$ より, 方程式 $H_4(\alpha_4) = G_4(1) = 3$ の解として, $\alpha_4 = (4/7)^{\frac{1}{3}} = 0.829827$ が得られる. 方程式 $H_3(\alpha_3) = G_3(\alpha_4)$ の解として, $\alpha_3 = 0.697058$ が得られる. 方程式 $H_2(\alpha_2) = G_2(\alpha_3)$ の解として, $\alpha_2 = 0.541804$ が得られる. 方程式 $H_1(\alpha_1) = G_1(\alpha_2)$ の解として, $\alpha_1 = 0.330159$ が得られる. 成功確率は $P_\infty^{(1\sim4)} = R_1(\alpha_1) = 1 - (1 - \alpha_1)^4 = 0.798680$ である.

(v) $k = 5$ の場合（絶対順位が 5 位以内の応募者を採用する秘書問題）.

$R_1(\alpha) = 1 - (1-\alpha)^5 = \alpha(5 - 10\alpha + 10\alpha^2 - 5\alpha^3 + \alpha^4), R_2(\alpha) = \alpha^2(10 - 20\alpha + 15\alpha^2 - 4\alpha^3), R_3(\alpha) = \alpha^3(10 - 15\alpha + 6\alpha^2), R_4(\alpha) = \alpha^4(5 - 4\alpha), R_5(\alpha) = \alpha^5, R_i(\alpha) = 0 \ (i \geq 6)$ から,

$$H_5(\alpha) = 5(1/\alpha^4 - 1) \quad ; \quad G_5(\alpha) = 5/\alpha^4 - 1,$$
$$H_4(\alpha) = \frac{5(1-\alpha)^2(1+2\alpha+3\alpha^2)}{\alpha^3} \quad ; \quad G_4(\alpha) = \frac{5(1-\alpha^3)}{\alpha^3},$$
$$H_3(\alpha) = \frac{5(1-\alpha)^3(1+3\alpha)}{\alpha^2} \quad ; \quad G_3(\alpha) = \frac{5(1-\alpha^2)^2}{\alpha^2},$$
$$H_2(\alpha) = \frac{5(1-\alpha)^4}{\alpha} \quad ; \quad G_2(\alpha) = \frac{5(1-\alpha)^3(1+\alpha)}{\alpha},$$
$$H_1(\alpha) = -5\log\alpha - \frac{5}{4}\alpha^4 + \frac{20}{3}\alpha^3 - 15\alpha^2 + 20\alpha - \frac{137}{12},$$
$$G_1(\alpha) = -5\log\alpha + \frac{15}{4}\alpha^4 - \frac{40}{3}\alpha^3 + 15\alpha^2 - \frac{77}{12}.$$

$\alpha_6 = 1$ より, 方程式 $H_5(\alpha_5) = G_5(1) = 4$ の解として, $\alpha_5 = (5/9)^{\frac{1}{4}} =$

表 5.11 無限の応募者から k 位以内の応募者を 1 人採用する秘書問題における最適方策と成功確率.

k	i	α_i	k	i	α_i	k	i	α_i
1	1	0.36788	5	1	0.32546	7	1	0.31897
	$P_\infty^{(1)}$	0.36788		2	0.51155		2	0.47201
				3	0.64767		3	0.58459
2	1	0.34698		4	0.76067		4	0.67725
	2	0.66667		5	0.86334		5	0.75795
	$P_\infty^{(1\sim2)}$	0.57357		$P_\infty^{(1\sim5)}$	0.86035		6	0.83133
							7	0.90197
3	1	0.33672	6	1	0.32185		$P_\infty^{(1\sim7)}$	0.93205
	2	0.58678		2	0.48930			
	3	0.77460		3	0.61204	8	1	0.31659
	$P_\infty^{(1\sim3)}$	0.70819		4	0.71319		2	0.45805
				5	0.80214		3	0.56255
4	1	0.33016		6	0.88583		4	0.64861
	2	0.54180		$P_\infty^{(1\sim6)}$	0.90274		5	0.72333
	3	0.69706					6	0.79054
	4	0.82983					7	0.85300
	$P_\infty^{(1\sim4)}$	0.79868					8	0.91411
							$P_\infty^{(1\sim8)}$	0.95241

0.863340 が得られる. 方程式 $H_4(\alpha_4) = G_4(\alpha_5)$ の解として, $\alpha_4 = 0.760672$ が得られる. 方程式 $H_3(\alpha_3) = G_3(\alpha_4)$ の解として, $\alpha_3 = 0.647667$ が得られる. 方程式 $H_2(\alpha_2) = G_2(\alpha_3)$ の解として, $\alpha_2 = 0.511553$ が得られる. 方程式 $H_1(\alpha_1) = G_1(\alpha_2)$ の解として, $\alpha_1 = 0.325456$ が得られる. 成功確率は $P_\infty^{(1\sim5)} = 1 - (1 - \alpha_1)^5 = R_1(\alpha_1) = 0.860347$ である.

以上の結果に $k = 6 \sim 8$ に対する結果を併せて表 5.11 に示す.

絶対順位が k 位以内の応募者を 1 人採用する秘書問題に対する上記の計算における α_1 を $\alpha_1(k)$ と書くことにすれば, 関係式

$$1 - P_\infty^{(1\sim k)} = [1 - \alpha_1(k)]^k \qquad k = 1, 2, \ldots \tag{5.26}$$

が成り立つことが分かる. この数値を表 5.12 に示す. 同様に α_j を $\alpha_j(k)$ と書くとき $(1 \leq j \leq k)$, Frank and Samuels (1980) は, j に依存しない極限

表 5.12　無限の応募者から k 位以内の応募者を 1 人採用する秘書問題の成功確率.

k	$P_{\infty}^{(1\sim k)}$	$\alpha_1(k)$	k	$P_{\infty}^{(1\sim k)}$	$\alpha_1(k)$
1	0.36788	0.36788	10	0.9765	0.3129
2	0.57357	0.34697	11	0.9835	0.3113
3	0.70819	0.33672	12	0.9884	0.3100
4	0.79868	0.33016	13	0.9918	0.3088
5	0.86035	0.32546	14	0.9942	0.3078
6	0.90274	0.32185	15	0.9959	0.3068
7	0.93205	0.31897	20	0.9993	0.3031
8	0.95241	0.31659	25	0.9999	0.3008
9	0.96661	0.31458	∞	1.0000	0.2834

式 (5.26) を確認できる. $k = 10\sim25$ に対する数値は Frank and Samuels (1980) から転載.

$$\lim_{k \to \infty} \alpha_j(k) = \alpha^* \approx 0.2834 \qquad j \geq 1$$

を示した. ここで, α^* は常微分方程式

$$y(1) = 1 \quad ; \quad \frac{dy(t)}{dt} = \left[\frac{1 - y(t)}{1 - t}\right] \bigg/ \log\left\{\frac{t[1 - y(t)]}{(1 - t)y(t)}\right\} \qquad \alpha^* \leq t \leq 1 \tag{5.27}$$

の解 $y(t)$ に対し, 方程式 $y(t) = 0$ となる t の値である. 単調増加関数 $y(t)$ を図 5.2 に示す.

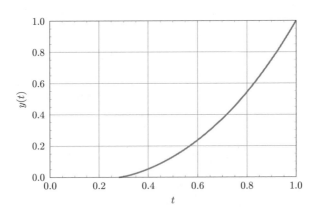

図 5.2　微分方程式 (5.27) の解 $y(t)$.

6章 複数の応募者を採用する秘書問題

Secretary Problems Employing Multiple Candidates

これまでに見た全ての秘書問題においては，採用する応募者は 1 人であったが，複数の応募者を採用する秘書問題も多く研究されている．

2 人を採用する秘書問題については，初期に以下のような研究がある（日本の研究者が活躍した）．

(i) 採用する 2 人の応募者のうちの 1 人がベストである確率を最大にする最適方策を求める問題：Gilbert and Mosteller (1966, pp.41–44), Sakaguchi (1978), 穴太 (2000, pp.118–122) に解説がある．

(ii) 採用する 2 人の応募者がベストとセカンドベストである確率を最大にする最適方策を求める問題：Haggstrom (1967), Nikolaev (1977), Tamaki (1979a), Vanderbei (1980). Sakaguchi (1979) は候補者の採用辞退がある場合を考えた．

(iii) 採用する 2 人の応募者の中にベスト又はセカンドベストが含まれる確率を最大にする最適方策を求める問題：Tamaki (1979b).

3 人を採用する秘書問題には，Ano (1989), Lehtinen (1992), Majumdar and Matin (1991), Stadje (1985) らによる研究がある．Sakaguchi (1987) は 2 人及び 3 人を採用する問題について，応募者数が非常に大きい場合の漸近解を示した．

一般に，採用する m 人の中にベストが含まれる確率を最大化する秘書問題は，Gilbert and Mosteller (1966), Tamaki and Mazalov (2002), Matsui and Ano (2016), Goldenshluger et al. (2020) らによる詳しい研究がある．さらに，採用する m 人が 1 〜m 位の応募者である確率を最大化する問題が，Vanderbei (1980) や Lehtinen (1993, 1997) により研究されている．前者によれば，応募者 $2n$ 人の半数に当たる n 人を採用するとき，それらの人が 1〜n 位である確率は $1/(n+1)$ である．

6.1 ベストが採用される確率を最大にする秘書問題

本節では，n 人の応募者から m 人を採用する秘書問題において，その中にベストが含まれる確率を最大化する方策を考える．この場合の最適方策で得られ

る成功確率を $P_n^{[m]}$ で表す．$m = 1$ の場合は古典的秘書問題である．

6.1.1 項では $m = 2$ の場合を扱う．6.1.2 項では，一般に m 人を採用する場合の解析方法を示し，それを $m = 3$ の場合に適用する．また，r_k^* を残りの採用可能人数が k 人であるときの最適閾値とするとき，$\lim_{n \to \infty} (r_k^*/n)$ が m に依存しないことを指摘し，$m = 4 \sim 30$ について $P_\infty^{[m]}$ を示す．6.1.3 項では，$P_n^{[m]}$ を算出する計算アルゴリズムを紹介する．

6.1.1　2 人を採用する場合

まず，採用する 2 人のうちの 1 人がベストである確率を最大にする最適方策を求める問題を考える．この問題の解は Gilbert and Mosteller (1966, pp.41–44) に結果だけが示されているが，本項では，Sakaguchi (1978) と穴太 (2000, pp.118–122) を参考にして解法を説明し，Gilbert and Mosteller (1966) の解とも比較する．

古典的秘書問題と同様に，n 人の応募者を一人ずつ面接する．残り m 人の応募者が採用可能な場合に，初めから数えて i 番目の応募者が候補者である（それ以前に面接をした応募者の中で相対的ベストである）とき，それ以後も最適方策を取ることにより，面接を停止するまでに採用する 2 人の応募者中に絶対的ベストが含まれる最大の成功確率を $V_i^{(m)}$ と書く（$m = 1, 2$）．

「候補者の面接番号」を状態とする Markov 過程（2.2 節）を考えると，採用可能が残り 1 人になっている（$m = 1$）場合における最適性方程式は，i 番目の応募者が候補者であった時点で今後にベストが採用される確率の最大値 $V_i^{(1)}$ に対して，式 (2.7) と同様に，次のように与えられる．

$$V_i^{(1)} = \max \left\{ \frac{i}{n}, \sum_{j=i+1}^{n} \frac{i}{j(j-1)} V_j^{(1)} \right\} \qquad 1 \leq i \leq n-1,$$

$$V_n^{(1)} = 1. \tag{6.1}$$

また，採用可能が残り 2 人である（$m = 2$）場合に候補者を採用すれば，採用可能は残り 1 人になるので，$V_i^{(2)}$ に対する最適性方程式は次のようになる．

$$V_i^{(2)} = \max\left\{\frac{i}{n} + \sum_{j=i+1}^{n}\frac{i}{j(j-1)}V_j^{(1)}, \sum_{j=i+1}^{n}\frac{i}{j(j-1)}V_j^{(2)}\right\}$$
$$1 \le i \le n-1,$$

$$V_n^{(2)} = 1. \tag{6.2}$$

方程式 (6.1) と (6.2) は, $i = n-1, n-2, \ldots, 2, 1$ の順に逐次的に解くことができて, 全ての $\{V_i^{(1)}; 1 \le i \le n\}$ と $\{V_i^{(2)}; 1 \le i \le n\}$ が得られる. 数値例として, $n = 5, 10, 20$ について, 表 6.1 にこれらの値を示す. 最大の成功確率は

$$P_5^{[2]} = 0.70833 \quad ; \quad P_{10}^{[2]} = 0.64633 \quad ; \quad P_{20}^{[2]} = 0.61782$$

であり, $P_n^{[2]}$ は n の減少関数であることが推察できる.

最適性方程式 (6.1) と (6.2) を解析して閾値規則を見つける. 採用可能が残り1人のとき, i 番目の応募者である候補者が採用されるのは, 「i 番目の応募者である候補者がベストである確率」が「その応募者をやり過ごして次に現れる候補者 (確率 $i/j(j-1)$ で j 番目の応募者) がベストである確率」よりも大きい, すなわち, 式 (6.1) において,

$$\frac{i}{n} - \sum_{j=i+1}^{n}\frac{i}{j(j-1)}\cdot\frac{j}{n} = \frac{i}{n}\left(1 - \sum_{j=i}^{n-1}\frac{1}{j}\right) \ge 0 \quad 1 \le i \le n-1$$

という場合である. ここで, i に関して単調増加の定数列 $\{H_i^{(1)}; 1 \le i \le n\}$ を

$$H_n^{(1)} = 1 \quad ; \quad H_i^{(1)} := 1 - \sum_{j=i}^{n-1}\frac{1}{j} \quad 1 \le i \le n-1 \tag{6.3}$$

により導入すれば[*1],

$$r_1^* := \min\left\{i \ge 1 : H_i^{(1)} \ge 0\right\} = \min\left\{i \ge 1 : \sum_{j=i}^{n-1}\frac{1}{j} \le 1\right\} \tag{6.4}$$

は, 与えられた n に対し, i を 1 から順に増やしていくとき, $H_i^{(1)}$ が負から正に

---

*1 ここでの $\{H_i^{(1)}; 1 \le i \le n\}$ は, 2.2 節において $\{H_i; 1 \le i \le n\}$ と書かれている.

表 6.1　2 人を採用する秘書問題においてベストが採用される確率の計算例.

	$n = 5$		$n = 10$		$n = 20$	
i	$V_i^{(1)}$	$V_i^{(2)}$	$V_i^{(1)}$	$V_i^{(2)}$	$V_i^{(1)}$	$V_i^{(2)}$
1	0.43333	**0.70833**	0.39869	0.64633	0.38421	0.61782
2	**0.43333**	0.83333	0.39869	**0.64633**	0.38421	0.61782
3	0.60000	0.95000	**0.39869**	0.69869	0.38421	0.61782
4	0.80000	1.00000	0.40000	0.79825	0.38421	**0.61782**
5	1.00000	1.00000	0.50000	0.87282	0.38421	0.63421
6			0.60000	0.92738	0.38421	0.68421
7			0.70000	0.96528	**0.38421**	0.73421
8			0.80000	0.98889	0.40000	0.78195
9			0.90000	1.00000	0.45000	0.82345
10			1.00000	1.00000	0.50000	0.85939
11					0.55000	0.89032
12					0.60000	0.91672
13					0.65000	0.93894
14					0.70000	0.95732
15					0.75000	0.97213
16					0.80000	0.98361
17					0.85000	0.99196
18					0.90000	0.99737
19					0.95000	1.00000
20					1.00000	1.00000

太字に対応する i が $r_1^* - 1$ と $r_2^* - 1$ である.

変わる直後の i である. 採用可能が残り 1 人となっているときの閾値規則は「r_1^* 番目以降に最初に現れる候補者を採用する」となる ($n = 2$ の場合は, $H_1^{(1)} = -\frac{1}{2}$, $H_2^{(1)} = 1$ であるが, $r_1^* = 2$ とする). このとき,

$$
V_i^{(1)} = \begin{cases} \displaystyle\sum_{j=i+1}^{n} \frac{i}{j(j-1)} V_j^{(1)} & 1 \le i \le r_1^* - 1, \\ \dfrac{i}{n} & r_1^* \le i \le n \end{cases} \tag{6.5}
$$

である. ここで, $i = r_1^* - 1, j \ge i + 1 = r_1^*$ のとき $V_j^{(1)} = j/n$ であるから,

$$
V_{r_1^*-1}^{(1)} = \sum_{j=r_1^*}^{n} \frac{r_1^* - 1}{j(j-1)} V_j^{(1)} = \sum_{j=r_1^*}^{n} \frac{r_1^* - 1}{j(j-1)} \cdot \frac{j}{n} = \frac{r_1^* - 1}{n} \sum_{j=r_1^*-1}^{n-1} \frac{1}{j} \tag{6.6}
$$

である．$V_{r_1^*-1}^{(1)}$ は古典的秘書問題においてベストが採用される確率の最大値 $P(r^*;n)$ と同じである（式 (2.5) を参照）．このとき，$i = r_1^* - 2$ について，

$$V_{r_1^*-2}^{(1)} = \frac{r_1^*-2}{(r_1^*-1)(r_1^*-2)} V_{r_1^*-1}^{(1)} + \sum_{j=r_1^*}^{n} \frac{r_1^*-2}{j(j-1)} \cdot \frac{j}{n}$$

$$= \frac{1}{n} \sum_{j=r_1^*-1}^{n-1} \frac{1}{j} + \frac{r_1^*-2}{n} \sum_{j=r_1^*-1}^{n-1} \frac{1}{j} = \frac{r_1^*-1}{n} \sum_{j=r_1^*-1}^{n-1} \frac{1}{j} = V_{r_1^*-1}^{(1)}$$

である．同様にして，$1 \le i \le r_1^* - 1$ について，$V_i^{(1)}$ は i に依存しないことが分かる．以上をまとめて，$V_i^{(1)}$ に対する最適性方程式 (6.1) の解が次のように得られる．

$$V_i^{(1)} = \begin{cases} V_{r_1^*-1}^{(1)} & 1 \le i \le r_1^* - 1, \\ \dfrac{i}{n} & r_1^* \le i \le n. \end{cases} \tag{6.7}$$

　同様に考えて，採用可能が残り 2 人であるとき，i 番目の応募者である候補者が採用されるのは，式 (6.2) において，以下の条件が成り立つ場合である．

$$\frac{i}{n} + \sum_{j=i+1}^{n} \frac{i}{j(j-1)} V_j^{(1)} - \sum_{j=i+1}^{n} \frac{i}{j(j-1)} \left[\frac{j}{n} + \sum_{k=j+1}^{n} \frac{j}{k(k-1)} V_k^{(1)} \right]$$

$$= \frac{i}{n} \left(1 - \sum_{j=i}^{n-1} \frac{1}{j} \right) + \sum_{j=i+1}^{n} \frac{i}{j(j-1)} \left[V_j^{(1)} - \sum_{k=j+1}^{n} \frac{j}{k(k-1)} V_k^{(1)} \right] \ge 0.$$

ここで，式 (6.5) により，$j \le r_1^* - 1$ なら，2 行目の [ ] 内は 0 である．一方，$j \ge r_1^*$ なら，$k \ge j+1 \ge r_1^* + 1$ のとき $V_k^{(1)} = k/n$ であるから，

$$V_j^{(1)} - \sum_{k=j+1}^{n} \frac{j}{k(k-1)} V_k^{(1)} = \frac{j}{n} - \sum_{k=j+1}^{n} \frac{j}{k(k-1)} \cdot \frac{k}{n} = \frac{j}{n} \left(1 - \sum_{k=j}^{n-1} \frac{1}{k} \right) = \frac{j}{n} H_j^{(1)}$$

と書くことができる．従って，$\{H_i^{(1)}; 1 \le i \le n\}$ を用いて，上の条件は

$$
\frac{i}{n} + \sum_{j=i+1}^{n} \frac{i}{j(j-1)} V_j^{(1)} - \sum_{j=i+1}^{n} \frac{i}{j(j-1)} \left[\frac{j}{n} + \sum_{k=j+1}^{n} \frac{j}{k(k-1)} V_k^{(1)} \right]
$$

$$
= \frac{i}{n} \left(1 - \sum_{j=i+1}^{n} \frac{1}{j-1} \right) + \sum_{j=i+1}^{n} \frac{i}{j(j-1)} \left[V_j^{(1)} - \sum_{k=j+1}^{n} \frac{j}{k(k-1)} V_k^{(1)} \right]
$$

$$
= \frac{i}{n} H_i^{(1)} + \sum_{j=\max\{i+1, r_1^*\}}^{n} \frac{i}{j(j-1)} \cdot \frac{j}{n} H_j^{(1)}
$$

$$
= \frac{i}{n} \left[H_i^{(1)} + \sum_{j=\max\{i+1, r_1^*\}}^{n} \frac{1}{j-1} H_j^{(1)} \right] \geq 0
$$

となる．そこで，もう 1 つの定数列 $\{H_i^{(2)}; 1 \leq i \leq n\}$ (i に関して単調増加) を

$$
H_i^{(2)} := \begin{cases} 1 & i = n, \\ H_i^{(1)} + \displaystyle\sum_{j=\max\{i+1, r_1^*\}}^{n} \frac{1}{j-1} H_j^{(1)} & 1 \leq i \leq n-1 \end{cases} \tag{6.8}
$$

により導入すれば，

$$
r_2^* := \min\{i \geq 1 : H_i^{(2)} \geq 0\} \tag{6.9}
$$

が，採用可能が残り 2 人のときに「$r_2^* - 1$ 番目の応募者までは無条件で採用せず，r_2^* 番目以降に最初に現れる候補者を採用する」という規則の閾値となる．$\{H_i^{(1)}\}$ と $\{H_i^{(2)}\}$ を表 6.2 に示す．i が 1 から増えるにつれて，$H_i^{(1)}$ と $H_i^{(2)}$ は，最初は負であるが単調に増加し，それぞれ $i = r_1^*$ と $i = r_2^*$ で初めて正になる．$H_i^{(2)} > H_i^{(1)}$ ($1 \leq i \leq n-1$) である．従って，不等式 $r_2^* < r_1^*$ が成り立つ．

　方程式 (6.2) の解 $\{V_i^{(2)}; 1 \leq i \leq n\}$ もまた，次のようにして明示的に得られる．まず，$V_n^{(2)} = 1$ である．方程式 (6.2) より，$r_1^* \leq i \leq n-1$ のとき，

$$
V_i^{(2)} = \frac{i}{n} + \sum_{j=i+1}^{n} \frac{i}{j(j-1)} V_j^{(1)} = \frac{i}{n} + \sum_{j=i+1}^{n} \frac{i}{j(j-1)} \cdot \frac{j}{n} = \frac{i}{n} \left(1 + \sum_{j=i}^{n-1} \frac{1}{j} \right)
$$

が得られる．$r_2^* \leq i \leq r_1^* - 1$ のとき，

表 6.2　2 人を採用する秘書問題に対する定数列 $\{H_i^{(1)}\}$ と $\{H_i^{(2)}\}$.

	$n=5$		$n=10$		$n=20$	
i	$H_i^{(1)}$	$H_i^{(2)}$	$H_i^{(1)}$	$H_i^{(2)}$	$H_i^{(1)}$	$H_i^{(2)}$
1	-1.08333	-0.37500	-1.82897	-1.23819	-2.54774	-2.00138
2	-0.08333	**0.62500**	-0.82897	-0.23819	-1.54774	-1.00138
3	**0.41667**	0.91667	-0.32897	**0.26181**	-1.04774	-0.50138
4	0.75000	1.00000	**0.00437**	0.59368	-0.71441	-0.16805
5	1.00000	1.00000	0.25437	0.78009	-0.46441	**0.08195**
6			0.45437	0.88922	-0.26441	0.28195
7			0.62103	0.95238	-0.09774	0.44862
8			0.76389	0.98611	**0.04512**	0.58503
9			0.88889	1.00000	0.17012	0.68877
10			1.00000	1.00000	0.28123	0.76863
15					0.70382	0.96497
18					0.89181	0.99708
19					0.94737	1.00000
20					1.00000	1.00000

太字に対応する i が r_1^* と r_2^* である.

$$
V_i^{(2)} = \frac{i}{n} + \sum_{j=i+1}^{r_1^*-1} \frac{i}{j(j-1)} V_j^{(1)} + \sum_{j=r_1^*}^{n} \frac{i}{j(j-1)} V_j^{(1)}
$$

$$
= \frac{i}{n} + V_{r_1^*-1}^{(1)}\left(1 - \frac{i}{r_1^*-1}\right) + \frac{i}{n}\sum_{j=r_1^*-1}^{n-1} \frac{1}{j} = \frac{i}{n} + V_{r_1^*-1}^{(1)}
$$

が得られる. また,

$$
V_{r_2^*-1}^{(2)} = \sum_{j=r_2^*}^{n} \frac{r_2^*-1}{j(j-1)} V_j^{(2)} = \sum_{j=r_2^*}^{r_1^*-1} \frac{r_2^*-1}{j(j-1)} V_j^{(2)} + \sum_{j=r_1^*}^{n} \frac{r_2^*-1}{j(j-1)} V_j^{(2)}
$$

$$
= \sum_{j=r_2^*}^{r_1^*-1} \frac{r_2^*-1}{j(j-1)}\left(\frac{j}{n} + V_{r_1^*-1}^{(1)}\right) + \sum_{j=r_1^*}^{n} \frac{r_2^*-1}{j(j-1)} \cdot \frac{j}{n}\left(1 + \sum_{k=j}^{n-1} \frac{1}{k}\right)
$$

$$
= \frac{r_2^*-1}{n}\sum_{j=r_2^*}^{r_1^*-1} \frac{1}{j-1} + (r_2^*-1)V_{r_1^*-1}^{(1)}\sum_{j=r_2^*}^{r_1^*-1}\left(\frac{1}{j-1} - \frac{1}{j}\right)
$$

$$
+ \frac{r_2^*-1}{n}\sum_{j=r_1^*}^{n} \frac{1}{j-1}\left(1 + \sum_{k=j}^{n-1} \frac{1}{k}\right)
$$

$$
= \frac{r_2^* - 1}{n} \sum_{j=r_2^*}^{r_1^*-1} \frac{1}{j-1} + (r_2^* - 1) V_{r_1^*-1}^{(1)} \left(\frac{1}{r_2^* - 1} - \frac{1}{r_1^* - 1} \right)
$$

$$
+ \frac{r_2^* - 1}{n} \sum_{j=r_1^*}^{n} \frac{1}{j-1} \left(1 + \sum_{k=j}^{n-1} \frac{1}{k} \right)
$$

$$
= \frac{r_2^* - 1}{n} \left(\sum_{j=r_2^*-1}^{n-1} \frac{1}{j} + \sum_{j=r_1^*}^{n} \frac{1}{j-1} \sum_{k=j}^{n-1} \frac{1}{k} \right) + \frac{r_1^* - r_2^*}{n} \sum_{j=r_1^*-1}^{n-1} \frac{1}{j}
$$

$$
= P_n^{[2]} \tag{6.10}
$$

が得られる．$P_n^{[2]}$ はベストの応募者が採用される確率（成功確率）の最大値である．$r_2^* = 1$ の場合には次のようになる（$P_2^{[2]} = 1$, $P_3^{[2]} = \frac{5}{6}$）．

$$
P_n^{[2]} = \frac{1}{n} + \frac{r_1^* - 1}{n} \sum_{j=r_1^*-1}^{n-1} \frac{1}{j} \qquad r_1^* \geq 2, \ r_2^* = 1.
$$

そして，$1 \leq i \leq r_2^* - 1$ については，

$$
V_{r_2^*-2}^{(2)} = \sum_{j=r_2^*-1}^{n} \frac{r_2^* - 2}{j(j-1)} V_j^{(2)} = \frac{1}{r_2^* - 1} V_{r_2^*-1}^{(2)} + \sum_{j=r_2^*}^{n} \frac{r_2^* - 2}{j(j-1)} V_j^{(2)}
$$

$$
= \left(\frac{1}{r_2^* - 1} + \frac{r_2^* - 2}{r_2^* - 1} \right) V_{r_2^*-1}^{(2)} = V_{r_2^*-1}^{(2)},
$$

$$
V_{r_2^*-3}^{(2)} = \sum_{j=r_2^*-2}^{n} \frac{r_2^* - 3}{j(j-1)} V_j^{(2)}
$$

$$
= \frac{1}{r_2^* - 2} V_{r_2^*-2}^{(2)} + \frac{r_2^* - 3}{(r_2^* - 1)(r_2^* - 2)} V_{r_2^*-1}^{(2)} + \sum_{j=r_2^*}^{n} \frac{r_2^* - 3}{j(j-1)} V_j^{(2)}
$$

$$
= \left[\frac{1}{r_2^* - 2} + \frac{r_2^* - 3}{(r_2^* - 1)(r_2^* - 2)} + \frac{r_2^* - 3}{r_2^* - 1} \right] V_{r_2^*-1}^{(2)} = V_{r_2^*-1}^{(2)}
$$

等により，$V_i^{(2)}$ は i に依存せず，一定であることが分かる．以上をまとめて，$V_i^{(2)}$ に対する最適性方程式 (6.2) の解が次のように与えられる．

$$
V_i^{(2)} = \begin{cases}
V_{r_2^*-1}^{(2)} & 1 \leq i \leq r_2^* - 1, \\[2mm]
\dfrac{i}{n} + V_{r_1^*-1}^{(1)} & r_2^* \leq i \leq r_1^* - 1, \\[2mm]
\dfrac{i}{n}\left(1 + \displaystyle\sum_{j=i}^{n-1}\frac{1}{j}\right) & r_1^* \leq i \leq n.
\end{cases} \tag{6.11}
$$

採用可能が残り 2 人のときに，上の閾値規則が成り立つためには，採用すべき候補者の状態（面接番号）の集合

$$
\mathcal{B} := \{i \geq 1 : i \leq r_2^*\} = \{i \geq 1 : H_i^{(2)} \geq 0\}
$$

が閉じていること，すなわち，

$$
i \in \mathcal{B} \implies i + j \in \mathcal{B} \qquad 1 \leq j \leq n - i
$$

であればよい（2.3 節の OLA 停止規則を参照）．この命題は

$$
H_i^{(2)} \geq 0 \implies H_{i+j}^{(2)} \geq 0 \qquad 1 \leq j \leq n - i \tag{6.12}
$$

と書くことができる．命題 (6.12) を証明する．もし $i+j+1 \leq r_1^*$ なら，$\max\{i+j+1, r_1^*\} = \max\{i+1, r_1^*\} = r_1^*$ であるから，次の式の 2 行目に現れる 2 つの和は等しく，

$$
H_{i+j}^{(2)} - H_i^{(2)} = H_{i+j}^{(1)} - H_i^{(1)}
$$

$$
+ \sum_{k=\max\{i+j+1, r_1^*\}}^{n} \frac{1}{k-1} H_k^{(1)} - \sum_{k=\max\{i+1, r_1^*\}}^{n} \frac{1}{k-1} H_k^{(1)}
$$

$$
= H_{i+j}^{(1)} - H_i^{(1)} = \sum_{k=i}^{n-1}\frac{1}{k} - \sum_{k=i+j}^{n-1}\frac{1}{k} = \sum_{k=i}^{i+j-1}\frac{1}{k} > 0
$$

である．従って，$H_{i+j}^{(2)} > H_i^{(2)}$ となり，命題 (6.12) が成り立つ．一方，もし $i+j+1 > r_1^*$ なら，$k \geq i+j+1 > r_1^*$ に対して $H_k^{(1)} > 0$ であるから，

$$
H_{i+j}^{(2)} - H_{i+j}^{(1)} = \sum_{k=\max\{i+j+1, r_1^*\}}^{n} \frac{1}{k-1} H_k^{(1)} = \sum_{k=i+j+1}^{n} \frac{1}{k-1} H_k^{(1)} > 0
$$

である．よって，$H_{i+j}^{(2)} > H_{i+j}^{(1)} \geq H_{r_1^*}^{(1)} \geq 0$ となり，やはり命題 (6.12) が成り立つ．証明終り．

最後に，n が非常に大きいとき，$H_i^{(2)} = 0$ となる $i = r_2^*$ を求める．$i/n \approx x$ 及び $r_1^* \approx n/e$ を使うと，$i = r_2^* \leq r_1^*$ の近傍において，

$$H_i^{(2)} \approx 1 - \sum_{j=i}^{n-1} \frac{1}{j} + \sum_{j=r_1^*}^{n} \frac{1}{j-1} \left(1 - \sum_{k=j}^{n-1} \frac{1}{k} \right)$$

は，$i/n \approx x$ とする区分求積法により，

$$H^{(2)}(x) \approx 1 - \int_x^1 \frac{dy}{y} + \int_{1/e}^1 \frac{dy}{y} \left(1 - \int_y^1 \frac{dz}{z} \right)$$

$$= 1 + \log x + \int_{1/e}^1 \frac{1}{y}(1 + \log y)dy = \frac{3}{2} + \log x$$

となるので，方程式 $H^{(2)}(x) \approx 0$ の解は $x \approx e^{-3/2} = 0.22313016\cdots$ である．従って，n が非常に大きいとき，$r_2^* \approx e^{-3/2}n \approx 0.2231n$ となることが分かる．このとき，式 (6.10) に区分求積法を適用して，漸近形

$$P_\infty^{[2]} = e^{-3/2} \left(\int_{e^{-3/2}}^1 \frac{dx}{x} + \int_{e^{-1}}^1 \frac{dx}{x} \int_x^1 \frac{dy}{y} \right) + \left(e^{-1} - e^{-3/2} \right) \int_{e^{-1}}^1 \frac{dx}{x}$$

$$= 2e^{-3/2} + \left(e^{-1} - e^{-3/2} \right) = e^{-1} + e^{-3/2} = 0.5910096013\cdots$$

が得られる．2 人まで採用できる場合に対するこの値は，1 人しか採用できない古典的秘書問題に対する式 (2.6) にある $P_n \approx e^{-1} = 0.36788\cdots$ よりもかなり高い．表 6.3 に r_1^*，r_2^* 及び $P_n^{[2]}$ を示す．$P_n^{[2]}$ は n の減少関数である．

Gilbert and Mosteller (1966, p.42) は，ベストの応募者が採用される確率（成功確率）$P_n^{[2]}$ を次の 3 つの場合の和として示している．

$$P_n^{[2]} = P(a) + P(b) + P(c).$$

(a) $r_2^* - 1$ 番目以前の応募者は採用せず，r_2^* 番目以降の応募者の中から最初の候補者（相対的ベスト）を採用する．2 人目は採用しない．

表 **6.3** **2 人を採用する秘書問題においてベストが採用される最適閾値と成功確率.**

n	r_1^*	r_2^*	$P_n^{[2]}$	n	r_1^*	r_2^*	$P_n^{[2]}$
				31	12	8	0.60768
2	2	1	1.00000	32	13	8	0.60738
3	2	1	0.83333	33	13	8	0.60702
4	2	1	0.70833	34	13	8	0.60634
5	3	2	0.70833	35	14	8	0.60557
6	3	2	0.69306	36	14	9	0.60551
7	3	2	0.67222	37	14	9	0.60517
8	4	2	0.65561	38	15	9	0.60480
9	4	3	0.65104	39	15	9	0.60426
10	4	3	0.64633	40	16	10	0.60386
11	5	3	0.64191	41	16	10	0.60378
12	5	3	0.63532	42	16	10	0.60348
13	6	4	0.63058	43	17	10	0.60307
14	6	4	0.62982	44	17	11	0.60262
15	6	4	0.62731	45	17	11	0.60254
16	7	4	0.62442	46	18	11	0.60238
17	7	4	0.62116	47	18	11	0.60212
18	7	5	0.62014	48	18	11	0.60170
19	8	5	0.61936	49	19	12	0.60155
20	8	5	0.61782	50	19	12	0.60144
21	9	5	0.61562	60	23	14	0.59969
22	9	6	0.61457	70	27	16	0.59837
23	9	6	0.61406	80	30	19	0.59742
24	10	6	0.61317	90	34	21	0.59676
25	10	6	0.61211	100	38	23	0.59618
26	10	6	0.61055	200	74	45	0.59358
27	11	7	0.61040	300	111	68	0.59272
28	11	7	0.60996	400	148	90	0.59229
29	11	7	0.60909	500	185	112	0.59204
30	12	7	0.60830	1000	369	224	0.59152
				∞	$0.368n$	$0.223n$	0.59101

$$P(a) = \begin{cases} \dfrac{1}{n} & r_2^* = 1, \\[2mm] \dfrac{r_2^* - 1}{n} \displaystyle\sum_{j=r_2^*-1}^{n-1} \dfrac{1}{j} & 2 \leq r_2^* \leq n. \end{cases} \tag{6.13}$$

式 (6.13) は，1 人が採用される古典的秘書問題において，ベストが採用される確率 (2.5) と同じ形をしている．

(b) $r_1^* - 1$ 番目以前の応募者は採用せず，r_1^* 番目以降に現れる最初と 2 番目の候補者を採用する（2 人目の候補者がベストとなる）．

$$P(b) = \frac{r_2^* - 1}{n} \sum_{j=r_1^*+1}^{n} \frac{1}{j-1} \sum_{k=r_1^*}^{j-1} \frac{1}{k-1} \qquad 1 \le r_2^* < r_1^*. \qquad (6.14)$$

(c) r_2^* 番目から $r_1^* - 1$ 番目までの間に現れる最初の候補者と，r_1^* 番目以降に現れる最初の候補者を採用する（後者がベストとなる）．

$$P(c) = \frac{r_1^* - r_2^*}{n} \sum_{j=r_1^*-1}^{n-1} \frac{1}{j} \qquad 1 \le r_2^* < r_1^*. \qquad (6.15)$$

式 (6.15) は，r_2^* 番目の応募者から面接を始めて，最初の候補者を採用する古典的秘書問題においてベストが採用される確率 (2.5) に相当する．

Gilbert and Mosteller (1966) は，最適閾値 r_1^* と r_2^* の計算法を示していないが，各 n について $P_n^{[2]}$ を最大にするような整数を数値計算で探したと思われる．それらの値は，本項において解析的に求めた値と一致している．式 (6.13)～(6.15) は式 (6.10) の各項に一致する*2．表 6.4 に，応募者数 n に対する $P(a), P(b), P(c)$ 及び $P_n^{[2]}$ の数値を示す．この表の $P_n^{[2]}$ の値は表 6.1 と一致している．

n が非常に大きいとき，$P(a), P(c), P(b)$ の漸近形は，それぞれ

$$P(a) \approx \frac{r_2^*}{n} \log \frac{n}{r_2^*} \quad ; \quad P(c) \approx \frac{r_1^* - r_2^*}{n} \log \frac{n}{r_1^*},$$

$$P(b) \approx \frac{r_2^*}{n} \sum_{k=r_1^*+1}^{n} \frac{1}{k} \log \frac{k}{r_1^*} \approx \frac{r_2^*}{n} \int_{r_1^*}^{n} \frac{1}{x} \log \frac{x}{r_1^*} dx \approx \frac{r_2^*}{2n} \left(\log \frac{n}{r_1^*} \right)^2$$

となる．これに $r_1^* \approx n/e, r_2^* \approx n/e^{3/2}$ を代入すると，

---

*2 次の恒等式が成り立つ．

$$\sum_{j=r}^{n} \frac{1}{j-1} \sum_{k=j}^{n-1} \frac{1}{k} = \sum_{j=r+1}^{n} \frac{1}{j-1} \sum_{k=r}^{j-1} \frac{1}{k-1} \qquad 2 \le r \le n-1.$$

表 **6.4** **2 人を採用する秘書問題で最適閾値とベストが採用される確率.**

n	r_1^*	r_2^*	$P(a)$	$P(b)$	$P(c)$	$P_n^{[2]}$
2	2	1	0.50000	0	0.50000	1.00000
3	2	1	0.33333	0	0.50000	0.83333
4	2	1	0.25000	0	0.45833	0.70833
5	3	2	0.41667	0.07500	0.21667	0.70833
6	3	2	0.38056	0.09861	0.21389	0.69306
7	3	2	0.35000	0.11508	0.20714	0.67222
8	4	2	0.32411	0.05828	0.27321	0.65561
9	4	3	0.38175	0.13397	0.13532	0.65104
10	4	3	0.36579	0.14764	0.13290	0.64633
15	6	4	0.35031	0.12124	0.15576	0.62731
20	8	5	0.34288	0.11028	0.16466	0.61782
30	12	7	0.33566	0.10052	0.17211	0.60830
40	16	10	0.34553	0.10804	0.15030	0.60386
50	19	12	0.34105	0.11483	0.14555	0.60144
60	23	14	0.33800	0.10902	0.15268	0.59969
70	27	16	0.33578	0.10504	0.15755	0.59837
80	30	19	0.34052	0.11585	0.14105	0.59742
90	34	21	0.33860	0.11183	0.14632	0.59676
100	38	23	0.33704	0.10871	0.15042	0.59618
200	74	45	0.33507	0.11174	0.14677	0.59358
300	111	68	0.33610	0.11241	0.14422	0.59272
400	148	90	0.33535	0.11148	0.14546	0.59229
500	185	112	0.33491	0.11093	0.14620	0.59204
1000	369	224	0.33502	0.11143	0.14508	0.59152
∞			0.33470	0.11157	0.14475	0.59101

Gilbert and Mosteller (1966, p.43, Table 3) における
$P_n^{[2]}$ の数値は小数点以下 5 桁までで切り捨てられている.

$$P(a) \approx \frac{3}{2}e^{-3/2} \quad ; \quad P(b) \approx \frac{1}{2}e^{-3/2} \quad ; \quad P(c) \approx e^{-1} - e^{-3/2}$$

となる. よって, $P_\infty^{[2]} = e^{-1} + e^{-3/2} = 0.5910096013\cdots$ が得られる.

6.1.2 m 人を採用する場合（解析）

一般に $m (\geq 3)$ 人の応募者を採用する秘書問題の解も, 原理的には同様にして
求めることができる. その方法を Ano and Tamaki (1992), 穴太 (2000, pp.123–

125) 及び Ano (2001) を参考にして説明する．そして，$m = 3$ に適用する例を示す．本項の最後に，r_k^* を残りの採用可能人数が k 人であるときの最適閾値とするとき，$\displaystyle\lim_{n\to\infty}(r_k^*/n)$ が m に依存しないことを指摘し，$m = 4 \sim 30$ について $P_\infty^{[m]}$ を示す．

　n 人の応募者の中から残り m (≥ 3) 人が採用可能である段階で，i 番目の応募者が候補者であるとき，最適方策により得られる採用者の中にベストが含まれる最大確率 $V_i^{(m)}$ に対する最適性方程式は

$$V_i^{(m)} = \max\left\{\frac{i}{n} + \sum_{j=i+1}^{n}\frac{i}{j(j-1)}V_j^{(m-1)}, \ \sum_{j=i+1}^{n}\frac{i}{j(j-1)}V_j^{(m)}\right\}$$
$$1 \leq i \leq n-1,$$

$$V_n^{(m)} = 1 \tag{6.16}$$

で与えられる．このとき，i 番目の応募者である候補者が採用されるのは，「i 番目の応募者である候補者がベストである確率」が「その応募者をやり過ごして次に現れる候補者（確率 $i/(j(j-1))$ で j 番目の応募者，$i+1 \leq j \leq n$）がベストである確率」よりも大きい場合であり，この条件は次のように表される．

$$\frac{i}{n} + \sum_{j=i+1}^{n}\frac{i}{j(j-1)}V_j^{(m-1)} - \sum_{j=i+1}^{n}\frac{i}{j(j-1)}\left[\frac{j}{n} + \sum_{k=j+1}^{n}\frac{j}{k(k-1)}V_k^{(m-1)}\right]$$
$$= \frac{i}{n}\left(1 - \sum_{j=i}^{n-1}\frac{1}{j}\right) + \sum_{k=j+1}^{n}\frac{i}{j(j-1)}\left[V_j^{(m-1)} - \sum_{k=j+1}^{n}\frac{j}{k(k-1)}V_k^{(m-1)}\right]$$
$$= \frac{i}{n}\left[H_i^{(1)} + \sum_{j=\max\{i+1,r_{m-1}^*\}}^{n}\frac{1}{j-1}H_j^{(m-1)}\right] \geq 0.$$

従って，i に関して単調増加する定数列 $\{H_i^{(m)}; 1 \leq i \leq n\}$ を帰納的に

$$H_i^{(m)} := \begin{cases} 1 & i = n, \\ H_i^{(1)} + \displaystyle\sum_{j=\max\{i+1,r_{m-1}^*\}}^{n}\frac{1}{j-1}H_j^{(m-1)} & 1 \leq i \leq n-1 \end{cases} \tag{6.17}$$

により定義すると，この段階での最適閾値

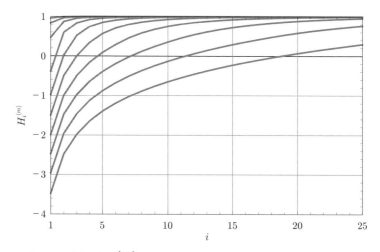

図 6.1　定数列 $H_i^{(m)}$ ($n = 50$, 各曲線は下から $m = 1\sim10$).

$$r_m^* := \min\{1 \leq i \leq r_{m-1}^* : H_i^{(m)} \geq 0\} \tag{6.18}$$

が得られる. ここで, $r_m^* < r_{m-1}^*$ を証明することができる.

定数列 $\{H_i^{(m)}; 1 \leq i \leq n\}$ は i について単調増加であり, 端点で $H_1^{(m)} < 0$, $H_n^{(m)} = 1 > 0$ であるから, 式 (6.18) を満たす r_m^* が一意的に存在する. $H_i^{(m)} > H_i^{(m-1)}$ ($1 \leq i \leq n-1$) により, $r_m^* < r_{m-1}^*$ が成り立つ.

このとき, 方程式 (6.16) の解は

$$V_i^{(m)} = \begin{cases} \displaystyle\sum_{j=i+1}^{n} \frac{i}{j(j-1)} V_j^{(m)} & 1 \leq i \leq r_m^* - 1, \\[4mm] \displaystyle\frac{i}{n} + \sum_{j=i+1}^{n} \frac{i}{j(j-1)} V_j^{(m-1)} & r_m^* \leq i \leq n-1 \end{cases} \tag{6.19}$$

で与えられる.

$n = 50$ の場合に, i の関数 $H_i^{(m)}$ ($1 \leq i \leq n$) を, $m = 1\sim10$ について, $1 \leq i \leq 25$ の範囲で図 6.1 に示す. 各 m について, 関数 $H_i^{(m)}$ ($1 \leq i \leq n$) は i の単調増加関数であり, 端点で $H_1^{(m)} < 0$, $H_n^{(m)} = 1 > 0$ であるから, $y = H_i^{(m)}$

は $y = 0$ と 1 点 $y = r_m^*$ で交わる. $H_i^{(m)} > H_i^{(m-1)}$ ($1 \leq i \leq n-1$) により, $r_m^* < r_{m-1}^*$ である.

以下では, $m = 3$ の場合を考える. $\{V_i^{(1)}; 1 \leq i \leq n\}$ 及び $\{V_i^{(2)}; 1 \leq i \leq n\}$ はそれぞれ前項の式 (6.7) 及び式 (6.11) に得られている. $\{V_i^{(3)}; 1 \leq i \leq n\}$ は最適性方程式

$$V_i^{(3)} = \max \left\{ \frac{i}{n} + \sum_{j=i+1}^{n} \frac{i}{j(j-1)} V_j^{(2)}, \ \sum_{j=i+1}^{n} \frac{i}{j(j-1)} V_j^{(3)} \right\}$$
$$1 \leq i \leq n-1,$$

$$V_n^{(3)} = 1 \tag{6.20}$$

の解である. 定数列 $\{H_i^{(3)}; 1 \leq i \leq n\}$ を

$$H_i^{(3)} := \begin{cases} 1 & i = n, \\ H_i^{(1)} + \displaystyle\sum_{j=\max\{i+1, r_2^*\}}^{n} \frac{1}{j-1} H_j^{(2)} & 1 \leq i \leq n-1 \end{cases} \tag{6.21}$$

により定義すると, 最適閾値を

$$r_3^* := \min\{1 \leq i \leq r_2^* : H_i^{(3)} \geq 0\} \tag{6.22}$$

として, 最適性方程式 (6.20) の解は

$$V_i^{(3)} = \begin{cases} \displaystyle\sum_{j=i+1}^{n} \frac{i}{j(j-1)} V_j^{(3)} & 1 \leq i \leq r_3^* - 1, \\ \dfrac{i}{n} + \displaystyle\sum_{j=i+1}^{n} \frac{i}{j(j-1)} V_j^{(2)} & r_3^* \leq i \leq n-1 \end{cases}$$

である. 表 6.5 に定数列 $\{H_i^{(1)}\}, \{H_i^{(2)}\}$ 及び $\{H_i^{(3)}\}$ を示す.

以下に, $\{V_i^{(3)}; 1 \leq i \leq n\}$ を明示的に示す. まず, $V_n^{(3)} = 1$ である. 続いて, $r_1^* \leq i \leq n-1$ のとき,

$$V_i^{(3)} = \frac{i}{n} + \sum_{j=i+1}^{n} \frac{i}{j(j-1)} V_j^{(2)} = \frac{i}{n} \left[1 + \sum_{j=i+1}^{n} \frac{1}{j-1} \left(1 + \sum_{k=j}^{n-1} \frac{1}{k} \right) \right]$$

表 6.5　3 人を採用する秘書問題に対する定数列 $\{H_i^{(1)}\}$, $\{H_i^{(2)}\}$ 及び $\{H_i^{(3)}\}$.

	$n = 30$			$n = 50$		
i	$H_i^{(1)}$	$H_i^{(2)}$	$H_i^{(3)}$	$H_i^{(1)}$	$H_i^{(2)}$	$H_i^{(3)}$
1	-2.96165	-2.43155	-1.92639	-3.47921	-2.96153	-2.47538
2	-1.96165	-1.43155	-0.92639	-2.47921	-1.96153	-1.47538
3	-1.46165	-0.93155	-0.42639	-1.47921	-1.46153	-0.97538
4	-1.12832	-0.59822	-0.09306	-1.64587	-1.12820	-0.64205
5	-0.87832	-0.34822	$\mathbf{0.15694}$	-1.39587	-0.87820	-0.39205
6	-0.67832	-0.14822	0.35694	-1.19587	-0.67820	-0.19205
7	-0.51165	$\mathbf{0.01845}$	0.52053	-1.02921	-0.51153	-0.02538
8	-0.36880	0.16130	0.64035	-0.88635	-0.36867	$\mathbf{0.11748}$
9	-0.24380	0.28630	0.72956	-0.76135	-0.24367	0.24248
10	-0.13269	0.39742	0.79651	-0.65034	-0.13256	0.35359
11	-0.03269	0.49742	0.84677	-0.55024	-0.03256	0.45359
12	$\mathbf{0.05822}$	0.58303	0.88468	-0.45933	$\mathbf{0.05835}$	0.53919
13	0.14156	0.65457	0.91346	-0.37599	0.14168	0.61072
14	0.46667	0.71469	0.93541	-0.29907	0.21861	0.67083
15	0.21848	0.76541	0.95217	-0.22764	0.29003	0.72154
16	0.35658	0.80830	0.96495	-0.16098	0.35670	0.76443
17	0.41908	0.84461	0.97466	-0.09848	0.41920	0.80073
18	0.47790	0.87532	0.98199	-0.03965	0.47802	0.83143
19	0.53345	0.90124	0.98748	$\mathbf{0.01590}$	0.53270	0.85739
20	0.58609	0.92303	0.99153	0.06853	0.58172	0.87941

太字に対応する i が r_1^*, r_2^*, r_3^* である.

である. $r_2^* \leq i \leq r_1^* - 1$ のとき,

$$V_i^{(3)} = \frac{i}{n} + \sum_{j=i+1}^{r_1^*-1} \frac{i}{j(j-1)} \left(\frac{j}{n} + V_{r_1^*-1}^{(1)} \right) + \sum_{j=r_1^*}^{n} \frac{i}{j(j-1)} \cdot \frac{j}{n} \left(1 + \sum_{k=j}^{n-1} \frac{1}{k} \right)$$

$$= V_{r_1^*-1}^{(1)} + \frac{i}{n} \left(1 + \sum_{j=i+1}^{r_1^*-1} \frac{1}{j-1} + \sum_{j=r_1^*}^{n} \frac{1}{j-1} \sum_{k=j}^{n-1} \frac{1}{k} \right)$$

である. $r_3^* \leq i \leq r_2^* - 1$ のとき,

$$V_i^{(3)} = \frac{i}{n} + \sum_{j=i+1}^{r_2^*-1} \frac{i}{j(j-1)} V_{r_2^*-1}^{(2)} + \sum_{j=r_2^*}^{r_1^*-1} \frac{i}{j(j-1)} \left(\frac{j}{n} + V_{r_1^*-1}^{(1)} \right)$$

$$+ \sum_{j=r_1^*}^{n} \frac{i}{j(j-1)} \cdot \frac{j}{n} \left(1 + \sum_{k=j}^{n-1} \frac{1}{k} \right) = \frac{i}{n} + V_{r_2^*-1}^{(2)}$$

である．最後に，$1 \le i \le r_3^* - 1$ のとき，$V_i^{(3)}$ は i に依存せず，一定である．

$$V_i^{(3)} = V_{r_3^*-1}^{(3)} = \sum_{j=r_3^*}^{n} \frac{r_3^*-1}{j(j-1)} V_j^{(3)}$$

$$= \frac{r_1^* - r_2^*}{n} \sum_{j=r_1^*-1}^{n-1} \frac{1}{j} + \frac{r_2^* - r_3^*}{n} \left(\sum_{j=r_2^*-1}^{n-1} \frac{1}{j} + \sum_{j=r_1^*}^{n} \frac{1}{j-1} \sum_{k=j}^{n-1} \frac{1}{k} \right)$$

$$+ \frac{r_3^*-1}{n} \left[\sum_{j=r_3^*-1}^{n-1} \frac{1}{j} + \sum_{j=r_2^*}^{r_1^*-1} \frac{1}{j-1} \left(\sum_{k=j+1}^{r_1^*-1} \frac{1}{k-1} + \sum_{k=r_1^*}^{n} \frac{1}{k-1} \sum_{l=k}^{n-1} \frac{1}{l} \right) \right.$$

$$\left. + \sum_{j=r_1^*}^{n} \frac{1}{j-1} \sum_{k=j+1}^{n} \frac{1}{k-1} \left(1 + \sum_{l=k}^{n-1} \frac{1}{l} \right) \right] = P_n^{[3]}$$

は，3 人を採用する秘書問題において，ベストが採用される確率（成功確率）の最大値である．

以上をまとめて，$V_i^{(3)}$ に対する方程式 (6.20) の解が次のように与えられる．

$$V_i^{(3)} = \begin{cases} V_{r_3^*-1}^{(2)} & 1 \le i \le r_3^* - 1, \\[2mm] V_{r_2^*-1}^{(1)} + \dfrac{i}{n} & r_3^* \le i \le r_2^* - 1, \\[2mm] V_{r_1^*-1}^{(1)} + \dfrac{i}{n} \left(1 + \displaystyle\sum_{j=i+1}^{r_1^*-1} \frac{1}{j-1} + \sum_{j=r_1^*}^{n} \frac{1}{j-1} \sum_{k=j}^{n-1} \frac{1}{k} \right) & \\[2mm] & r_2^* \le i \le r_1^* - 1, \\[2mm] \dfrac{i}{n} \left[1 + \displaystyle\sum_{j=i+1}^{n} \frac{1}{j-1} \left(1 + \sum_{k=j}^{n-1} \frac{1}{k} \right) \right] & r_1^* \le i \le n. \end{cases}$$

$$(6.23)$$

表 6.6　3 人を採用する秘書問題においてベストが採用される確率の計算例.

	$n = 30$			$n = 50$		
i	$V_i^{(1)}$	$V_i^{(2)}$	$V_i^{(3)}$	$V_i^{(1)}$	$V_i^{(2)}$	$V_i^{(3)}$
1	0.37865	0.60830	0.75404	0.37428	0.60144	0.74499
2	0.37865	0.60830	0.75404	0.37428	0.60144	0.74499
3	0.37865	0.60830	0.75404	0.37428	0.60144	0.74499
4	0.37865	0.60830	**0.75404**	0.37428	0.60144	0.74499
5	0.37865	0.60830	0.77496	0.37428	0.60144	0.74499
6	0.37865	**0.60830**	0.80830	0.37428	0.60144	0.74499
7	0.37865	0.61198	0.84101	0.37428	0.60144	**0.74499**
8	0.37865	0.64532	0.86897	0.37428	0.60144	0.76144
9	0.37865	0.67865	0.89276	0.37428	0.60144	0.78144
10	0.37865	0.71198	0.91285	0.37428	0.60144	0.80144
11	**0.37865**	0.74532	0.92960	0.37428	**0.60144**	0.82144
12	0.40000	0.77671	0.94350	0.37428	0.61428	0.84027
13	0.43333	0.80533	0.95501	0.37428	0.63428	0.85744
14	0.46667	0.83138	0.96452	0.37428	0.65428	0.87307
15	0.50000	0.85505	0.97234	0.37428	0.67428	0.88726
16	0.53333	0.87649	0.97873	0.37428	0.69428	0.90013
17	0.56667	0.89586	0.98391	0.37428	0.71428	0.91175
18	0.60000	0.91326	0.98807	**0.37428**	0.73428	0.92219
19	0.63333	0.92881	0.99136	0.38000	0.75396	0.93153
20	0.66667	0.94261	0.99393	0.40000	0.77259	0.93990

太字に対応する i が $r_1^* - 1, r_2^* - 1, r_3^* - 1$ である.

なお, $n \geq 3$ に対し, $r_3^* = 1$, $r_1^* > r_2^* \geq 1$ の場合には次のようになる.

$$P_n^{[3]} = \frac{1}{n} + \frac{r_1^* - r_2^*}{n} \sum_{j=r_1^*-1}^{n-1} \frac{1}{j} + \frac{r_2^* - 1}{n} \left(\sum_{j=r_2^*-1}^{n-1} \frac{1}{j} + \sum_{j=r_1^*}^{n} \frac{1}{j-1} \sum_{k=j}^{n-1} \frac{1}{k} \right).$$

数値例として, $n = 30$ と $n = 50$ について, 表 6.6 にこれらの値を示す. 最大の成功確率は

$$P_{30}^{[3]} = 0.75404 \cdots \quad ; \quad P_{50}^{[3]} = 0.74499 \cdots$$

であり, $P_n^{[3]}$ は n の減少関数であることが推察できる.

$n \to \infty$ の極限において, $r_1^*/n \approx e^{-1}$ 及び $r_2^*/n \approx e^{-3/2}$ が分かっているので, r_3^*/n の漸近形を求める. r_3^* は, n が非常に大きいときに $H_i^{(3)} = 0$ となるような $i = r_3^*$ である. n が非常に大きいときの

$$H_i^{(3)} \approx H_i^{(1)} + \sum_{j=r_2^*}^{n-1} \frac{1}{j-1} H_j^{(2)}$$

は，$i/n \approx x$ として，区分求積法により，

$$H^{(3)}(x) \approx H^{(1)}(x) + \int_{e^{-3/2}}^{1} \frac{1}{y} H^{(2)}(y) dy$$

となる．この式に

$$H^{(1)}(x) \approx 1 - \int_x^1 \frac{dy}{y} \quad ; \quad H^{(2)}(y) \approx 1 - \int_y^1 \frac{dz}{z} + \int_{e^{-1}}^{1} \frac{dz}{z} \left(1 - \int_z^1 \frac{du}{u} \right)$$

を代入すると，

$$\begin{aligned}
H^{(3)}(x) &\approx 1 - \int_x^1 \frac{dy}{y} + \int_{e^{-3/2}}^{e^{-1}} \frac{1}{y} \left[1 - \int_y^1 \frac{dz}{z} + \int_{e^{-1}}^{1} \frac{dz}{z} \left(1 - \int_z^1 \frac{du}{u} \right) \right] dy \\
&\quad + \int_{e^{-1}}^{1} \frac{1}{y} \left[1 - \int_y^1 \frac{dz}{z} + \int_y^1 \frac{dz}{z} \left(1 - \int_z^1 \frac{du}{u} \right) \right] dy \\
&= 1 + \log x + \int_{e^{-3/2}}^{e^{-1}} \frac{1}{y} \left[1 + \log y + \int_{e^{-1}}^{1} \frac{1}{z} (1 + \log z) dz \right] dy \\
&\quad + \int_{e^{-1}}^{1} \frac{1}{y} \left[1 + \log y + \int_y^1 \frac{1}{z} (1 + \log z) dz \right] dy \\
&= 1 + \log x + \int_{e^{-3/2}}^{e^{-1}} \frac{1}{y} \left(\frac{3}{2} + \log y \right) dy + \int_{e^{-1}}^{1} \frac{1}{y} \left[1 - \frac{1}{2} (\log y)^2 \right] dy \\
&= \log x + \frac{47}{24}
\end{aligned}$$

となる．従って，方程式 $H^{(3)}(x) \approx 0$ の解として，$x \approx e^{-47/24} = 0.14109338 \cdots$ が得られる．よって，n が非常に大きいとき，$r_3^* \approx e^{-47/24} n \approx 0.1411n$ となる．このとき，採用者にベストが含まれる確率の最大値は，$V_{r_3^*-1}^{(3)}$ に対する区分求積法により，漸近形

$$P_\infty^{[3]} = \left(e^{-1} - e^{-3/2}\right) \int_{e^{-1}}^1 \frac{dx}{x}$$

$$+ \left(e^{-3/2} - e^{-47/24}\right) \left(\int_{e^{-3/2}}^1 \frac{dx}{x} + \int_{e^{-1}}^1 \frac{dx}{x} \int_x^1 \frac{dy}{y}\right)$$

$$+ e^{-47/24} \left[\int_{e^{-47/24}}^1 \frac{dx}{x} + \int_{e^{-3/2}}^{e^{-1}} \frac{dx}{x} \left(\int_x^{e^{-1}} \frac{dy}{y} + \int_{e^{-1}}^1 \frac{dy}{y} \int_y^1 \frac{dz}{z}\right)\right.$$

$$\left. + \int_{e^{-1}}^1 \frac{dx}{x} \int_x^1 \frac{dy}{y} \left(1 + \int_y^1 \frac{dz}{z}\right)\right]$$

$$= \left(e^{-1} - e^{-3/2}\right) + 2\left(e^{-3/2} - e^{-47/24}\right) + 3e^{-47/24}$$

$$= e^{-1} + e^{-3/2} + e^{-47/24} = 0.73210298\cdots$$

が達成される.

表 6.7 に r_1^*, r_2^*, r_3^* 及び $P_n^{[3]}$ を示す. $P_n^{[3]}$ は n の減少関数である.

一般に, n 人の応募者の中から m 人を採用するときにベストが含まれる確率を最大化する秘書問題において, $n \to \infty$ における最適閾値の漸近形は, 本項で導いた結果を併せて (m に依存しない),

$$\lim_{n\to\infty} \frac{r_1^*}{n} = e^{-1} = 0.3678794417\cdots \quad ; \quad \lim_{n\to\infty} \frac{r_2^*}{n} = e^{-3/2} = 0.2231301601\cdots,$$

$$\lim_{n\to\infty} \frac{r_3^*}{n} = \exp\left(-\frac{47}{24}\right) = 0.1410933807\cdots,$$

$$\lim_{n\to\infty} \frac{r_4^*}{n} = \exp\left(-\frac{2,761}{1,152}\right) = 0.0910176906\cdots,$$

$$\lim_{n\to\infty} \frac{r_5^*}{n} = \exp\left(-\frac{4,162,637}{1,474,560}\right) = 0.0594292419\cdots,$$

$$\lim_{n\to\infty} \frac{r_6^*}{n} = \exp\left(-\frac{380,537,052,235,603}{117,413,668,454,400}\right) = 0.0391249664\cdots,$$

$$\lim_{n\to\infty} \frac{r_7^*}{n} = \exp\left(-\frac{705,040,594,914,523,588,948,186,792,543}{193,003,573,558,876,719,588,311,040,000}\right)$$

$$= 0.0259134681\cdots$$

等が $m = 10$ まで示されている (Matsui and Ano, 2016).

表 **6.7**　**3 人を採用する秘書問題においてベストが採用される最適閾値と成功確率.**

n	r_1^*	r_2^*	r_3^*	$P_n^{[3]}$	n	r_1^*	r_2^*	r_3^*	$P_n^{[3]}$
					31	12	8	5	0.75340
					32	13	8	5	0.75274
3	2	1	1	1.00000	33	13	8	5	0.75196
4	2	1	1	0.95833	34	13	8	5	0.75095
5	3	2	1	0.90833	35	14	8	6	0.75019
6	3	2	1	0.85972	36	14	9	6	0.75011
7	3	2	2	0.81806	37	14	9	6	0.74981
8	4	2	2	0.81768	38	15	9	6	0.74942
9	4	3	2	0.81292	39	15	9	6	0.74887
10	4	3	2	0.80549	40	16	10	6	0.74829
11	5	3	2	0.79790	41	16	10	6	0.74778
12	5	3	2	0.78906	42	16	10	7	0.74727
13	6	4	2	078114	43	17	10	7	0.74710
14	6	4	3	0.77805	44	17	11	7	0.74684
15	6	4	3	0.77678	45	17	11	7	0.74662
16	7	4	3	0.77476	46	18	11	7	0.74632
17	7	4	3	0.77213	47	18	11	7	0.74592
18	7	5	3	0.76980	48	18	11	7	0.74540
19	8	5	3	0.76738	49	19	12	8	0.74505
20	8	5	3	0.76443	50	19	12	8	0.74499
21	9	5	4	0.76236	60	23	14	9	0.74294
22	9	6	4	0.76191	70	27	16	10	0.74115
23	9	6	4	0.76120	80	30	19	12	0.74015
24	10	6	4	0.76012	90	34	21	13	0.73923
25	10	6	4	0.75881	100	38	23	15	0.73852
26	10	6	4	0.75711	200	74	45	29	0.73530
27	11	7	4	0.75588	300	111	68	43	0.73423
28	11	7	5	0.75496	400	148	90	57	0.73370
29	11	7	5	0.75456	500	185	112	71	0.73338
30	12	7	5	0.75404	1000	369	224	142	0.73274
					∞	$0.368n$	$0.223n$	$0.141n$	0.73210

Tamaki and Mazalov (2002) は，最適閾値の漸近形

$$s_k^* := \lim_{n \to \infty} \frac{r_k^*}{n}$$

が次式から逐次的に計算できることを導いている．

$$s_1^* = \frac{1}{e} \quad ; \quad s_k^* = \exp\left\{ -\left[1 + \sum_{i=1}^{k-1} \frac{(\log s_i^*)^{k-i+1}}{(k-i+1)!} \right] \right\} \qquad k = 2, 3, \dots.$$

この式に現れる指数関数の指数部分は，例えば，次のような等式になっている．

$$\frac{3}{2} = 1 + \frac{1}{2!}(-1)^2,$$

$$\frac{47}{24} = 1 + \frac{1}{3!}(-1)^3 + \frac{1}{2!}\left(-\frac{3}{2}\right)^2,$$

$$\frac{2,761}{1,152} = 1 + \frac{1}{4!}(-1)^4 + \frac{1}{3!}\left(-\frac{3}{2}\right)^3 + \frac{1}{2!}\left(-\frac{47}{24}\right)^2,$$

$$\frac{4,162,637}{1,474,560} = 1 + \frac{1}{5!}(-1)^5 + \frac{1}{4!}\left(-\frac{3}{2}\right)^4 + \frac{1}{3!}\left(-\frac{47}{24}\right)^3 + \frac{1}{2!}\left(-\frac{2,761}{1,152}\right)^2.$$

このとき，n 人の応募者から m 人を採用する秘書問題において，最適方策によりベストが採用される確率 $P_n^{[m]}$ の漸近形は

$$P_\infty^{[m]} := \lim_{n \to \infty} P_n^{[m]} = \sum_{k=1}^{m} s_k^*$$

で与えられる．具体的には，

$$P_\infty^{[3]} = 0.7321029820\cdots \quad ; \quad P_\infty^{(4)} = 0.8231206726\cdots,$$

$$P_\infty^{[5]} = 0.8825499145\cdots \quad ; \quad P_\infty^{[6]} = 0.9216748810\cdots,$$

$$P_\infty^{[7]} = 0.9475883491\cdots \quad ; \quad P_\infty^{[8]} = 0.9648310882\cdots,$$

$$P_\infty^{[9]} = 0.9763466188\cdots \quad ; \quad P_\infty^{[10]} = 0.9840603638\cdots$$

となる．この結果によれば，応募者数が 1 万人でも 1 億人でも，例えば 6 名まで採用可能とすれば，92% の確率でベストの人を採用できることが分かる．$m = 30$ までの数値を表 6.8 に示す．

表 **6.8**　m 人を採用する秘書問題においてベストが採用される確率の漸近値.

k	$s_k^* = \lim_{n \to \infty} (r_k^*/n)$	m	$P_\infty^{[m]} = \sum_{k=1}^{m} s_k^*$
1	0.3678794412	1	0.3678794412
2	0.2231301601	2	0.5910096013
3	0.1410933807	3	0.7321029820
4	0.0910176906	4	0.8231206726
5	0.0594292419	5	0.8825499146
6	0.0391249664	6	0.9216748810
7	0.0259134682	7	0.9475883492
8	0.0172427390	8	0.9648310882
9	0.0115155306	9	0.9763466188
10	0.0077137450	10	0.9840603638
11	0.0051800422	11	0.9892404061
12	0.0034859622	12	0.9927263682
13	0.0023501967	13	0.9950765469
14	0.0015869926	14	0.9966635575
15	0.0010731272	15	0.9977366847
16	0.0007265548	16	0.9984632325
17	0.0004924438	17	0.9989556763
18	0.0003341028	18	0.9992897791
19	0.0002268784	19	0.9995166575
20	0.0001541916	20	0.9996708491
21	0.0001048701	21	0.9997757192
22	0.0000713740	22	0.9998470932
23	0.0000486073	23	0.9998957005
24	0.0000331219	24	0.9999288224
25	0.0000225821	25	0.9999514044
26	0.0000154039	26	0.9999668083
27	0.0000105123	27	0.9999773206
28	0.0000071773	28	0.9999844979
29	0.0000049023	29	0.9999894001
30	0.0000034965	30	0.9999927498

　驚くべきことに，55 年も前の論文 Gilbert and Mosteller (1966, p.46, Table 4) に，$P_\infty^{[8]}$ までが（小数点以下第 6 桁まで）正確に示されている.

6.1.3　m 人を採用する場合（計算アルゴリズム）

n 人の応募者の中から m 人を採用するとき，そこにベストの応募者が含まれる確率を最大化する秘書問題に対する計算アルゴリズムが Goldenshluger et al. (2020, p.246) に示されている．

まず，次の式により，$\{a_{1,i}; 2 \le i \le n+1\}$ を求める．

$$a_{1,2} = \frac{1}{n},$$

$$a_{1,i} = \frac{1}{n}\mathcal{I}\left\{\frac{n-i+2}{n} \le a_{1,i-1}\right\} + \frac{a_{1,i-1}}{n-i+2}\mathcal{I}\left\{a_{1,i-1} < \frac{n-i+2}{n}\right\}$$
$$3 \le i \le n+1.$$

続いて，$j = 2, 3, \ldots, n$ について，次の式により，順に $\{a_{j,i}; j+1 \le i \le n+1\}$ を求める．

$$a_{j,j+1} = \frac{1}{n}\mathcal{I}\left\{a_{j-1,j} < \frac{n-j+1}{n}\right\},$$

$$a_{j,i} = \frac{1}{n}\mathcal{I}\left\{a_{j-1,i-1} < \frac{n-i+2}{n} \le a_{j,i-1}\right\}$$
$$+ \frac{a_{j-1,i-1}}{n-i+2}\left(n-i+1+\mathcal{I}\left\{a_{j-1,i-1} \ge \frac{n-i+2}{n}\right\}\right)$$
$$+ \frac{a_{j,i-1}}{n-i+2}\mathcal{I}\left\{a_{j,i-1} < \frac{n-i+2}{n}\right\} \qquad j+2 \le i \le n+1.$$

これらにより，$\{a_{j,i}; 1 \le j \le n, j+1 \le i \le n+1\}$ が求まるので，そのうちの $\{a_{j,n+1}; n-m+1 \le j \le n\}$ を用いて，次の式により，成功確率 $P_n^{[m]}$ を計算する．

$$P_n^{[1]} = a_{n,n+1} \quad ; \quad P_n^{[m]} = \sum_{j=n-m+1}^{n} a_{j,n+1} \quad m = 2, 3, \ldots.$$

$n = 10$ の場合について，以上の計算例を表 6.9 に示す．$m = 4$ 及び $m = 5$ 人を採用する秘書問題においてベストが採用される確率を表 6.10 に示す．$m = 1$ の場合（古典的秘書問題）は表 2.2 に，$m = 2$ の場合は表 6.1 に，$m = 3$ の場合は表 6.7 に示されている．m のそれぞれの場合において，成功確率 $P_n^{[m]}$ は n の減少関数である（応募者数が増えれば，ベストが採用される確率は低下する）．

表 6.9　複数の応募者を採用する秘書問題に対するアルゴリズム解 ($n = 10$).

j	$a_{j,2}$	$a_{j,3}$	$a_{j,4}$	$a_{j,5}$	$a_{j,6}$	$a_{j,7}$	$a_{j,8}$	$a_{j,9}$	$a_{j,10}$	$a_{j,11}$
1	$\frac{1}{10}$	$\frac{1}{90}$	$\frac{1}{720}$	$\frac{1}{5040}$	$\frac{1}{30240}$	$\frac{1}{151200}$	$\frac{1}{640800}$	$\frac{1}{1814400}$	$\frac{1}{3628800}$	$\frac{1}{3628800}$
2		$\frac{17}{90}$	$\frac{30}{720}$	$\frac{169}{5040}$	$\frac{864}{30240}$	$\frac{13}{50400}$	$\frac{13}{14400}$	$\frac{1}{453600}$	$\frac{1}{80640}$	$\frac{1}{80640}$
3			$\frac{191}{720}$	$\frac{67}{1008}$	$\frac{97}{6048}$	$\frac{25}{6048}$	$\frac{53}{43200}$	$\frac{59}{129600}$	$\frac{29}{120960}$	$\frac{29}{120960}$
4				$\frac{55}{168}$	$\frac{95}{6048}$	$\frac{39}{1120}$	$\frac{17}{1440}$	$\frac{77}{16200}$	$\frac{384}{172800}$	$\frac{384}{172800}$
5					$\frac{1879}{5040}$	$\frac{12287}{75600}$	$\frac{5767}{86400}$	$\frac{7807}{259200}$	$\frac{3013}{172800}$	$\frac{3013}{172800}$
6						$\frac{2509}{6300}$	$\frac{1063}{4800}$	$\frac{7667}{64800}$	$\frac{19}{256}$	$\frac{19}{256}$
7							$\frac{3349}{8400}$	$\frac{1783}{7200}$	$\frac{20627}{129600}$	$\frac{1}{10}$
8								$\frac{3349}{8400}$	$\frac{1783}{7200}$	$\frac{20627}{129600}$
9									$\frac{3349}{8400}$	$\frac{1783}{7200}$
10										$\frac{3349}{8400}$

$$P_{10}^{[1]} = a_{10,11} = \frac{3349}{8400} = 0.39869,$$

$$P_{10}^{[2]} = \sum_{j=9}^{10} a_{j,11} = \frac{3349}{8400} + \frac{1783}{7200} = \frac{1303}{2016} = 0.64633,$$

$$P_{10}^{[3]} = \sum_{j=8}^{10} a_{j,11} = \frac{3349}{8400} + \frac{1783}{7200} + \frac{20627}{129600} = \frac{730739}{907200} = 0.80549,$$

$$P_{10}^{[4]} = \sum_{j=7}^{10} a_{j,11} = \frac{3349}{8400} + \frac{1783}{7200} + \frac{20627}{129600} + \frac{1}{10} = \frac{821459}{907200} = 0.90549,$$

$$P_{10}^{[5]} = \sum_{j=6}^{10} a_{j,11} = \frac{3349}{8400} + \frac{1783}{7200} + \frac{20627}{129600} + \frac{1}{10} + \frac{19}{256} = \frac{3555161}{3628800} = 0.97971,$$

$$P_{10}^{[6]} = 0.997143, \quad P_{10}^{[7]} = 0.999748, \quad P_{10}^{[8]} = 0.9999873, \quad P_{10}^{[9]} = 0.9999997, \quad P_{10}^{[10]} = 1$$

表 6.10 4 人及び 5 人を採用する秘書問題においてベストが採用される確率.

n	$P_n^{[4]}$	n	$P_n^{[4]}$	n	$P_n^{[4]}$
4	1.00000	24	0.85444	44	0.83939
5	0.99167	25	0.85832	45	0.83927
6	0.97778	26	0.85231	46	0.83989
7	0.96091	27	0.85121	47	0.83381
8	0.94268	28	0.85011	48	0.83844
9	0.92403	29	0.84906	49	0.83812
10	0.90549	30	0.84794	50	0.83786
11	0.88881	31	0.84673	60	0.83539
12	0.88249	32	0.84548	70	0.83351
13	0.88158	33	0.84480	80	0.83221
14	0.87976	34	0.84444	90	0.83115
15	0.87709	35	0.84405	100	0.83031
16	0.87396	36	0.84379	200	0.82671
17	0.87047	37	0.84337	300	0.82551
18	0.86707	38	0.84287	400	0.82491
19	0.86363	39	0.84226	500	0.82455
20	0.85990	40	0.84159	600	0.82431
21	0.85658	41	0.84094	800	0.82401
22	0.85551	42	0.84023	1000	0.82383
23	0.85512	43	0.83963	∞	0.82312

n	$P_n^{[5]}$	n	$P_n^{[5]}$	n	$P_n^{[5]}$
		24	0.91835	44	0.90073
5	1.00000	25	0.91699	45	0.90031
6	0.99861	26	0.91547	46	0.89984
7	0.99563	27	0.91400	47	0.89933
8	0.99129	28	0.91251	48	0.89876
9	0.98589	29	0.91104	49	0.89821
10	0.97971	30	0.90954	50	0.89769
11	0.97296	31	0.90799	60	0.89583
12	0.96583	32	0.90642	70	0.89363
13	0.95850	33	0.90514	80	0.89227
14	0.95119	34	0.90476	90	0.89123
15	0.94375	35	0.90457	100	0.89014
16	0.93646	36	0.90438	200	0.88636
17	0.92930	37	0.90409	300	0.88510
18	0.92264	38	0.90373	400	0.88446
19	0.92261	39	0.90328	500	0.88408
20	0.92221	40	0.90279	600	0.88382
21	0.92150	41	0.90228	800	0.88350
22	0.92064	42	0.90172	1000	0.88331
23	0.91958	43	0.90118	∞	0.88255

また，与えられた応募者数 n に対し，$P_n^{[m]}$ は m の増加関数である（採用者数を増やせば，ベストが採用される確率は急速に高くなる）ことが分かる.

本章では，いろいろな最良選択問題の変形モデルが扱われるので，成功確率の最大値を表す記号と本書で扱われている節又は項の番号を表 6.11 に示す.

表 6.11　最良選択問題等の成功確率の記号と本書で扱われている節又は項.

n：応募者数

成功確率	採用人数	採用条件	節又は項
P_n	1	ベスト（古典的秘書問題）	第 2 章
P_n	1	ベスト（完全情報問題）	7.1, 7.2
$P_n^{(2)}$	1	セカンドベスト（ポスドク変形問題）	4.1
$P_n^{(3)}$	1	サードベスト	4.3
$P_n^{(k)}$	1	k 位	4.4
$P_n^{(1\sim2)}$	1	ベスト又はセカンドベスト	5.1
$P_n^{(1\sim3)}$	1	3 位以内	5.2
$P_n^{(1\sim k)}$	1	k 位以内	5.3
$P_n^{[2]}$	2	ベスト	6.1.1
$P_n^{[2]}$	1	ベスト（完全情報問題）	7.3
$P_n^{[3]}$	3	ベスト	6.1.2
$P_n^{[m]}$	m	ベスト	6.1.3
$P_n^{[2,(1,2)]}$	2	ベスト及びセカンドベスト	6.2.1
$P_n^{[2,(1\sim2)]}$	2	ベスト又はセカンドベスト	6.2.2
$P_n^{[3,(1,2,3)]}$	3	ベスト，セカンド及びサードベスト	6.3.1
$P_n^{[3,(1,2)]}$	3	ベスト及びセカンドベスト	6.3.2
$P_\infty^{[m]}$	m	ベスト（$m=1,2,3$）	6.4(1)
$P_\infty^{[2,(1,2)]}$	2	ベスト及びセカンドベスト	6.4(2)
$P_\infty^{[2,(1\sim2)]}$	2	ベスト又はセカンドベスト	6.4(3)
$P_\infty^{[3,(1,2,3)]}$	3	ベスト，セカンド及びサードベスト	6.4(4)
$P_\infty^{[3,(1,2)]}$	3	ベスト及びセカンドベスト	6.4(5)
$P_{2n}^{[n,(1,2,\ldots,n)]}$	n	$1,2,\ldots,n$ 位	145 ページ*
$P_\infty^{[m,(1,2,\ldots,m)]}$	m	$1,2,\ldots,m$ 位	214 ページ*

*結果の引用のみ.

6.2 2人を採用する秘書問題

本節では，応募者の中から2人を採用する秘書問題について，

(i) それらがベスト及びセカンドベストである場合（6.2.1項），

(ii) それらの中にベスト又はセカンドベストが含まれる場合（6.2.2項）

を考える．

6.2.1 ベスト及びセカンドベストを採用する問題

本項では，応募者の中から2人を採用し，それらの2人がベストとセカンドベストである確率を最大にする最適方策を求める秘書問題を，主として Tamaki (1979a) に沿って解説する．この問題の採用条件は古典的秘書問題に比べて厳しいので，その成功確率は低くなることが予想される．

この問題では，相対的ベストの応募者と相対的セカンドベストの応募者が（絶対的ベスト又はセカンドベストになり得るので）候補者である．相対的サードベスト以下の応募者は，絶対的ベストにもセカンドベストにもなり得ないので候補者ではなく，採用されることはない．また，相対的セカンドベストの応募者の前には，必ず相対的ベストの応募者が現れているはずである．

応募者数を n 人とする．まず，既に相対的ベストの候補者が採用済みであり，残り1人が採用可能であるとき（このとき，相対的セカンドベストの候補者が採用済みであることは起こり得ない），次の候補者である i 番目の応募者が再び相対的ベストである場合に，最適方策により絶対的ベストとセカンドベストが採用される確率を $V_i^{(1)}(1;1)$ で表す $(1 \leq i \leq n)$．ここで，相対的ベストである i 番目の応募者を採用せずに次の応募者の面接に進んだとしても，将来において，この応募者を採用するよりも成功確率をさらに上げることは起こらないので，潔くこの応募者を採用して停止する．このとき，採用済みであった相対的ベストの候補者は相対的セカンドベストになっている．もし停止しなければ $i+1$ 番目以降に新たな候補者が現れないようになっていれば，これら2人の応募者がそれぞれ絶対的ベストとセカンドベストになって，目的が達成される．

$i+1$ 番目以降に新たな候補者が現れない確率は

$$P\{X_{i+1} \geq 3, X_{i+2} \geq 3, X_{i+3} \geq 3, \ldots, X_{n-2} \geq 3, X_{n-1} \geq 3, X_n \geq 3\}$$
$$= P\{X_{i+1} \geq 3\}P\{X_{i+2} \geq 3\}P\{X_{i+3} \geq 3\}\cdots$$
$$\cdots P\{X_{n-2} \geq 3\}P\{X_{n-1} \geq 3\}P\{X_n \geq 3\}$$
$$= \frac{i-1}{i+1} \cdot \frac{i}{i+2} \cdot \frac{i+1}{i+3} \cdots \frac{n-4}{n-2} \cdot \frac{n-3}{n-1} \cdot \frac{n-2}{n} = \frac{i(i-1)}{n(n-1)}$$

である．よって，

$$V_i^{(1)}(1;1) = \frac{i(i-1)}{n(n-1)} \qquad 1 \leq i \leq n \tag{6.24}$$

が得られる．

　次に，やはり既に相対的ベストが採用済みであり，残り 1 人が採用可能であるとき，次の候補者である i 番目の応募者が相対的セカンドベストである場合に，最適方策により絶対的ベストとセカンドベストが採用される確率を $V_i^{(1)}(2;1)$ で表す ($2 \leq i \leq n$)．これが最後の応募者なら採用すれば絶対的ベストとセカンドベストが揃うので，$V_n^{(1)}(2;1) = 1$ である．$2 \leq i \leq n-1$ については，相対的セカンドベストの応募者を採用して停止する．このとき，もし停止しなければ $i+1$ 番目以降に新たな候補者が現れないようになっていれば，採用済みの相対的ベストの候補者と今回採用する相対的セカンドベストの応募者は，それぞれ絶対的ベストとセカンドベストになって，目的が達成される．一方，この相対的セカンドベストの応募者が採用されない場合，次に $j\,(\geq i+1)$ 番目の応募者が候補者（相対順位が $l = 1,2$）として確率（l に依存しない）

$$P\{X_{i+1} \geq 3, X_{i+2} \geq 3, X_{i+3} \geq 3, \ldots, X_{j-2} \geq 3, X_{j-1} \geq 3, X_j = l\}$$
$$= P\{X_{i+1} \geq 3\}P\{X_{i+2} \geq 3\}P\{X_{i+3} \geq 3\}\cdots$$
$$\cdots P\{X_{j-2} \geq 3\}P\{X_{j-1} \geq 3\}P\{X_j = l\}$$
$$= \frac{i-1}{i+1} \cdot \frac{i}{i+2} \cdot \frac{i+1}{i+3} \cdots \frac{j-4}{j-2} \cdot \frac{j-3}{j-1} \cdot \frac{1}{j} = \frac{i(i-1)}{j(j-1)(j-2)} \qquad l = 1,2$$

で現れ，最適方策により確率 $V_j^{(1)}(l;1)$ で目的が達成される．従って，$\{V_i^{(1)}(2;1); 2 \leq i \leq n\}$ に対して，次の最適性方程式が成り立つ．

$$V_i^{(1)}(2;1) = \max\left\{\frac{i(i-1)}{n(n-1)}, \sum_{j=i+1}^{n}\frac{i(i-1)}{j(j-1)(j-2)}\sum_{l=1}^{2}V_j^{(1)}(l;1)\right\}$$
$$2 \le i \le n-1,$$

$$V_{n-1}^{(1)}(2;1) = 1 - \frac{2}{n}, \quad V_n^{(1)}(2;1) = 1. \tag{6.25}$$

最後に，残り2人が採用可能であるときに，最初に現れる候補者である i 番目の応募者が相対的ベストである場合に，最適方策により絶対的ベストとセカンドベストが採用される確率を $V_i^{(2)}$ で表す ($1 \le i \le n$). 最初に現れる候補者が相対的セカンドベストであることはない．これが最後の応募者なら，残り2人を採用することはできないので，$V_n^{(2)} = 0$ である．$2 \le i \le n-1$ については，相対的ベストの応募者が採用されると，残り1人が採用可能になり，上記の相対的セカンドベストの応募者が採用されなかった場合と同じことが起こるので，次の候補者が $j\,(\ge i+1)$ 番目の応募者として現れる場合の成功確率は

$$\sum_{j=i+1}^{n}\frac{i(i-1)}{j(j-1)(j-2)}\sum_{l=1}^{2}V_j^{(1)}(l;1)$$
$$= \frac{1}{i+1}\left[\frac{(i+1)i}{n(n-1)} + V_{i+1}^{(1)}(2;1)\right] + \sum_{j=i+2}^{n}\frac{i(i-1)}{j(j-1)(j-2)}\sum_{l=1}^{2}V_j^{(1)}(l;1)$$

である．$i=1$ のとき，この式は

$$\frac{1}{n(n-1)} + \frac{1}{2}V_2^{(1)}(2;1)$$

となる．一方，相対的ベストの応募者が採用されない場合，次の候補者（必ず相対的ベストである）が $j\,(\ge i+1)$ 番目の応募者として現れる確率は

$$P\{X_{i+1} \ge 2, X_{i+2} \ge 2, \ldots, X_{j-2} \ge 2, X_{j-1} \ge 2, X_j = 1\}$$
$$= P\{X_{i+1} \ge 2\}P\{X_{i+2} \ge 2\}\cdots P\{X_{j-2} \ge 2\}P\{X_{j-1} \ge 2\}P\{X_j = 1\}$$
$$= \frac{i}{i+1}\cdot\frac{i+1}{i+2}\cdots\frac{j-3}{j-2}\cdot\frac{j-2}{j-1}\cdot\frac{1}{j} = \frac{i}{j(j-1)}$$

である．このとき，最適方策による成功確率は $V_j^{(2)}$ となる．従って，$\{V_i^{(2)};2 \le i \le n\}$ に対して，次の最適性方程式が成り立つ．

表 6.12　2 人を採用する秘書問題でベスト及びセカンドベストが採用される場合の Markov 過程の状態推移確率.

	$V_j^{(1)}(1;1)$	$V_j^{(1)}(2;1)$	$V_j^{(2)}$	停止
$V_i^{(1)}(1;1)$				★
$V_i^{(1)}(2;1)$	π_{ij}	π_{ij}		★
$V_i^{(2)}$	π_{ij}	π_{ij}	p_{ij}	

★ は吸収状態（停止）に至る推移があることを示す.

$$\pi_{ij} = \frac{i(i-1)}{j(j-1)(j-2)} \quad ; \quad p_{ij} = \frac{i}{j(j-1)}$$

$$V_1^{(2)} = \max\left\{ \frac{1}{n(n-1)} + \frac{1}{2}V_2^{(1)}(2;1), \sum_{j=2}^{n-1} \frac{V_j^{(2)}}{j(j-1)} \right\},$$

$$V_i^{(2)} = \max\left\{ \sum_{j=i+1}^{n} \frac{i(i-1)}{j(j-1)(j-2)} \sum_{l=1}^{2} V_j^{(1)}(l;1), \sum_{j=i+1}^{n-1} \frac{iV_j^{(2)}}{j(j-1)} \right\}$$
$$2 \leq i \leq n-2,$$

$$V_{n-1}^{(2)} = \frac{2}{n}, \quad V_n^{(2)} = 0. \tag{6.26}$$

2 つの変数 $\{V_i^{(1)}(2;1); 2 \leq i \leq n\}$ と $\{V_i^{(2)}; 1 \leq i \leq n\}$ に対する漸化式 (6.25) と (6.26) は，式 (6.24) を使いながら，初期値 $V_n^{(1)}(2;1) = 1$ と $V_n^{(2)} = 0$ から始めて，i を減らす方向に逐次的に解くことができる．最後に得られる $P_n^{[2,(1,2)]} = V_1^{(2)}$ が成功確率である．この過程は，表 6.12 に示された状態推移確率をもつ「吸収状態のある Markov 過程」である．$n = 20$ に場合に対する数値例を表 6.13 に示す.

この問題に対する最適方策は，2 つの閾値 r_1^* と $r_2^* \, (< r_1^*)$ をもつ以下のような閾値規則である.

(i) 最初から $r_2^* - 1$ 番目までの応募者は無条件に不採用とする.

(ii) r_2^* 番目から $r_1^* - 1$ 番目までの応募者のうち，最初に現れる候補者が相対的ベストなら採用する（1 人目の採用者）.

(iii) r_1^* 番目以降の応募者のうち，最初に現れる相対的ベスト又は相対的セカンドベストの候補者を採用する（2 人目の採用者）.

(iv) 最後まで候補者が現れなければ，最後の応募者を採用する.

表 6.13　2人を採用する秘書問題でベストとセカンドベストが採用される確率の計算.

i	$n=5$ $V_i^{(1)}(2;1)$	$V_i^{(2)}$	$n=10$ $V_i^{(1)}(2;1)$	$V_i^{(2)}$	$n=20$ $V_i^{(1)}(2;1)$	$V_i^{(2)}$
1	0.00000	**0.33333**	0.00000	0.27143	0.00000	0.24606
2	0.43333	0.43333	0.22989	**0.27143**	0.11818	0.24606
3	**0.50000**	0.50000	0.31151	0.31151	0.16938	0.24606
4	0.60000	0.40000	0.37090	0.37090	0.21532	**0.24606**
5	1.00000	0.00000	0.40807	0.40807	0.25599	0.25599
6			**0.42302**	0.42302	0.29140	0.29140
7			0.46667	0.40556	0.32154	0.32154
8			0.62222	0.33333	0.34642	0.34642
9			0.80000	0.20000	0.36604	0.36604
10			1.00000	0.00000	0.38040	0.38040
11					0.38949	0.38949
12					**0.39332**	0.39332
13					0.41053	0.39019
14					0.47895	0.37540
15					0.55263	0.34813
16					0.63158	0.30764
17					0.71579	0.25322
18					0.80526	0.18421
19					0.90000	0.10000
20					1.00000	0.00000

太字に対応する i が r_1^*-1, r_2^*-1 である.
$P_5^{[2,(1,2)]} = 0.33333, P_{10}^{[2,(1,2)]} = 0.27143, P_{20}^{[2,(1,2)]} = 0.24606.$

$n=2$ の場合には，$r_1^*=2$, $r_2=1$ として，2人の応募者をともに採用することにより，必ずベストとセカンドベストが採用される.

以下で漸化式 (6.25) と (6.26) を解析的に考察する．まず，式 (6.25) の $\max\{\cdot,\cdot\}$ に現れる2つの因子は，i が大きいときは左の因子が大きく，i が小さくなると右の因子が大きくなる．転換点までは，不等式

$$\frac{i(i-1)}{n(n-1)} - \sum_{j=i+1}^{n} \frac{i(i-1)}{j(j-1)(j-2)} \left[\frac{j(j-1)}{n(n-1)} + \frac{j(j-1)}{n(n-1)} \right]$$

$$= \frac{1}{n(n-1)} \left(1 - \sum_{j=i+1}^{n} \frac{2}{j-2} \right) \geq 0$$

が成り立つ. この不等式が成り立つ i の最小値を閾値

$$r_1^* := \min\left\{ i \geq 1 : \sum_{j=i-1}^{n-2} \frac{1}{j} \leq \frac{1}{2} \right\} \tag{6.27}$$

とすると, $\{V_i^{(1)}(2;1); 2 \leq i \leq n\}$ が以下のように得られる.

$$V_i^{(1)}(2;1) = \begin{cases} 1 & i = n, \\[2mm] \dfrac{i(i-1)}{n(n-1)} & r_1^* \leq i \leq n-1, \\[3mm] \dfrac{2(r_1^*-1)(r_1^*-2)}{n(n-1)} \sum_{j=r_1^*-2}^{n-2} \dfrac{1}{j} & i = r_1^* - 1, \\[4mm] i\left[\dfrac{r_1^*-i-1}{n(n-1)} + \dfrac{V_{r_1^*-1}(2;1)}{r_1^*-1}\right] \\[3mm] = \dfrac{i}{n(n-1)}\left[r_1^*-i-1+2(r_1^*-2)\sum_{j=r_1^*-2}^{n-2}\dfrac{1}{j}\right] \\[4mm] \hspace{5cm} 2 \leq i \leq r_1^* - 1. \end{cases}$$

次に, 式 (6.26) を解析するために, 定数列 $\{H(i); 3 \leq i \leq n\}$ を

$$H(i) := \frac{1}{i-2}\left[\frac{V_i^{(1)}(2;1)}{i(i-1)} + \frac{1}{n(n-1)}\right] \qquad 3 \leq i \leq n,$$

$$= \begin{cases} \dfrac{r_1^*-2}{n(n-1)(i-1)(i-2)}\left(1 + 2\sum_{j=r_1^*-2}^{n-2}\dfrac{1}{j}\right) & 3 \leq i \leq r_1^* - 1, \\[4mm] \dfrac{2}{n(n-1)(i-2)} & r_1^* \leq i \leq n \end{cases}$$

$$\tag{6.28}$$

により導入すると, 式 (6.26) の 2 つ目の式は

$$V_i^{(2)} = i\max\left\{ (i-1)\sum_{j=i+1}^{n} H(j), \sum_{j=i+1}^{n-1} \frac{V_j^{(2)}}{j(j-1)} \right\} \qquad 2 \leq i \leq n-2 \tag{6.29}$$

と書くことができる．この式の $\max\{\cdot,\cdot\}$ に現れる 2 つの因子のうち，左の因子
が大きくなるのは，

$$\sum_{j=i+1}^{n}(i-1)H(j)-\sum_{j=i+1}^{n-1}\frac{1}{j(j-1)}\sum_{k=j+1}^{n}j(j-1)H(k)$$

$$=(i-1)\sum_{j=i+1}^{n}H(j)-\sum_{j=i+1}^{n-1}\sum_{k=j+1}^{n}H(k)\geq 0\qquad 2\leq i\leq n-2$$

により，

$$\sum_{j=i+1}^{n}H(j)\geq\frac{1}{i-1}\sum_{j=i+1}^{n-1}\sum_{k=j+1}^{n}H(k)\qquad 2\leq i\leq n-2$$

が成り立つ i 番目の応募者の場合である．ここで，

$$\sum_{j=i+1}^{n-1}\sum_{k=j+1}^{n}H(k)=\sum_{k=i+2}^{n}H(k)\sum_{j=i+1}^{k-1}1=\sum_{j=i+1}^{n}(j-i-1)H(j)$$

により，この条件は

$$\sum_{j=i+1}^{n}(2i-j)H(j)\geq 0\qquad 2\leq i\leq n-2$$

と書くことができる．これらの条件に合わせて，$\{\phi(i);1\leq i\leq n-1\}$ を

$$\phi(i):=\begin{cases}\dfrac{1}{n(n-1)}+\dfrac{1}{2}V_2^{(1)}(2;1)+\displaystyle\sum_{j=3}^{n}(2-j)H(j) & i=1,\\[2mm]\displaystyle\sum_{j=i+1}^{n}(2i-j)H(j) & 2\leq i\leq n-1\end{cases}$$

$$=\begin{cases}\dfrac{1}{n(n-1)}\left[2\left(2r_1^*-n-i-2\right)-(r_1^*-2)\displaystyle\sum_{j=i}^{r_1^*-2}\frac{1}{j}\right]\\ \qquad+\dfrac{2(r_1^*-2)}{n(n-1)}\left(\displaystyle\sum_{j=r_1^*-2}^{n-2}\frac{1}{j}\right)\left(2-\displaystyle\sum_{j=i}^{r_1^*-2}\frac{1}{j}\right) & 1\leq i\leq r_1^*-2,\\[4mm]\dfrac{2}{n(n-1)}\displaystyle\sum_{j=i}^{n-1}\left[\frac{2(i-1)}{j-1}-1\right] & r_1^*-1\leq i\leq n-1\end{cases}$$

$$\tag{6.30}$$

と定義すれば，もう 1 つの閾値

$$r_2^* := \min\{1 \le i < r_1^* : \phi(i) \ge 0\} \tag{6.31}$$

を得ることができる.

閾値 r_2^* を用いて，式 (6.29) より，

$$V_i^{(2)} = \begin{cases} i \displaystyle\sum_{j=i+1}^{n-1} \frac{V_j^{(2)}}{j(j-1)} & 2 \le i \le r_2^* - 1, \\ i(i-1) \displaystyle\sum_{j=i+1}^{n} H(j) & r_2^* \le i \le n-1 \end{cases}$$

が得られる.

ここで，$2 \le i \le r_2^* - 1$ について，

$$\frac{V_i^{(2)}}{i} = \sum_{j=i+1}^{n-1} \frac{V_j^{(2)}}{j(j-1)} = \sum_{j=i+1}^{r_2^*-1} \frac{V_j^{(2)}}{j(j-1)} + \sum_{j=r_2^*}^{n-1} \frac{V_j^{(2)}}{j(j-1)}$$

$$= \sum_{j=i+1}^{r_2^*-1} \frac{V_j^{(2)}}{j(j-1)} + \sum_{j=r_2^*}^{n-1} \sum_{k=j+1}^{n} H(k)$$

である. 特に，

$$V_{r_2^*-1}^{(2)} = \left(r_2^* - 1\right) \sum_{j=r_2^*}^{n-1} \sum_{k=j+1}^{n} H(k)$$

$$= \left(r_2^* - 1\right) \left\{ \sum_{j=r_2^*}^{r_1^*-2} \left[\sum_{k=j+1}^{r_1^*-1} H(k) + \sum_{k=r_1^*}^{n} H(k) \right] + \sum_{j=r_1^*-1}^{n-1} \sum_{k=j+1}^{n} H(k) \right\}$$

が得られる. そして，$V_i^{(2)}$ は $2 \le i \le r_2^* - 1$ において定数 $V_{r_2^*-1}^{(2)}$ に等しい.

$$V_i^{(2)} = V_{r_2^*-1}^{(2)} \qquad 2 \le i \le r_2^* - 1.$$

さらに，式 (6.26) の最初の式より，

$$V_1^{(2)} = \sum_{j=2}^{n-1} \frac{V_j^{(2)}}{j(j-1)} = \sum_{j=2}^{r_2^*-1} \frac{V_j^{(2)}}{j(j-1)} + \sum_{j=r_2^*}^{n-1} \frac{V_j^{(2)}}{j(j-1)}$$

$$= V_{r_2^*-1}^{(2)} \sum_{j=2}^{r_2^*-1} \frac{1}{j(j-1)} + \sum_{j=r_2^*}^{n-1} \sum_{k=j+1}^{n} H(k)$$

$$= V_{r_2^*-1}^{(2)} \left(1 - \frac{1}{r_2^*-1}\right) + \frac{1}{r_2^*-1} V_{r_2^*-1}^{(2)} = V_{r_2^*-1}^{(2)}$$

であるから,

$$V_i^{(2)} = V_{r_2^*-1}^{(2)} \qquad 1 \le i \le r_2^* - 1$$

と書くことができる.

$V_{r_2^*-1}^{(2)} = V_1^{(2)}$ は採用した 2 人の応募者がベストとセカンドベストである確率 $P_n^{[2,(1,2)]}$ である. これに式 (6.28) にある $H(i)$ を代入すると,

$$P_n^{[2,(1,2)]} = V_{r_2^*-1}^{(2)} = \frac{r_2^*-1}{n(n-1)} \left[(r_1^*-2) \left(1 + 2 \sum_{j=r_1^*-2}^{n-2} \frac{1}{j}\right) \sum_{j=r_2^*-1}^{r_1^*-2} \frac{1}{j} \right.$$

$$\left. + 2(n+1) - 3r_1^* + r_2^* - 2(r_1^*-2) \sum_{j=r_1^*-2}^{n-2} \frac{1}{j} \right] \tag{6.32}$$

が得られる (Tamaki, 1979a). 表 6.14 に各 n に対する最適閾値 r_1^*, r_2^* と成功確率 $P_n^{[2,(1,2)]}$ を示す. $P_n^{[2,(1,2)]}$ は n の減少関数である.

また, $r_1^* \le i \le n$ については

$$V_n^{(2)} = 0 \quad ; \quad V_i^{(2)} = \frac{2i(i-1)}{n(n-1)} \sum_{j=i-1}^{n-2} \frac{1}{j} \qquad r_1^* \le i \le n-1$$

であり, $r_2^* \le i \le r_1^* - 1$ については

$$V_i^{(2)} = i(i-1) \sum_{j=i+1}^{n} H(j) = i(i-1) \left[\sum_{j=i+1}^{r_1^*-1} H(j) + \sum_{j=r_1^*}^{n} H(j) \right]$$

$$= \frac{i(i-1)}{n(n-1)} \left[(r_1^*-2) \left(1 + 2 \sum_{j=r_1^*-2}^{n-2} \frac{1}{j}\right) \sum_{j=i+1}^{r_1^*-1} \frac{1}{(j-1)(j-2)} + \sum_{j=r_1^*-2}^{n-2} \frac{2}{j} \right]$$

$$= \frac{i}{n(n-1)} \left[r_1^* - i - 1 + 2(r_1^*-2) \sum_{j=r_1^*-2}^{n-2} \frac{1}{j} \right]$$

である. これで全ての $\{V_i^{(2)}; 1 \le i \le n\}$ が明示的に得られた.

最適閾値と成功確率の極限 $n \to \infty$ における漸近形を求める.

$$\lim_{n\to\infty} \frac{r_1^*}{n} = \alpha \quad ; \quad \lim_{n\to\infty} \frac{r_2^*}{n} = \beta$$

とすれば, r_1^* を決める式 (6.27) において, 区分求積法により,

$$\sum_{j=r_1^*-1}^{n-2} \frac{1}{j} = \frac{1}{n} \sum_{j=r_1^*-1}^{n-2} \frac{1}{j/n} \approx \int_{r_1^*/n}^{1} \frac{dx}{x} \approx \int_{\alpha}^{1} \frac{dx}{x} = -\log\alpha = \frac{1}{2}$$

から, $\alpha = e^{-1/2} = 0.6065306597\cdots$ が得られる. r_2^* を決める式 (6.31) から,

$$\begin{aligned}
\phi(i) &= \frac{1}{n(n-1)} \left[2\left(2r_1^* - n - i - 2\right) - (r_1^* - 2) \sum_{j=i}^{r_1^*-2} \frac{1}{j} \right] \\
&\quad + \frac{2(r_1^* - 2)}{n(n-1)} \left(\sum_{j=r_1^*-2}^{n-2} \frac{1}{j} \right) \left(2 - \sum_{j=i}^{r_1^*-2} \frac{1}{j} \right) \\
&\approx 2(2\alpha - 1 - \beta) - \alpha \int_{\beta}^{\alpha} \frac{dx}{x} + 2\alpha \int_{\alpha}^{1} \frac{dx}{x} \left(2 - \int_{\beta}^{\alpha} \frac{dx}{x} \right) \\
&= 2(2\alpha - 1 - \beta) + \alpha \left(\frac{1}{2} + \log\beta \right) + \alpha \left(2 + \frac{1}{2} + \log\beta \right) \\
&= \alpha(7 + 2\log\beta) - 2(1 + \beta) = 0
\end{aligned}$$

の解として, $\beta = 0.2291147285\cdots$ が得られる. これらを用いて,

$$\begin{aligned}
P_\infty^{[2,(1,2)]} &= \beta \left[\alpha \left(1 + 2 \int_{\alpha}^{1} \frac{dx}{x} \right) \int_{\beta}^{\alpha} \frac{dx}{x} - 2\alpha \int_{\alpha}^{1} \frac{dx}{x} + 2 - 3\alpha + \beta \right] \\
&= \beta \left[\alpha(1 - 2\log\alpha)(\log\alpha - \log\beta) + 2\alpha\log\alpha + 2 - 3\alpha + \beta \right] \\
&= \beta \left[-2\alpha(1 + \log\beta) + 2 - 3\alpha + \beta \right] \\
&= \beta(2\alpha - \beta) = 0.2254366560\cdots
\end{aligned}$$

が得られる (Tamaki, 1979a). この漸近値は Nikolaev (1977) 及び Vanderbei (1980) にも示されている. この問題に対する漸近形を積分方程式により求める方法を 6.4 節 (2) に示す.

表 **6.14** 2人を採用する秘書問題でベスト及びセカンドベストが採用される確率.

n	r_1^*	r_2^*	$P_n^{[2,(1,2)]}$	n	r_1^*	r_2^*	$P_n^{[2,(1,2)]}$
				31	20	8	0.23830
2	2	1	1.00000	32	20	8	0.23790
3	3	1	0.50000	33	21	8	0.23753
4	3	1	0.33333	34	22	8	0.23691
5	4	2	0.33333	35	22	9	0.23666
6	5	2	0.31389	36	23	9	0.23651
7	5	2	0.29563	37	24	9	0.23613
8	6	2	0.27996	38	24	9	0.23577
9	7	3	0.27390	39	25	10	0.23541
10	7	3	0.27143	40	25	10	0.23529
11	8	3	0.26630	41	26	10	0.23511
12	8	3	0.26040	42	27	10	0.23476
13	9	4	0.25752	43	27	10	0.23441
14	10	4	0.25585	44	28	11	0.23434
15	10	4	0.25414	45	28	11	0.23418
16	11	4	0.25151	46	29	11	0.23399
17	11	5	0.24873	47	30	11	0.23367
18	12	5	0.24852	48	30	12	0.23354
19	13	5	0.24734	49	31	12	0.23345
20	13	5	0.24606	50	31	12	0.23327
21	14	5	0.24436	60	37	14	0.23185
22	14	6	0.24366	70	44	17	0.23094
23	15	6	0.24331	80	50	19	0.23027
24	16	6	0.24240	90	56	21	0.22971
25	16	6	0.24138	100	62	24	0.22926
26	17	7	0.24067	200	122	46	0.22734
27	17	7	0.24029	300	183	69	0.22670
28	18	7	0.23992	400	244	92	0.22639
29	19	7	0.23918	500	304	115	0.22620
30	19	8	0.23839	1000	608	230	0.22582

$n \to \infty$ のとき, $r_1^* \approx 0.6065n$, $r_2^* \approx 0.2291n$, $P_\infty^{[2,(1,2)]} = 0.22544$.

6.2.2　ベスト又はセカンドベストを採用する問題

　本項では，全応募者の中から 2 人を採用する秘書問題において，2 人のうちのどちらかがベスト又はセカンドベストとなる（2 人がベストとセカンドベストである場合を含む）確率を最大にする最適方策を求める．この問題を Tamaki (1979b) に沿って解説する．この問題の採用条件は古典的秘書問題に比べて緩いので，その成功確率は高くなることが予想される．

　この問題においても，相対的ベストの応募者と相対的セカンドベストの応募者のみが（絶対的ベスト又はセカンドベストになり得るので）候補者である．相対的サードベスト以下の応募者は候補者ではなく，採用されることはない．また，最初に採用される候補者は，相対的ベストの応募者である．

　応募者数を n 人とする．以下において，既に相対順位が $k (= 1, 2)$ の候補者を採用済みであり，残り 1 人が採用可能であるとき，i 番目の応募者が相対順位 $l (= 1, 2)$ の候補者である場合に，最適方策により絶対的ベスト又はセカンドベストが採用される確率を $V_i^{(1)}(l; k)$ で表す $(2 \leq i \leq n)$．また，誰も採用されていなくて，残り 2 人が採用可能であるとき，i 番目の応募者が相対順位 $l (= 1, 2)$ の候補者である場合に，最適方策により絶対的ベスト又はセカンドベストが採用される確率を $V_i^{(2)}(l)$ で表す $(1 \leq i \leq n)$．但し，$V_1^{(2)}(2)$ は存在しない．面接が最後の応募者まで続く場合は，最後の応募者は相対的ベスト又はセカンドベストであるから必ず採用し，$V_n^{(1)}(l, k) = V_n^{(2)}(l) = 1$ である $(l = 1, 2; k = 1, 2)$．

　これらの場合に起こる事象を詳しく見て，最適性方程式を導出する．最初に，残り 1 人が採用可能である 4 通りの場合を考える．

(1) 既に相対的セカンドベストの候補者を採用済みで，残り 1 人が採用可能であるとき，i 番目の応募者が相対的ベストの候補者である場合に，最適方策により絶対的ベスト又はセカンドベストが採用される確率を $V_i^{(1)}(1; 2)$ とする（2 番目の応募者のときに既に相対的セカンドベストが採用済みであることはあり得ないので，$3 \leq i \leq n$ とする）．採用済みであった相対的セカンドベストの候補者は，i 番目に相対的ベストの応募者が現れた時点で相対的サードベストになるので，目的達成には関わらない．

$3 \leq i \leq n-1$ について，面接した相対的ベストの応募者を採用して停止すれば，この応募者は確率 i/n で絶対的ベストとなり，確率 $i(n-i)/n(n-1)$ で絶対的セカンドベストとなる．従って，この応募者を採用して停止する場合に絶対的ベスト又はセカンドベストが採用される確率は

$$\frac{i}{n} + \frac{i(n-i)}{n(n-1)} = \frac{i(2n-i-1)}{n(n-1)}$$

である．一方，面接した相対的ベストの応募者を採用しなければ，採用済みであった相対的セカンドベストの候補者はそのままで，確率 $i(i-1)/j(j-1)(j-2)$ で次の候補者が $j \, (\geq i+1)$ 番目の応募者として現れる（この確率は次の候補者が相対的ベストでもセカンドベストでも同じである）．最適方策による成功確率は，j 番目の応募者が相対的ベストなら $V_j^{(1)}(1;2)$ であり，j 番目の応募者が相対的セカンドベストなら $V_j^{(1)}(2;2)$ である．よって，$\{V_i^{(1)}(1;2) ; 3 \leq i \leq n\}$ に対して，次の最適性方程式が成り立つ．

$$V_i^{(1)}(1;2) = \max \left\{ \frac{i(2n-i-1)}{n(n-1)}, \right.$$
$$\left. \sum_{j=i+1}^{n} \frac{i(i-1)}{j(j-1)(j-2)} \sum_{l=1}^{2} V_j^{(1)}(l;2) \right\}$$
$$3 \leq i \leq n-2,$$
$$V_{n-1}^{(1)}(1;2) = V_n^{(1)}(1;2) = 1. \tag{6.33}$$

(2) 既に相対的セカンドベストの候補者を採用済みで，残り 1 人が採用可能であるとき，i 番目の応募者が再び相対的セカンドベストの候補者である場合に，最適方策により絶対的ベスト又はセカンドベストが採用される確率を $V_i^{(1)}(2;2)$ とする $(3 \leq i \leq n)$．採用済みであった相対的セカンドベストの候補者は，i 番目に相対的セカンドベストの応募者が現れた時点で相対的サードベストになるので，目的達成には関わらない．

$3 \leq i \leq n-1$ について，面接した相対的セカンドベストの応募者を採用すれば，再び相対的セカンドベストの候補者が採用済みの状態になる．このとき，停止すれば，確率 $i(i-1)/n(n-1)$ で次の候補者が現れないので（式 (6.24) の前の式を参照），この応募者は絶対的セカンドベストとなる．

一方，面接した相対的セカンドベストの応募者を採用しない場合の最適方策による成功確率は，(1) と同様に

$$\sum_{j=i+1}^{n} \frac{i(i-1)}{j(j-1)(j-2)} \sum_{l=1}^{2} V_j^{(1)}(l;2)$$

である．よって，$\{V_i^{(1)}(2;2); 3 \leq i \leq n\}$ に対して，次の最適性方程式が成り立つ．

$$V_i^{(1)}(2;2) = \max \left\{ \frac{i(i-1)}{n(n-1)}, \sum_{j=i+1}^{n} \frac{i(i-1)}{j(j-1)(j-2)} \sum_{l=1}^{2} V_j^{(1)}(l;2) \right\}$$
$$3 \leq i \leq n-2,$$
$$V_{n-1}^{(1)}(2;2) = 1 - \frac{2}{n}, \ V_n^{(1)}(2;2) = 1. \tag{6.34}$$

(3) 既に相対的ベストの候補者を採用済みで，残り 1 人が採用可能であるとき，i 番目の応募者が相対的ベストの候補者である場合に，最適方策により絶対的ベスト又はセカンドベストが採用される確率を $V_i^{(1)}(1;1)$ とする ($2 \leq i \leq n$)．採用済みであった相対的ベストの候補者は，i 番目に相対的ベストの応募者が現れた時点で相対的セカンドベストになる．

$2 \leq i \leq n-1$ について，面接した相対的ベストの応募者を採用して停止すれば，面接した相対的ベストの応募者は，(1) に示したように，確率 $i(2n-i-1)/n(n-1)$ で絶対的ベスト又はセカンドベストとなる．一方，面接した相対的ベストの応募者を採用しない場合には，確率 $i(i-1)/n(n-1)$ で次の候補者が現れずに，採用済みの相対的セカンドベストの候補者が絶対的セカンドベストになる．あるいは，確率 $i(i-1)/j(j-1)(j-2)$ で次の候補者が $j \, (\geq i+1)$ 番目の応募者として現れ，確率

$$\sum_{j=i+1}^{n} \frac{i(i-1)}{j(j-1)(j-2)} \sum_{l=1}^{2} V_j^{(1)}(l;2)$$

で，最適方策により絶対的ベスト又はセカンドベストとなる．従って，i 番目の応募者を採用しない場合に，最適方策により絶対的ベスト又はセカンドベストが採用される確率は

$$\frac{i(i-1)}{n(n-1)} + \sum_{j=i+1}^{n} \frac{i(i-1)}{j(j-1)(j-2)} \sum_{l=1}^{2} V_j^{(1)}(l;2)$$

である．よって，$\{V_i^{(1)}(1;1); 2 \le i \le n\}$ に対して，次の最適性方程式が成り立つ．

$$V_i^{(1)}(1;1) = \max \left\{ \frac{i(2n-i-1)}{n(n-1)}, \right.$$

$$\left. \frac{i(i-1)}{n(n-1)} + \sum_{j=i+1}^{n} \frac{i(i-1)}{j(j-1)(j-2)} \sum_{l=1}^{2} V_j^{(1)}(l;2) \right\}$$

$$2 \le i \le n-2,$$

$$V_{n-1}^{(1)}(1;1) = V_n^{(1)}(1;1) = 1. \tag{6.35}$$

(4) 既に相対的ベストの応募者を採用済みで，残り1人が採用可能であるとき，i番目の応募者が相対的セカンドベストの候補者である場合に，最適方策により絶対的ベスト又はセカンドベストが採用される確率を $V_i^{(1)}(2;1)$ とする $(2 \le i \le n)$．採用済みであった相対的ベストの応募者は，i番目に相対的セカンドベストの候補者が現れても，相対的ベストのままである．$2 \le i \le n-1$ について，面接した相対的セカンドベストの応募者を採用して停止すれば，確率 $i(i-1)/n(n-1)$ で次の候補者が現れず，採用済みの相対的ベストは絶対的ベストになり，面接した相対的セカンドベストは絶対的セカンドベストになる．一方，面接した相対的セカンドベストの応募者を採用しない場合には，確率 $i(i-1)/n(n-1)$ で次の候補者が現れず，採用済みの相対的ベストは絶対的ベストになる．次の候補者が $j \, (\ge i+1)$ 番目の応募者として現れる確率と合わせて，この場合の成功確率は

$$\frac{i(i-1)}{n(n-1)} + \sum_{j=i+1}^{n} \frac{i(i-1)}{j(j-1)(j-2)} \sum_{l=1}^{2} V_j^{(1)}(l;1)$$

である．ここで，

$$\max\left\{\frac{i(i-1)}{n(n-1)}, \frac{i(i-1)}{n(n-1)} + \sum_{j=i+1}^{n} \frac{i(i-1)}{j(j-1)(j-2)} \sum_{l=1}^{2} V_j^{(1)}(l;1)\right\}$$

$$= \frac{i(i-1)}{n(n-1)} + \sum_{j=i+1}^{n} \frac{i(i-1)}{j(j-1)(j-2)} \sum_{l=1}^{2} V_j^{(1)}(l;1)$$

であるから，この場合にはいつでも，面接した相対的セカンドベストの応募者を採用して停止するよりも，採用しないで次の候補者が現れるのを待つ方が，絶対的ベスト又はセカンドベストが採用される確率が高くなることが分かる．従って，$\{V_i^{(1)}(2;1); 2 \leq i \leq n\}$ に対して，次の最適性方程式が成り立つ．

$$V_i^{(1)}(2;1) = \frac{i(i-1)}{n(n-1)} + \sum_{j=i+1}^{n} \frac{i(i-1)}{j(j-1)(j-2)} \sum_{l=1}^{2} V_j^{(1)}(l;1)$$
$$2 \leq i \leq n-2,$$

$$V_{n-1}^{(1)}(2;1) = V_n^{(1)}(2;1) = 1. \tag{6.36}$$

次に，残り 2 人が採用可能である 2 通りの場合を考える．

(5) 誰も採用されていなくて，残り 2 人が採用可能であるとき，i 番目の応募者が相対的ベストの候補者である場合に，最適方策により絶対的ベスト又はセカンドベストが採用される確率を $V_i^{(2)}(1)$ とする $(1 \leq i \leq n)$．

$1 \leq i \leq n-1$ について，面接した相対的ベストの応募者を採用すれば，相対的ベストの候補者が採用済みで，残り 1 人が採用可能の状態になる．このとき停止すれば，次の候補者は確率 $i(i-1)/n(n-1)$ で現れないので，この候補者が絶対的ベストになる．停止しない場合には，確率 $i(i-1)/j(j-1)(j-2)$ で $j (\geq i+1)$ 番目の応募者として次の候補者が現れるので，最適方策により絶対的ベスト又はセカンドベストが採用される確率は

$$\sum_{j=i+1}^{n} \frac{i(i-1)}{j(j-1)(j-2)} \sum_{l=1}^{2} V_j^{(1)}(l;1)$$

となる．一方，面接した相対的ベストの応募者を採用しない場合には，残り 2 人が採用可能のままであり，確率 $i(i-1)/j(j-1)(j-2)$ で $j (\geq i+1)$

番目の応募者として次の候補者が現れるので，最適方策により絶対的ベスト又はセカンドベストが採用される確率は

$$\sum_{j=i+1}^{n} \frac{i(i-1)}{j(j-1)(j-2)} \sum_{l=1}^{2} V_j^{(2)}(l)$$

となる．ここで，$V_i^{(2)}(2)$ は次の (6) で定義する．よって，$\{V_i^{(2)}(1); 1 \le i \le n\}$ に対して，次の最適性方程式が成り立つ（$i=1$ の場合は，特別に式を書く）．

$$V_1^{(2)}(1) = \max\left\{ \frac{1}{2}\sum_{l=1}^{2} V_2^{(1)}(l;1), \frac{1}{2}\sum_{l=1}^{2} V_2^{(2)}(l) \right\},$$

$$V_i^{(2)}(1) = \max\left\{ \frac{i(i-1)}{n(n-1)} + \sum_{j=i+1}^{n} \frac{i(i-1)}{j(j-1)(j-2)} \sum_{l=1}^{2} V_j^{(1)}(l;1), \right.$$

$$\left. \sum_{j=i+1}^{n} \frac{i(i-1)}{j(j-1)(j-2)} \sum_{l=1}^{2} V_j^{(2)}(l) \right\}$$
$$2 \le i \le n-2,$$

$$V_{n-1}^{(2)}(1) = V_n^{(2)}(1) = 1. \tag{6.37}$$

(6) 誰も採用されていなくて，残り 2 人が採用可能であるとき，i 番目の応募者が相対的セカンドベストの候補者である場合に，最適方策により絶対的ベスト又はセカンドベストが採用される確率を $V_i^{(2)}(2)$ とする（$2 \le i \le n$）．最初の応募者が相対的セカンドベストであることはあり得ないので，$V_1^{(2)}(2)$ は存在しない．$2 \le i \le n-1$ について，面接した相対的セカンドベスト応募者を採用すれば，相対的セカンドベストの候補者が採用済みで，残り 1 人が採用可能の状態になる．このとき停止すれば，次の候補者は確率 $i(i-1)/n(n-1)$ で現れないので，この候補者が絶対的セカンドベストになる．停止しない場合には，確率 $i(i-1)/j(j-1)(j-2)$ で $j~(\ge i+1)$ 番目の応募者として次の候補者が現れるので，最適方策により絶対的ベスト又はセカンドベストが採用される確率は

$$\sum_{j=i+1}^{n} \frac{i(i-1)}{j(j-1)(j-2)} \sum_{l=1}^{2} V_j^{(1)}(l;2)$$

となる．一方，面接した相対的セカンドベストの候補者を採用しない場合には，残り 2 人が採用可能のままであり，確率 $i(i-1)/j(j-1)(j-2)$ で $j\,(\geq i+1)$ 番目の応募者として次の候補者が現れるので，最適方策により絶対的ベスト又はセカンドベストが採用される確率は

$$\sum_{j=i+1}^{n} \frac{i(i-1)}{j(j-1)(j-2)} \sum_{l=1}^{2} V_j^{(2)}(l)$$

となる．よって，$\{V_i^{(2)}(2); 2 \leq i \leq n\}$ に対して，次の最適性方程式が成り立つ．

$$V_i^{(2)}(2) = \max \left\{ \frac{i(i-1)}{n(n-1)} + \sum_{j=i+1}^{n} \frac{i(i-1)}{j(j-1)(j-2)} \sum_{l=1}^{2} V_j^{(1)}(l; 2), \right.$$
$$\left. \sum_{j=i+1}^{n} \frac{i(i-1)}{j(j-1)(j-2)} \sum_{l=1}^{2} V_j^{(2)}(l) \right\}$$
$$2 \leq i \leq n-2,$$
$$V_{n-1}^{(2)}(2) = V_n^{(2)}(2) = 1. \tag{6.38}$$

変数 $\{V_i^{(1)}(1; 2); 3 \leq i \leq n\}$，$\{V_i^{(1)}(2; 2); 3 \leq i \leq n\}$，$\{V_i^{(1)}(1; 1); 2 \leq i \leq n\}$，$\{V_i^{(1)}(2; 1); 2 \leq i \leq n\}$，$\{V_i^{(2)}(1); 1 \leq i \leq n\}$ 及び $\{V_i^{(2)}(2); 2 \leq i \leq n\}$ に対する連立漸化式 (6.33)〜(6.38) は，$i = n$ での初期値から始めて，i を減らす方向に逐次的に解くことができる．誰も採用されていなくて，残り 2 人が採用可能であるときに最初の応募者が相対的ベストの候補者となる面接から始まり，最適方策により達成される成功確率の最大値が $P_n^{[2,(1\sim2)]} = V_1^{(2)}(1)$ である．この過程は「吸収状態のある Markov 過程」である．$n = 20$ の場合の数値例を表 6.15 に示す．

以下では，Tamaki (1979b) に沿って，これらの連立漸化式を解析する．最初に，上記 (1)〜(4) で分析された残り 1 人が採用可能な場合について考察する．まず，i 番目の応募者として現れた候補者を採用しないときに，次の候補者が $j\,(\geq i+1)$ 番目の応募者として現れる場合の最適方策による成功確率

$$V_1^{(1)} := \frac{1}{2} \sum_{l=1}^{2} V_2^{(1)}(l; 2),$$

$$V_i^{(1)} := \sum_{j=i+1}^{n} \frac{i(i-1)}{j(j-1)(j-2)} \sum_{l=1}^{2} V_j^{(1)}(l; 2) \qquad 2 \le i \le n-1 \qquad (6.39)$$

を定義する．このとき，式 (6.33) と (6.34) はそれぞれ次のように書くことができる．

$$V_i^{(1)}(1; 2) = \max\left\{ \frac{i(2n-i-1)}{n(n-1)}, V_i^{(1)} \right\} = V_i^{(1)} + \max\left\{ \frac{i(2n-i-1)}{n(n-1)} - V_i^{(1)}, 0 \right\},$$

$$V_i^{(1)}(2; 2) = \max\left\{ \frac{i(i-1)}{n(n-1)}, V_i^{(1)} \right\} = V_i^{(1)} + \max\left\{ \frac{i(i-1)}{n(n-1)} - V_i^{(1)}, 0 \right\}.$$

従って，式 (6.39) より，

$$\begin{aligned}
V_{i-1}^{(1)} &:= \sum_{j=i}^{n} \frac{(i-1)(i-2)}{j(j-1)(j-2)} \sum_{l=1}^{2} V_j^{(1)}(l; 2) \\
&= \frac{1}{i} \sum_{l=1}^{2} V_i^{(1)}(l; 2) + \frac{i-2}{i} \sum_{j=i+1}^{n} \frac{i(i-1)}{j(j-1)(j-2)} \sum_{l=1}^{2} V_j^{(1)}(l; 2) \\
&= \frac{1}{i} \left[V_i^{(1)}(1; 2) + V_i^{(1)}(2; 2) \right] + \frac{i-2}{i} V_i^{(1)} \\
&= V_i^{(1)} + \frac{1}{i} \left[V_i^{(1)}(1; 2) - V_i^{(1)} \right] + \frac{1}{i} \left[V_i^{(1)}(2; 2) - V_i^{(1)} \right]
\end{aligned}$$

が成り立つ．よって，$\{V_i^{(1)}; 2 \le i \le n-1\}$ に対する漸化式

$$V_{n-1}^{(1)} = \frac{2}{n},$$

$$\begin{aligned}
V_{i-1}^{(1)} = V_i^{(1)} + \frac{1}{i} \Bigg[\max\left\{ \frac{i(2n-i-1)}{n(n-1)} - V_i^{(1)}, 0 \right\} \\
+ \max\left\{ \frac{i(i-1)}{n(n-1)} - V_i^{(1)}, 0 \right\} \Bigg] \qquad 3 \le i \le n-1 \qquad (6.40)
\end{aligned}$$

が得られる．この漸化式は初期値 $V_{n-1}^{(1)} = 2/n$ から始めて，i が減る方向に逐次的に解くことができる．このとき，$V_{i-1}^{(1)} \ge V_i^{(1)}$ により，$\{V_i^{(1)}; 2 \le i \le n-1\}$ は i の非増加関数である．また，

表 6.15　2 人を採用する秘書問題においてベスト又はセカンドベストが採用される確率の計算 ($n = 20$).

i	$\frac{i(i-1)}{n(n-1)}$	$\frac{i(2n-i-1)}{n(n-1)}$	$V_i^{(1)}$	$V_i^{(1)}(1;2)$	$V_i^{(1)}(2;2)$	$V_i^{(1)}(1;1)$	$V_i^{(1)}(2;1)$	$V_i^{(2)}$	$V_i^{(2)}(1)$	$V_i^{(2)}(2)$
1	0	0.10000		-	-			0.82475	**0.82475**	0.82475
2	0.00526	0.19474	0.60462	-	-	0.60988	0.71559	0.82475	0.82475	0.82475
3	0.01579	0.28421	0.60462	0.60462	0.60462	0.62041	0.76318	0.82475	0.82475	0.82475
4	0.03158	0.36842	0.60462	0.60462	0.60462	0.63619	0.80551	0.82475	0.82475	0.82475
5	0.05263	0.44737	0.60462	0.60462	0.60462	0.65725	0.84258	0.82029	0.84258	**0.82029**
6	0.07895	0.52105	0.60462	0.60462	0.60462	0.68356	0.87438	0.80948	0.87438	0.80948
7	0.11053	0.58947	0.60462	0.60462	0.60462	0.71514	0.90092	0.79423	0.90092	0.79423
8	0.14737	0.65263	**0.59776**	0.65263	0.59776	0.74512	0.92318	0.77581	0.92318	0.77581
9	0.18947	0.71053	0.58366	0.71053	0.58366	0.77313	0.94194	0.75246	0.94194	**0.77313**
10	0.23684	0.76316	0.56372	0.76316	0.56372	0.80056	0.95765	0.72080	0.95765	0.80056
11	0.28947	0.81053	0.53094	0.81053	0.53904	0.82851	0.97056	0.68109	0.97056	0.82851
12	0.34737	0.85263	0.51053	0.85263	0.51053	0.85789	0.98080	0.63343	0.98080	0.85789
13	0.41053	0.88947	0.47895	0.88947	0.47895	0.88947	0.98841	0.57789	0.98841	0.88947
14	0.47895	0.92105	**0.44211**	0.92105	0.47895	0.92105	0.99360	0.51465	0.99360	0.92105
15	0.55263	0.94737	0.39474	0.94737	0.55263	0.94737	0.99690	0.44427	0.99690	0.94737
16	0.63158	0.96842	0.33684	0.96842	0.63158	0.96842	0.99880	0.36722	0.99880	0.96842
17	0.71579	0.98421	0.26842	0.98421	0.71579	0.98421	0.99971	0.28392	0.99971	0.98421
18	0.80526	0.99474	0.18947	0.99474	0.80526	0.99474	1.00000	0.19474	1.00000	0.99474
19	0.90000	1.00000	0.10000	1.00000	0.90000	1.00000	1.00000	0.10000	1.00000	1.00000
20	1.00000	1.00000	0.00000	1.00000	1.00000	1.00000	1.00000	0.00000	1.00000	1.00000

最適閾値は $r_1^* = 14, r_2^* = 8, s_1^* = 9, s_2^* = 5$. 成功確率は $P_{20}^{[2,(1\to2)]} = V_1^{(2)}(1) = V_1^{(2)}(1) = 0.82475$.

$$\frac{i(2n-i-1)}{n(n-1)} > \frac{i(i-1)}{n(n-1)} \qquad 2 \le i \le n-1$$

であるから，式 (6.40) から相対的ベスト及び相対的セカンドベストの採用を始める最適閾値

$$r_1^* := \min \left\{ i \ge 1 : V_i^{(1)} \le \frac{i(i-1)}{n(n-1)} \right\}, \tag{6.41}$$

$$r_2^* := \min \left\{ 1 \le i < r_1^* : V_i^{(1)} \le \frac{i(2n-i-1)}{n(n-1)} \right\} \tag{6.42}$$

が得られる．

最適閾値 r_1^* と r_2^* を用いて，漸化式 (6.40) の解 $\{V_i(i); 2 \le i \le n-1\}$ を明示的に与えることができる．まず，$r_1^* \le i \le n-1$ について，漸化式

$$V_{i-1}^{(1)} = V_i^{(1)} + \frac{1}{i}\left[\frac{i(2n-i-1)}{n(n-1)} + \frac{i(i-1)}{n(n-1)} - 2V_i^{(1)}\right] = \left(1 - \frac{2}{i}\right)V_i^{(1)} + \frac{2}{n}$$

の解として，

$$V_i^{(1)} = \frac{2i(n-i)}{n(n-1)} \qquad r_1^* - 1 \le i \le n-1,$$

$$V_{r_1^*-1}^{(1)} = \frac{2(r_1^*-1)(n-r_1^*+1)}{n(n-1)}$$

が得られる．次に，$r_2^* + 1 \le i \le r_1^*$ について，漸化式

$$V_{i-1}^{(1)} = V_i^{(1)} + \frac{1}{i}\left[\frac{i(2n-i-1)}{n(n-1)} - V_i^{(1)}\right] = \left(1 - \frac{1}{i}\right)V_i^{(1)} + \frac{2n-i-1}{n(n-1)}$$

が成り立つ．この漸化式の解は

$$V_i^{(1)} = \frac{2i(n-r_1^*+1)}{n(n-1)} + \sum_{j=i+1}^{r_1^*-1} \frac{i}{n(j-1)}\left(1 + \frac{n-j}{n-1}\right)$$

$$= \frac{i}{n}\left(2\sum_{j=i}^{r_1^*-2} \frac{1}{j} + \frac{2n-3r_1^*+i+3}{n-1}\right) \qquad r_2^* - 1 \le i \le r_1^* - 2$$

である（第 5 章の式 (5.7) を参照）．最後に，

$$V_2^{(1)} = V_3^{(1)} = \cdots = V_{r_2^*-1}^{(1)}$$

$$= \frac{r_2^*-1}{n}\left(2\sum_{j=r_2^*-1}^{r_1^*-2}\frac{1}{j} + \frac{2n-3r_1^*+r_2^*+2}{n-1}\right)$$

が得られる（第 5 章の式 (5.9) 参照）．これらの $r_1^*, r_2^*, V_{r_2^*-1}^{(1)}$ は，1 人しか採用しない場合にベスト又はセカンドベストが採用される確率を最大化する秘書問題（5.1 節）に対して得られている最適閾値及び成功確率と一致する．

残り 1 人が採用可能な場合における閾値規則を，$1 < r_2^* < r_1^* < n$ に注意して，以下のように定める．

(i) $r_2^* - 1$ 番目の応募者までは無条件で不採用とする．

(ii) r_2^* 番目から $r_1^* - 1$ 番目までに最初に現れる相対的ベストの応募者を採用する．

(iii) そのような応募者が現れなければ，r_1^* 番目以降に最初に現れる相対的ベスト又はセカンドベストの候補者を採用する．

(iv) 最後までそのような応募者が現れなければ，最後の応募者を採用する．

残り 1 人が採用可能な場合について，さらに以下のことが分かる．

まず，式 (6.33) と (6.34) を用いて，式 (6.35) の右辺を評価する．

$$\frac{i(i-1)}{n(n-1)} + \sum_{j=i+1}^{n}\frac{i(i-1)}{j(j-1)(j-2)}\sum_{l=1}^{2}V_j^{(1)}(l;2)$$

$$\geq \frac{i(i-1)}{n(n-1)} + \sum_{j=i+1}^{n}\frac{i(i-1)}{j(j-1)(j-2)}\left[\frac{j(2n-j-1)}{n(n-1)} + \frac{j(j-1)}{n(n-1)}\right]$$

$$= \frac{i(i-1)}{n(n-1)} + \frac{2i(i-1)}{n}\sum_{j=i+1}^{n}\frac{1}{(j-1)(j-2)}$$

$$= \frac{i(i-1)}{n(n-1)} + \frac{2i(n-i)}{n(n-1)} = \frac{i(2n-i-1)}{n(n-1)}$$

となる．従って，最適性方程式 (6.35) は，面接した相対的ベストの応募者を常に採用しない次の形に帰着する．

$$V_i^{(1)}(1;1) = \frac{i(i-1)}{n(n-1)} + \sum_{j=i+1}^{n} \frac{i(i-1)}{j(j-1)(j-2)} \sum_{l=1}^{2} V_j^{(1)}(l;2)$$
$$2 \le i \le n-2,$$

$$V_{n-1}^{(1)}(1;1) = V_n^{(1)}(1;1) = 1. \tag{6.43}$$

ここで,

$$V_1^{(2)} := \frac{1}{2} \sum_{l=1}^{2} V_2^{(2)}(l),$$

$$V_i^{(2)} := \sum_{j=i+1}^{n} \frac{i(i-1)}{j(j-1)(j-2)} \sum_{l=1}^{2} V_j^{(2)}(l) \qquad 2 \le i \le n-1 \tag{6.44}$$

を定義すると, 式 (6.37) と (6.38) をそれぞれ次のように書くことができる.

$$V_1^{(2)}(1) = \max \left\{ \frac{1}{2}[V_2^{(1)}(1;1) + V_2(2;1)], V_1^{(2)} \right\},$$

$$V_i^{(2)}(1) = \max \left\{ V_i^{(1)}(2;1), V_i^{(2)} \right\} = V_i^{(2)} + \max \left\{ V_i^{(1)}(2;1) - V_i^{(2)}, 0 \right\},$$

$$V_i^{(2)}(2) = \max \left\{ V_i^{(1)}(1;1), V_i^{(2)} \right\} = V_i^{(2)} + \max \left\{ V_i^{(1)}(1;1) - V_i^{(2)}, 0 \right\}$$
$$2 \le i \le n-1.$$

従って, 式 (6.44) より,

$$V_{i-1}^{(2)} = \sum_{j=i}^{n} \frac{(i-1)(i-2)}{j(j-1)(j-2)} \left[V_j^{(2)}(1) + V_j^{(2)}(2) \right]$$

$$= \frac{1}{i} \left[V_i^{(2)}(1) + V_i^{(2)}(2) \right] + \frac{i-2}{i} \sum_{j=i+1}^{n} \frac{i(i-1)}{j(j-1)(j-2)} \left[V_j^{(2)}(1) + V_j^{(2)}(2) \right]$$

$$= \frac{1}{i} \left[V_i^{(2)}(1) + V_i^{(2)}(2) \right] + \frac{i-2}{i} V_i^{(2)}$$

$$= V_i^{(2)} + \frac{1}{i} \left[V_i^{(2)}(1) - V_i^{(2)} \right] + \frac{1}{i} \left[V_i^{(2)}(2) - V_i^{(2)} \right] \quad 3 \le i \le n$$

が成り立つ. よって, $\{V_i^{(2)}; 1 \le i \le n-1\}$ に対する漸化式

$$V_{n-1}^{(2)} = \frac{2}{n}, \quad V_1^{(2)} = \frac{1}{2} \left[V_2^{(2)}(1) + V_2^{(2)}(2) \right],$$

$$V_{i-1}^{(2)} = V_i^{(2)} + \frac{1}{i} \left[\max \left\{ V_i^{(1)}(2;1) - V_i^{(2)}, 0 \right\} + \max \left\{ V_i^{(1)}(1;1) - V_i^{(2)}, 0 \right\} \right]$$
$$3 \le i \le n-1 \tag{6.45}$$

が得られる．この漸化式は初期値 $V_{n-1}^{(2)} = 2/n$ から始めて，i が減る方向に逐次的に解くことができる．このとき，$V_{i-1}^{(2)} \geq V_i^{(2)}$ により，$V_i^{(2)}$ は i の非増加関数である．一方，$V_i^{(1)}(2;1)$ と $V_i^{(1)}(1;1)$ はともに i の非減少関数であることが分かる（直ぐ後に証明する）．従って，式 (6.45) から相対的ベスト及び相対的セカンドベストの採用を始める最適閾値が得られる．

$$s_1^* := \min\left\{ i \geq 1 : V_i^{(2)} \leq V_i^{(1)}(1;1) \right\}, \tag{6.46}$$

$$s_2^* := \min\left\{ 1 \leq i < s_1^* : V_i^{(2)} \leq V_i^{(1)}(2;1) \right\}. \tag{6.47}$$

$V_i^{(1)}(1;1)$ と $V_i^{(1)}(2;1)$ が i の非減少関数であることの証明を以下に示す．

(a) $V_i^{(1)}(1;1)$ は i に関して非減少関数である．

証明．式 (6.43) と，式 (6.40) の前にある式

$$V_i^{(1)} - V_{i-1}^{(1)} = \frac{1}{i}\left[2V_i^{(1)} - V_i^{(1)}(1;2) - V_i^{(1)}(2;2) \right]$$

を用いて，

$$
\begin{aligned}
V_i^{(1)}(1;1) - V_{i-1}^{(1)}(1;1) &= \frac{i(i-1)}{n(n-1)} + V_i^{(1)} - \frac{(i-1)(i-2)}{n(n-1)} - V_{i-1}^{(1)} \\
&= \frac{2(i-1)}{n(n-1)} + \frac{1}{i}\left[2V_i^{(1)} - V_i^{(1)}(1;2) - V_i^{(1)}(2;2) \right] \\
&= \frac{1}{i}\left[V_i^{(1)} + \frac{i(i-1)}{n(n-1)} - V_i^{(1)}(1;2) \right] + \frac{1}{i}\left[V_i^{(1)} + \frac{i(i-1)}{n(n-1)} - V_i^{(1)}(2;2) \right] \\
&= \frac{1}{i}\left[V_i^{(1)}(1;1) - V_i^{(1)}(1;2) \right] + \frac{1}{i}\left[V_i^{(1)}(1;1) - V_i^{(1)}(2;2) \right]
\end{aligned}
$$

であるが，式 (6.42) により，

$$V_i^{(1)}(1;1) \geq \max\left\{ \frac{i(2n-i-1)}{n(n-1)}, V_i^{(1)} \right\} = V_i^{(1)}(1;2),$$

$$V_i^{(1)}(1;1) = \frac{i(i-1)}{n(n-1)} + V_i^{(1)} \geq \max\left\{ \frac{i(i-1)}{n(n-1)}, V_i^{(1)} \right\} = V_i^{(1)}(2;2)$$

が成り立つ．よって，$V_i^{(1)}(1;1) \geq V_{i-1}^{(1)}(1;1)$ である．従って，$V_i^{(1)}(1;1)$ は i の非減少関数である（$2 \leq i \leq n$）．証明終り．

(b) $V_i^{(1)}(2;1) = \dfrac{1}{i+1}\left[V_{i+1}^{(1)}(1;1) + iV_{i+1}^{(1)}(2;1)\right]$ $2 \le i \le n-1$.

証明. 式 (6.36) から,

$$
\begin{aligned}
V_i^{(1)}(2;1) &= \frac{i(i-1)}{n(n-1)} + \sum_{j=i+1}^{n}\frac{i(i-1)}{j(j-1)(j-2)}\left[V_j^{(1)}(1;1) + V_j^{(1)}(2;1)\right] \\
&= \frac{i(i-1)}{n(n-1)} + \frac{i(i-1)}{(i+1)i(i-1)}\left[V_{i+1}^{(1)}(1;1) + V_{i+1}^{(1)}(2;1)\right] \\
&\quad + \frac{i(i-1)}{(i+1)i}\sum_{j=i+2}^{n}\frac{(i+1)i}{j(j-1)(j-2)}\left[V_j^{(1)}(1;1) + V_j^{(1)}(2;1)\right] \\
&= \frac{i(i-1)}{n(n-1)} + \frac{1}{i+1}\left[V_{i+1}^{(1)}(1;1) + V_{i+1}^{(1)}(2;1)\right] \\
&\quad + \frac{i-1}{i+1}\sum_{j=i+2}^{n}\frac{(i+1)i}{j(j-1)(j-2)}\left[V_j^{(1)}(1;1) + V_j^{(1)}(2;1)\right] \\
&= \frac{i(i-1)}{n(n-1)} + \frac{1}{i+1}\left[V_{i+1}^{(1)}(1;1) + V_{i+1}^{(1)}(2;1)\right] \\
&\quad + \frac{i-1}{i+1}\left[V_{i+1}^{(1)}(2;1) - \frac{(i+1)i}{n(n-1)}\right] \\
&= \frac{1}{i+1}\left[V_{i+1}^{(1)}(1;1) + iV_{i+1}^{(1)}(2;1)\right] \qquad \text{証明終り.}
\end{aligned}
$$

(c) $V_i^{(1)}(2;1) \ge V_i^{(1)}(1;1)$ $2 \le i \le n$.

証明. i に関する (逆向きの) 帰納法により証明する. $i=n$ について, $V_n^{(1)}(2;1) = V_n^{(1)}(1;1) = 1$ である. もし $V_{i+1}^{(1)}(2;1) \ge V_{i+1}^{(1)}(1;1)$ が成り立つと仮定すれば, (b) により,

$$
\begin{aligned}
V_i^{(1)}(2;1) &= \frac{1}{i+1}\left[V_{i+1}^{(1)}(1;1) + iV_{i+1}^{(1)}(2;1)\right] \\
&\ge \frac{1}{i+1}\left[V_{i+1}^{(1)}(1;1) + iV_{i+1}^{(1)}(1;1)\right] = V_{i+1}^{(1)}(1;1) \ge V_i^{(1)}(1;1)
\end{aligned}
$$

が成り立つ. 最後に, (a) により, $V_i^{(1)}(1;1)$ は i の非減少関数であることを用いた. よって, 帰納法により, 全ての $2 \le i \le n$ について, $V_i^{(1)}(2;1) \ge V_i^{(1)}(1;1)$ が成り立つ. 証明終り.

(d) $V_i^{(1)}(2;1)$ は i の非減少関数である.

証明. (b) の式に (c) の不等式を適用すると,

$$V_i^{(1)}(2;1) \leq \frac{1}{i+1}\left[V_{i+1}^{(1)}(2;1) + iV_{i+1}^{(1)}(2;1)\right] = V_{i+1}^{(1)}(2;1)$$

が得られる. 従って, $V_i^{(1)}(2;1)$ は i の非減少関数である. 証明終り.

残り 2 人の応募者を採用できる場合における最適方策を, $1 < s_2^* < s_1^* < n$ に注意して, 以下のように定める.

(i) s_2^* 番目より前の応募者は無条件に不採用とする.

(ii) s_2^* 番目から $s_1^* - 1$ 番目までに最初に現れる相対的ベストの候補者を採用する.

(iii) s_1^* 番目以降に最初に現れる相対的ベスト又はセカンドベストの候補者を採用する.

漸化式 (6.45) の解 $\{V_i^{(2)}; 1 \leq i \leq n-1\}$ は次のように計算される. $V_n^{(2)} = 0$ とする. $s_1^* - 1 \leq i \leq n-1$ のとき, $V_{i+1}^{(2)} \leq V_{i+1}^{(1)}(1;1) \leq V_{i+1}^{(1)}(2;1)$ により,

$$V_i^{(2)} = \frac{1}{i+1}\left[V_{i+1}^{(1)}(2;1) + V_{i+1}^{(1)}(1;1)\right] + \frac{i-1}{i+1}V_{i+1}^{(2)}.$$

$s_2^* - 1 \leq i \leq s_1^* - 2$ のとき, $V_{i+1}^{(2)} \leq V_{i+1}^{(1)}(2;1)$ かつ $V_{i+1}^{(2)} > V_{i+1}^{(1)}(1;1)$ により,

$$V_i^{(2)} = \frac{1}{i+1}V_{i+1}^{(1)}(2;1) + \frac{i}{i+1}V_{i+1}^{(2)}.$$

$1 \leq i \leq s_1^* - 2$ のとき, $V_{i+1}^{(1)}(1;1) \leq V_{i+1}^{(1)}(2;1) \leq V_{i+1}^{(2)}$ により,

$$V_1^{(2)} = V_2^{(2)} = \cdots = V_{s_2^*-1}^{(2)}.$$

そして, $P_n^{[2,(1\sim2)]} = V_1^{(2)} = V_1^{(2)}(1)$ が成功確率の最大値である[*3].

[*3] $V_1^{(2)}(1) = V_1^{(2)}$ の証明. 式 (6.37) より

$$V_1^{(2)}(1) = \max\left\{\frac{1}{2}\left[V_2^{(1)}(1;1) + V_2^{(1)}(2;1)\right], \frac{1}{2}\left[V_2^{(2)}(1) + V_2^{(2)}(2)\right]\right\}$$

である. しかし, $V_2^{(1)}(1;1) \leq V_2^{(2)}(2)$ 及び $V_2^{(1)}(2;1) \leq V_2^{(2)}(1)$ であるから,

$$V_2^{(1)}(1;1) + V_2^{(1)}(2;1) \leq V_2^{(2)}(1) + V_2^{(2)}(2) = 2V_1^{(2)}$$

が成り立つ. よって, $V_1^{(2)}(1) = V_1^{(2)}$ である. 証明終り.

2 人を採用して，その中にベスト又はセカンドベストが含まれる確率を最大化する秘書問題では，4 つの最適閾値が次の大きさの順に並ぶ.

$$1 < s_2^* < r_2^* < s_1^* < r_1^* < n.$$

本項冒頭の (3) の場合に対する式 (6.43) と (4) の場合に対する式 (6.36) が示すように，最初に相対的ベストの候補者が採用されて残り 1 人が採用可能になっている場合には，それ以後の応募者が相対的ベストかセカンドベストかにかかわらず採用しないで，最後の応募者を採用するのがよい. 従って，これらの最適閾値に基づく最適方策を次のように定める.

(i) $s_2^* - 1$ 番目の応募者までは無条件に不採用とする.

(ii) 残り 2 人が採用可能である場合

- s_2^* 番目から $s_1^* - 1$ 番目までに最初に現れる相対的ベストの応募者を採用して，(iii) に行く.
- そのような相対的ベストの応募者が現れないとき，s_1^* 番目以降に現れる最初の候補者が相対的ベストなら採用して (iii) に行くか，又は，最初の候補者が相対的セカンドベストなら採用して (iv) に行く.
- 最後までに相対的ベストもセカンドベストも現れないときは，最後の応募者を採用する.

(iii) 相対的ベストの候補者が採用され，残り 1 人が採用可能である場合

- 最後まで応募者を無条件で不採用とし，最後の応募者を採用する.

(iv) 相対的セカンドベストの候補者が採用され，残り 1 人が採用可能である場合（このとき，s_1^* 番目以降の応募者を面接する）.

- s_1^* 番目から $r_1^* - 1$ 番目までに最初に現れる相対的ベストの応募者を採用して停止する.
- s_1^* 番目から $r_1^* - 1$ 番目までに相対的ベストの応募者が現れなければ，r_1^* 番目以降に最初に現れる相対的ベスト又はセカンドベストの応募者を採用して停止する.
- 最後までに相対的ベストもセカンドベストも現れないときは，最後の応募者を採用する.

　2 人を採用する秘書問題においてベスト又はセカンドベストが採用される最適閾値と成功確率 $P_n^{[2,(1\sim2)]} = V_1^{(2)}$ を表 6.16 に示す．$P_n^{[2,(1\sim2)]}$ は n の減少関数である．

　Tamaki (1979b) は $n \to \infty$ における漸近形

$$\lim_{n\to\infty} \frac{r_1^*}{n} = \frac{2}{3} = 0.666667 \quad ; \quad \lim_{n\to\infty} \frac{r_2^*}{n} = 0.34698161,$$

$$\lim_{n\to\infty} \frac{s_1^*}{n} = 0.42013785 \quad ; \quad \lim_{n\to\infty} \frac{s_2^*}{n} = 0.21500944 \quad ; \quad P_\infty^{[2,(1\sim2)]} = 0.79338270$$

も示している．本書では，これらの漸近形を 6.4 節 (3) で導く．

表 6.16　2 人を採用する秘書問題においてベスト又はセカンドベストが採用される確率.

n	r_1^*	s_1^*	r_2^*	s_2^*	$P_n^{[2,(1\sim2)]}$	n	r_1^*	s_1^*	r_2^*	s_2^*	$P_n^{[2,(1\sim2)]}$
4	3,4	2,3	2	1,2	0.91667	26	18	12	10	6	0.81712
5	4	3	2,3	2	0.91667	27	19	12	11	6	0.81593
6	5	3	3	2	0.90000	28	19	12	11	7	0.81508
7	5	4	3	2	0.88095	29	20	13	11	7	0.81486
8	6	4	4	2	0.87054	30	21	13	11	7	0.81407
9	7	5	4	3	0.85845	35	25	15	13	8	0.81102
10	7	5	4	3	0.85513	40	27	18	15	9	0.80866
11	8	5	5	3	0.85083	50	34	22	18	11	0.80562
12	9	6	5	3	0.84556	60	41	26	22	13	0.80360
13	9	6	5	3	0.83908	70	47	30	26	16	0.80216
14	10	7	6	4	0.83695	80	54	34	30	18	0.80108
15	11	7	6	4	0.83541	90	61	39	32	20	0.80022
16	11	7	6	4	0.83181	100	67	43	35	22	0.79953
17	12	8	7	4	0.82977	200	134	85	70	44	0.79645
18	13	8	7	5	0.82698	300	201	127	105	65	0.79543
19	13	9	7	5	0.82561	400	267	169	140	87	0.79492
20	14	9	8	5	0.82475	500	334	211	174	108	0.79461
21	15	10	8	5	0.82284	600	401	253	209	130	0.79441
22	15	10	8	5	0.82098	700	467	295	244	151	0.79426
23	16	10	9	6	0.81990	800	534	337	278	173	0.79415
24	17	11	9	6	0.81930	900	601	379	313	194	0.79406
25	17	11	9	6	0.81813	1000	667	421	348	216	0.79400

$n \to \infty$ のとき, $r_1^* \approx 0.6667n$, $s_1^* \approx 0.4201n$, $r_2^* \approx 0.3470n$, $s_2^* \approx 0.2150n$,
$P_\infty^{[2,(1\sim2)]} = 0.79338$.

6.3　3 人を採用する秘書問題

n 人の応募者の中から 3 人を採用する秘書問題では，次のような目的が考えられている．それぞれの場合に，最大化された成功確率を表 6.11 の記号で示す．

(i) 採用する 3 人がベスト，セカンド及びサードベストとなる確率を最大にする最適方策を求める問題．最大化された成功確率は $P_n^{[3,(1,2,3)]}$．

(ii) 3 人を採用して，その中にベストとセカンドベストが含まれる確率を最大にする最適方策を求める問題．最大化された成功確率は $P_n^{[3,(1,2)]}$．

(iii) 3 人を採用して，その中にベストが含まれる確率を最大にする最適方策を求める問題．最大化された成功確率 $P_n^{[3,(1)]}$ を $P_n^{[3]}$ と書く．

このうち，問題 (iii) は既に 6.1.2 項で扱われているので[*4]，本節では，問題 (i) と (ii) について，主として Ano (1989) に沿って考察する．対応する漸近解は 6.4 節 (4) 及び (5) に示される．

6.3.1　ベスト，セカンド及びサードベストを採用する問題

本項では，応募者の中から 3 人を採用して，それらがベスト，セカンド及びサードベストとなる確率を最大にする最適方策を求める問題を，Ano (1989, Sections 2–4) に基づいて解説する．応募者数が非常に多いときの漸近解は，Sakaguchi (1987) に沿って 6.4 節 (4) に示す．

この問題では，相対的ベスト，セカンドベスト及びサードベストの応募者が候補者であり，相対的 4 位以下の候補者でない応募者が採用されることはない．また，採用される候補者の順序は必ず相対的ベスト，セカンドベスト，そしてサードベストの順である．このことを踏まえて，最適方策により採用される 3 人が絶対的ベスト，セカンド及びサードベストである（このことを目的達成とか成功と言う）確率を最大にするための最適性方程式を導く．

応募者数を n 人とする．

(1) 既に相対的ベストと相対的セカンドベストの候補者を採用済みであり，残り

[*4] 最適性方程式は式 (6.20) に示されている．

1 人が採用可能であるとき，i 番目の応募者が相対順位 $k\,(=1,2,3)$ の候補者である場合に，最適方策による成功確率を $V_i^{(1)}(k;12)$ で表す $(3 \leq i \leq n)$．これが最後の応募者なら相対的サードベストであるから必ず採用するので，$V_n^{(1)}(k;12) = 1$ である $(k = 1,2,3)$．

$k = 1$ の場合，この相対的ベストの応募者を採用せずに次の応募者の面接に進んだとしても，将来に，この応募者を採用する場合よりも成功確率をさらに上げることは起こらないので，潔くこの応募者を採用して停止する．このとき，もし $i+1$ 番目以降に新たな候補者が現れないようになっていれば，採用済みであった相対的ベストとセカンドベストの候補者はそれぞれ絶対的セカンドベストとサードベストになり，今採用した相対的ベストの応募者は絶対的ベストになって，目的が達成される．

$k = 2$ の場合も同様に，もしこの相対的セカンドベストの応募者を採用せずに次の応募者の面接に進んだとしても，将来に，この応募者を採用する場合よりも成功確率をさらに上げることは起こらないので，この応募者を採用して停止する．このとき，もし $i+1$ 番目以降に新たな候補者が現れないようになっていれば，採用済みであった相対的ベストとセカンドベストの候補者はそれぞれ絶対的ベストとサードベストになり，今採用した相対的セカンドベストの応募者は絶対的セカンドベストになって，やはり目的が達成される．$i+1$ 番目以降に新たな候補者が現れない確率は

$$P\{X_{i+1} \geq 4, X_{i+2} \geq 4, X_{i+3} \geq 4, X_{i+4} \geq 4, \ldots$$
$$\ldots, X_{n-3} \geq 4, X_{n-2} \geq 4, X_{n-1} \geq 4, X_n \geq 4\}$$
$$= P\{X_{i+1} \geq 4\}P\{X_{i+2} \geq 4\}P\{X_{i+3} \geq 4\}P\{X_{i+4} \geq 4\}\cdots$$
$$\cdots P\{X_{n-3} \geq 4\}P\{X_{n-2} \geq 4\}P\{X_{n-1} \geq 4\}P\{X_n \geq 4\}$$
$$= \frac{i-2}{i+1} \cdot \frac{i-1}{i+2} \cdot \frac{i}{i+3} \cdot \frac{i+1}{i+4} \cdots \frac{n-6}{n-3} \cdot \frac{n-5}{n-2} \cdot \frac{n-4}{n-1} \cdot \frac{n-3}{n}$$
$$= \frac{i(i-1)(i-2)}{n(n-1)(n-2)}$$

である．よって，$V_i^{(1)}(1;12)$ と $V_i^{(1)}(2;12)$ は次のように与えられる．

$$V_i^{(1)}(1;12) = V_i^{(1)}(2;12) = \frac{i(i-1)(i-2)}{n(n-1)(n-2)} \qquad 3 \leq i \leq n. \tag{6.48}$$

$k = 3$ の場合，この相対的サードベストの応募者を採用して停止する．このとき，もし $i+1$ 番目以降に新たな候補者が現れないようになっていれば，採用済みであった相対的ベストとセカンドベストの応募者はそれぞれ絶対的ベストとセカンドベストになり，今採用した相対的サードベストの応募者は絶対的サードベストになって，目的が達成される．このことが起こる確率は式 (6.48) に等しい．一方，この相対的サードベストの応募者を採用しなければ，採用済みであった相対的ベストと相対的セカンドベストの候補者はそのままで，残り 1 人が採用可能である状態が続き，次に $j\,(\geq i+1)$ 番目の応募者として相対順位 $l\,(=1,2,3)$ の候補者が確率

$$P\{X_{i+1} \geq 4, X_{i+2} \geq 4, X_{i+3} \geq 4, X_{i+4} \geq 4, \ldots$$

$$\ldots, X_{j-3} \geq 4, X_{j-2} \geq 4, X_{j-1} \geq 4, X_j = l\}$$

$$= P\{X_{i+1} \geq 4\}P\{X_{i+2} \geq 4\}P\{X_{i+3} \geq 4\}P\{X_{i+4} \geq 4\}\cdots$$

$$\cdots P\{X_{j-3} \geq 4\}P\{X_{j-2} \geq 4\}P\{X_{j-1} \geq 4\}P\{X_j = l\}$$

$$= \frac{i-2}{i+1} \cdot \frac{i-1}{i+2} \cdot \frac{i}{i+3} \cdot \frac{i+1}{i+4} \cdots \frac{j-6}{j-3} \cdot \frac{j-5}{j-2} \cdot \frac{j-4}{j-1} \cdot \frac{1}{j}$$

$$= \frac{i(i-1)(i-2)}{j(j-1)(j-2)(j-3)} \qquad l = 1,2,3$$

で現れる（l に依存しない）．この後の最適方策による成功確率は $V_j^{(1)}(l;12)$ となる．よって，$V_i^{(1)}(3;12)$ に対して，次の最適性方程式が成り立つ．

$$V_i^{(1)}(3;12) = \max \left\{ \frac{i(i-1)(i-2)}{n(n-1)(n-2)}, \right.$$

$$\left. \sum_{j=i+1}^{n} \frac{i(i-1)(i-2)}{j(j-1)(j-2)(j-3)} \sum_{l=1}^{3} V_j^{(1)}(l;12) \right\}$$

$$3 \leq i \leq n-2,$$

$$V_{n-1}^{(1)}(3;12) = 1 - \frac{3}{n}, \quad V_n^{(1)}(3;12) = 1. \tag{6.49}$$

(2) 既に相対的ベストの候補者を採用済みであり，残り 2 人が採用可能であるとき，i 番目の応募者が相対順位 $k\,(=1,2)$ の候補者である場合に（このとき，i 番目の応募者が相対的サードベストであることはない），最適方策

による成功確率を $V_i^{(2)}(k)$ で表す $(2 \leq i \leq n)$. これが最後の応募者なら，残り 2 人を採用することはできないので，$V_n^{(2)}(k) = 0$ である $(k = 1, 2)$. 最後から 2 人目の応募者なら，$V_{n-1}^{(2)}(k) = 3/n$ である $(k = 1, 2)$.

$k = 1$ の場合，この相対的ベストの応募者を採用せずに次の応募者の面接に進んだとしても，将来に，この応募者を採用する場合よりも成功確率をさらに上げることは起こらないので，この応募者を採用して停止する．このとき，採用済みであった相対的ベストの候補者は相対的セカンドベストとなり，今採用した相対的ベストの応募者と併せて 2 人が採用済みとなり，残り 1 人が採用可能となる．その後，$j \, (\geq i+1)$ 番目の応募者として相対順位 $l \, (= 1, 2, 3)$ の候補者が現れる場合に，最適方策による成功確率は

$$\sum_{j=i+1}^{n} \frac{i(i-1)(i-2)}{j(j-1)(j-2)(j-3)} \sum_{l=1}^{3} V_j^{(1)}(l; 12)$$

$$= \frac{1}{i+1} \left[\frac{2(i+1)i(i-1)}{n(n-1)(n-2)} + V_{i+1}^{(1)}(3; 12) \right]$$

$$+ \sum_{j=i+2}^{n} \frac{i(i-1)(i-2)}{j(j-1)(j-2)(j-3)} \sum_{l=1}^{3} V_j^{(1)}(l; 12)$$

である．$i = 2$ のとき，この式は

$$\frac{1}{3} \sum_{l=1}^{3} V_3^{(1)}(l; 12) = \frac{1}{3} \left[\frac{12}{n(n-1)(n-2)} + V_3^{(1)}(3; 12) \right]$$

となる．よって，$V_i^{(2)}(1)$ に対して，次の最適性方程式が成り立つ．

$$V_2^{(2)}(1) = \frac{1}{3} \sum_{l=1}^{3} V_3^{(1)}(l; 12) = \frac{1}{3} \left[\frac{12}{n(n-1)(n-2)} + V_3^{(1)}(3; 12) \right],$$

$$V_i^{(2)}(1) = \sum_{j=i+1}^{n} \frac{i(i-1)(i-2)}{j(j-1)(j-2)(j-3)} \sum_{l=1}^{3} V_j^{(1)}(l; 12) \qquad 3 \leq i \leq n-2,$$

$$V_{n-1}^{(2)}(1) = \frac{3}{n}, \quad V_n^{(2)}(1) = 0. \tag{6.50}$$

$k = 2$ の場合，もし相対的セカンドベストの応募者を採用すると，相対的

ベストとセカンドベストの候補者が採用済みで，残り 1 人が採用可能となる．その後，$j\,(\geq i+1)$ 番目の応募者として相対順位 $l\,(=1,2,3)$ の候補者が現れる場合に，最適方策による成功確率は

$$\sum_{j=i+1}^{n} \frac{i(i-1)(i-2)}{j(j-1)(j-2)(j-3)} \sum_{l=1}^{3} V_j^{(1)}(l;12)$$

である．一方，もし相対的セカンドベストの応募者を採用しなければ，採用済みであった相対的ベストの候補者はそのままで，残り 2 人が採用可能である状態が続き，その後，$j\,(\geq i+1)$ 番目の応募者として相対順位 $l\,(=1,2,3)$ の候補者が現れる場合に，最適方策による成功確率は

$$\sum_{j=i+1}^{n} \frac{i(i-1)}{j(j-1)(j-2)} \sum_{l=1}^{2} V_j^{(2)}(l)$$

である．よって，$V_i^{(2)}(2)$ に対して，次の最適性方程式が成り立つ．

$$V_2^{(2)}(2) = \max\left\{ V_2^{(2)}(1), \sum_{j=3}^{n} \frac{2}{j(j-1)(j-2)} \sum_{l=1}^{2} V_j^{(2)}(l) \right\},$$

$$V_i^{(2)}(2) = \max\left\{ \sum_{j=i+1}^{n} \frac{i(i-1)(i-2)}{j(j-1)(j-2)(j-3)} \sum_{l=1}^{3} V_j^{(1)}(l;12), \right.$$

$$\left. \sum_{j=i+1}^{n} \frac{i(i-1)}{j(j-1)(j-2)} \sum_{l=1}^{2} V_j^{(2)}(l) \right\} \quad 3 \leq i \leq n-2,$$

$$V_{n-1}^{(2)}(2) = \frac{3}{n}, \quad V_n^{(2)}(2) = 0. \tag{6.51}$$

(3) 誰も採用されていなくて，残り 3 人が採用可能であるとき，i 番目の応募者が相対的ベストである場合に（このとき，i 番目の応募者が相対的セカンド又はサードベストであることはない），最適方策による成功確率を $V_i^{(3)}$ で表す $(1 \leq i \leq n)$．これが最後又は最後から 2 番目の応募者なら，残り 3 人を採用することはできないので，$V_n^{(3)} = V_{n-1}^{(3)} = 0$ である．

もし相対的ベストの応募者を採用すると，相対的ベストの候補者が採用済みで，残り 2 人が採用可能となる．その後，$j\,(\geq i+1)$ 番目の応募者と

して相対順位 $l\,(=1,2)$ の候補者が現れる場合に，最適方策による成功確率は

$$\sum_{j=i+1}^{n} \frac{i(i-1)}{j(j-1)(j-2)} \sum_{l=1}^{2} V_j^{(2)}(l)$$

である．一方，もし相対的セカンドベストの応募者を採用しなければ，残り 3 人が採用可能である状態が続き，その後，$j\,(\geq i+1)$ 番目の応募者として相対的ベストが現れる場合に，最適方策による成功確率は

$$\sum_{j=i+1}^{n} \frac{i}{j(j-1)} V_j^{(3)}$$

である．よって，$V_i^{(3)}$ に対して，次の最適性方程式が成り立つ．

$$V_1^{(3)} = \max\left\{ \frac{1}{2} \sum_{l=1}^{2} V_2^{(2)}(l), \sum_{j=2}^{n} \frac{1}{j(j-1)} V_j^{(3)} \right\},$$

$$V_i^{(3)} = \max\left\{ \sum_{j=i+1}^{n} \frac{i(i-1)}{j(j-1)(j-2)} \sum_{l=1}^{2} V_j^{(2)}(l), \sum_{j=i+1}^{n} \frac{i}{j(j-1)} V_j^{(3)} \right\}$$
$$2 \leq i \leq n-2,$$

$$V_{n-1}^{(3)} = V_n^{(3)} = 0. \tag{6.52}$$

6 個の変数 $\{V_i^{(1)}(k;12); 2 \leq i \leq n, k = 1,2,3\}$，$\{V_i^{(2)}(k); 1 \leq i \leq n, k = 1,2\}$ 及び $\{V_i^{(3)}; 1 \leq i \leq n\}$ に対する連立漸化式 (6.48)〜(6.52) は，初期値 $V_n^{(1)}(k;12) = 1\,(k = 1,2,3)$，$V_n^{(2)}(k) = 0\,(k = 1,2)$ 及び $V_n^{(3)} = 0$ から始めて，i を減らす方向に逐次的に解くことができる．誰も採用されていなくて，残り 3 人が採用可能であるときに最初の応募者が相対的ベストの候補者となる面接から始まり，最適方策により達成される成功確率の最大値 $V_1^{(3)}$ が成功確率である．この過程は表 6.17 に示された状態推移確率をもつ「吸収状態のある Markov 過程」である．

表 6.17　3 人を採用する秘書問題においてベスト，セカンド及びサードベストが採用される場合の Markov 過程の状態推移確率.

	$V_j^{(1)}(1;12)$	$V_j^{(1)}(2;12)$	$V_j^{(1)}(3;12)$	$V_j^{(2)}(1)$	$V_j^{(2)}(2)$	$V_j^{(3)}$	停止
$V_i^{(1)}(1;12)$							$\star$
$V_i^{(1)}(2;12)$							$\star$
$V_i^{(1)}(3;12)$	Π_{ij}	Π_{ij}	Π_{ij}				$\star$
$V_i^{(2)}(1)$	Π_{ij}	Π_{ij}	Π_{ij}				
$V_i^{(2)}(2)$	Π_{ij}	Π_{ij}	Π_{ij}	π_{ij}	π_{ij}		
$V_i^{(3)}$				π_{ij}	π_{ij}	p_{ij}	

$\star$ は吸収状態（停止）に至る推移があることを示す.

$$\Pi_{ij} = \frac{i(i-1)(i-2)}{j(j-1)(j-2)(j-3)} \quad ; \quad \pi_{ij} = \frac{i(i-1)}{j(j-1)(j-2)} \quad ; \quad p_{ij} = \frac{i}{j(j-1)}.$$

式 (6.48)〜(6.52) を解析するために，$F_1(i)$〜$F_5(i)$ を以下のように定義する.

$$F_1(i) := \frac{V_i^{(1)}(1;12)}{i(i-1)(i-2)} = \frac{V_i^{(1)}(2;12)}{i(i-1)(i-2)} \qquad 3 \le i \le n-1,$$

$$F_2(i) := \frac{V_i^{(1)}(3;12)}{i(i-1)(i-2)} \qquad 3 \le i \le n-1,$$

$$F_3(i) := \frac{V_i^{(2)}(1)}{i(i-1)(i-2)} \quad ; \quad F_4(i) := \frac{V_i^{(2)}(2)}{i(i-1)(i-2)} \qquad 3 \le i \le n-1,$$

$$F_5(i) := \frac{V_i^{(3)}}{i(i-1)} \qquad 2 \le i \le n-1,$$

$$F_1(n) = F_2(n) = \frac{1}{n(n-1)(n-2)}, \quad F_3(n) = F_4(n) = F_5(n) = 0.$$

このとき，式 (6.48) より，$F_1(i)$ が次のように得られる.

$$F_1(i) = \frac{1}{n(n-1)(n-2)} \qquad 3 \le i \le n-1.$$

式 (6.49) は次のように書くことができる.

$$F_2(i) = \max\left\{ \frac{1}{n(n-1)(n-2)}, \sum_{j=i+1}^{n} \frac{1}{j-3}\left[\frac{2}{n(n-1)(n-2)} + F_2(j) \right] \right\}$$
$$3 \le i \le n-1.$$

式 (6.50) から次式が得られる.

$$V_2^{(2)}(1) = \frac{4}{n(n-1)(n-2)} + 2F_2(3),$$

$$F_3(i) = \sum_{j=i+1}^{n} \frac{1}{j-3}\left[\frac{2}{n(n-1)(n-2)} + F_2(j)\right] \qquad 3 \le i \le n-1.$$

式 (6.51) から次式が得られる.

$$V_2^{(2)}(2) = \max\left\{\frac{4}{n(n-1)(n-2)} + 2F_2(3), 2\sum_{j=3}^{n}[F_3(j) + F_4(j)]\right\},$$

$$F_4(i) = \max\left\{F_3(i), \frac{1}{i-2}\sum_{j=i+1}^{n}[F_3(j) + F_4(j)]\right\} \qquad 3 \le i \le n-1.$$

式 (6.52) から次式が得られる.

$$V_1^{(3)} = \max\left\{\frac{2}{n(n-1)(n-2)} + F_2(3) + \frac{1}{2}V_2^{(2)}(2), \sum_{j=2}^{n}F_5(j)\right\},$$

$$F_5(i) = \max\left\{\sum_{j=i+1}^{n}[F_3(j) + F_4(j)], \frac{1}{i-1}\sum_{j=i+1}^{n}F_5(j)\right\} \qquad 2 \le i \le n-1.$$

これらの漸化式から計算した数値例を表 6.18 に示す.

この問題に対する最適方策は, 3 つの最適閾値 r_1^*, r_2^*, r_3^* $(r_1^* > r_2^* > r_3^*)$ を用いる以下の閾値規則である.

(i) 最初から $r_3^* - 1$ 番目までの応募者は無条件に不採用とする.

(ii) r_3^* 番目から $r_2^* - 1$ 番目までの応募者のうち, 最初に現れる相対的ベストの候補者を採用する (1 人目の採用者).

(iii) r_2^* 番目から $r_1^* - 1$ 番目までの応募者のうち, 最初に現れる相対的ベスト又はセカンドベストの候補者を採用する (2 人目の採用者).

(iv) r_1^* 番目以降の応募者のうち, 最初に現れる相対的ベスト, セカンドベスト又はサードベストの候補者を採用する (3 人目の採用者).

(v) 最後まで候補者が現れなければ, 最後の応募者を採用する.

表 6.18 3 人を採用する秘書問題においてベスト，セカンド及びサードベストが採用される確率.

(a) $n = 10$

i	$V_i^{(1)}(1;12)$	$V_i^{(1)}(2;12)$	$V_i^{(1)}(3;12)$	$V_i^{(2)}(1)$	$V_i^{(2)}(2)$	$V_i^{(3)}$
1						**0.21805**
2				0.04901	0.23431	0.23431
3	0.00833	0.00833	0.13036	0.13036	0.28628	0.28628
4	0.03333	0.03333	0.22738	**0.22738**	**0.30591**	0.30591
5	0.08333	0.08333	0.32341	0.32341	0.32341	0.29425
6	0.16667	0.16667	0.40179	0.40179	0.40179	0.24048
7	0.29167	**0.29167**	**0.44583**	0.44583	0.44583	0.15833
8	0.46667	0.46667	0.46667	0.43333	0.43333	0.06667
9	0.70000	0.70000	0.70000	0.30000	0.30000	0.00000
10	1.00000	1.00000	1.00000	0.00000	0.00000	0.00000

太字に対応する i が $r_1^* - 1, r_2^* - 1, r_3^* - 1$ である．$P_{10}^{[3,(1,2,3)]} = 0.21805$.

(b) $n = 20$

i	$V_i^{(1)}(1;12)$	$V_i^{(1)}(2;12)$	$V_i^{(1)}(3;12)$	$V_i^{(2)}(1)$	$V_i^{(2)}(2)$	$V_i^{(3)}$
1						0.18587
2				0.01144	0.12383	0.18587
3	0.00088	0.00088	0.03256	0.03256	**0.16947**	**0.18587**
4	0.00351	0.00351	0.06161	0.06161	0.20542	0.20542
5	0.00877	0.00877	0.09683	0.09683	0.23257	0.23257
6	0.01754	0.01754	0.13648	0.13648	0.25179	0.25179
7	0.03070	0.03070	0.17879	0.17879	0.26395	0.26395
8	0.04912	0.04912	0.22201	0.22201	0.26995	0.26995
9	0.07368	0.07368	0.26439	**0.26439**	**0.27064**	0.27064
10	0.10526	0.10526	0.30418	0.30418	0.30418	0.26226
11	0.14474	0.14474	0.33961	0.33961	0.33961	0.24507
12	0.19298	0.19298	0.36893	0.36893	0.36893	0.22029
13	0.25088	0.25088	0.39040	0.39040	0.39040	0.18937
14	0.31930	0.31930	0.40224	0.40224	0.40224	0.15389
15	0.39912	**0.39912**	**0.40273**	0.40273	0.40273	0.11560
16	0.49123	0.49123	0.49123	0.38230	0.38230	0.07750
17	0.59649	0.59649	0.59649	0.33640	0.33640	0.04298
18	0.71579	0.71579	0.71579	0.26053	0.26053	0.01579
19	0.85000	0.85000	0.85000	0.15000	0.15000	0.00000
20	1.00000	1.00000	1.00000	0.00000	0.00000	0.00000

$P_{20}^{[3,(1,2,3)]} = 0.18587$.

Ano (1989) によれば，最適閾値 r_1^* と r_2^* は次のように与えられる．

$$r_1^* = \min\left\{3 \le i \le n-1 : \sum_{j=i}^{n-1} \frac{1}{j-2} \le \frac{1}{3}\right\},$$

$$r_2^* = \min\left\{2 \le i \le r_1^*-1 : 3(r_1^*-3)F_2(r_1^*-1) + 6(2r_1^*-n-i-2)\right.$$

$$\left. - 2(r_1^*-3)[F_2(r_1^*-1)+2]\sum_{j=i}^{r_1^*-2}\frac{1}{j-1} \ge 0\right\}.$$

ここで，

$$F_2(r_1^*-1) = 3\sum_{j=r_1^*-1}^{n-1}\frac{1}{j-2}$$

である．これらの最適閾値を用いて，

$$F_2(i) = \begin{cases} \dfrac{1}{n(n-1)(n-2)(i-2)}[(r_1^*-3)F_2(r_1^*-1)+2(r_1^*-i-1)] \\ \hspace{8cm} 3 \le i \le r_1^*-1, \\[2mm] \dfrac{1}{n(n-1)(n-2)} \hspace{4cm} r_1^* \le i \le n \end{cases}$$

$$F_3(i) = \begin{cases} F_2(i) \hspace{5cm} 3 \le i \le r_1^*-1, \\[2mm] \dfrac{3}{n(n-1)(n-2)}\sum_{j=i}^{n-1}\frac{1}{j-2} \hspace{1.5cm} r_1^* \le i \le n-1 \end{cases}$$

$$F_4(i) = \begin{cases} \dfrac{1}{i-2}\sum_{j=i+1}^{n}[F_3(j)+F_4(j)] \hspace{1.5cm} 3 \le i \le r_2^*-1, \\[2mm] F_2(i) \hspace{5cm} r_2^* \le i \le r_1^*-1, \\[2mm] F_3(i) \hspace{5cm} r_1^* \le i \le n-1 \end{cases}$$

が得られる．さらに，最適閾値 r_3^* は

$$r_3^* = \min \left\{ 1 \le i \le r_2^* - 1 : \sum_{j=i+1}^{r_2^*-1} (2i-j)[F_3(j) + F_4(j)] \right.$$

$$\left. + 2 \sum_{j=r_2^*}^{n} (2i-j)F_3(j) \ge 0 \right\}$$

で与えられる. そして,

$$F_5(i) = \begin{cases} \dfrac{(r_3^*-1)(r_3^*-2)}{i(i-1)} F_5(r_3^*-1) & 2 \le i \le r_3^* - 1, \\ \displaystyle\sum_{j=i+1}^{n} [F_3(j) + F_4(j)] & r_3^* \le i \le n-1 \end{cases}$$

が得られる. 最適閾値 r_1^*, r_2^*, r_3^* と成功確率 $P_n^{[3,(1,2,3)]} = V_1^{(3)}$ を表 6.19 に示す. $P_n^{[3,(1,2,3)]}$ は n の減少関数である.

Sakaguchi (1987) と Ano (1989) は $n \to \infty$ での最適閾値と成功確率の漸近形

$$\alpha_k := \lim_{n\to\infty} \frac{r_k^*}{n} \quad k=1,2,3 \quad ; \quad P_\infty^{[3,(1,2,3)]} := \lim_{n\to\infty} V_1^{(3)}$$

を以下のように与えている. まず, $\alpha_1 = e^{-1/3} = 0.7165313106\cdots$ である. 次に, α_2 は方程式

$$\frac{1+\alpha_2}{\alpha_1} - \log \alpha_2 = \frac{17}{6}$$

の解として, $\alpha_2 = 0.43698186\cdots$ である. さらに, α_3 は方程式

$$-\log \alpha_3 = \frac{\frac{3}{2}\alpha_3^2 - 6\alpha_1\alpha_3 + 6\alpha_1\alpha_2 - 3\alpha_2^2 - c}{3\alpha_2(2\alpha_1 - \alpha_2)},$$

$$但し, c = \frac{3}{2}\alpha_1^2 - 29\alpha_1\alpha_2 + \frac{21}{2}\alpha_2^2 + 6\alpha_2 + \frac{3}{2} - 3\alpha_2^2 \log \alpha_2$$

$$= -1.7089500163\cdots$$

の解として, $\alpha_3 = 0.16661718\cdots$ である. これらを用いて, 成功確率の最大値

$$P_\infty^{[3,(1,2,3)]} = \alpha_3^3 - 3\alpha_1\alpha_3^2 + 3(2\alpha_1 - \alpha_2)\alpha_2\alpha_3 = 0.16252001\cdots$$

が得られる. この漸近値は Lehtinen (1992) によっても得られている.

表 6.19 3 人を採用する秘書問題においてベスト，セカンド及びサードベストが採用される確率.

n	r_1^*	r_2^*	r_3^*	$P_n^{[3,(1,2,3)]}$	n	r_1^*	r_2^*	r_3^*	$P_n^{[3,(1,2,3)]}$
					31	23	14	6	0.17665
					32	24	15	6	0.17644
3	3	2	1	1.00000	33	25	15	6	0.17597
4	4	3	2	0.45833	34	26	16	6	0.17542
5	5	3	2	0.33333	35	26	16	6	0.17486
6	5	3	2	0.25000	36	27	17	7	0.17441
7	6	4	2	0.25000	37	28	17	7	0.17428
8	7	4	2	0.23819	38	28	18	7	0.17397
9	8	5	2	0.22809	39	29	18	7	0.17376
10	8	5	2	0.21805	40	30	18	7	0.17336
11	9	6	2	0.20931	41	31	19	7	0.17294
12	10	6	3	0.20266	42	31	19	8	0.17263
13	11	7	3	0.20009	43	32	20	8	0.17253
14	11	7	3	0.19872	44	33	20	8	0.17237
15	12	7	3	0.19573	45	33	21	8	0.17210
16	13	8	3	0.19304	46	34	21	8	0.17189
17	13	8	3	0.18980	47	35	21	8	0.17154
18	14	9	4	0.18772	48	36	22	9	0.17131
19	15	9	4	0.18708	49	36	22	9	0.17123
20	16	10	4	0.18587	50	37	23	9	0.17112
21	16	10	4	0.18493	60	44	27	11	0.16951
22	17	11	4	0.18340	70	51	31	12	0.16852
23	18	11	4	0.18202	80	59	36	14	0.16777
24	18	11	5	0.18075	90	66	40	16	0.16712
25	19	12	5	0.18056	100	73	45	17	0.16668
26	20	12	5	0.18001	200	145	88	34	0.16457
27	21	13	5	0.17925	300	216	132	51	0.16388
28	21	13	5	0.17854	400	288	176	67	0.16354
29	22	14	5	0.17759	500	359	219	84	0.16334
30	23	14	6	0.17697	1000	718	438	167	0.16293

$n \to \infty$ のとき，$r_1^* \approx 0.7165n$, $r_2^* \approx 0.4370n$, $r_3^* \approx 0.1667n$,
$$P_\infty^{[3,(1,2,3)]} = 0.16252.$$

非常に多くの応募者から m 人を採用し，それらの人がベストから m 位までになる確率を最大にする最適方策を求める秘書問題において，最大化された成功確率は以下のとおりである．（$m = 2$ の場合は 6.2.1 項に，$m = 3$ の場合は本項に示されている）．

$$P_{\infty}^{[1,(1)]} = 0.36788\cdots \quad \text{（古典的秘書問題）},$$

$$P_{\infty}^{[2,(1,2)]} = 0.22544\cdots, \quad P_{\infty}^{[3,(1,2,3)]} = 0.16252\cdots.$$

Lehtinen (1993, 1997) はさらに次の結果を示している．

$$P_{\infty}^{[4,(1,2,3,4)]} = 0.12706\cdots, \quad P_{\infty}^{[5,(1,2,3,4,5)]} = 0.104305\cdots,$$

$$P_{\infty}^{[m,(1,2,3,\ldots,m)]} \approx \frac{1}{(e-1)m + 1}.$$

これらの問題では，m が増えると採用条件が難しくなるので，成功確率は m の減少関数となる．

6.3.2　ベスト及びセカンドベストを採用する問題

本項では，応募者の中から 3 人を採用して，その中にベストとセカンドベストが含まれる確率を最大にする最適方策を求める問題を，Ano (1989, Section 5.2) に沿って解説する．応募者数が非常に多いときの漸近解は，Sakaguchi (1987) に沿って 6.4 節 (5) に示す．この問題の採用条件は，前項で見た「採用する 3 人がベスト，セカンド及びサードベストである」ことよりも緩いので，その成功確率は高くなることが予想される．

この問題における候補者は相対的ベストと相対的セカンドベストの応募者である．一旦採用された応募者の採用が取り消されて，残りの採用可能人数が増えることはないと仮定する．応募者が候補者である面接だけを状態変化が起こる時点とする離散時間 Markov 過程を考える．状態を次の 4 項目で構成する．

(a) 面接中の候補者の面接番号，

(b) 面接中の候補者の相対順位（ベスト又はセカンドベスト），

(c) 既に採用されている有効な候補者の相対順位

$0 =$ 採用されている有効な候補者がいない,

$1 =$ 相対的ベストが採用されていて有効,

$12 =$ 相対的ベストと相対的セカンドベストが採用されていて有効.

(d) 残りの採用可能人数（1人，2人，又は3人）.

ここで，「採用されていても無効な候補者」は，例えば，次のような状況で発生する．有効な相対的ベストとセカンドベストの応募者が採用済みであるときに，新たな相対的セカンドベストの応募者が現れると，採用済みであった相対的セカンドベストの応募者は相対的サードベストになって候補者ではなくなるが，採用を取り消されることはなく，成功に貢献しない**無効な候補者**として，採用されたままで残る．このようなことが起こることを Sakaguchi (1987) と坂口 (1998) はへま (flop) と呼ぶ．面接者がへまをすれば，無効な候補者が採用可能枠を占めることになる．無効な候補者が1人いても，他の2人の候補者が絶対的ベストとセカンドベストになって目的が達成されることはあり得る．「採用された有効な候補者が相対的セカンドベストだけ」という状態は存在しないことに注意する.

これらの状態において起こる事象を詳しく見て，最適性方程式を導出する．応募者数を n 人とする.

(1) 残り1人が採用可能である場合

(i) 採用されている有効な候補者がいなくて，残り1人が採用可能である（他に無効な候補者が2人いる）とき，i 番目の応募者が相対順位 $k (= 1, 2)$ の候補者である場合に，最適方策により成功する確率を $V_i^{(1)}(k; 0)$ とする（$3 \leq i \leq n$）.

i 番目の応募者が相対的ベストであっても相対的セカンドベストであっても，この応募者を採用すれば残りの採用可能者数は0になって，目的を達成することはできない．一方，この応募者を採用しなければ，採用されている有効な候補者がいなくて，残り1人が採用可能であるという状態が続くだけなので，後に相対的ベスト又はセカンドベストの候補者が表れても，目的を達成することはできない.

$$V_i^{(1)}(1; 0) = V_i^{(1)}(2; 0) = 0 \qquad 3 \leq i \leq n. \qquad (6.53)$$

(ii) 既に有効な相対的ベストの候補者を採用済みで，残り 1 人が採用可能である（他に無効な候補者が 1 人いる）とき，i 番目の応募者が再び相対的ベストである場合に，最適方策により成功する確率を $V_i^{(1)}(1;1)$ で表す $(3 \leq i \leq n)$.

この相対的ベストの応募者を採用すると，有効な採用済み候補者が相対的ベストとセカンドベストになり，他に無効な候補者が 1 人いるので，停止する．このとき，$i+1$ 番目以降に新たな候補者が現れないようになっていれば，採用済みの相対的ベストとセカンドベストの候補者は絶対的ベストとセカンドベストになり，目的が達成される．$i+1$ 番目以降に新たな候補者が現れない確率は $i(i-1)/n(n-1)$ である．一方，面接した相対的ベストの応募者を採用しない場合には，採用済みであった有効な相対的ベストの候補者は相対的セカンドベストになり，残り 1 人が採用可能のまま（他に無効な候補者が 1 人）である．この後，確率 $i(i-1)/j(j-1)(j-2)$ で $j \, (\geq i+1)$ 番目に相対順位 $l \, (=1,2)$ の候補者が現れると，採用済みであった相対的セカンドベストの候補者は相対的サードベストになって無効となる（有効な候補者がいなくなる）．最適性方程式は

$$V_i^{(1)}(1;1) = \max \left\{ \frac{i(i-1)}{n(n-1)}, \sum_{j=i+1}^{n} \frac{i(i-1)}{j(j-1)(j-2)} \sum_{l=1}^{2} V_j^{(1)}(l;0) \right\}$$

$$= \frac{i(i-1)}{n(n-1)} \qquad 3 \leq i \leq n. \tag{6.54}$$

(iii) 既に有効な相対的ベストの候補者を採用済みで，残り 1 人が採用可能である（他に無効な候補者が 1 人いる）とき，i 番目の応募者が相対的セカンドベストの候補者である場合に，最適方策により成功する確率を $V_i^{(1)}(2;1)$ で表す $(3 \leq i \leq n)$.

この相対的セカンドベストの応募者を採用すると，有効な採用済み候補者は相対的ベストとセカンドベストになり，他に無効な候補者が 1 人いるので，停止する．このとき，確率 $i(i-1)/n(n-1)$ で採用済みの相対的ベストとセカンドベストの候補者は絶対的ベストとセカンドベストになり，目的が達成される．一方，面接した相対的セカンドベストの応募者を採用

しない場合には, 採用済みであった有効な相対的ベストの候補者は相対的ベストのままであり, 残り 1 人が採用可能のまま (他に無効な候補者が 1 人) である. この後, 確率 $i(i-1)/j(j-1)(j-2)$ で $j\,(\geq i+1)$ 番目に相対順位 $l\,(=1,2)$ の候補者が現れると, 採用済みであった相対的ベストの候補者は相対的セカンドベストになるが有効である. 最適性方程式は

$$V_i^{(1)}(2;1) = \max\left\{\frac{i(i-1)}{n(n-1)}, \sum_{j=i+1}^{n} \frac{i(i-1)}{j(j-1)(j-2)} \sum_{l=1}^{2} V_j^{(1)}(l;1)\right\}$$
$$3 \leq i \leq n-2,$$
$$V_{n-1}^{(1)}(2;1) = 1 - \frac{2}{n}, \quad V_n^{(1)}(2;1) = 1. \tag{6.55}$$

(iv) 既に有効な相対的ベストとセカンドベストの候補者を採用済みで, 残り 1 人が採用可能である (無効な候補者はいない) とき, i 番目の応募者が相対的ベストの候補者である場合に, 最適方策により成功する確率を $V_i^{(1)}(1;12)$ で表す $(3 \leq i \leq n)$.

この相対的ベストの応募者を採用すると, 採用済みであった相対的セカンドベストの候補者は相対的サードベストになって無効となり, 有効な採用済み候補者は相対的ベストとセカンドベストとなって停止する. このとき, 確率 $i(i-1)/n(n-1)$ で採用済みの相対的ベストとセカンドベストの候補者が絶対的ベストとセカンドベストになり, 目的が達成される. 一方, 面接した相対的ベストの応募者を採用しない場合には, 採用済みであった有効な相対的ベストの候補者は相対的セカンドベストになるが, 有効な相対的セカンドベストの候補者は相対的サードベストになって無効となる. 残り 1 人が採用可能のままである. この後, 確率 $i(i-1)/j(j-1)(j-2)$ で $j\,(\geq i+1)$ 番目に相対順位 $l\,(=1,2)$ の候補者が現れると, 採用済みであった相対的セカンドベストの候補者は相対的サードベストになって無効となる (有効な候補者がいなくなる). 最適性方程式は

$$V_i^{(1)}(1;12) = \max\left\{\frac{i(i-1)}{n(n-1)}, \sum_{j=i+1}^{n} \frac{i(i-1)}{j(j-1)(j-2)} \sum_{l=1}^{2} V_j^{(1)}(l;0)\right\}$$
$$= \frac{i(i-1)}{n(n-1)} \qquad 3 \leq i \leq n. \tag{6.56}$$

(v) 既に有効な相対的ベストとセカンドベストの候補者を採用済みで，残り 1 人が採用可能である（無効な候補者はいない）とき，i 番目の応募者が相対的セカンドベストの候補者である場合に，最適方策により成功する確率を $V_i^{(1)}(2;12)$ で表す $(3 \leq i \leq n)$.

この相対的セカンドベストの応募者を採用すると，採用済みであった相対的セカンドベストの候補者は相対的サードベストになって無効となり，有効な採用済み候補者であった相対的ベストはそのままである．このとき，確率 $i(i-1)/n(n-1)$ で採用済みの相対的ベストとセカンドベストの候補者が絶対的ベストとセカンドベストになり，目的が達成される．一方，面接した相対的セカンドベストの応募者を採用しない場合には，採用済みであった有効な相対的ベストとセカンドベストの候補者はともにそのままであり，残り 1 人が採用可能のままである．この後，確率 $i(i-1)/j(j-1)(j-2)$ で $j\ (\geq i+1)$ 番目に相対順位 $l\ (=1,2)$ の候補者が現れると，採用済みであった相対的セカンドベストの候補者は相対的サードベストになって無効となるが，採用済みの相対的ベストの候補者はそのままである．$V_i^{(1)}(2;12)$ に対する最適性方程式は次のように与えられる．

$$V_i^{(1)}(2;12) = \max\left\{\frac{i(i-1)}{n(n-1)}, \sum_{j=i+1}^{n} \frac{i(i-1)}{j(j-1)(j-2)} \sum_{l=1}^{2} V_j^{(1)}(l;1)\right\}$$
$$3 \leq i \leq n-2,$$

$$V_{n-1}^{(1)}(2;12) = 1 - \frac{2}{n}, \quad V_n^{(1)}(2;12) = 1. \tag{6.57}$$

ここまでで，以下の関係に注意する．

$$V_i^{(1)}(1;1) = V_i^{(1)}(1;12) \quad ; \quad V_i^{(1)}(1;2) = V_i^{(1)}(2;12) \qquad 3 \leq i \leq n.$$

(2) 残り 2 人が採用可能である場合

(i) 採用されている有効な候補者がいなくて，残り 2 人が採用可能である（他に無効な候補者が 1 人いる）とき，i 番目の応募者が相対的ベストの候補者である場合に，最適方策により成功する確率を $V_i^{(2)}(1;0)$ で表す $(2 \leq i \leq n)$. この相対的ベストの応募者を採用すると，採用済みの有効な候補者が相対的ベストとなり，残り 1 人が採用可能となる．この後，確率 $i(i-1)/j(j-$

1)$(j-2)$ で $j\ (\geq i+1)$ 番目に相対順位 $l\ (=1,2)$ の候補者が現れて採用される. この相対的ベストの応募者を採用しない場合には, 採用済みの有効な候補者はいなく, 残り 2 人が採用可能のままである, この後, 確率 $i(i-1)/j(j-1)(j-2)$ で $j\ (\geq i+1)$ 番目に相対順位 $l\ (=1,2)$ の候補者が現れる. $V_i^{(2)}(1;0)$ に対する最適性方程式は次のように与えられる.

$$V_i^{(2)}(1;0) = \max\left\{ \sum_{j=i+1}^{n} \frac{i(i-1)}{j(j-1)(j-2)} \sum_{l=1}^{2} V_j^{(1)}(l;1), \right.$$

$$\left. \sum_{j=i+1}^{n} \frac{i(i-1)}{j(j-1)(j-2)} \sum_{l=1}^{2} V_j^{(2)}(l;0) \right\}$$
$$2 \leq i \leq n-2,$$

$$V_{n-1}^{(2)}(1;0) = \frac{2}{n}, \quad V_n^{(2)}(1;0) = 0. \tag{6.58}$$

(ii) 採用されている有効な候補者がいなくて, 残り 2 人が採用可能である（他に無効な候補者が 1 人いる）とき, i 番目の応募者が相対的セカンドベストの候補者である場合に, 最適方策により成功する確率を $V_i^{(2)}(2;0)$ で表す $(2 \leq i \leq n)$.

採用されている有効な候補者がいないときに, i 番目に相対的セカンドベストが現れることは起こり得ない. その後, 確率 $i(i-1)/j(j-1)(j-2)$ で $j\ (\geq i+1)$ 番目に相対順位 $l\ (=1,2)$ の候補者が現れる. $V_i^{(2)}(2;0)$ に対する最適性方程式は次のように与えられる.

$$V_i^{(2)}(2;0) = \sum_{j=i+1}^{n} \frac{i(i-1)}{j(j-1)(j-2)} \sum_{l=1}^{2} V_j^{(2)}(l;0) \qquad 2 \leq i \leq n-2,$$

$$V_{n-1}^{(2)}(2;0) = V_n^{(2)}(2;0) = 0. \tag{6.59}$$

(iii) 既に有効な相対的ベストの候補者を採用済みで, 残り 2 人が採用可能である（無効な候補者はいない）とき, i 番目の応募者が相対的ベストの候補者である場合に成功する確率を $V_i^{(2)}(1;1)$ で表す $(2 \leq i \leq n)$.

この相対的ベストの応募者を採用すると, 採用済みの候補者は相対的ベストと相対的セカンドベストになる. ここで停止すると, 確率 $i(i-1)/n(n-1)$

で，これらの候補者がそれぞれ絶対的ベストと絶対的セカンドベストとなって，目的が達成される．面接した応募者を採用するが停止しない場合には，採用されている有効な候補者が相対的ベストと相対的セカンドベストであり，残りの採用可能数が 1 人となる．この後，確率 $i(i-1)/j(j-1)(j-2)$ で $j\ (\geq i+1)$ 番目に相対順位 $l\ (=1,2)$ の候補者が現れる．一方，面接した応募者を採用しない場合には，採用されている有効な候補者が相対的セカンドベストで，残り 2 人が採用可能のままであり，確率 $i(i-1)/j(j-1)(j-2)$ で $j\ (\geq i+1)$ 番目に相対順位 $l\ (=1,2)$ の候補者が現れる．このとき，採用済みであった相対的セカンドベストの応募者は相対的サードベストになって，採用されている有効な候補者はいなくなる．最適性方程式は

$$V_i^{(2)}(1;1) = \max\left\{ \frac{i(i-1)}{n(n-1)} + \sum_{j=i+1}^n \frac{i(i-1)}{j(j-1)(j-2)} \sum_{l=1}^2 V_j^{(1)}(l;12),\right.$$

$$\left. \sum_{j=i+1}^n \frac{i(i-1)}{j(j-1)(j-2)} \sum_{l=1}^2 V_j^{(2)}(l;0) \right\}$$
$$2 \leq i \leq n-2,$$

$$V_{n-1}^{(2)}(1;1) = V_n^{(2)}(1;1) = 1. \tag{6.60}$$

(iv) 既に有効な相対的ベストの候補者を採用済みで，残り 2 人が採用可能である（無効な候補者はいない）とき，i 番目の応募者が相対的セカンドベストの候補者である場合に成功する確率を $V_i^{(2)}(2;1)$ で表す $(2 \leq i \leq n)$．この相対的セカンドベストの応募者を採用すると，採用済みの候補者は相対的ベストと相対的セカンドベストになる．ここで停止すると，確率 $i(i-1)/n(n-1)$ で，これらの候補者がそれぞれ絶対的ベストと絶対的セカンドベストとなって，目的が達成される．面接した応募者を採用するが停止しない場合には，採用されている有効な候補者が相対的ベストと相対的セカンドベストであり，残りの採用可能数が 1 人となる．この後，確率 $i(i-1)/j(j-1)(j-2)$ で $j\ (\geq i+1)$ 番目に相対順位 $l\ (=1,2)$ の候補者が現れる．一方，面接した相対的セカンドベストの候補者を採用しない場合には，相対的ベストが採用されている有効な候補者で，残り 2 人が採用

可能のまま，確率 $i(i-1)/j(j-1)(j-2)$ で $j\ (\geq i+1)$ 番目に相対順位 $l\ (=1,2)$ の候補者が現れる．最適性方程式は

$$V_i^{(2)}(2;1) = \max\left\{\frac{i(i-1)}{n(n-1)} + \sum_{j=i+1}^{n}\frac{i(i-1)}{j(j-1)(j-2)}\sum_{l=1}^{2}V_j^{(1)}(l;12),\right.$$

$$\left.\sum_{j=i+1}^{n}\frac{i(i-1)}{j(j-1)(j-2)}\sum_{l=1}^{2}V_j^{(2)}(l;1)\right\}$$
$$2 \leq i \leq n-2,$$

$$V_{n-1}^{(2)}(2;1) = V_n^{(2)}(2;1) = 1. \tag{6.61}$$

(3)　残り 3 人が採用可能である場合

(i)　採用されている有効な候補者がいなくて，残り 3 人が採用可能である（無効な候補者はいない）とき，i 番目の応募者が相対的ベストの候補者である場合に成功する確率を $V_i^{(3)}(1)$ で表す $(1 \leq i \leq n)$．この候補者を採用すると，残り 2 人が採用可能で，応募者の相対的ベストが採用済みで有効な候補者となり，$j\ (\geq i+1)$ 番目の候補者が現れるのを待つ．一方，i 番目の応募者を採用しない場合には，採用されている有効な候補者はいないままであり，残り 3 人が採用可能である．その後，確率 $i(i-1)/j(j-1)(j-2)$ で $j\ (\geq i+1)$ 番目に相対順位 $l\ (=1,2)$ の候補者が現れる．$V_1^{(3)}(1)$ に対する最適性方程式は次のように与えられる．

$$V_1^{(3)}(1) = \max\left\{\frac{1}{2}\sum_{l=1}^{2}V_2^{(2)}(l;1), \frac{1}{2}\sum_{l=1}^{2}V_2^{(3)}(l)\right\},$$

$$V_i^{(3)}(1) = \max\left\{\sum_{j=i+1}^{n}\frac{i(i-1)}{j(j-1)(j-2)}\sum_{l=1}^{2}V_j^{(2)}(l;1),\right.$$

$$\left.\sum_{j=i+1}^{n}\frac{i(i-1)}{j(j-1)(j-2)}\sum_{l=1}^{2}V_j^{(3)}(l)\right\}\quad 2 \leq i \leq n-2,$$

$$V_{n-1}^{(3)}(1) = \frac{2}{n}, \quad V_n^{(3)}(1) = 0. \tag{6.62}$$

ここで，$i=1$ の場合を特別に書いた．また，$V_i^{(3)}(2)$ は次で定義する．

(ii) 採用されている有効な候補者がいなくて，残り 3 人が採用可能である（無効な候補者はいない）とき，i 番目の応募者が相対的セカンドベストの候補者である場合に成功する確率を $V_i^{(3)}(2)$ で表す $(2 \leq i \leq n)$。

採用されている有効な候補者がいないときに，i 番目に相対的セカンドベストが現れることは起こり得ない．その後，確率 $i(i-1)/j(j-1)(j-2)$ で $j \, (\geq i+1)$ 番目に相対順位 $l \, (=1,2)$ の候補者が現れる．$V_1^{(3)}(2)$ に対する最適性方程式は次のように与えられる．

$$V_i^{(3)}(2) = \sum_{j=i+1}^{n} \frac{i(i-1)}{j(j-1)(j-2)} \sum_{l=1}^{2} V_j^{(3)}(l) \qquad 2 \leq i \leq n-2,$$

$$V_{n-1}^{(3)}(2) = V_n^{(3)}(2) = 0. \tag{6.63}$$

連立漸化式 $(6.54) \sim (6.63)$ は，初期値 $V_n^{(1)}(l;1) = V_n^{(1)}(l;12) = V_n^{(2)}(l;1) = 1$，$V_n^{(2)}(l;0) = V_n^{(3)}(l) = 0 \, (l=1,2)$ から始めて，i を減らす方向に逐次的に解くことができる．最後に得られる $P_n^{[3,(1,2)]} = V_1^{(3)}(1)$ が成功確率である[*5]．この過程は表 6.20 に示す状態推移確率をもつ「吸収状態のある Markov 過程」である．

これらの連立漸化式を簡単に解くために，

$$W_i^{(1)}(1) := \sum_{l=1}^{2} \frac{V_i^{(1)}(l;1)}{i(i-1)} \quad ; \quad W_i^{(1)}(12) := \sum_{l=1}^{2} \frac{V_i^{(1)}(l;12)}{i(i-1)} \quad 3 \leq i \leq n,$$

$$W_i^{(2)}(0) := \sum_{l=1}^{2} \frac{V_i^{(2)}(l;0)}{i(i-1)} \quad ; \quad W_i^{(2)}(1) := \sum_{l=1}^{2} \frac{V_i^{(2)}(l;1)}{i(i-1)} \quad 2 \leq i \leq n,$$

$$W_1^{(3)} := \frac{1}{2} \sum_{l=1}^{2} V_1^{(3)}(l) \quad ; \quad W_i^{(3)} := \sum_{l=1}^{2} \frac{V_i^{(3)}(l)}{i(i-1)} \quad 2 \leq i \leq n$$

を導入すると，式 $(6.54) \sim (6.63)$ から以下の関係式が得られる．

[*5] Ano (1989) は連立漸化式 $(6.54) \sim (6.63)$ の解法を示していないので，ここに示す計算アルゴリズムは筆者の考案による．

表 **6.20** **3 人を採用する秘書問題においてベスト及びセカンドベストが採用される場合の Markov 過程の状態推移確率.**

	$V_j^{(1)}(1;1)$	$V_j^{(1)}(2;1)$	$V_j^{(1)}(1;12)$	$V_j^{(1)}(2;12)$	$V_j^{(2)}(1;0)$	$V_j^{(2)}(2;0)$
$V_i^{(1)}(1;1)$						
$V_i^{(1)}(2;1)$	π_{ij}	π_{ij}				
$V_i^{(1)}(1;12)$						
$V_i^{(1)}(2;12)$			π_{ij}	π_{ij}		
$V_i^{(2)}(1;0)$	π_{ij}	π_{ij}			π_{ij}	π_{ij}
$V_i^{(2)}(2;0)$					π_{ij}	π_{ij}
$V_i^{(2)}(1;1)$			π_{ij}	π_{ij}	π_{ij}	π_{ij}
$V_i^{(2)}(2;1)$			π_{ij}	π_{ij}		
$V_i^{(3)}(1)$						
$V_i^{(3)}(2)$						

$$\pi_{ij} = \frac{i(i-1)}{j(j-1)(j-2)}.$$

	$V_j^{(2)}(1;1)$	$V_j^{(2)}(2;1)$	$V_j^{(3)}(1)$	$V_j^{(3)}(2)$	停止
$V_i^{(1)}(1;1)$					★
$V_i^{(1)}(2;1)$					★
$V_i^{(1)}(1;12)$					★
$V_i^{(1)}(2;12)$					★
$V_i^{(2)}(1;0)$	π_{ij}	π_{ij}	π_{ij}	π_{ij}	
$V_i^{(2)}(2;0)$			π_{ij}	π_{ij}	
$V_i^{(2)}(1;1)$	π_{ij}	π_{ij}	π_{ij}	π_{ij}	★
$V_i^{(2)}(2;1)$	π_{ij}	π_{ij}			★
$V_i^{(3)}(1)$	π_{ij}	π_{ij}	π_{ij}	π_{ij}	
$V_i^{(3)}(2)$			π_{ij}	π_{ij}	

★ は吸収状態（停止）に至る推移があることを示す.

$$\frac{V_i^{(1)}(1;1)}{i(i-1)} = \frac{V_i^{(1)}(1;12)}{i(i-1)} = \frac{1}{n(n-1)} \qquad 3 \le i \le n-1,$$

$$\frac{V_i^{(1)}(2;1)}{i(i-1)} = \frac{V_i^{(1)}(2;12)}{i(i-1)} = \max\left\{\frac{1}{n(n-1)}, \sum_{j=i+1}^{n} \frac{W_j^{(1)}(1)}{j-2}\right\} \qquad 3 \le i \le n-1,$$

$$\frac{V_i^{(2)}(1;0)}{i(i-1)} = \max\left\{\sum_{j=i+1}^{n} \frac{W_j^{(1)}(1)}{j-2}, \sum_{j=i+1}^{n} \frac{W_j^{(2)}(0)}{j-2}\right\} \qquad 2 \le i \le n-1,$$

$$\frac{V_i^{(2)}(2;0)}{i(i-1)} = \sum_{j=i+1}^{n} \frac{W_j^{(2)}(0)}{j-2} \qquad 2 \le i \le n-1,$$

$$\frac{V_i^{(2)}(1;1)}{i(i-1)} = \max\left\{\frac{1}{n(n-1)} + \sum_{j=i+1}^{n} \frac{W_j^{(1)}(12)}{j-2}, \sum_{j=i+1}^{n} \frac{W_j^{(2)}(0)}{j-2}\right\} \qquad 2 \le i \le n-1,$$

$$\frac{V_i^{(2)}(2;1)}{i(i-1)} = \max\left\{\frac{1}{n(n-1)} + \sum_{j=i+1}^{n} \frac{W_j^{(1)}(12)}{j-2}, \sum_{j=i+1}^{n} \frac{W_j^{(2)}(1)}{j-2}\right\} \qquad 2 \le i \le n-1,$$

$$V_1^{(3)}(1) = \max\left\{W_2^{(2)}(1), W_2^{(3)}\right\},$$

$$\frac{V_i^{(3)}(1)}{i(i-1)} = \max\left\{\sum_{j=i+1}^{n} \frac{W_j^{(2)}(1)}{j-2}, \sum_{j=i+1}^{n} \frac{W_j^{(3)}}{j-2}\right\} \qquad 2 \le i \le n-1,$$

$$V_1^{(3)}(2) = W_2^{(3)} \quad ; \quad \frac{V_i^{(3)}(2)}{i(i-1)} = \sum_{j=i+1}^{n} \frac{W_j^{(3)}}{j-2} \qquad 2 \le i \le n-1.$$

このとき，次ページの連立漸化式は

$$\{W_i^{(1)}(1)\}, \{W_i^{(1)}(12)\} \to \{W_i^{(2)}(0)\} \to \{W_i^{(2)}(1)\} \to \{W_i^{(3)}\}$$

の順に逐次的に解くことができるので，その結果を使って．連立漸化式 (6.54)
〜(6.63) の解を得ることができる．

$$W_i^{(1)}(1) = W_i^{(1)}(12) = \frac{1}{n(n-1)} + \max\left\{\frac{1}{n(n-1)}, \sum_{j=i+1}^{n} \frac{W_j^{(1)}(1)}{j-2}\right\}$$
$$3 \le i \le n-1,$$

$$W_i^{(2)}(0) = \sum_{j=i+1}^{n} \frac{W_j^{(2)}(0)}{j-2} + \max\left\{\sum_{j=i+1}^{n} \frac{W_j^{(1)}(1)}{j-2}, \sum_{j=i+1}^{n} \frac{W_j^{(2)}(0)}{j-2}\right\}$$
$$2 \le i \le n-1,$$

$$W_i^{(2)}(1) = \max\left\{\frac{1}{n(n-1)} + \sum_{j=i+1}^{n} \frac{W_j^{(1)}(12)}{j-2}, \sum_{j=i+1}^{n} \frac{W_j^{(2)}(0)}{j-2}\right\}$$
$$+ \max\left\{\frac{1}{n(n-1)} + \sum_{j=i+1}^{n} \frac{W_j^{(1)}(12)}{j-2}, \sum_{j=i+1}^{n} \frac{W_j^{(2)}(1)}{j-2}\right\}$$
$$2 \le i \le n-1,$$

$$W_1^{(3)} = W_2^{(3)} + \max\left\{W_2^{(2)}(1), W_2^{(3)}\right\},$$
$$W_i^{(3)} = \sum_{j=i+1}^{n} \frac{W_j^{(3)}}{j-2} + \max\left\{\sum_{j=i+1}^{n} \frac{W_j^{(2)}(1)}{j-2}, \sum_{j=i+1}^{n} \frac{W_j^{(3)}}{j-2}\right\}$$
$$2 \le i \le n-1.$$

初期条件：$W_n^{(1)}(1) = W_n^{(1)}(12) = W_n^{(2)}(1) = \dfrac{2}{n(n-1)}, \quad W_n^{(2)}(0) = W_n^{(3)} = 0.$

これらの漸化式における $\max\{\cdot, \cdot\}$ に現れる 2 つの項のうち，左の項は応募者を採用する場合の成功確率を示し，右の項は応募者を採用しない場合の成功確率を示す．i が増えるとき，初めは右の項が左の項よりも大きいが，その関係が逆転する i の値が最適閾値である．

　$n = 20$ の場合に，閾値を決定する数値例を表 6.21 に示し，成功確率の計算例を表 6.22 に示す．$n = 3 \sim 1000$ について，閾値と成功確率を表 6.23 に示す．これらの数値は Ano (1989) の結果に一致する．成功確率は n の減少関数である．

表 6.21　3 人を採用する秘書問題においてベストとセカンドベストが採用される確率の計算における閾値の決定 ($n=20$).

i	$V_i^{(1)}(2;1):r_1^*$		$V_i^{(2)}(1;0):r_2^*$		$V_i^{(2)}(1;1):r_3^*$		$V_i^{(2)}(2;1):r_4^*$		$V_i^{(3)}(1):r_5^*$	
	採用	不採用	採用	不採用	採用	不採用	採用	不採用	採用	不採用
1	-	-							0.34871	0.45136
2	-	0.16938			0.12345	0.24606	0.12345	0.24606	0.37107	0.45136
3	0.01579	0.21532	0.11818	0.24606	0.18517	0.24606	0.18517	0.24606	0.43358	0.45136
4	0.03158	0.25599	0.16938	0.24606	**0.24690**	0.24606	0.24690	0.24606	**0.49580**	0.43655
5	0.05263	0.29140	0.21532	0.24357	0.30862	0.24357	0.30862	0.24357	0.54260	0.41003
6	0.07895	0.32154	**0.25599**	0.23401	0.37034	0.23401	0.37034	0.23401	0.57705	0.37663
7	0.11053	0.34642	0.29140	0.21942	0.43207	0.21942	0.43207	0.21942	0.60121	0.33920
8	0.14737	0.36604	0.32154	0.20128	0.49379	0.20128	0.49379	0.20128	0.61656	0.29958
9	0.18947	0.38040	0.34642	0.18068	0.55551	0.18068	0.55551	0.18068	0.62419	0.25900
10	0.23684	0.38949	0.36604	0.15849	0.61724	0.15849	0.61724	0.15849	0.62496	0.21834
11	0.28947	0.39332	0.38040	0.13539	0.67896	0.13539	**0.67896**	0.13539	0.61296	0.17887
12	0.34737	0.39019	0.38949	0.11194	0.74069	0.11194	0.74069	0.11194	0.58742	0.14173
13	**0.41053**	0.37540	0.39332	0.08876	0.80072	0.08876	0.80072	0.08876	0.54864	0.10782
14	0.47895	0.34813	0.39019	0.06671	0.85434	0.06671	0.85434	0.06671	0.49769	0.07783
15	0.55263	0.30764	0.37540	0.04661	0.90076	0.04661	0.90076	0.04661	0.43568	0.05227
16	0.63158	0.25322	0.34813	0.02921	0.93922	0.02921	0.93922	0.02921	0.36374	0.03151
17	0.71579	0.18421	0.30764	0.01520	0.96901	0.01520	0.96901	0.01520	0.28304	0.01579
18	0.80526	0.10000	0.25322	0.00526	0.98947	0.00526	0.98947	0.00526	0.19474	0.00526
19	0.90000	0.00000	0.18421	0.00000	1.00000	0.00000	1.00000	0.00000	0.10000	0.00000
20	1.00000	0.00000	0.10000	0.00000	1.00000	0.00000	1.00000	0.00000	0.00000	0.00000

太字に対応する i が最適閾値である.

表6.22 3人を採用する秘書問題においてベストとセカンドベストが採用される確率の計算 ($n=20$).

i	$V_i^{(1)}(1;1)$ $V_i^{(1)}(1;12)$	$V_i^{(1)}(2;1)$ $V_i^{(1)}(2;12)$	$V_i^{(2)}(1;0)$	$V_i^{(2)}(2;0)$	$V_i^{(2)}(1;1)$	$V_i^{(2)}(2;1)$	$V_i^{(3)}(1)$	$V_i^{(3)}(2)$
1	-	-			-	-	**0.45136**	-
2	-	0.16938	0.24606	0.24606	0.24606	0.37107	0.45136	0.45136
3	0.01579	0.21532	0.24606	0.24606	0.24606	0.43358	0.45136	0.45136
4	0.03158	0.25599	0.24606	0.24606	**0.24690**	0.49580	**0.49580**	0.43655
5	0.05263	0.29140	**0.25599**	0.24357	0.30862	0.54260	0.54260	0.41003
6	0.07895	0.32154	0.29410	0.23401	0.37034	0.57706	0.57705	0.37663
7	0.11053	0.34642	0.32154	0.21942	0.43207	0.60121	0.60121	0.33920
8	0.14737	0.36604	0.34642	0.20128	0.49379	0.61656	0.61656	0.29958
9	0.18947	0.38040	0.36604	0.18068	0.55551	0.62419	0.62419	0.25900
10	0.23684	0.38949	0.38040	0.15849	0.61724	0.62496	0.62496	0.21834
11	0.28947	0.39332	0.38949	0.13539	0.67896	**0.67896**	0.61296	0.17887
12	0.34737	0.39019	0.39332	0.11194	0.74069	0.74069	0.58742	0.14173
13	0.41053	**0.41053**	0.39019	0.08876	0.80072	0.80072	0.54864	0.10782
14	0.47895	0.47895	0.37540	0.06671	0.85434	0.85434	0.49769	0.07783
15	0.55263	0.55263	0.34813	0.04661	0.90076	0.90076	0.43568	0.05227
16	0.63158	0.63158	0.30764	0.02921	0.93922	0.93922	0.36374	0.03151
17	0.71579	0.71579	0.25322	0.01520	0.96901	0.96901	0.28304	0.01579
18	0.80526	0.80526	0.18421	0.00526	0.98947	0.98947	0.19474	0.00526
19	0.90000	0.90000	0.10000	0.00000	1.00000	1.00000	0.10000	0.00000
20	1.00000	1.00000	0.00000	0.00000	1.00000	1.00000	0.00000	0.00000

太字に対応するiが最適閾値（$r_1^*=13, r_2^*=11, r_3^*=5, r_4^*=5, r_5^*=4$であり），$P_{20}^{[3,(1,2)]}|=V_1^{(3)}(1)=0.45136$が成功確率である.

表 6.23　3 人を採用する秘書問題においてベストとセカンドベストが採用される確率.

n	r_1^*	r_4^*	r_2^*	r_3^*	r_5^*	$P_n^{[3,(1,2)]}$	n	r_1^*	r_4^*	r_2^*	r_3^*	r_5^*	$P_n^{[3,(1,2)]}$
							31	20	16	8	7	6	0.43560
							32	20	16	8	7	6	0.43520
3	3	2	2	2	2	1.00000	33	21	17	8	7	6	0.43494
4	4	3	2	2	2	0.75000	34	22	17	8	7	6	0.43422
5	4	3	2	2	2	0.65000	35	22	18	9	7	6	0.43350
6	5	4	2	2	2	0.56944	36	23	18	9	7	6	0.43256
7	5	4	2	2	2	0.53611	37	24	19	9	8	6	0.43161
8	6	5	2	2	2	0.52837	38	24	19	9	8	7	0.43125
9	7	5	3	2	2	0.51563	39	25	20	10	8	7	0.43100
10	7	6	3	3	2	0.50442	40	25	20	10	8	7	0.43055
11	8	6	3	3	2	0.49197	41	26	21	10	8	7	0.43007
12	8	7	3	3	2	0.47935	42	27	21	10	9	7	0.42941
13	9	7	4	3	3	0.47370	43	27	22	10	9	7	0.42881
14	10	8	4	3	3	0.47103	44	28	22	11	9	8	0.42836
15	10	8	4	4	3	0.46828	45	28	23	11	9	8	0.42816
16	11	9	4	4	3	0.46425	46	29	23	11	9	8	0.42790
17	11	9	5	4	3	0.45994	47	30	24	11	9	8	0.42750
18	12	10	5	4	3	0.45532	48	30	24	12	10	8	0.42712
19	13	10	5	4	4	0.45233	49	31	25	12	10	8	0.42664
20	13	11	5	4	4	0.45136	50	31	25	12	10	9	0.42616
21	14	11	5	5	4	0.45018	60	37	30	14	12	10	0.42384
22	14	12	6	5	4	0.44809	70	44	35	17	14	12	0.42191
23	15	12	6	5	4	0.44628	80	50	40	19	16	13	0.42050
24	16	13	6	5	4	0.44365	90	56	45	21	17	15	0.41947
25	16	13	6	5	5	0.44187	100	62	49	24	19	17	0.41853
26	17	14	7	6	5	0.44130	200	122	98	46	38	32	0.41479
27	17	14	7	6	5	0.44064	300	183	146	69	57	48	0.41354
28	18	14	7	6	5	0.43957	400	244	195	92	75	64	0.41292
29	19	15	7	6	5	0.43847	500	304	244	115	94	80	0.41255
30	19	15	8	6	5	0.43694	1000	608	486	230	187	160	0.41181

$n \to \infty$ のとき, $r_1^* \approx 0.6065n$, $r_4^* \approx 0.4852n$, $r_2^* \approx 0.2291n$, $r_3^* \approx 0.1858n$, $r_5^* \approx 0.1594n$, $P_\infty^{[3,(1,2)]} = 0.411063$.

$$r_1^* := \min\left\{ i \le n : \frac{1}{n(n-1)} \ge \sum_{j=i+1}^{n} \frac{W_j^{(1)}(1)}{j-2} \right\}$$

$$= \min\left\{ i \le n : \sum_{j=i}^{n} \frac{1}{j-1} \le \frac{1}{2} \right\},$$

$$r_2^* := \min\left\{ i \le r_1^* : \frac{1}{n(n-1)} + \sum_{j=i+1}^{n} \frac{W_j^{(1)}(12)}{j-2} \ge \sum_{j=i+1}^{n} \frac{W_j^{(2)}(1)}{j-2} \right\},$$

$$r_3^* := \min\left\{ i \le r_2^* : \sum_{j=i+1}^{n} \frac{W_j^{(1)}(1)}{j-2} \ge \sum_{j=i+1}^{n} \frac{W_j^{(2)}(0)}{j-2} \right\},$$

$$r_4^* := \min\left\{ i \le r_3^* : \frac{1}{n(n-1)} + \sum_{j=i+1}^{n} \frac{W_j^{(1)}(12)}{j-2} \ge \sum_{j=i+1}^{n} \frac{W_j^{(2)}(0)}{j-2} \right\},$$

$$r_5^* := \min\left\{ i \le r_4^* : \sum_{j=i+1}^{n} \frac{W_j^{(2)}(1)}{j-2} \ge \sum_{j=i+1}^{n} \frac{W_j^{(3)}}{j-2} \right\}.$$

これらの閾値は次の順に並ぶ.

$$3 \le r_5^* \le r_3^* \le r_2^* \le r_4^* \le r_1^* \le n.$$

最適方策は以下のように定められる (Ano, 1989; Sakaguchi, 1987).

(i) r_5^* 番目より前に現れる応募者は無条件で採用しない.

(ii) 最初に採用する応募者は r_5^* 番目以降に現れる最初の相対的ベスト.

(iii) 2 人目に採用する応募者は

- 最初に採用した応募者が相対的ベストのままである場合には，r_3^* 番目以降に現れる最初の相対的ベスト，又は r_4^* 番目以降に現れる最初の相対的セカンドベスト.

- 最初に採用した応募者がへまにより相対的ベストでなくなる場合には，r_2^* 番目以降に現れる最初の相対的ベスト.

(iv) 3 人目に採用する応募者は

- 2 人目の採用以降に現れる最初の相対的ベスト，又は
- r_1^* 番目以降に現れる最初の相対的セカンドベスト.

6.4 最適性方程式の漸近解

本節では，複数の応募者を採用する秘書問題において，応募者数が非常に多いときに最適性方程式の漸近解を求める方法を示す．以下の漸近解は Sakaguchi (1978, 1979, 1987) 及び Tamaki (1979a,b) により研究されている．

本節では，以下の秘書問題に対する漸近解を導出する．それぞれの場合に，最大化された成功確率を表 6.11 の記号で示す．

(1) 最良選択（1 人，2 人及び 3 人を採用して，ベストを含む確率を最大化する）秘書問題．最大化された成功確率は $P_\infty^{[m]}$ $(m = 1, 2, 3)$.

(2) 2 人を採用して，それらがベスト及びセカンドベストである確率を最大化する秘書問題．最大化された成功確率は $P_\infty^{[2,(1,2)]}$.

(3) 2 人を採用して，それらがベスト又はセカンドベストを含む確率を最大化する秘書問題．最大化された成功確率は $P_\infty^{[2,(1\sim2)]}$.

(4) 3 人を採用して，それらがベスト，セカンド及びサードベストである確率を最大化する秘書問題．最大化された成功確率は $P_\infty^{[3,(1,2,3)]}$.

(5) 3 人を採用して，それらがベスト及びセカンドベストを含む確率を最大化する秘書問題．最大化された成功確率は $P_\infty^{[3,(1,2)]}$.

これらの他に，Sakaguchi (1979) は，(2) と同じく，2 人を採用し，それらがベスト及びセカンドベストである確率を最大化する秘書問題において，応募者による採用辞退がある場合に対する漸近解を求めている．

(1) 最良選択（1 人，2 人及び 3 人採用して，ベストを含む確率を最大化する）秘書問題

m 人を採用してその中にベストが含まれる確率を最大化する秘書問題は 6.1.2 節で解析されている．この問題では，相対的ベストの応募者のみが採用の対象となる候補者である．応募者数を n 人とする．残り m $(\leq n)$ 人が採用可能であるとき，i 番目の候補者が最適方策によりベストとなる確率を $V_i^{(m)}$ で表す．$x \approx i/n$ に対し，$n \to \infty$ における $V_i^{(m)}$ の漸近形

$$V_i^{(m)} \Longrightarrow f^{(m)}(x) \qquad m = 1, 2, \ldots \quad ; \quad 0 \leq x \leq 1$$

を考える. このとき, $V_i^{(m)}$ に対する最適性方程式 (6.16) は

$$f^{(m)}(x) = \max\left\{ x + \int_x^1 \frac{x}{y^2} f^{(m-1)}(y)dy, \int_x^1 \frac{x}{y^2} f^{(m)}(y)dy \right\}$$

$$0 \le x \le 1,$$

$$f^{(m)}(1) = 1 \qquad\qquad m = 1, 2, \ldots$$

と書くことができる. これらは, 与えられた関数 $f^{(m-1)}(x)$ に対して, 関数 $f^{(m)}(x)$ を求める積分方程式と境界条件であり, 残りの採用可能人数 m に関する漸化式となっている. 便宜上, $f^{(0)}(x) \equiv 0$ とする.

$m = 1$ の場合は古典的秘書問題である. この場合の漸近解 $f^{(1)}(x)$ から出発して, 逐次的に以下の漸近解が得られる (Sakaguchi, 1978, 1987).

$$f^{(1)}(x) = \begin{cases} e^{-1} & 0 \le x \le e^{-1}, \\ x & e^{-1} \le x \le 1. \end{cases} \tag{6.64}$$

$$f^{(2)}(x) = \begin{cases} e^{-1} + e^{-3/2} & 0 \le x \le e^{-3/2}, \\ e^{-1} + x & e^{-3/2} \le x \le e^{-1}, \\ x(1 - \log x) & e^{-1} \le x \le 1. \end{cases} \tag{6.65}$$

$$f^{(3)}(x) = \begin{cases} e^{-1} + e^{-3/2} + e^{-47/24} & 0 \le x \le e^{-47/24}, \\ e^{-1} + e^{-3/2} + x & e^{-47/24} \le x \le e^{-3/2}, \\ e^{-1} + x\left(\frac{1}{2} - \log x\right) & e^{-3/2} \le x \le e^{-1}, \\ x\left[1 - \log x + \frac{1}{2}(\log x)^2\right] & e^{-1} \le x \le 1. \end{cases}$$

$$\tag{6.66}$$

関数 $f^{(1)}(x) \sim f^{(3)}(x)$ を図 6.2 に示す. それぞれの場合における成功確率は, これらの関数の $x = 0$ での値として, 次のように得られる.

$$P_\infty^{[1]} = f^{(1)}(0) = e^{-1}, \quad P_\infty^{[2]} = f^{(2)}(0) = e^{-1} + e^{-3/2},$$

$$P_\infty^{[3]} = f^{(3)}(0) = e^{-1} + e^{-3/2} + e^{-47/24}.$$

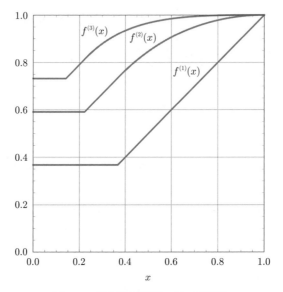

図 **6.2**　最良選択問題の解の漸近形.

以上の積分方程式を解くために次の解を利用する (Sakaguchi, 1987).

積分方程式 (6.67) の解

区間 $[0,1]$ で与えられた非減少連続関数 $g(x)$, $g(1) = 1$, に対し，区間 $[0,1]$ で定義された連続関数 $f(x)$ に対する積分方程式

$$f(x) = \max\left\{g(x), \int_x^1 \frac{x}{y^2}f(y)dy\right\} \qquad 0 \le x \le 1 \qquad (6.67)$$

の解は

$$f(x) = \begin{cases} g(c) & 0 \le x \le c, \\ g(x) & c \le x \le 1 \end{cases} \qquad (6.68)$$

で与えられる．ここで，定数 c は次の方程式の解である．

$$g(c) = c\int_c^1 \frac{g(x)}{x^2}dx \qquad 0 < c < 1. \qquad (6.69)$$

(i) 古典的秘書問題 $(m = 1)$ における漸近形 (6.64) は，$V_i^{(1)}$ に対する最適性方程式 (6.1) に対応する次の積分方程式の解である $(Sakaguchi, 1978)$．このことは代入により確認できる．

$$f^{(1)}(x) = \max\left\{x, \int_x^1 \frac{x}{y^2} f^{(1)}(y) dy\right\} \qquad 0 \le x \le 1,$$

$$f^{(1)}(1) = 1.$$

(ii) 2 人を採用する最良選択問題における漸近形 (6.65) は，$V_i^{(2)}$ に対する最適性方程式 (6.2) に対応する次の積分方程式の解である．

$$f^{(2)}(x) = \max\left\{x + \int_x^1 \frac{x}{y^2} f^{(1)}(y) dy, \int_x^1 \frac{x}{y^2} f^{(2)}(y) dy\right\} \quad 0 \le x \le 1,$$

$$f^{(2)}(1) = 1.$$

式 (6.65) を導くために，積分方程式 (6.67) における非減少連続関数 $g(x)$ を次のように与える（252 ページの図 6.7(a) を参照）．

$$g(x) := x + \int_x^1 \frac{x}{y^2} f^{(1)}(y) dy = \begin{cases} e^{-1} + x & 0 \le x \le e^{-1}, \\ x(1 - \log x) & e^{-1} \le x \le 1. \end{cases}$$

このとき，$0 < c_1 < e^{-1} = 0.36789\cdots$ と想定すれば，

$$\begin{aligned}
\int_{c_1}^1 \frac{g(x)}{x^2} dx &= \int_{c_1}^{e^{-1}} \frac{g(x)}{x^2} dx + \int_{e^{-1}}^1 \frac{g(x)}{x^2} dx \\
&= \int_{c_1}^{e^{-1}} (e^{-1} + x) \frac{1}{x^2} dx + \int_{e^{-1}}^1 \frac{1 - \log x}{x} dx \\
&= -\frac{1}{2} - \log c_1 + \frac{1}{c_1 e}
\end{aligned}$$

であるから，方程式 (6.69) は

$$e^{-1} + c_1 = -\frac{c_1}{2} - c_1 \log c_1 + e^{-1}$$

となり，これより $c_1 = e^{-3/2} = 0.22313\cdots$ である．よって，式 (6.65) が得られる．

(iii) 3 人を採用する最良選択問題に対する漸近形 (6.66) は，$V_i^{(3)}$ に対する最適性方程式 (6.20) に対応する次の積分方程式の解である．

$$f^{(3)}(x) = \max\left\{x + \int_x^1 \frac{x}{y^2} f^{(2)}(y) dy, \int_x^1 \frac{x}{y^2} f^{(3)}(y) dy\right\} \quad 0 \leq x \leq 1,$$

$$f^{(3)}(1) = 1.$$

式 (6.66) を導くために，式 (6.67) における非減少連続関数 $g(x)$ を次のように与える（252 ページの図 6.7(b) を参照）．

$$g(x) := x + \int_x^1 \frac{x}{y^2} f^{(2)}(y) dy$$

$$= \begin{cases} e^{-1} + e^{-3/2} + x & 0 \leq x \leq e^{-3/2}, \\ e^{-1} + x\left(\frac{1}{2} - \log x\right) & e^{-3/2} \leq x \leq e^{-1}, \\ x\left[1 - \log x + \frac{1}{2}(\log x)^2\right] & e^{-1} \leq x \leq 1. \end{cases}$$

このとき，$0 < c_2 < e^{-3/2}$ と想定すれば，

$$\begin{aligned} \int_{c_2}^1 \frac{g(x)}{x^2} dx &= \int_{c_2}^{e^{-3/2}} \frac{g(x)}{x^2} dx + \int_{e^{-3/2}}^{e^{-1}} \frac{g(x)}{x^2} dx + \int_{e^{-1}}^1 \frac{g(x)}{x^2} dx \\ &= \int_{c_2}^{e^{-3/2}} (e^{-1} + e^{-3/2} + x)\frac{1}{x^2} dx \\ &\quad + \int_{e^{-3/2}}^{e^{-1}} \frac{2e^{-1} + x(1 - 2\log x)}{2x^2} dx \\ &\quad + \int_{e^{-1}}^1 \frac{2(1 - \log x) + (\log x)^2}{2x} dx \\ &= -\frac{23}{24} + (e^{-1} + e^{-3/2})\frac{1}{c_2} - \log c_2 \end{aligned}$$

となる．従って，方程式 (6.69) により，$c_2 = e^{-47/24} = 0.14109\cdots$ である．よって，式 (6.66) が得られる．

(2) 2 人を採用して，それらがベスト及びセカンドベストである確率を最大化する秘書問題は 6.2.1 項に解析されている．次の対応関係により，その漸近形に対する最適性方程式が以下のように与えられる．

$V_i^{(1)}(1;1)$ に対する式 (6.24) に対応して,

$$f_x^{(1)}(1;1) = x^2 \qquad 0 \le x \le 1. \tag{6.70}$$

$V_i^{(1)}(2;1)$ に対する式 (6.25) に対応して,

$$f_x^{(1)}(2;1) = \max\left\{ x^2, \int_x^1 \frac{x^2}{y^3} \sum_{l=1}^2 f_y^{(1)}(l;1)dy \right\} \qquad 0 \le x \le 1,$$

$$f_1^{(1)}(2;1) = 1. \tag{6.71}$$

$V_i^{(2)}$ に対する式 (6.26) に対応して,

$$f_x^{(2)} = \max\left\{ \int_x^1 \frac{x^2}{y^3} \sum_{l=1}^2 f_y^{(1)}(l;1)dy, \int_x^1 \frac{x}{y^2} f_y^{(2)}dy \right\} \qquad 0 \le x \le 1,$$

$$f_1^{(2)} = 0. \tag{6.72}$$

成功確率は, $P_n^{[2,(1,2)]} = V_1^{(2)}$ に対応して, $P_\infty^{[2,(1,2)]} = f_0^{(2)}$ である.

積分方程式 (6.71) と (6.72) の解は次のように求められる. まず, 式 (6.70) を使って, x の関数 $f_x^{(1)}(2;1)$ に対する積分方程式 (6.71) を

$$\begin{aligned}
f_x^{(1)}(2;1) &= \max\left\{ x^2, \int_x^1 \frac{x^2}{y^3} f_y^{(1)}(1;1)dy + \int_x^1 \frac{x^2}{y^3} f_y^{(1)}(2;1)dy \right\} \\
&= \max\left\{ x^2, \int_x^1 \frac{x^2}{y} dy + \int_x^1 \frac{x^2}{y^3} f_y^{(1)}(2;1)dy \right\} \\
&= \max\left\{ x^2, -x^2 \log x + \int_x^1 \frac{x^2}{y^3} f_y^{(1)}(2;1)dy \right\}
\end{aligned}$$

と書くことができる. 境界条件 $f_1^{(1)}(2;1) = 1$ を満たすこの積分方程式の解は

$$f_x^{(1)}(2;1) = \begin{cases} 2e^{-1/2}x - x^2 & 0 \le x \le e^{-1/2}, \\ x^2 & e^{-1/2} \le x \le 1 \end{cases} \tag{6.73}$$

で与えられる (代入により確認できる).

次に, x の関数 $f_x^{(2)}$ に対する積分方程式 (6.72) は, 連続関数

$$g(x) := \int_x^1 \frac{x^2}{y^3} f_y^{(1)}(1;1) dy + \int_x^1 \frac{x^2}{y^3} f_y^{(1)}(2;1) dy$$

$$= \begin{cases} 2e^{-1/2}x - x^2 & 0 \le x \le e^{-1/2}, \\ -2x^2 \log x & e^{-1/2} \le x \le 1 \end{cases}$$

（252 ページの図 6.7(c) を参照）を用いて，

$$f_x^{(2)} = \max \left\{ g(x), \int_x^1 \frac{x}{y^2} f_y^{(2)} dy \right\} \qquad 0 \le x \le 1$$

と書くことができる．$g(0) = g(1) = 0$ から分かるように，$g(x)$ は単調非減少関数ではない．しかし，境界条件 $f_1^{(2)} = 0$ を満たすこの方程式の解は

$$f_x^{(2)} = \begin{cases} 2e^{-1/2}\beta - \beta^2 & 0 \le x \le \beta, \\ 2e^{-1/2}x - x^2 & \beta \le x \le e^{-1/2}, \\ -2x^2 \log x & e^{-1/2} \le x \le 1 \end{cases} \qquad (6.74)$$

で与えられる．ここで，定数 β $(0 < \beta < e^{-1/2})$ は方程式 (6.69)，すなわち，

$$g(\beta) = \beta \int_\beta^1 \frac{g(x)}{x^2} dx$$

の解である．この方程式は

$$2e^{-1/2} - \beta = \int_\beta^{e^{-1/2}} \left(-1 + \frac{2e^{-1/2}}{x} \right) dx + \int_{e^{-1/2}}^1 (-2 \log x) dx$$

$$= 2 - 5e^{-1/2} + \beta - 2e^{-1/2} \log \beta$$

となる．よって，方程式

$$2 \log \beta = 2e^{1/2}(1 + \beta) - 7$$

の解として $\beta = 0.2291147285 \cdots$ が得られる．これで積分方程式 (6.71) と (6.72) を解くことができた．成功確率は

$$P_\infty^{[2,(1,2)]} = f_0^{(2)} = 2e^{-1/2}\beta - \beta^2 = 0.2254366560 \cdots$$

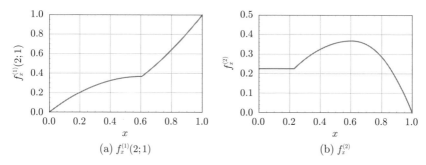

(a) $f_x^{(1)}(2;1)$　　　　　(b) $f_x^{(2)}$

図 **6.3**　**2 人を採用して上位 2 人が含まれる確率を最大化する秘書問題の漸近解.**

である.この漸近値は 6.2.1 項の結果 (Tamaki, 1979a) と一致する.x の関数 $f_x^{(1)}(2;1)$ と $f_x^{(2)}$ を図 6.3 に示す.

(3) 2 人を採用して,それらがベスト又はセカンドベストを含む確率を最大化する秘書問題は 6.2.2 項に解析されている.次の対応関係により,その漸近形に対する最適性方程式が以下のように与えられる.

$V_i^{(1)}(1;2)$ に対する式 (6.33) に対応して,

$$f_x^{(1)}(1;2) = \max\left\{ x(2-x), \int_x^1 \frac{x^2}{y^3} \sum_{l=1}^2 f_y^{(1)}(l;2)dy \right\} \quad 0 \le x \le 1,$$
$$f_1^{(1)}(1;2) = 1. \tag{6.75}$$

$V_i^{(1)}(2;2)$ に対する式 (6.34) に対応して,

$$f_x^{(1)}(2;2) = \max\left\{ x^2, \int_x^1 \frac{x^2}{y^3} \sum_{l=1}^2 f_y^{(1)}(l;2)dy \right\} \quad 0 \le x \le 1,$$
$$f_1^{(1)}(2;2) = 1. \tag{6.76}$$

$V_i^{(1)}(1;1)$ に対する式 (6.35) に対応して,

$$f_x^{(1)}(1;1) = \max\left\{ x(2-x), x^2 + \int_x^1 \frac{x^2}{y^3} \sum_{l=1}^2 f_y^{(1)}(l;2)dy \right\} \quad 0 \le x \le 1,$$
$$f_1^{(1)}(1;1) = 1. \tag{6.77}$$

$V_i^{(1)}(2;1)$ に対する式 (6.36) に対応して,

$$f_x^{(1)}(2;1) = x^2 + \int_x^1 \frac{x^2}{y^3} \sum_{l=1}^{2} f_y^{(1)}(l;1)dy \qquad 0 \le x \le 1,$$

$$f_1^{(1)}(2;1) = 1. \tag{6.78}$$

$V_i^{(2)}(1)$ に対する式 (6.37) に対応して,

$$f_x^{(2)}(1) = \max\left\{ x^2 + \int_x^1 \frac{x^2}{y^3} \sum_{l=1}^{2} f_y^{(1)}(l;1)dy, \int_x^1 \frac{x^2}{y^3} \sum_{l=1}^{2} f_y^{(2)}(l)dy \right\}$$
$$0 \le x \le 1,$$

$$f_1^{(2)}(1) = 1. \tag{6.79}$$

$V_i^{(2)}(2)$ に対する式 (6.38) に対応して,

$$f_x^{(2)}(2) = \max\left\{ x^2 + \int_x^1 \frac{x^2}{y^3} \sum_{l=1}^{2} f_y^{(1)}(l;2)dy, \int_x^1 \frac{x^2}{y^3} \sum_{l=1}^{2} f_y^{(2)}(l)dy \right\}$$
$$0 \le x \le 1,$$

$$f_1^{(2)}(2) = 1. \tag{6.80}$$

成功確率は, $P_n^{[2,(1\sim2)]} = V_1^{(2)}(1)$ に対応して, $P_\infty^{[2,(1\sim2)]} = f_0^{(2)}(1)$ である. Tamaki (1979b) は積分方程式 (6.75)～(6.80) の解を以下のように導く. まず, 定数 α_1 と α_2 $(0 < \alpha_1 < \alpha_2 < 1)$ を用いて, 式 (6.39) に対応して, x の連続関数 $f_x^{(1)}$ を次のように定義する.

$$f_x^{(1)} := \int_x^1 \frac{x^2}{y^3} \sum_{l=1}^{2} f_y^{(1)}(l;2)dy = \begin{cases} \alpha_1(2-\alpha_1) & 0 \le x \le \alpha_1, \\ x^2 - 2x\log(x/\alpha_2) & \alpha_1 \le x \le \alpha_2, \\ 2x(1-x) & \alpha_2 \le x \le 1. \end{cases}$$

ここで, $f_x^{(1)}$ が $x = \alpha_2$ で連続であるために $\alpha_2 = \frac{2}{3}$ であり, $x = \alpha_1$ で連続であるために, α_1 は方程式

$$\alpha_1 - \log\alpha_1 = 1 - \log\alpha_2$$

の解として，$\alpha_1 = 0.3469816097 \cdots$ である．

従って，残り 1 人が採用可能である場合に，$f_x^{(1)}$ を用いることにより，次の解が得られる．

$$f_x^{(1)}(1;2) = \max\left\{x(2-x), f_x^{(1)}\right\} = \begin{cases} \alpha_1(2-\alpha_1) & 0 \le x \le \alpha_1, \\ x(2-x) & \alpha_1 \le x \le 1. \end{cases}$$

$$f_x^{(1)}(2;2) = \max\left\{x^2, f_x^{(1)}\right\} = \begin{cases} \alpha_1(2-\alpha_1) & 0 \le x \le \alpha_1, \\ x^2 - 2x\log(x/\alpha_2) & \alpha_1 \le x \le \alpha_2, \\ x^2 & \alpha_2 \le x \le 1. \end{cases}$$

$$f_x^{(1)}(1;1) = \max\left\{x(2-x), x^2 + f_x^{(1)}\right\} = x^2 + f_x^{(1)}$$

$$= \begin{cases} x^2 + \alpha_1(2-\alpha_1) & 0 \le x \le \alpha_1, \\ 2x[x - \log(x/\alpha_2)] & \alpha_1 \le x \le \alpha_2, \\ x(2-x) & \alpha_2 \le x \le 1. \end{cases}$$

次に，式 (6.78) により，$f_x^{(1)}(2;1)$ は次の積分方程式の解である[6]．

$$f_x^{(1)}(2;1) = g(x) + \int_x^1 \frac{x^2}{y^3} f_y^{(1)}(2;1)dy \quad ; \quad f_1^{(1)}(2;1) = 1.$$

ここで，非減少単調連続関数 $g(x)$ は上の $f_x^{(1)}(1;1)$ から次のように与えられる（252 ページの図 6.7(d) を参照）．

$$g(x) = x^2 + \int_x^1 \frac{x^2}{y^3} f_y^{(1)}(1;1)dy$$

$$= \begin{cases} \frac{1}{2}\alpha_1(2-\alpha_1) - x^2\left(\frac{1}{2} + \frac{3}{\alpha_1} - \frac{4}{\alpha_2} + \log x\right) \\ \quad -x^2\left[\left(1 + \frac{2}{\alpha_1}\right)\log\frac{\alpha_1}{\alpha_2} - 2\log\alpha_2\right] & 0 \le x \le \alpha_1, \\ x[5x - 2(x+1)\log x] + x(3x+2)\log\alpha_2 & \alpha_1 \le x \le \alpha_2, \\ x(2-x) + x^2\log x & \alpha_2 \le x \le 1. \end{cases}$$

---

[6] ここでの $f_x^{(1)}(1;1)$ と $f_x^{(1)}(2;1)$ の導出方法は Tamaki (1979b) とは異なる．

これを $f_x^{(1)}(2;1)$ に対する上の積分方程式に代入して，次の解を得る．

$$
f_x^{(1)}(2;1) = \begin{cases} -x^2 + [(1-\alpha_1)^2 - 2\log\alpha_2]x + \alpha_1(2-\alpha_1) & 0 \le x \le \alpha_1, \\ x\left\{2 - 2x - 2\log\alpha_2 + [\log(x/\alpha_2)]^2\right\} & \alpha_1 \le x \le \alpha_2, \\ x(x - 2\log x) & \alpha_2 \le x \le 1. \end{cases}
$$

さらに，残り 2 人が採用可能である場合に，式 (6.79) と (6.80) により，

$$
f_x^{(2)}(1) = \max\left\{f_x^{(1)}(1;1), f_x^{(2)}\right\} \quad ; \quad f_x^{(2)}(2) = \max\left\{f_x^{(1)}(2;1), f_x^{(2)}\right\},
$$

$$
f_x^{(2)} := \int_x^1 \frac{x^2}{y^3} \sum_{l=1}^2 f_y^{(2)}(l)\,dy
$$

$$
= \begin{cases}
f_{\beta_1}^{(2)} & 0 \le x \le \beta_1, \\[2mm]
x^2 + \left\{(1-\alpha_1)^2 \log\alpha_1 - 2(\log\alpha_2)(\log\beta_2) - \log(\alpha_1/\beta_2)(\log\alpha_2)^2 \right. \\
\quad + \left[(\log\alpha_1)^2 - (\log\beta_2)^2\right]\log\alpha_2 - \frac{1}{3}\left[(\log\alpha_1)^3 - (\log\beta_2)^3\right]\Big\} x \\
\quad + \left(1 - \alpha_1^2 + 2\log\alpha_1\right)x\log x + \alpha_1(2-\alpha_1) & \beta_1 \le x \le \alpha_1, \\[2mm]
2x^2 + \left[(\log\alpha_2)^2(\log\beta_2) + 2\log\alpha_2 - (\log\alpha_2)(\log\beta_2)^2 \right. \\
\quad - 2(\log\alpha_2)(\log\beta_2) + \frac{1}{3}(\log\beta_2)^3\Big] x - \frac{1}{3}x(\log x)^3 + (\log\alpha_2)x(\log x)^2 \\
\quad + \left[2\log\alpha_2 - 2 - (\log\alpha_2)^2\right]x\log x & \alpha_1 \le x \le \beta_2, \\[2mm]
-3x^2 + \left[(\log\alpha_2)^2 - 2\log\alpha_2 + 2\right]x + x(\log x)^2 - 2(\log\alpha_2)x\log x \\
& \beta_2 \le x \le \alpha_2, \\[2mm]
-2x\log x & \alpha_2 \le x \le 1
\end{cases}
$$

が得られる．ここで，$x = 1$ における境界条件は

$$
f_1^{(2)} = 0, \quad f_1^{(2)}(1) = f_1^{(1)}(1;1) = 1, \quad f_1^{(2)}(2) = f_1^{(1)}(2;1) = 1
$$

である．関数 $f_x^{(2)}$ が $x = \beta_2$ で連続であるために，方程式

$$
[\log(\beta_2/\alpha_2)]^2 + 2 - 5\beta_2 + 2\log\beta_2 - 4\log\alpha_2 = 0
$$

の解として，$\beta_2 = 0.4201378491\cdots$ である．また，条件

$$f_{\beta_1}^{(2)} := \beta_1^2 \int_{\beta_1}^1 \frac{1}{y^3} \sum_{l=1}^2 f_y^{(2)}(l)dy$$

により，方程式

$$2x + \left(1 - \alpha_1^2 + 2\log\alpha_1\right)\log x + \Big\{1 - \alpha_1^2 + (3 - 2\alpha_1 + \alpha_1^2)\log\alpha_1$$

$$-2\log\alpha_2\log\beta_2 - \log(\alpha_1/\beta_2)(\log\alpha_2)^2$$

$$+\left[(\log\alpha_1)^2 - (\log\beta_2)^2\right]\log\alpha_2 - \tfrac{1}{3}\left[(\log\alpha_1)^3 - (\log\beta_2)^3\right]\Big\} = 0$$

の解として，$\beta_1 = 0.2150094388\cdots$ である．成功確率は

$$P_\infty^{[2,(1\sim2)]} = f_{\beta_1}^{(2)} = f_0^{(2)}$$

$$= \beta_1^2 + \Big\{(1 - \alpha_1)^2\log\alpha_1 - 2(\log\alpha_2)(\log\beta_2) - \log(\alpha_1/\beta_2)(\log\alpha_2)^2$$

$$+\left[(\log\alpha_1)^2 - (\log\beta_2)^2\right]\log\alpha_2 - \tfrac{1}{3}\left[(\log\alpha_1)^3 - (\log\beta_2)^3\right]\Big\}\beta_1$$

$$+\left(1 - \alpha_1^2 + 2\log\alpha_1\right)\beta_1\log\beta_1 + \alpha_1(2 - \alpha_1) = 0.7933826978\cdots$$

である．x の連続関数 $f_x^{(1)}$, $f_x^{(2)}$, $f_x^{(1)}(1;2)$, $f_x^{(1)}(2;2)$, $f_x^{(1)}(1;1)$, $f_x^{(1)}(2;1)$, $f_x^{(2)}(1)$, $f_x^{(2)}(2)$ を図 6.4 (a)〜(h) に示す．

(4) 3 人を採用してそれらがベスト，セカンド及びサードベストである確率を最大化する秘書問題は 6.3.1 項に解析されている．次の対応関係により，その漸近形に対する最適性方程式が以下のように与えられる．

$V_i^{(1)}(1;12)$ と $V_i^{(1)}(2;12)$ に対する式 (6.48) に対応して，

$$f_x^{(1)}(1;12) = f_x^{(1)}(2;12) = x^3 \qquad 0 \le x \le 1. \tag{6.81}$$

$V_i^{(1)}(3;12)$ に対する式 (6.49) に対応して，

$$f_x^{(1)}(3;12) = \max\left\{x^3, \int_x^1 \frac{x^3}{y^4}\sum_{l=1}^3 f_y^{(1)}(l;12)dy\right\} \qquad 0 \le x \le 1,$$

$$f_1^{(1)}(3;12) = 1. \tag{6.82}$$

$V_i^{(2)}(1)$ に対する式 (6.50) に対応して，

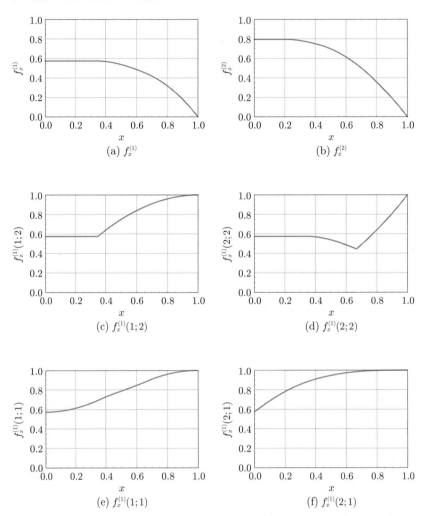

(a) $f_x^{(1)}$

(b) $f_x^{(2)}$

(c) $f_x^{(1)}(1;2)$

(d) $f_x^{(1)}(2;2)$

(e) $f_x^{(1)}(1;1)$

(f) $f_x^{(1)}(2;1)$

図 **6.4**　**2** 人を採用してベスト及びセカンドベストを選ぶ秘書問題の漸近解.

$$f_x^{(2)}(1) = \int_x^1 \frac{x^3}{y^4} \sum_{l=1}^{3} f_y^{(1)}(l;12)dy \qquad 0 \le x \le 1,$$

$$f_1^{(2)}(1) = 0. \tag{6.83}$$

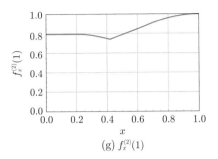

(g) $f_x^{(2)}(1)$

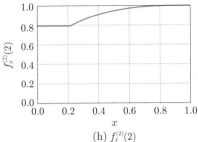

(h) $f_x^{(2)}(2)$

図 **6.4** 2 人を採用してベスト及びセカンドベストを選ぶ秘書問題の漸近解（続き）．

$V_i^{(2)}(2)$ に対する式 (6.51) に対応して，

$$f_x^{(2)}(2) = \max\left\{ \int_x^1 \frac{x^3}{y^4} \sum_{l=1}^3 f_y^{(1)}(l;12)dy, \int_x^1 \frac{x^2}{y^3} \sum_{l=1}^2 f_y^{(2)}(l)dy \right\}$$

$$0 \le x \le 1,$$

$$f_1^{(2)}(2) = 0. \tag{6.84}$$

最後に，$V_i^{(3)}$ に対する式 (6.52) に対応して，

$$f_x^{(3)} = \max\left\{ \int_x^1 \frac{x^2}{y^3} \sum_{l=1}^2 f_y^{(2)}(l)dy, \int_x^1 \frac{x}{y^2} f_y^{(3)}dy \right\} \qquad 0 \le x \le 1,$$

$$f_1^{(3)} = 0. \tag{6.85}$$

成功確率は，$P_n^{[3,(1,2,3)]} = V_1^{(3)}$ に対応して，$P_\infty^{[3,(1,2,3)]} = f_0^{(3)}$ である．
Sakaguchi (1987) は積分方程式 (6.82)〜(6.84) の解を以下のように与えている．

$$f_x^{(1)}(3;12) = \begin{cases} -2x^3 + 3e^{-1/3}x^2 & 0 \le x \le e^{-1/3}, \\ x^3 & e^{-1/3} \le x \le 1. \end{cases} \tag{6.86}$$

$$f_x^{(2)}(1) = \begin{cases} -2x^3 + 3e^{-1/3}x^2 & 0 \le x \le e^{-1/3}, \\ -3x^3 \log x & e^{-1/3} \le x \le 1. \end{cases} \tag{6.87}$$

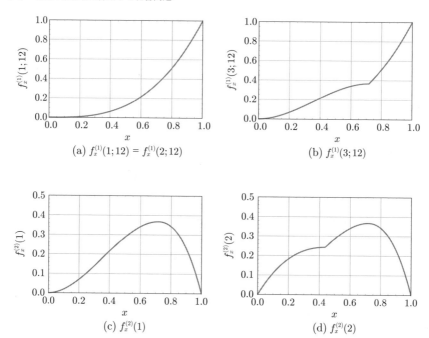

図 **6.5** **3** 人を採用してそれらが上位 **3** 人である確率を最大化する秘書問題の漸近解.

$$
f_x^{(2)}(2) = \begin{cases}
x^3 - 3e^{-1/3}x^2 + 3\beta(2e^{-1/3} - \beta)x & 0 \leq x \leq \beta, \\
-2x^3 + 3e^{-1/3}x^2 & \beta \leq x \leq e^{-1/3}, \\
-3x^3 \log x & e^{-1/3} \leq x \leq 1.
\end{cases}
$$

$$(6.88)$$

ここで, β は 6.3.1 項に与えられている α_2 のことであり, $\beta = 0.43698186\cdots$ $(< e^{-1/3} = 0.716531\cdots)$ である. x の関数 $f_x^{(1)}(1;12) = f_x^{(1)}(2;12)$, $f_x^{(1)}(3;12)$, $f_x^{(2)}(1)$, $f_x^{(2)}(2)$ を図 6.5 に示す.

最後に, x の関数 $f_x^{(3)}$ は式 (6.85) から明示的に与えることはできない. なぜならば, この式の右辺において, 関数

$$g(x) := \int_x^1 \frac{x^2}{y^3} f_y^{(2)}(1) dy + \int_x^1 \frac{x^2}{y^3} f_y^{(2)}(2) dy$$

$$= \begin{cases} x^3 - 3e^{-1/3}x^2 + 3\beta(2e^{-1/3} - \beta)x & 0 \le x \le \beta, \\ 2x^2(2x - 3e^{-1/3}\log x - 7e^{-1/3} + 3) & \beta \le x \le e^{-1/3}, \\ 6x^2(x\log x - x + 1) & e^{-1/3} \le x \le 1 \end{cases}$$

は単調非減少ではないからである（252 ページの図 6.7(e) を参照）．しかし，γ を方程式

$$g(\gamma) = \gamma \int_\gamma^1 \frac{g(x)}{x^2} dx$$

の解 $\gamma = 0.16661718\cdots$（6.3.1 項の α_3 に相当）として，成功確率

$$\begin{aligned} P_\infty^{[3,(1,2,3)]} = f_0^{(3)} &= g(\gamma) \\ &= \gamma^3 - 3e^{-1/3}\gamma^2 + 3\beta\left(2e^{-1/3} - \beta\right)\gamma = 0.16252001\cdots \end{aligned}$$

が得られる．この漸近値は 6.3.1 項の結果に一致する．

(5) 3 人を採用してそれらがベスト及びセカンドベストを含む確率を最大化する秘書問題は 6.3.2 項に解析されている．次の対応関係により，その漸近形に対する最適性方程式が以下のように与えられる．
$V_i^{(1)}(1;0)$ と $V_i^{(1)}(2;0)$ に対する式 (6.53) に対応して，

$$f_x^{(1)}(1;0) = f_x^{(1)}(2;0) = 0 \qquad 0 \le x \le 1. \tag{6.89}$$

$V_i^{(1)}(1;1)$ に対する式 (6.54)，$V_i^{(1)}(1;12)$ に対する式 (6.56) に対応して，

$$f_x^{(1)}(1;1) = f_x^{(1)}(1;12) = x^2 \qquad 0 \le x \le 1. \tag{6.90}$$

$V_i^{(1)}(2;1)$ に対する式 (6.55) に対応して，

$$f_x^{(1)}(2;1) = \max\left\{ x^2, \int_x^1 \frac{x^2}{y^3} \sum_{l=1}^2 f_y^{(1)}(l;1) dy \right\} \qquad 0 \le x \le 1,$$

$$f_1^{(1)}(2;1) = 1.$$

これは，$V_i^{(1)}(2;12)$ に対する式 (6.57) に対応する式

$$f_x^{(1)}(2;12) = \max\left\{ x^2, \int_x^1 \frac{x^2}{y^3} \sum_{l=1}^2 f_y^{(1)}(l;12)dy \right\} \qquad 0 \le x \le 1,$$

$$f_1^{(1)}(2;12) = 1$$

と同じ形である. 従って,

$$f(x) := f_x^{(1)}(2;1) = f_x^{(1)}(2;12) \qquad 0 \le x \le 1 \tag{6.91}$$

を定義すると, 式 (6.90) を用いて, 上の 2 つの積分方程式は

$$f(x) = \max\left\{ x^2, -x^2 \log x + \int_x^1 \frac{x^2}{y^3} f(y)dy \right\} \qquad 0 \le x \le 1,$$

$$f(1) = 1 \tag{6.92}$$

と書くことができる. この積分方程式の解は

$$f(x) = \begin{cases} 2e^{-1/2}x - x^2 & 0 \le x \le e^{-1/2} = 0.6065306597\cdots, \\ x^2 & e^{-1/2} \le x \le 1 \end{cases}$$

で与えられる（代入により確認できる）.

そして, 以下の対応が成り立つ. $V_i^{(2)}(1;0)$ に対する式 (6.58) に対応して,

$$f_x^{(2)}(1;0) = \max\left\{ \int_x^1 \frac{x^2}{y^3} \sum_{l=1}^2 f_y^{(1)}(l;1)dy, \int_x^1 \frac{x^2}{y^3} \sum_{l=1}^2 f_y^{(2)}(l;0)dy \right\}$$
$$0 \le x \le 1,$$

$$f_1^{(2)}(1;0) = 0. \tag{6.93}$$

$V_i^{(2)}(2;0)$ に対する式 (6.59) に対応して,

$$f_x^{(2)}(2;0) = \int_x^1 \frac{x^2}{y^3} \sum_{l=1}^2 f_y^{(2)}(l;0)dy \qquad 0 \le x \le 1,$$

$$f_1^{(2)}(2;0) = 0. \tag{6.94}$$

$V_i^{(2)}(1;1)$ に対する式 (6.60) に対応して,

$$f_x^{(2)}(1;1) = \max\left\{ x^2 + \int_x^1 \frac{x^2}{y^3} \sum_{l=1}^2 f_y^{(1)}(l;12)dy, \int_x^1 \frac{x^2}{y^3} \sum_{l=1}^2 f_y^{(2)}(l;0)dy \right\}$$
$$0 \leq x \leq 1,$$

$$f_1^{(2)}(1;1) = 1. \tag{6.95}$$

$V_i^{(2)}(2;1)$ に対する式 (6.61) に対応して,

$$f_x^{(2)}(2;1) = \max\left\{ x^2 + \int_x^1 \frac{x^2}{y^3} \sum_{l=1}^2 f_y^{(1)}(l;12)dy, \int_x^1 \frac{x^2}{y^3} \sum_{l=1}^2 f_y^{(2)}(l;1)dy \right\}$$
$$0 \leq x \leq 1,$$

$$f_1^{(2)}(2;1) = 1. \tag{6.96}$$

$V_i^{(3)}(1)$ に対する式 (6.62) に対応して,

$$f_x^{(3)}(1) = \max\left\{ \int_x^1 \frac{x^2}{y^3} \sum_{l=1}^2 f_y^{(2)}(l;1)dy, \int_x^1 \frac{x^2}{y^3} \sum_{l=1}^2 f_y^{(3)}(l)dy \right\}$$
$$0 \leq x \leq 1,$$

$$f_1^{(3)}(1) = 0. \tag{6.97}$$

$V_i^{(3)}(2)$ に対する式 (6.63) に対応して,

$$f_x^{(3)}(2) = \int_x^1 \frac{x^2}{y^3} \sum_{l=1}^2 f_y^{(3)}(l)dy \qquad 0 \leq x \leq 1,$$

$$f_1^{(3)}(2) = 0. \tag{6.98}$$

成功確率は, $P_n^{[3,(1,2)]} = V_1^{(3)}(1)$ に対応して, $P_\infty^{[3,(1,2)]} = f_0^{(3)}(1)$ である. 積分方程式 (6.93)~(6.98) を解くために次ページに示される連立積分方程式 (6.99) の解を用いる (Sakaguchi, 1987).

方程式 (6.93) と (6.94) を x の関数 $f_1(x) := f_x^{(2)}(1;0)$ と $f_2(x) := f_x^{(2)}(2;0)$ に対する連立積分方程式 (6.99) と考えて, 区分的に微分可能な関数 (252 ページの図 6.7(c) を参照)

$$g(x) := \int_x^1 \frac{x^2}{y^3} \sum_{l=1}^2 f_y^{(1)}(l;0)dy = \begin{cases} 2e^{-1/2}x - x^2 & 0 \leq x \leq e^{-1/2}, \\ -2x^2 \log x & e^{-1/2} \leq x \leq 1 \end{cases}$$

連立積分方程式 (6.99) の解

区間 $[0,1]$ で与えられた区分的に微分可能な関数 $g(x)$, $g(0) \geq 0$, $g(1) = 0$, $g'(1) < 0$, に対し，方程式

$$g(x) = x \int_x^1 \frac{g(y)}{y^2} dy$$

が区間 $(0,1)$ に一意的な解をもつと仮定する．このとき，区間 $[0,1]$ で定義された連続関数 $f_1(x)$ と $f_2(x)$ に対する連立積分方程式

$$f_1(x) = \max\{g(x), f_2(x)\} \quad ; \quad f_1(1) = 0,$$

$$f_2(x) = x^2 \int_x^1 [f_1(y) + f_2(y)] \frac{1}{y^3} dy \quad ; \quad f_2(1) = 0 \quad (6.99)$$

の解は

$$f_1(x) = \begin{cases} g(c) & 0 \leq x \leq c, \\ g(x) & c \leq x \leq 1 \end{cases} \quad (6.100)$$

及び

$$f_2(x) = \begin{cases} g(c) & 0 \leq x \leq c, \\ x \int_x^1 \frac{g(y)}{y^2} dy & c \leq x \leq 1 \end{cases} \quad (6.101)$$

で与えられる．ここで，定数 c は次の方程式の解である．

$$g(c) = c \int_c^1 \frac{g(x)}{x^2} dx \quad 0 < c < 1. \quad (6.102)$$

を定義し，上の解 (6.100) と (6.101) を用いると，

$$f_x^{(2)}(1;0) = f_1(x) = \begin{cases} 2e^{-1/2}\beta - \beta^2 & 0 \leq x \leq \beta, \\ 2e^{-1/2}x - x^2 & \beta \leq x \leq e^{-1/2}, \\ -2x^2 \log x & e^{-1/2} \leq x \leq 1 \end{cases}$$

$$f_x^{(2)}(2;0) = f_2(x) = \begin{cases} 2e^{-1/2}\beta - \beta^2 & 0 \le x \le \beta, \\ x^2 - (5e^{-1/2} - 2)x - 2e^{-1/2}x \log x \\ & \beta \le x \le e^{-1/2}, \\ 2x(1-x) + 2x^2 \log x & e^{-1/2} \le x \le 1 \end{cases}$$

が得られる. ここで, β は方程式 (6.102) より,

$$g(\beta) = \beta \int_\beta^1 \frac{g(x)}{x^2} dx \qquad 0 < \beta < e^{-1/2}$$

すなわち,

$$2 \log \beta = 2e^{1/2}(1+\beta) - 7$$

の解として, $\beta = 0.2291147285\cdots$ が得られる[*7]. ここまでに得られた $f_x^{(2)}(l;0), l = 1, 2,$ と式 (6.90) を式 (6.95) に用いて,

$$f_x^{(2)}(1;1) = \begin{cases} 2e^{-1/2}\beta - \beta^2 & 0 \le x \le \beta', \\ 2e^{-1/2}x & \beta' \le x \le e^{-1/2}, \\ x^2 - 2x^2 \log x & e^{-1/2} \le x \le 1 \end{cases}$$

が得られる. この関数が $x = \beta'$ で連続になるために, $\beta' = \beta - \frac{1}{2}e^{1/2}\beta^2 = 0.1858411050\cdots$ である.

こうして, 式 (6.96) は $f_x^{(2)}(2;1)$ に対する積分方程式

$$f_x^{(2)}(2;1) = \max \left\{ x^2 + g(x), \int_x^1 \frac{x^2}{y^3} f_y^{(2)}(1;1) dy + \int_x^1 \frac{x^2}{y^3} f_y^{(2)}(2;1) dy \right\}$$
$$0 \le x \le 1,$$

$$f_1^{(2)}(2;1) = 1$$

となる. 上の $g(x)$ と $f_y^{(2)}(1;1)$ を代入すると, この積分方程式の解

[*7] 上の $f_x^{(2)}(1;0)$ は「2 人を採用して, それらがベスト及びセカンドベストである確率を最大化する秘書問題」に対する式 (6.74) に示された $f_x^{(2)}$ と一致する. β の値も同じである.

$$f_x^{(2)}(2;1) = \begin{cases} 2e^{-1/2}\beta' + e^{-1/2}x\left[2\log\left(\frac{4}{5\beta'}\right)-1\right] & 0 \le x \le \beta', \\ e^{-1/2}x\left[2\log\left(\frac{4}{5x}\right)+1\right] & \beta' \le x \le \beta'', \\ 2e^{-1/2}x & \beta'' \le x \le e^{-1/2}, \\ x^2 - 2x^2\log x & e^{-1/2} \le x \le 1 \end{cases}$$

が得られる．この関数が $x = \beta''$ で連続になるために，$\beta'' = \frac{4}{5}e^{-1/2} = 0.4852245277\cdots$ である．

最後に，方程式 (6.97) と (6.98) を x の関数 $f_x^{(3)}(1)$ と $f_x^{(3)}(2)$ に対する連立積分方程式と考えて，区分的に微分可能な連続関数（252 ページの図 6.7 (f) を参照）

$$g(x) := \int_x^1 \frac{x^2}{y^3}\sum_{l=1}^2 f_y^{(2)}(l;0)dy$$

$$= \begin{cases} 2e^{-1/2}\beta - \beta^2 + e^{-1/2}x\left[2\log\left(\frac{4}{5\beta'}\right)-1\right] & 0 \le x \le \beta', \\ e^{-1/2}x\left[2\log\left(\frac{4}{5x}\right)+1\right] & \beta' \le x \le \beta'', \\ 4e^{-1/2}x - \frac{5}{2}x^2 & \beta'' \le x \le e^{-1/2}, \\ 2x^2\left[-\log x + (\log x)^2\right] & e^{-1/2} \le x \le 1 \end{cases}$$

を定義し（これも非減少関数ではない），方程式

$$g(\gamma) = \gamma\int_\gamma^1 \frac{g(x)}{x^2}dx \qquad 0 < \gamma < 1$$

を解くと，$\gamma = 0.1594456974\cdots\ (< \beta')$ が得られる．成功確率は

$$\begin{aligned} P_\infty^{[3,(1,2)]} &= f_0^{(3)}(1) = g(\gamma) \\ &= 2e^{-1/2}\beta - \beta^2 + e^{-1/2}\gamma\left[2\log\left(\frac{4}{5\beta'}\right)-1\right] \\ &= 0.41106315158\cdots \end{aligned}$$

である．x の関数 $f_x^{(1)}(2;1) = f_x^{(1)}(2;12)$, $f_x^{(2)}(1;0)$, $f_x^{(2)}(2;0)$, $f_x^{(2)}(1;1)$, $f_x^{(2)}(2;1)$ を図 6.6 (a)〜(e) に示す．

本節の積分方程式に現れる関数 $g(x)$ を図 6.7 に示す．

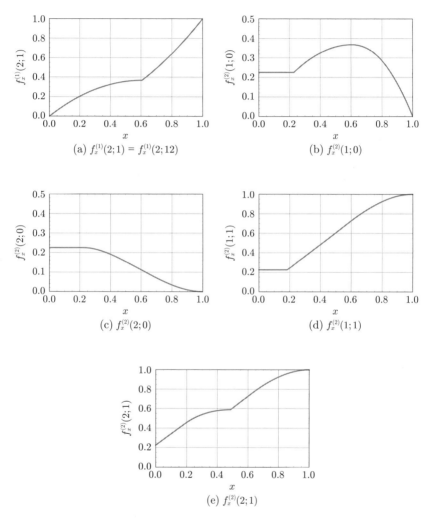

(a) $f_x^{(1)}(2;1) = f_x^{(1)}(2;12)$

(b) $f_x^{(2)}(1;0)$

(c) $f_x^{(2)}(2;0)$

(d) $f_x^{(2)}(1;1)$

(e) $f_x^{(2)}(2;1)$

図 **6.6** **3** 人を採用して上位 **2** 人が含まれる確率を最大化する秘書問題の漸近解.

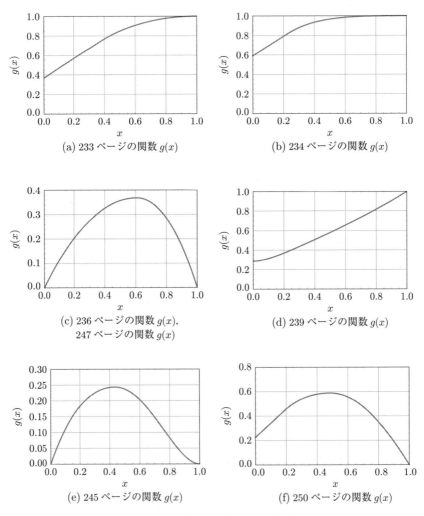

(a) 233 ページの関数 $g(x)$

(b) 234 ページの関数 $g(x)$

(c) 236 ページの関数 $g(x)$,
247 ページの関数 $g(x)$

(d) 239 ページの関数 $g(x)$

(e) 245 ページの関数 $g(x)$

(f) 250 ページの関数 $g(x)$

図 **6.7**　**6.4** 節の積分方程式に現れる関数 $g(x)$.

7章 完全情報秘書問題
Full-information Secretary Problems

第 2 章以降に扱ってきた全ての秘書問題は，1.1 節に示した古典的秘書問題の性質 (ii)

> （n 人の）応募者たちが面接に現れる順序は完全にランダムであると仮定する．すなわち，応募者の絶対順位の $n!$ 通りの並び方は全て同じ確率 $1/n!$ で起こるものとする．

に基づいている．この仮定に基づく秘書問題は，面接者が応募者の適性に関する確率分布を知らないので，**無情報問題** (no-information problem) と呼ばれる[*1].

　本章では，面接に現れる応募者の秘書職への適性が互いに独立な連続型確率変数として数値化され，面接者はその確率分布を知っていると仮定する**完全情報問題** (full-information problem) を考察する．1.2 節に「秘書問題の草分け」として紹介した Gardner のグーゴル・ゲームでは，各人が別々に正の数字を 1 つ考えて紙片に書くので，それらを出現確率分布が既知である互いに独立な確率変数であると想定すると，これは完全情報問題である．完全情報問題もまた，最初に Gilbert and Mosteller (1966, p.51) によって定式化され，解かれている．

　完全情報問題における応募者の適性に関する確率分布に未知のパラメタが含まれる場合は**部分情報問題** (partial-information problem) と呼ばれるが，本書では割愛する（穴太 (2000, pp.140–148)，玉置 (2002) 等を参照）．

7.1　最良選択問題

　本節では，1 人の応募者を採用するとき，この応募者がベストである確率を最大化する方策を求める完全情報問題を考える．この問題は Gilbert and Mosteller

---

[*1] この性質により，古典的秘書問題では，例えば，最初の応募者の絶対順位が 1 位なら，2 番目の応募者の絶対順位が 1 位であることはない．従って，各応募者の絶対順位は互いに独立ではない．

(1966, pp.51–57), Sakaguchi (1973), Samuels (1982) 等により，初期の研究がなされた．穴太 (2000, pp.89–93) に解説がある．Mosteller (1965, 問題 48) はこの問題をパズルとして示している．

　完全情報問題の定式化では，n 人の応募者の適性を $\{X_1, X_2, \ldots, X_n\}$ と表す．各 X_t は，適性が高いほど大きな値を取り，互いに独立であり，区間 $[0, 1]$ 上の**連続型一様分布** (continuous uniform distribution) に従う確率変数であると仮定する．

$$P\{X_t \leq x\} = x \quad ; \quad P\{X_t \geq x\} = 1 - x \qquad 0 \leq x \leq 1,\ 1 \leq t \leq n.$$

すなわち，各応募者の適性は確率 x で x 以下であり，確率 $1 - x$ で x 以上である．任意の実数値を取る連続型確率分布と区間 $[0, 1]$ 上の連続型一様分布は**1 対1 写像** (one-to-one mapping) ができるので，後者の場合に対する解により，適性が一般の連続型確率分布に従う場合も解かれたことになる（7.2 節）．

　古典的秘書問題と同様に，応募者は一人ずつ順に面接に現れると仮定する．最適方策の目的は，全応募者中で最高の適性をもつ応募者（**絶対的ベスト**と言う）を採用する確率が最大になるような方策を見つけることである．各面接における応募者は，それ以前に面接した全ての応募者よりも高い適性をもつ（**相対的ベスト**と言う）ときにのみ，採用の対象となる**候補者**である．候補者でない応募者は絶対的ベストになることはないので，採用しない．

(1) 最適性方程式

　　応募者数を n 人とする．応募者を一人ずつ順に面接してその適性を判定し，その応募者を採用して面接を停止する場合と，採用しないで面接を続け，次の候補者を採用して面接を停止する場合について，絶対的ベスト（以下では，単に「ベスト」と言う）が採用される確率を比較し，大きくなる方を選ぶのが最適方策である．$t\ (1 \leq t \leq n)$ 番目の応募者が適性 $X_t = x$ をもつ候補者であるとき，最適方策によりベストの応募者が採用される確率を $V_t(x)$ で表す．面接が最後（n 番目）の応募者まで続いた場合は，その応募者の適性値に依らず，必ず全応募者中のベストであるから，$V_n(x) = 1, 0 \leq x \leq 1$ である．

　　$1 \leq t \leq n - 1$ については，t 番目の応募者が適性 $X_t = x$ をもつ候補者で

あって，この応募者を採用して面接を停止する場合に，この応募者がベストである確率は，もし停止しなければ $t+1$ 番目以降の全応募者の適性が x 以下である確率として，

$$P\{X_t = \max\{X_1, X_2, \ldots, X_n\} \mid X_t = \max\{X_1, X_2, \ldots, X_t\} = x\}$$

$$= P\{X_t \geq X_{t+1}, X_t \geq X_{t+2}, \ldots, X_t \geq X_n \mid X_t = x\}$$

$$= P\{X_{t+1} \leq x, X_{t+2} \leq x, \ldots, X_n \leq x\} = \prod_{i=t+1}^{n} P\{X_i \leq x\} = x^{n-t}$$

で与えられる $(1 \leq t \leq n-1)$.

一方，この応募者を採用しないで面接を続ける場合に，$t+1$ 番目以降の応募者で初めて候補者になるのが $i\ (\geq t+1)$ 番目の応募者である確率は

$$P\{X_{t+1} \leq x, X_{t+2} \leq x, \ldots, X_{i-1} \leq x, X_i > x \mid X_t = x\}$$

$$= x^{i-t-1} P\{X_i > x \mid X_t = x\} \qquad t+1 \leq i \leq n$$

である．このとき，i 番目の応募者の適性が x を超える y であり，その後も最適方策によりベストが採用される確率は $V_i(y)$ であるから，適性が x である t 番目の応募者を採用しない場合にベストが採用される確率は

$$\sum_{i=t+1}^{n} x^{i-t-1} \int_x^1 V_i(y) dy$$

である．

$\{V_t(x); 1 \leq t \leq n\}$ に対する最適性方程式は，上記の 2 つの場合にベストの応募者が採用される確率を比較することにより，

$$V_t(x) = \max\left\{ x^{n-t}, \sum_{i=t+1}^{n} x^{i-t-1} \int_x^1 V_i(y) dy \right\} \qquad 1 \leq t \leq n-1,$$

$$V_n(x) = 1 \qquad 0 \leq x \leq 1 \tag{7.1}$$

で与えられる (穴太, 2000, p.91)．この漸化式を $t = n-1, n-2, \ldots, 2, 1$ の順に逐次的に計算することにより，解 $\{V_t(x); 1 \leq t \leq n\}$ が得られる．

(2) 最適性方程式の解 $V_t(x)$

漸化式 (7.1) の初めの方の解 $\{V_t(x); t = n-1, n-2, \ldots\}$ を書くと，次のようになる[*2]．各 $V_t(x)$ は x の区間 $[0,1]$ 上の連続関数である．

$$V_{n-1}(x) = \max\{x, 1-x\} = \begin{cases} 1-x & 0 \leq x \leq 0.5, \\ x & 0.5 < x < 1. \end{cases}$$

$$V_{n-2}(x) = \max\left\{ x^2, \int_x^1 V_{n-1}(y)dy + x(1-x) \right\}$$
$$= \begin{cases} -\frac{1}{2}x^2 + \frac{3}{4} & 0 \leq x \leq 0.5, \\ -\frac{3}{2}x^2 + x + \frac{1}{2} & 0.5 \leq x \leq 0.689898, \\ x^2 & 0.689898 \leq x \leq 1. \end{cases}$$

$$V_{n-3}(x) = \max\left\{ x^3, \int_x^1 V_{n-2}(y)dy + x\int_x^1 V_{n-1}(y)dy + x^2(1-x) \right\}$$
$$= \begin{cases} -\frac{1}{3}x^3 + 0.684293 & 0 \leq x \leq 0.5, \\ -x^3 + \frac{1}{2}x^2 + 0.642626 & 0.5 \leq x \leq 0.689898, \\ -\frac{11}{6}x^3 + x^2 + \frac{1}{2}x + \frac{1}{3} & 0.689898 \leq x \leq 0.775845, \\ x^3 & 0.775845 \leq x \leq 1. \end{cases}$$

[*2] 後に分かるように，ここでの場合分けの境界は

$$0.5 = r_1, \quad 0.689898 = \frac{1+\sqrt{6}}{5} = r_2, \quad 0.775845 = r_3, \quad 0.825490 = r_4$$

と表される．その他に，$V_{n-3}(x)$ に現れる係数は

$$\frac{1}{3}\left(1 + r_2 + \frac{1}{2}r_2^2 + +\frac{1}{2}r_1^2\right) = \frac{1}{600}\left(293 + 48\sqrt{6}\right) = 0.684293,$$
$$\frac{1}{3}\left(1 + r_2 + \frac{1}{2}r_2^2\right) = \frac{1}{150}\left(67 + 12\sqrt{6}\right) = 0.642626$$

である．

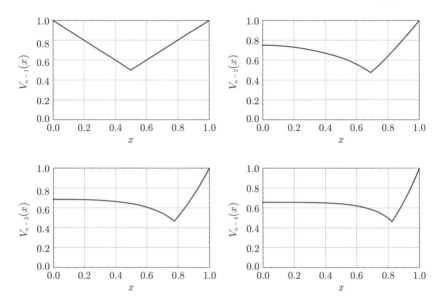

図 **7.1** 完全情報最良選択問題における成功確率 $V_t(x)$.

$$V_{n-4}(x) = \max\left\{ x^4, \int_x^1 V_{n-3}(y)dy + x\int_x^1 V_{n-2}(y)dy \right.$$
$$\left. + x^2\int_x^1 V_{n-1}(y)dy + x^3(1-x) \right\}$$

$$= \begin{cases}
-\frac{1}{4}x^4 + 0.655396 & 0 \le x \le 0.5, \\
-\frac{3}{4}x^4 + \frac{1}{3}x^3 + 0.644979 & 0.5 \le x \le 0.689898, \\
-\frac{11}{8}x^4 + \frac{2}{3}x^3 + \frac{1}{4}x^2 + 0.558121 & 0.689898 \le x \le 0.775845, \\
-\frac{25}{12}x^4 + x^3 + \frac{1}{2}x^2 + \frac{1}{3}x + \frac{1}{4} & 0.775845 \le x \le 0.824590, \\
x^4 & 0.824590 \le x \le 1.
\end{cases}$$

これらを図 7.1 に示す.

最適性方程式 (7.1) により, t 番目の応募者が適性 $X_t = x$ をもつ候補者であるとき, この応募者を採用する方がよいのは, 次の不等式が成り立つ場合である.

$$x^{n-t} > \sum_{i=t+1}^{n} x^{i-t-1} \int_{x}^{1} y^{n-i} dy = \sum_{i=t+1}^{n} x^{i-t-1} \cdot \frac{1-x^{n-i+1}}{n-i+1}$$

$$= \sum_{i=1}^{n-t} x^{i-1} \frac{1-x^{n-t-i+1}}{n-t-i+1} = x^{n-t} \sum_{i=1}^{n-t} x^{-i} \frac{1-x^{i}}{i}.$$

すなわち，候補者である t 番目の応募者の適性 $X_t = x$ が不等式

$$1 > \sum_{i=1}^{n-t} \frac{x^{-i}-1}{i} = G_{n-t}(x)$$

を満たすときである．ここで，$t = 1, 2, \ldots$ に対し，x の区間 $(0,1]$ 上の一連の連続関数

$$G_t(x) := \sum_{i=1}^{t} \frac{x^{-i}-1}{i} = \sum_{i=1}^{t} \frac{1}{ix^i} - \sum_{i=1}^{t} \frac{1}{i} \qquad 0 < x \le 1 \qquad (7.2)$$

を定義した．例えば，以下のようになる．

$$G_1(x) = -1 + \frac{1}{x} \quad ; \quad G_2(x) = -\frac{3}{2} + \frac{1}{x} + \frac{1}{2x^2},$$

$$G_3(x) = -\frac{11}{6} + \frac{1}{x} + \frac{1}{2x^2} + \frac{1}{3x^3},$$

$$G_4(x) = -\frac{25}{12} + \frac{1}{x} + \frac{1}{2x^2} + \frac{1}{3x^3} + \frac{1}{4x^4},$$

$$G_5(x) = -\frac{137}{60} + \frac{1}{x} + \frac{1}{2x^2} + \frac{1}{3x^3} + \frac{1}{4x^4} + \frac{1}{5x^5},$$

$$G_6(x) = -\frac{49}{20} + \frac{1}{x} + \frac{1}{2x^2} + \frac{1}{3x^3} + \frac{1}{4x^4} + \frac{1}{5x^5} + \frac{1}{6x^6}.$$

図 7.2 に関数 $\{G_t(x); t = 1, 2, 3, 4, 5, 6\}$ を示す．各 t に対し，x の連続関数 $G_t(x)$ は単調減少であり，境界条件が $G_t(0) = \infty$ 及び $G_t(1) = 0$ であるから，方程式

$$G_t(x) = 1 \qquad t = 1, 2, \ldots \qquad (7.3)$$

は区間 $[0,1]$ の内部に唯一の実数解 $x = r_t$ をもつ．明らかに $r_1 = \frac{1}{2}$ であり，各 x について $G_t(x) < G_{t+1}(x)$ であるから，数列 $\{r_t; t = 1, 2, \ldots, n\}$ は単調増加である．

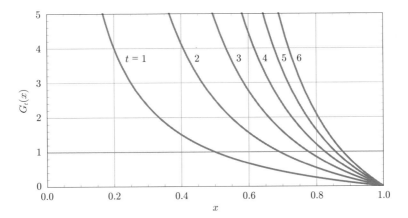

図 7.2 完全情報最良選択問題における $G_t(x)$, $t = 1, 2, \ldots, 6$.

$$\frac{1}{2} = r_1 < r_2 < \cdots < r_t < r_{t+1} < \cdots < r_n < 1.$$

方程式 $G_2(x) = 1$ は 2 次方程式 $5x^2 - 2x - 1 = 0$ となり，その解は $r_2 = \left(1 + \sqrt{6}\,\right)/5 = 0.6898979485\cdots$ である．また，方程式 $G_3(x) = 1$ は 3 次方程式 $17x^3 - 6x^2 - 3x - 2 = 0$ となり，その解は $r_3 = 0.7758450675\cdots$ である．各 r_t の値は応募者数 n に依存しない．数列 $\{r_t; t = 1, 2, \ldots\}$ の値を表 7.1 に示す．図 7.2 と表 7.1 から，

$$\lim_{t \to \infty} r_t = 1$$

が推測される．t が大きいときの r_t の 1 への近づき方については，極限

$$\lim_{t \to \infty} t \left(\frac{1}{r_t} - 1 \right) = c$$

が成り立つ．ここで，c は定数である．定数 c の値を求めるために，t が大きいとき $x = r_t \approx 1/(1 + c/t)$ を式 (7.3) に代入すると，c に関する方程式

$$\sum_{i=1}^{t} \frac{1}{i} \left[\left(1 + \frac{c}{t} \right)^i - 1 \right] = 1$$

となる．この式の左辺において，区間 $[0, c]$ を t 個の微小区間に分け，$t \to \infty$

表 7.1 完全情報最良選択問題における閾値.

t	r_t	t	r_t	t	r_t	t	r_t
1	0.500000	16	0.951483	31	0.974528	46	0.982731
2	0.689898	17	0.954243	32	0.975310	47	0.983094
3	0.775845	18	0.956706	33	0.976045	48	0.983442
4	0.824590	19	0.958917	34	0.976738	49	0.983776
5	0.855949	20	0.960913	35	0.977392	50	0.984097
6	0.877807	21	0.962724	36	0.978010	60	0.986722
7	0.893910	22	0.964375	37	0.978595	70	0.988603
8	0.906265	23	0.965886	38	0.979150	80	0.990018
9	0.916044	24	0.967274	39	0.979677	90	0.991120
10	0.923976	25	0.968553	40	0.980177	100	0.992003
11	0.930539	26	0.969736	41	0.980654	200	0.995990
12	0.936059	27	0.970834	42	0.981109	300	0.997324
13	0.940767	28	0.971854	43	0.981542	400	0.997992
14	0.944829	29	0.972806	44	0.981956	500	0.998393
15	0.948370	30	0.973695	45	0.982352	1000	0.999196

$t = 1 \sim 50$ の r_t は Gilbert and Mosteller (1966, p.54, Table 7) にある.

を考えると，区分求積法により*3，

$$\lim_{t \to \infty} \sum_{i=1}^{t} \frac{1}{i} \left[\left(1 + \frac{c}{t} \right)^i - 1 \right] \approx \lim_{t \to \infty} \sum_{i=1}^{t} \frac{1}{i} \left[e^{c(i/t)} - 1 \right]$$

$$= \lim_{t \to \infty} \frac{1}{t} \sum_{i=1}^{t} \frac{e^{c(i/t)} - 1}{i/t} = \int_{0}^{1} \frac{e^{cx} - 1}{x} dx = \int_{0}^{c} \frac{e^x - 1}{x} dx$$

$$= \int_{0}^{c} \left(\sum_{j=1}^{\infty} \frac{x^{j-1}}{j!} \right) dx = \sum_{j=1}^{\infty} \int_{0}^{c} \frac{x^{j-1}}{j!} dx = \sum_{j=1}^{\infty} \frac{c^j}{j \cdot j!}$$

となる．よって，c に関する方程式

---

*3 極限の公式

$$\lim_{x \to \infty} \left(1 + \frac{a}{x} \right)^{bx} = e^{ab} \qquad a, b > 0$$

より，次の式で y が x とともに $y \approx bx$ のように増加する場合は，

$$x \to \infty \text{ のとき} \quad \left(1 + \frac{a}{x} \right)^y \approx \left(1 + \frac{a}{x} \right)^{bx} \approx e^{ab} \approx e^{ay/x}$$

と近似できる．

$$\sum_{j=1}^{\infty} \frac{c^j}{j \cdot j!} = 1$$

が導かれる．これを数値的に解いて，$c = 0.80435226286\cdots$ が得られる (Gilbert and Mosteller, 1966, p.53)[*4].

方程式 (7.3) の解として得られる $\{r_t; t = 1, 2, \ldots, n\}$ を区間 $[0, 1]$ を n 個の部分区間に分割する境界とすれば（$r_0 = 0$ とする），後に示すように，$t = 1, 2, \ldots, n-1$ について，最適性方程式 (7.1) の解は次のように書くことができる．

$$V_{n-t}(x) = \begin{cases} \dfrac{1}{t}\left[1 - ix^t + \displaystyle\sum_{j=1}^{i-1} x^{t-j}\phi_j(x) + \sum_{j=1}^{i-1}\sum_{k=1}^{j}\frac{x^{t-k}}{t-k} + \sum_{j=i}^{t-1}\sum_{k=1}^{j}\frac{r_j^{t-k}}{t-k}\right] \\ \qquad\qquad\qquad r_{i-1} \le x \le r_i \quad (1 \le i \le t-1), \\ \phi_t(x) \qquad r_{t-1} \le x \le r_t, \\ x^t \qquad\quad r_t \le x \le 1. \end{cases}$$

ここで，x の区間 $[0, 1]$ 上の一連の連続関数 $\phi_t(x)$ を

---

*4 変数 c $(0 \le c \le 1)$ の関数

$$J(c) := \int_0^1 \frac{e^{cx}-1}{x}dx = \int_0^c \frac{e^x-1}{x}dx = \sum_{j=1}^{\infty}\frac{c^j}{j \cdot j!},$$

$$I(c) := \int_1^{\infty} \frac{e^{-cx}}{x}dx = \int_c^{\infty}\frac{e^{-x}}{x}dx = |\log c| - \gamma - \sum_{j=1}^{\infty}\frac{(-c)^j}{j \cdot j!}$$

を積分指数関数 (exponential integral function) と言う．ここで，

$$\gamma := \lim_{n\to\infty}\left(\sum_{j=1}^{n}\frac{1}{j} - \log n\right) = 0.5772156649\cdots$$

は **Euler の定数** (Euler's constant) である．

$$\phi_t(x) := \frac{1}{t} + \frac{x}{t-1} + \frac{x^2}{t-2} + \frac{x^3}{t-3} + \cdots + x^{t-1} - x^t \sum_{i=1}^{t} \frac{1}{i}$$

$$= \sum_{i=1}^{t} \frac{1}{i} x^{t-i} (1-x^i) = \sum_{i=1}^{t} \frac{1}{i} \binom{t}{i} x^{t-i} (1-x)^i$$

$$= x^t G_t(x) \qquad 0 \le x \le 1, \quad t = 1, 2, \ldots \tag{7.4}$$

と定義した．例えば，以下のようになる．

$$\phi_1(x) = 1 - x, \quad \phi_2(x) = -\frac{3}{2}x^2 + x + \frac{1}{2},$$

$$\phi_3(x) = -\frac{11}{6}x^3 + x^2 + \frac{1}{2}x + \frac{1}{3}, \quad \phi_4(x) = -\frac{25}{12}x^4 + x^3 + \frac{1}{2}x^2 + \frac{1}{3}x + \frac{1}{4},$$

$$\phi_5(x) = -\frac{137}{60}x^5 + x^4 + \frac{1}{2}x^3 + \frac{1}{3}x^2 + \frac{1}{4}x + \frac{1}{5},$$

$$\phi_6(x) = -\frac{49}{20}x^6 + x^5 + \frac{1}{2}x^4 + \frac{1}{3}x^3 + \frac{1}{4}x^2 + \frac{1}{5}x + \frac{1}{6}.$$

関数 $\phi_t(x)$ の区間 $[0,1]$ の端点における値は $\phi_t(0) = 1/t, \phi_t(1) = 0$ である．方程式

$$\phi_t(x) = x^t \qquad t = 1, 2, \ldots$$

はそれぞれ区間 $[r_{t-1}, 1]$ に一意的な解 $x = r_t$ をもつ．図 7.3 に関数 $\{\phi_t(x); t = 1, 2, 3, 4, 5, 6\}$ を関数 $\{x^t; t = 1, 2, 3, 4, 5, 6\}$ とともに示す．関数 $\phi_t(x)$ と関数 x^t の交点が $x = r_t$ である．

最適性方程式 (7.1) から，n 人の応募者を面接する場合の最適方策は「t 番目の応募者を面接したとき，その人が候補者であって適性 x が r_{n-t} 以上なら採用し，r_{n-t} 未満なら採用せずに次の応募者の面接に進む」という規則である．t が増えるにつれて r_{n-t} は減少するので，初期の候補者を採用する閾値は高いが，面接が進むにつれて採用の閾値を下げることになる．$n-1$ 番目の応募者が候補者になる場合は，閾値が $\frac{1}{2}$ まで下がり，その人の適性が $\frac{1}{2}$ 以上なら採用し，$\frac{1}{2}$ 未満なら採用しないことになる．ここでも，r_{n-t} は**閾値**と呼ばれるが，その意味は前章までで使われた「閾値」とは意味が異なることに注意する．

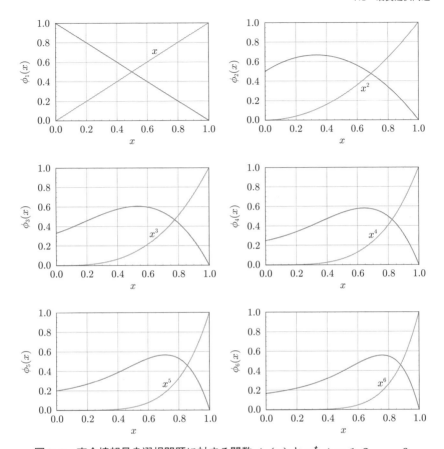

図 **7.3** 完全情報最良選択問題に対する関数 $\phi_t(x)$ と x^t, $t = 1, 2, \ldots, 6$.

さて，$x = r_t$ は方程式 (7.3) の解であるから，

$$\sum_{i=1}^{t} \frac{1}{i}\left(\frac{1}{r_t^i} - 1\right) = 1 \tag{7.5}$$

が成り立つ．Gilbert and Mosteller (1966, pp.52–53) は，組合せ論的考察により，r_t を決める方程式

$$\sum_{i=1}^{t} \frac{1}{i}\binom{t}{i}\left(\frac{1}{r_t} - 1\right)^i = 1 \tag{7.6}$$

を導いている．式 (7.5) と式 (7.6) は次の恒等式[*5]により結び付けられる．

$$\sum_{i=1}^{t} \frac{1}{i} \binom{t}{i} (x-1)^i = \sum_{i=1}^{t} \frac{1}{i} (x^i - 1).$$

この恒等式において，x の代わりに x^{-1} とおくと，

$$\sum_{i=1}^{t} \frac{1}{i} \binom{t}{i} \left(\frac{1}{x} - 1\right)^i = \sum_{i=1}^{t} \frac{1}{i} \left(x^{-i} - 1\right) = G_t(x)$$

となるので，式 (7.5) は式 (7.3) に $x = r_t$ を代入したものと同じである．

(3) 最適性方程式の解 $P_t(x)$

Sakaguchi (1973) は，「最後から t 番目」の応募者について，それ以前の全ての応募者の最高の適性が x であるとき，この応募者を採用しない場合に最適方策によりベストの応募者が採用される確率 $P_t(x)$ を考え，$P_t(x)$ に対する最適性方程式

$$P_t(x) = xP_{t-1}(x) + \int_x^1 \max\{y^{t-1}, P_{t-1}(y)\}dy \qquad 1 \le t \le n,$$

$$P_0(x) = 0 \qquad 0 \le x \le 1 \tag{7.7}$$

を示している．この式の右辺の第 1 項は，「最後から $t-1$ 番目」の応募者の適性が x 以下であれば（その確率は x），この応募者は候補者ではないので採用せず，それ以前の全ての応募者の最高の適性は x で変わらないの

---

*5（証明）

$$x^i - 1 = [1 + (x-1)]^i - 1 = \sum_{j=1}^{i} \binom{i}{j}(x-1)^j = i\sum_{j=1}^{i} \frac{1}{j}\binom{i-1}{j-1}(x-1)^j$$

より

$$\sum_{i=1}^{t} \frac{1}{i}(x^i - 1) = \sum_{i=1}^{t}\sum_{j=1}^{i} \frac{1}{j}\binom{i-1}{j-1}(x-1)^j = \sum_{j=1}^{t} \frac{1}{j}(x-1)^j \sum_{i=j}^{t}\binom{i-1}{j-1}$$

$$= \sum_{j=1}^{t} \frac{1}{j}\binom{t}{j}(x-1)^j \qquad \leftarrow \quad \sum_{i=j}^{t}\binom{i-1}{j-1} = \binom{t}{j}.$$

で，最適方策によりベストが採用される確率が $P_{t-1}(x)$ となることを表している．第2項は，「最後から $t-1$ 番目」の応募者の適性が $y(\geq x)$ であれば，この応募者は候補者であるので，採用して面接を停止するか，採用しないで面接を継続するかの判断を行う方策を示している．この応募者を採用して面接を停止するとき，この応募者がベストになるのは，それ以降の全ての応募者の適性が y 以下である場合であるので，その確率は y^{t-1} である．一方，この応募者を採用しないときは，それ以前の全ての応募者の最高の適性は y になっているので，最適方策によりベストが採用される確率は $P_{t-1}(y)$ となる．2つの確率を比べて大きい方の確率を y が取り得る値の区間 $[x, 1]$ で積分している．

もし適性が1の応募者を採用しなければ，その後に再び適性が1の応募者が現れる確率は0であるから，ベストが採用される確率は0である．

$$P_t(1) = 0 \qquad 1 \leq t \leq n.$$

方程式 (7.7) の解は，$P_0(x) = 0 \ (0 \leq x \leq 1)$ から始めて，以下のように逐次的に得ることができる．

$P_1(x) = 1 - x \qquad 0 \leq x \leq 1.$

$$P_2(x) = \begin{cases} -\frac{1}{2}x^2 + \frac{3}{4} & 0 \leq x \leq 0.5, \\ -\frac{3}{2}x^2 + x + \frac{1}{2} & 0.5 \leq x \leq 1. \end{cases}$$

$$P_3(x) = \begin{cases} -\frac{1}{3}x^3 + 0.684293 & 0 \leq x \leq 0.5, \\ -x^3 + \frac{1}{2}x^2 + 0.642626 & 0.5 \leq x \leq 0.689898, \\ -\frac{11}{6}x^3 + x^2 + \frac{1}{2}x + \frac{1}{3} & 0.689898 \leq x \leq 1. \end{cases}$$

$$P_4(x) = \begin{cases} -\frac{1}{4}x^4 + 0.655396 & 0 \leq x \leq 0.5, \\ -\frac{3}{4}x^4 + \frac{1}{3}x^3 + 0.644979 & 0.5 \leq x \leq 0.689898, \\ -\frac{11}{8}x^4 + \frac{2}{3}x^3 + \frac{1}{4}x^2 + 0.558121 & 0.689898 \leq x \leq 0.775845, \\ -\frac{25}{12}x^4 + x^3 + \frac{1}{2}x^2 + \frac{1}{3}x + \frac{1}{4} & 0.775845 \leq x \leq 1. \end{cases}$$

これらの関数をそれぞれ関数 x, x^2, x^3, x^4 とともに図 7.4 に示す．関数

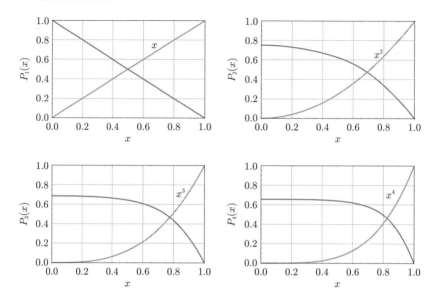

図 7.4　完全情報最良選択問題における成功確率 $P_t(x)$ と $x^t, t = 1, 2, 3, 4.$

$P_t(x)$ と関数 x^t の交点が $x = r_t$ である.

$$P_t(x) \geq x^t \quad 0 \leq x \leq r_t \quad ; \quad P_t(r_t) = r_t^t \quad ; \quad P_t(x) \leq x^t \quad r_t \leq x \leq 1.$$

図 7.4 を図 7.1 と見比べると，図 7.1 の $V_{n-t}(x)$ は図 7.4 の $P_t(x)$ のうち $r_t \leq x \leq 1$ の部分 $(\phi_t(x))$ を x^t で置き換えたものとなっている.

$$P_t(x) = \begin{cases} V_{n-t}(x) & 0 \leq x \leq r_{t-1}, \\ V_{n-t}(x) = \phi_t(x) & r_{t-1} \leq x \leq r_t, \\ \phi_t(x) \quad ; \quad V_{n-t}(x) = x^t & r_t \leq x \leq 1. \end{cases}$$

式 (7.4) で定義された関数 $\phi_t(x)$ を用いて，これらの解は，$t = 1, 2, \dots, n$ に対し，

$$
P_t(x) =
\begin{cases}
\dfrac{1}{t}\left[1 - ix^t + \displaystyle\sum_{j=1}^{i-1} x^{t-j}\phi_j(x) + \sum_{j=1}^{i-1}\sum_{k=1}^{j}\frac{x^{t-k}}{t-k} + \sum_{j=i}^{t-1}\sum_{k=1}^{j}\frac{r_j^{t-k}}{t-k}\right] \\
\qquad\qquad\qquad\qquad\qquad r_{i-1} \le x \le r_i \quad (1 \le i \le t-1), \\[2mm]
\phi_t(x) \qquad\qquad\qquad\qquad r_{t-1} \le x \le 1
\end{cases}
\tag{7.8}
$$

と書くことができる (Tamaki, 1980, Lemma 1).

(4) 成功確率 P_n の計算

式 (7.8) を用いて，成功確率は

$$
\begin{aligned}
P_n &= \int_0^1 \max\{x^{n-1}, P_{n-1}(x)\}dx \\
&= \frac{1}{n} + \left(1 - \frac{1}{n}\right) r_{n-1}^n - \sum_{i=1}^{n-1}\int_{r_{i-1}}^{r_i} x^{n-i}\phi_i'(x)dx \\
&= P_n(0) = \frac{1}{n}\left[1 + \sum_{i=1}^{n-1}\sum_{j=1}^{i}\frac{(r_i)^{n-j}}{n-j}\right]
\end{aligned}
\tag{7.9}
$$

で与えられる (Sakaguchi, 1973). 最初の式は，適性が x である最初の応募者（必ず候補者である）を採用する場合に，この応募者がベストである（後続の $n-1$ 人の応募者の適性が全て x 以下である）確率 x^{n-1} と，この応募者を採用しない場合にベストの応募者が採用される確率 $P_{n-1}(x)$ のうちの大きい方を，x が取り得る値の区間 $[0,1]$ で積分している.

式 (7.9) から

$$
\begin{aligned}
P_2 &= \frac{1}{2}\left(1 + r_1\right) = \frac{3}{4} = 0.75, \\
P_3 &= \frac{1}{3}\left(1 + \frac{r_1^2}{2} + r_2 + \frac{r_2^2}{2}\right) = \frac{293 + 48\sqrt{6}}{600} = 0.684293, \\
P_4 &= \frac{1}{4}\left(1 + \frac{r_1^3}{3} + \frac{r_2^2}{2} + \frac{r_2^3}{3} + r_3 + \frac{r_3^2}{2} + \frac{r_3^3}{3}\right) = 0.655396
\end{aligned}
$$

が得られる．成功確率 $\{P_n; n = 1, 2, \ldots\}$ を表 7.2 に示す．n が増えると P_n は単調減少することに注意する．

表 7.2　完全情報最良選択問題におけるベストが採用される確率.

n	P_n	n	P_n	n	P_n	n	P_n
1	1.000000	16	0.597780	31	0.589168	46	0.586212
2	0.750000	17	0.596724	32	0.588884	47	0.586083
3	0.684293	18	0.595788	33	0.588618	48	0.585958
4	0.655396	19	0.594952	34	0.588367	49	0.585839
5	0.639194	20	0.594200	35	0.588130	50	0.585725
6	0.628784	21	0.593522	36	0.587907	60	0.584794
7	0.621508	22	0.592906	37	0.587696	70	0.584129
8	0.616128	23	0.592344	38	0.587496	80	0.583632
9	0.611986	24	0.591830	39	0.587306	90	0.583245
10	0.608699	25	0.591357	40	0.587126	100	0.582936
11	0.606028	26	0.590921	41	0.586955	200	0.581548
12	0.603813	27	0.590518	42	0.586792	300	0.581086
13	0.601948	28	0.590144	43	0.586637	400	0.580856
14	0.600356	29	0.589796	44	0.586489	500	0.580717
15	0.598980	30	0.589472	45	0.586347	∞	0.580164

$n = 1 \sim 50$ の P_n は Gilbert and Mosteller (1966, p.56, Table 8) に
正しく示されている.

以下では, 式 (7.8) と (7.9) を導出し, Gilbert and Mosteller (1966) による
解との関係も示す. $P_t(x)$ に対する最適性方程式 (7.7) の右辺において,

$$P_{t-1}(y) \geq y^{t-1} \quad 0 \leq y \leq r_{t-1} \quad ; \quad P_{t-1}(y) \leq y^{t-1} \quad r_{t-1} \leq y \leq 1$$

により,

$$\max\{y^{t-1}, P_{t-1}(y)\} = \begin{cases} P_{t-1}(y) & 0 \leq y \leq r_{t-1}, \\ y^{t-1} & r_{t-1} \leq y \leq 1 \end{cases}$$

である. よって, $0 \leq x \leq r_{t-1}$ のとき,

$$\int_x^1 \max\{y^{t-1}, P_{t-1}(y)\}dy = \int_x^{r_{t-1}} P_{t-1}(y)dy + \int_{r_{t-1}}^1 y^{t-1}dy$$
$$= \int_x^{r_{t-1}} P_{t-1}(y)dy + \frac{1}{t}\left(1 - r_{t-1}^t\right)$$

であり, $r_{t-1} \leq x \leq 1$ のとき,

$$\int_x^1 \max\{y^{t-1}, P_{t-1}(y)\}dy = \int_x^1 y^{t-1}dy = \frac{1}{t}\left(1 - x^t\right)$$

である. 従って, 方程式 (7.7) は

$$P_t(x) - xP_{t-1}(x) = \int_x^1 \max\{y^{t-1}, P_{t-1}(y)\}dy$$

$$= \begin{cases} \displaystyle\int_x^{r_{t-1}} P_{t-1}(y)dy + \frac{1}{t}\left(1 - r_{t-1}^t\right) & 0 \le x \le r_{t-1}, \\ \dfrac{1}{t}\left(1 - x^t\right) & r_{t-1} \le x \le 1 \end{cases} \tag{7.10}$$

と書くことができる. この式の両辺を x で微分することにより,

$$P_t'(x) = xP_{t-1}'(x) \qquad 0 \le x \le r_{t-1}$$

が得られる. また, $x = r_{t-1}$ とおき, $P_{t-1}(r_{t-1}) = r_{t-1}^{t-1}$ を使って,

$$P_t(r_{t-1}) = \frac{1}{t} + \left(1 - \frac{1}{t}\right)r_{t-1}^t \qquad 1 \le t \le n$$

が得られる.

式 (7.8) において, $1 \le i \le t - 1$ の場合の $P_t(x)$ は式 (7.10) を満たすことが直接の代入により確認できる. 一方,

$$P_t(x) = \phi_t(x) \qquad r_{t-1} \le x \le 1 \tag{7.11}$$

は, t に関する数学的帰納法により, $1 \le t \le n$ について成り立つことが次のようにして証明できる. $t = 1$ のとき, $P_1(x) = 1 - x = \phi_1(x), 0 \le x \le 1$ であるから式 (7.11) は成り立つ. 式 (7.11) が $1 \le t \le n - 1$ について成り立つと仮定すれば, 式 (7.10) により, $x \ge r_t \ge r_{t-1}$ のとき,

$$P_{t+1}(x) = xP_t(x) + \frac{1}{t+1}\left(1 - x^{t+1}\right)$$
$$= x\phi_t(x) + \frac{1}{t+1}\left(1 - x^{t+1}\right) = \phi_{t+1}(x)$$

であるから, 式 (7.11) は $t + 1$ についても成り立つ. よって, 数学的帰納法により, 式 (7.11) は全ての $1 \le t \le n$ について成り立つ. 証明終り.

次に式 (7.9) を導く．そのために，式 (7.10) に続く関係式を使って，任意の正の整数 k と m について，

$$
k \int_0^{r_{m-1}} P_m(x) x^{k-1} dx
$$
$$
= \frac{1}{m} \left(1 - r_{m-1}^m \right) r_{m-1}^k + (k+1) \int_0^{r_{m-2}} P_{m-1}(x) x^k dx
$$
$$
+ (k+1) \int_{r_{m-2}}^{r_{m-1}} \phi_{m-1}(x) x^k dx \tag{7.12}
$$

が成り立つことを示す．部分積分により，

$$
k \int_0^{r_{m-1}} P_m(x) x^{k-1} dx = P_m(x) x^k \Big|_{x=0}^{x=r_{m-1}} - \int_0^{r_{m-1}} P'_m(x) x^k dx
$$
$$
= P_m(r_{m-1}) r_{m-1}^k - \int_0^{r_{m-1}} P'_{m-1}(x) x^{k+1} dx
$$
$$
= P_m(r_{m-1}) r_{m-1}^k - P_{m-1}(x) x^{k+1} \Big|_{x=0}^{x=r_{m-1}} + (k+1) \int_0^{r_{m-1}} P_{m-1}(x) x^k dx
$$
$$
= \left[\frac{1}{m} + \left(1 - \frac{1}{m} \right) r_{m-1}^m \right] r_{m-1}^k - P_{m-1}(r_{m-1}) r_{m-1}^{k+1}
$$
$$
+ (k+1) \left[\int_0^{r_{m-2}} P_{m-1}(x) x^k dx + \int_{r_{m-2}}^{r_{m-1}} P_{m-1}(x) x^k dx \right]
$$
$$
= \frac{1}{m} \left(1 - r_{m-1}^m \right) r_{m-1}^k + (k+1) \int_0^{r_{m-2}} P_{m-1}(x) x^k dx
$$
$$
+ (k+1) \int_{r_{m-2}}^{r_{m-1}} \phi_{m-1}(x) x^k dx
$$

が得られる．最後に，$P_{m-1}(r_{m-1}) = r_{m-1}^{m-1}$ と，$x \geq r_{m-2}$ のとき，$P_{m-1}(x) = \phi_{m-1}(x)$ であることを使った．これで式 (7.12) が証明できた．

式 (7.9) の導出に進む．式 (7.12) において $m = t-1, k = 1$ とおくと，

$$
\int_0^{r_{t-2}} P_{t-1}(x) dx = \frac{1}{t-1} \left(1 - r_{t-2}^{t-1} \right) r_{t-2} + 2 \int_0^{r_{t-3}} P_{t-2}(x) x dx
$$
$$
+ 2 \int_{r_{t-3}}^{r_{t-2}} \phi_{t-2}(x) x dx
$$

である．また，$m = t-2, k = 2$ とおくことにより，

$$2 \int_0^{r_{t-3}} P_{t-2}(x) x \, dx = \frac{1}{t-2} \left(1 - r_{t-3}^{t-2} \right) r_{t-3}^2 + 3 \int_0^{r_{t-4}} P_{t-3}(x) x^2 \, dx$$
$$+ 3 \int_{r_{t-4}}^{r_{t-3}} \phi_{t-3}(x) x^2 \, dx$$

である. よって,

$$\int_0^{r_{t-2}} P_{t-1}(x) \, dx = \frac{1}{t-1} \left(1 - r_{t-2}^{t-1} \right) r_{t-3} + \frac{1}{t-2} \left(1 - r_{t-3}^{t-2} \right) r_{t-3}^2$$
$$+ 2 \int_{r_{t-3}}^{r_{t-2}} \phi_{t-2}(x) x \, dx + 3 \int_{r_{t-4}}^{r_{t-3}} \phi_{t-3}(x) x^2 \, dx$$
$$+ 3 \int_0^{r_{t-4}} P_{t-3}(x) x^2 \, dx$$

となる. この操作を繰り返すことにより,

$$\int_0^{r_{t-2}} P_{t-1}(x) \, dx$$
$$= \sum_{i=1}^{t-2} \frac{1}{t-i} \left(1 - r_{t-i-1}^{t-i} \right) r_{t-i-1}^i + \sum_{i=1}^{t-2} (t-i) \int_{r_{i-1}}^{r_i} \phi_i(x) x^{t-i-1} \, dx$$
$$+ (t-1) \int_0^{r_0} P_1(x) x^{t-2} \, dx \qquad (r_0 = 0 \text{ に注意})$$
$$= \sum_{i=1}^{t-2} \frac{1}{i+1} \left(1 - r_i^{i+1} \right) r_i^{t-i-1} + \sum_{i=1}^{t-2} (t-i) \int_{r_{i-1}}^{r_i} \phi_i(x) x^{t-i-1} \, dx$$

が得られる（第 1 項で $t - i$ の代わりに $i + 1$ とおいた）. ここで[*6],

---

*6 式 (7.4) にある $\phi_t(x)$ の定義により,

$$\phi_i(x) = x \phi_{i-1}(x) + \frac{1}{i} \left(1 - x^i \right)$$

である. この式に $x = r_{i-1}$ を代入すると,

$$\phi_i(r_{i-1}) = r_{i-1} \phi_{i-1}(r_{i-1}) + \frac{1}{i} \left(1 - r_{i-1}^i \right) = r_{i-1}^i + \frac{1}{i} \left(1 - r_{i-1}^i \right)$$
$$= \frac{1}{i} + \left(1 - \frac{1}{i} \right) r_{i-1}^i$$

が成り立つ.

$$(t-i)\int_{r_{i-1}}^{r_i} \phi_i(x)x^{t-i-1}dx + \int_{r_{i-1}}^{r_i} \phi_i'(x)x^{t-i}dx$$

$$= \int_{r_{i-1}}^{r_i} \frac{d}{dx}\left[\phi_i(x)x^{t-i}\right]dx$$

$$= \phi_i(x)x^{t-i}\Big|_{x=r_{i-1}}^{x=r_i} = \phi_i(r_i)r_i^{t-i} - \phi_i(r_{i-1})r_{i-1}^{t-i}$$

$$= r_i^t - \left[\frac{1}{i} + \left(1-\frac{1}{i}\right)r_{i-1}^i\right]r_{i-1}^{t-i} = r_i^t - r_{i-1}^t + \frac{1}{i}\left(r_{i-1}^t - r_{i-1}^{t-i}\right)$$

の両辺を $i=1$ から $i=t-1$ まで加えると，

$$\sum_{i=1}^{t-1}(t-i)\int_{r_{i-1}}^{r_i} \phi_i(x)x^{t-i-1}dx + \sum_{i=1}^{t-1}\int_{r_{i-1}}^{r_i} \phi_i'(x)x^{t-i}dx$$

$$= \sum_{i=1}^{t-1}\left(r_i^t - r_{i-1}^t\right) + \sum_{i=2}^{t-1}\frac{1}{i}\left(r_{i-1}^t - r_{i-1}^{t-i}\right) = r_{t-1}^t + \sum_{i=1}^{t-2}\frac{1}{i+1}\left(r_i^t - r_i^{t-i-1}\right)$$

となる．従って，

$$\int_0^{r_{t-1}} P_{t-1}(x)dx = \int_0^{r_{t-2}} P_{t-1}(x)dx + \int_{r_{t-2}}^{r_{t-1}} P_{t-1}(x)dx$$

$$= \sum_{i=1}^{t-2}\frac{1}{i+1}\left(1-r_i^{i+1}\right)r_i^{t-i-1} + \sum_{i=1}^{t-2}(t-i)\int_{r_{i-1}}^{r_i}\phi_i(x)x^{t-i-1}dx$$

$$+ \int_{r_{t-2}}^{r_{t-1}}\phi_{t-1}(x)dx$$

$$= \sum_{i=1}^{t-2}\frac{1}{i+1}\left(1-r_i^{i+1}\right)r_i^{t-i-1} + \sum_{i=1}^{t-1}(t-i)\int_{r_{i-1}}^{r_i}\phi_i(x)x^{t-i-1}dx$$

$$= \sum_{i=1}^{t-2}\frac{1}{i+1}\left(1-r_i^{i+1}\right)r_i^{t-i-1} + r_{t-1}^t + \sum_{i=1}^{t-2}\frac{1}{i+1}\left(r_i^t - r_i^{t-i-1}\right)$$

$$- \sum_{i=1}^{t-1}\int_{r_{i-1}}^{r_i}\phi_i'(x)x^{t-i-1}dx = r_{t-1}^t - \sum_{i=1}^{t-1}\int_{r_{i-1}}^{r_i}\phi_i'(x)x^{t-i}dx$$

が得られる．特に，$t=n$ のとき，

$$\int_0^{r_{n-1}} P_{n-1}(x)dx = r_{n-1}^n - \sum_{i=1}^{n-1}\int_{r_{i-1}}^{r_i}\phi_i'(x)x^{n-i}dx$$

である．これを用いて，式 (7.9) に示した成功確率

$$P_n = \int_0^1 \max\{x^{n-1}, P_{n-1}(x)\}dx = \int_0^{r_{n-1}} P_{n-1}(x)dx + \frac{1}{n}\left(1 - r_{n-1}^n\right)$$

$$= \frac{1}{n} + \left(1 - \frac{1}{n}\right)r_{n-1}^n - \sum_{i=1}^{n-1}\int_{r_{i-1}}^{r_i}\phi_i'(x)x^{n-i}dx$$

が得られる．

式 (7.9) において，

$$\phi_t'(x) = \frac{1}{t-1} + \frac{2x}{t-2} + \frac{3x^2}{t-3} + \cdots + (t-1)x^{t-2} - tx^{t-1}\sum_{i=1}^t\frac{1}{i}$$

$$= \sum_{i=1}^t\frac{x^{t-1}}{i}\left(\frac{t-i}{x^i} - t\right) \tag{7.13}$$

より，

$$\phi_1'(x) = -1, \quad \phi_2'(x) = 1 - 3x, \quad \phi_3'(x) = \frac{1}{2} + 2x - \frac{11}{2}x^2$$

であるから，以下が得られる．

$$P_2 = \frac{1}{2} + \frac{1}{2}r_1^2 + \int_0^{r_1} xdx = \frac{1}{2} + r_1^2 = \frac{3}{4} = 0.75,$$

$$P_3 = \frac{1}{3} + \frac{2}{3}r_2^3 + \int_0^{r_1} x^2dx - \int_{r_1}^{r_2} x(1-3x)dx$$

$$= \frac{3}{8} - \frac{1}{2}r_2^2 + \frac{5}{3}r_2^3 = \frac{293 + 48\sqrt{6}}{600} = 0.684293,$$

$$P_4 = \frac{1}{4} + \frac{3}{4}r_3^4 + \int_0^{r_1} x^3dx - \int_{r_1}^{r_2} x^2(1-3x)dx$$

$$\quad - \int_{r_2}^{r_3} x\left(\frac{1}{2} + 2x - \frac{11}{2}x^2\right)dx$$

$$= \frac{25}{96} + \frac{1}{4}r_2^2 + \frac{1}{3}r_2^3 - \frac{5}{8}r_2^4 - \frac{1}{4}r_3^2 - \frac{2}{3}r_3^3 + \frac{17}{8}r_3^4 = 0.655396.$$

次に，$\phi_t'(x)$ を与える式 (7.13) を用いて，式 (7.9) を導く．式 (7.13) より，

273

$$\int_{r_{i-1}}^{r_i} x^{n-i}\phi_i'(x)dx = \sum_{j=1}^{i}\int_{r_{i-1}}^{r_i}\frac{x^{n-1}}{j}\left(\frac{i-j}{x^j}-i\right)dx$$

$$= \sum_{j=1}^{i}\frac{i-j}{j}\int_{r_{i-1}}^{r_i} x^{n-j-1}dx - i\sum_{j=1}^{i}\frac{1}{j}\int_{r_{i-1}}^{r_i} x^{n-1}dx$$

$$= \sum_{j=1}^{i}\frac{i-j}{j(n-j)}\left(r_i^{n-j}-r_{i-1}^{n-j}\right) - \frac{i}{n}\left(r_i^n-r_{i-1}^n\right)\sum_{j=1}^{i}\frac{1}{j}$$

$$= \sum_{j=1}^{i}\frac{i}{j(n-j)}\left(r_i^{n-j}-r_{i-1}^{n-j}\right) - \sum_{j=1}^{i}\frac{1}{n-j}\left(r_i^{n-j}-r_{i-1}^{n-j}\right)$$

$$\qquad -\frac{i}{n}\left(r_i^n-r_{i-1}^n\right)\sum_{j=1}^{i}\frac{1}{j}$$

$$= \frac{i}{n}\sum_{j=1}^{i}\left(\frac{1}{j}+\frac{1}{n-j}\right)\left(r_i^{n-j}-r_{i-1}^{n-j}\right) - \sum_{j=1}^{i}\frac{1}{n-j}\left(r_i^{n-j}-r_{i-1}^{n-j}\right)$$

$$\qquad -\frac{i}{n}\left(r_i^n-r_{i-1}^n\right)\sum_{j=1}^{i}\frac{1}{j}$$

$$= \frac{i}{n}r_i^n\sum_{j=1}^{i}\frac{1}{j}\left(\frac{1}{r_i^j}-1\right) - \frac{i}{n}r_{i-1}^n\left[\sum_{j=1}^{i-1}\frac{1}{j}\left(\frac{1}{r_{i-1}^j}-1\right)+\frac{1}{i}\left(\frac{1}{r_{i-1}^i}-1\right)\right]$$

$$+\left(\frac{i}{n}-1\right)\sum_{j=1}^{i}\frac{1}{n-j}\left(r_i^{n-j}-r_{i-1}^{n-j}\right)$$

$$= \frac{i}{n}\left(r_i^n-r_{i-1}^n\right) + \frac{1}{n}\left(r_{i-1}^n-r_{i-1}^{n-i}\right) + \left(\frac{i}{n}-1\right)\sum_{j=1}^{i}\frac{1}{n-j}\left(r_i^{n-j}-r_{i-1}^{n-j}\right)$$

が得られる．これを用いて，具体的に，

$P_3 = \frac{1}{3}\left(1+\frac{1}{2}r_1^2+r_2+\frac{1}{2}r_2^2\right),$

$P_4 = \frac{1}{4}\left(1+\frac{1}{3}r_1^3+\frac{1}{2}r_2^2+\frac{1}{3}r_2^3+r_3+\frac{1}{2}r_3^2+\frac{1}{3}r_3^3\right),$

$P_5 = \frac{1}{5}\left(1+\frac{1}{4}r_1^4+\frac{1}{3}r_2^3+\frac{1}{4}r_2^4+\frac{1}{2}r_3^2+\frac{1}{3}r_3^3+\frac{1}{4}r_3^4+r_4+\frac{1}{2}r_4^2+\frac{1}{3}r_4^3+\frac{1}{4}r_4^4\right),$

$P_6 = \frac{1}{6}\left(1+\frac{1}{5}r_1^5+\frac{1}{4}r_2^4+\frac{1}{5}r_2^5+\frac{1}{3}r_3^3+\frac{1}{4}r_3^4+\frac{1}{5}r_3^5+\frac{1}{2}r_4^2+\frac{1}{3}r_4^3+\frac{1}{4}r_4^4+\frac{1}{5}r_4^5\right.$

$\qquad \left.+r_5+\frac{1}{2}r_5^2+\frac{1}{3}r_5^3+\frac{1}{4}r_5^4+\frac{1}{5}r_5^5\right),$

$$P_7 = \frac{1}{7}\left(1 + \frac{1}{6}r_1^6 + \frac{1}{5}r_2^5 + \frac{1}{6}r_2^6 + \frac{1}{4}r_3^4 + \frac{1}{5}r_3^5 + \frac{1}{6}r_3^6 + \frac{1}{3}r_4^3 + \frac{1}{4}r_4^4 + \frac{1}{5}r_4^5 + \frac{1}{6}r_4^6 \right.$$
$$\left. + \frac{1}{2}r_5^2 + \frac{1}{3}r_5^3 + \frac{1}{4}r_5^4 + \frac{1}{5}r_5^5 + \frac{1}{6}r_5^6 + r_6 + \frac{1}{2}r_6^2 + \frac{1}{3}r_6^3 + \frac{1}{4}r_6^4 + \frac{1}{5}r_6^5 + \frac{1}{6}r_6^6\right)$$

が得られる. これより, 式 (7.9) が推測できる.

Gilbert and Mosteller (1966, p.55) には

$$P_n = \frac{1}{n}\left(1 - r_{n-1}^n\right) + \sum_{j=1}^{n-1}\left[\frac{1}{n-j}\sum_{i=1}^{j}\left(\frac{1}{j}r_{n-i}^j - \frac{1}{n}r_{n-i}^n\right) - \frac{1}{n}r_{n-j-1}^n\right] \tag{7.14}$$

が示されている. この式によれば,

$$P_2 = \frac{1}{2}\left(1 - r_1^2\right) + \left(r_1 - \frac{1}{2}r_1^2\right) = \frac{1}{2} + r_1 - r_1^2 = \frac{3}{4} = 0.75,$$

$$P_3 = \frac{1}{3}\left(1 - r_2^3\right) + \sum_{j=1}^{2}\left[\frac{1}{3-j}\sum_{i=1}^{j}\left(\frac{1}{j}r_{3-i}^j - \frac{1}{3}r_{3-i}^3\right) - \frac{1}{3}r_{2-j}^3\right]$$

$$= \frac{3}{8} + \frac{1}{6}\left(3r_2 + 3r_2^2 - 5r_2^3\right) = \frac{293 + 48\sqrt{6}}{600} = 0.684293,$$

$$P_4 = \frac{1}{4}\left(1 - r_3^4\right) + \sum_{j=1}^{3}\left[\frac{1}{4-j}\sum_{i=1}^{j}\left(\frac{1}{j}r_{4-i}^j - \frac{1}{4}r_{4-i}^4\right) - \frac{1}{4}r_{3-j}^4\right]$$

$$= \frac{25}{96} + \frac{1}{24}\left(6r_2^2 + 8r_2^3 - 15r_2^4 + 8r_3 + 6r_3^2 + 8r_3^3 - 17r_3^4\right) = 0.655396$$

となり, 同じ結果が得られる[*7].

Sakaguchi (1973) は, 式 (7.13) を用いて式 (7.9) を導かず, 式 (7.14) から式 (7.9) を次のように導いている.

$$P_n - \frac{1}{n}\left(1 - r_{n-1}^n\right)$$
$$= \sum_{j=1}^{n-1}\left[\frac{1}{n-j}\sum_{i=1}^{j}\left(\frac{1}{j}r_{n-i}^j - \frac{1}{n}r_{n-i}^n\right) - \frac{1}{n}r_{n-j-1}^n\right]$$

[*7] P_3 に対する上記の 2 通りの式は $1 + 2r_2 - 5r_2^2 = 0$ であるから同じ値になる. また, P_4 に対する上記の 2 通りの式は $2 + 3r_3 + 6r_3^2 - 17r_3^3 = 0$ であるから同じ値になる. 同様に, 式 (7.9) の後に示した P_3 及び P_4 に対する式もそれぞれ同じ値になる.

$$= \sum_{j=1}^{n-1} \left[\frac{1}{j} \sum_{i=1}^{n-j} \left(\frac{1}{n-j} r_{n-i}^{n-j} - \frac{1}{n} r_{n-i}^n \right) - \frac{1}{n} r_{j-1}^n \right]$$

$$= \sum_{i=1}^{n-1} \left[\sum_{j=1}^{n-i} \frac{1}{j} \left(\frac{1}{n-j} r_{n-i}^{n-j} - \frac{1}{n} r_{n-i}^n \right) - \frac{1}{n} r_{i-1}^n \right]$$

$$= \sum_{i=1}^{n-1} \left[\sum_{j=1}^{i} \frac{1}{j} \left(\frac{1}{n-j} r_i^{n-j} - \frac{1}{n} r_i^n \right) - \frac{1}{n} r_{i-1}^n \right]$$

$$= \frac{1}{n} \sum_{i=1}^{n-1} \left[\sum_{j=1}^{i} \left(\frac{1}{j} + \frac{1}{n-j} \right) r_i^{n-j} - r_i^n \sum_{j=1}^{i} \frac{1}{j} - r_{i-1}^n \right]$$

$$= \frac{1}{n} \sum_{i=1}^{n-1} \left[r_i^n \sum_{j=1}^{i} \frac{1}{j} \left(\frac{1}{r_i^j} - 1 \right) + \sum_{j=1}^{i} \frac{1}{n-j} r_i^{n-j} - r_{i-1}^n \right]$$

$$= \frac{1}{n} \sum_{i=1}^{n-1} \left(r_i^n - r_{i-1}^n + \sum_{j=1}^{i} \frac{1}{n-j} r_i^{n-j} \right)$$

$$= \frac{1}{n} \left(r_{n-1}^n + \sum_{i=1}^{n-1} \sum_{j=1}^{i} \frac{1}{n-j} r_i^{n-j} \right).$$

ここで，式 (7.5) を使った.

(5) 成功確率の漸近値

n が非常に大きいときの成功確率として，$c = 0.80435226286\cdots$ を用いて，

$$\lim_{n \to \infty} P_n = e^{-c} + (e^c - c - 1) \int_c^\infty \frac{e^{-x}}{x} dx$$
$$= e^{-c} + (e^c - c - 1) I(c) = 0.5801642239 \cdots \quad (7.15)$$

が得られている (Samuels, 1982)[*8]. この値は無情報最良選択問題（古典的秘書問題）に対する $\displaystyle\lim_{n \to \infty} P_n = 1/e = 0.36788\cdots$ よりもかなり高い. 応募者の適性に関する確率分布が既知であることの効果がここに現れる.

Tamaki (2009) に従って，式 (7.9) から式 (7.15) を導く. 式 (7.9) において

[*8] 積分指数関数 $I(c)$ については 261 ページの脚注 4 を参照. $c = 0.80435226286\cdots$ のとき $I(c) = 0.30816399941\cdots$ である.

$r_i \approx 1 - c/i$ とおくと,

$$P_n = \frac{1}{n}\left[1 + \sum_{i=1}^{n-1}\sum_{j=1}^{i}\frac{(r_i)^{n-j}}{n-j}\right] = \frac{1}{n}\left[1 + \sum_{i=1}^{n-1}\sum_{j=1}^{i}\frac{1}{n-j}\left(1 - \frac{c}{i}\right)^{n-j}\right]$$

$$\approx \frac{1}{n}\sum_{i=1}^{n-1}\sum_{j=1}^{i}\frac{1}{n-j}\left(e^{-c}\right)^{(n-j)/i}$$

$$= \frac{1}{n}\sum_{i=1}^{n-1}\sum_{j=1}^{i}\frac{1/n}{1-j/n}\left(e^{-c}\right)^{(1-j/n)/(i/n)} = \left(\frac{1}{n}\right)^2\sum_{i=1}^{n-1}\sum_{j=1}^{i}f\left(\frac{i}{n},\frac{j}{n}\right)$$

と書くことができる. ここで, 関数

$$f(u,v) := \frac{1}{1-v}e^{-c(1-v)/u}$$

を定義した. これを用いると, 区分求積法により, 2重積分

$$\lim_{n\to\infty}P_n = \int_0^1 du\int_0^u f(u,v)dv = \int_0^1 du\int_0^u e^{-c(1-v)/u}\frac{dv}{1-v}$$

が得られる. ここで, 積分変数 (u,v) を (s,t) に

$$s = \frac{1}{u} \quad ; \quad t = \frac{1-v}{u}$$

により変換すると, 以下のようにして, 式 (7.15) が得られる.

$$\lim_{n\to\infty}P_n = \int_1^\infty\frac{ds}{s^2}\int_0^{1/s}e^{-c(1-v)s}\frac{dv}{1-v} = \int_1^\infty\frac{ds}{s^2}\int_{s-1}^{s}\frac{e^{-ct}}{t}dt$$

$$= \int_0^1\frac{e^{-ct}}{t}dt\int_1^{t+1}\frac{ds}{s^2} + \int_1^\infty\frac{e^{-ct}}{t}dt\int_t^{t+1}\frac{ds}{s^2}$$

$$= \int_0^1\frac{e^{-ct}}{t}\left(1 - \frac{1}{t+1}\right)dt + \int_1^\infty\frac{e^{-ct}}{t}\left(\frac{1}{t} - \frac{1}{t+1}\right)dt$$

$$= \int_0^1\frac{e^{-ct}}{t+1}dt + \int_1^\infty e^{-ct}\left(\frac{1}{t^2} - \frac{1}{t} + \frac{1}{t+1}\right)dt$$

$$= \int_0^\infty\frac{e^{-ct}}{t+1}dt + \int_1^\infty\frac{e^{-ct}}{t^2}dt - \int_1^\infty\frac{e^{-ct}}{t}dt$$

$$= e^c \int_1^\infty \frac{e^{-ct}}{t} dt + e^{-c} - (c+1) \int_1^\infty \frac{e^{-ct}}{t} dt$$

$$= e^{-c} + (e^c - c - 1) \int_c^\infty \frac{e^{-x}}{x} dx = 0.5801642239 \cdots .$$

(6) 平面 Poisson 過程による定式化

Samuels (1982, 1991, 2004) と Gnedin (1996, 2004) は，**平面 Poisson 過程** (planar Poisson process) を用いた完全情報最良選択問題の定式化を示している．区間 $[0,1]$ 上の連続型一様分布に従う互いに独立な確率変数の列 $\{X_1, X_2, \ldots, X_n\}$ に対し，確率変数 $n[1 - \max\{X_1, X_2, \ldots, X_n\}]$ の分布は，極限 $n \to \infty$ において，平均が 1 の指数分布に収束するので，半無限長方形領域 $[0,1] \times [0,\infty)$ 上の平面 Poisson 過程による定式化が可能になる (玉置, 2012).

これらの研究によれば，E_1, E_2, U_1 及び U_2 が互いに独立な確率変数であり，E_1 と E_2 がそれぞれ平均が 1 の指数分布に従い，U_1 と U_2 がそれぞれ区間 $[0,1]$ 上の連続型一様分布に従うとき，成功確率 P_n の漸近値は

$$\lim_{n\to\infty} P_n = P\left\{ E_1 < \frac{c}{1-U_1}, E_1 + \frac{E_2}{U_1} > \frac{c}{1-U_1 U_2} \right\} \tag{7.16}$$

で与えられる．この結果を，Samuels (1982) 及び Porosiński (2002) に示された方法に沿って，以下に証明する．
条件 $E_2 = x_2, U_1 = u_1, U_2 = u_2$ の下で，

$$A_1 := E_1(1 - u_1) < c \quad \Longleftrightarrow \quad E_1 < \frac{c}{1-u_1},$$

$$A_2 := \left(E_1 + \frac{x_2}{u_1}\right)(1 - u_1 u_2) > c \quad \Longleftrightarrow \quad E_1 > \max\left\{\frac{c}{1-u_1 u_2} - \frac{x_2}{u_1}, 0\right\}$$

であるから，

$$\int_{\max\{c/(1-u_1 u_2)-x_2/u_1, 0\}}^{c/(1-u_1)} P\{A_1 < c < A_2 \mid E_2 = x_2, U_1 = u_1, U_2 = u_2\} e^{-x_1} dx_1$$

$$= \begin{cases} \exp\left(-\frac{c}{1-u_1 u_2} + \frac{x_2}{u_1}\right) - \exp\left(-\frac{c}{1-u_1}\right) & 0 \le x_2 \le \frac{cu_1}{1-u_1 u_2}, \\ 1 - \exp\left(-\frac{c}{1-u_1}\right) & x_2 > \frac{cu_1}{1-u_1 u_2} \end{cases}$$

である．ここで，条件 $E_2 = x_2$ を外すと，

$$\int_0^{cu_1/(1-u_1u_2)} \left[\exp\left(-\frac{c}{1-u_1u_2} + \frac{x_2}{u_1} \right) - \exp\left(-\frac{c}{1-u_1} \right) \right] e^{-x_2} dx_2$$

$$+ \int_{cu_1/(1-u_1u_2)}^{\infty} \left[1 - \exp\left(-\frac{c}{1-u_1} \right) \right] e^{-x_2} dx_2$$

$$= \exp\left(-\frac{c}{1-u_1u_2} \right) \int_0^{cu_1/(1-u_1u_2)} \exp\left(\frac{x_2}{u_1} - x_2 \right) dx_2$$

$$- \exp\left(-\frac{c}{1-u_1} \right) \left[1 - \exp\left(-\frac{cu_1}{1-u_1u_2} \right) \right]$$

$$+ \left[1 - \exp\left(-\frac{c}{1-u_1} \right) \right] \exp\left(-\frac{cu_1}{1-u_1u_2} \right)$$

$$= \frac{u_1}{1-u_1} \left[\exp\left(-\frac{cu_1}{1-u_1u_2} \right) - \exp\left(-\frac{c}{1-u_1u_2} \right) \right]$$

$$- \exp\left(-\frac{c}{1-u_1} \right) + \exp\left(-\frac{cu_1}{1-u_1u_2} \right)$$

$$= \frac{1}{1-u_1} \exp\left(-\frac{cu_1}{1-u_1u_2} \right) - \frac{u_1}{1-u_1} \exp\left(-\frac{c}{1-u_1u_2} \right) - \exp\left(-\frac{c}{1-u_1} \right)$$

となる (Samuels, 1982).

この式の第 3 項において条件 $U_1 = u_1$ を外す．そのために $x = 1/(1-u_1)$ とおくと，$dx/du_1 = 1/(1-u_1)^2 = x^2$ であるから，

$$\int_0^1 \exp\left(-\frac{c}{1-u_1} \right) du_1 = \int_1^{\infty} \frac{e^{-cx}}{x^2} dx = e^{-c} - c \int_1^{\infty} \frac{e^{-cx}}{x} dx = e^{-c} - cI(c)$$

が得られる．ここで，$I(c)$ は 261 ページの脚注 4 で定義された積分指数関数である．

上式の第 1 項と第 2 項において条件 $U_1 = u_1, U_2 = u_2$ を外す．このとき，積分変数 (u_1, u_2) を (u, v) に

$$u = \frac{1-u_1}{1-u_1u_2} \quad ; \quad v = \frac{1}{1-u_1u_2} \quad (\geq u)$$

により変換すると，$1 - u_1 = u/v$ を用いて，2 重積分の変数変換

$$\int_0^1 du_1 \int_0^1 du_2 \left[\frac{1}{1-u_1} \exp\left(-\frac{cu_1}{1-u_1u_2}\right) - \frac{u_1}{1-u_1} \exp\left(-\frac{c}{1-u_1u_2}\right) \right]$$

$$= \int_1^\infty dv \int_0^1 du \left[\frac{v}{u} e^{-c(v-u)} - \frac{v-u}{u} e^{-cv} \right] \left| \frac{\partial(u_1, u_2)}{\partial(u, v)} \right|$$

が成り立つ．ここで，**Jacobi 行列式** (Jacobian) は

$$\left| \frac{\partial(u_1, u_2)}{\partial(u, v)} \right| = \left| \begin{array}{cc} \dfrac{\partial u_1}{\partial u} & \dfrac{\partial u_1}{\partial v} \\[2mm] \dfrac{\partial u_2}{\partial u} & \dfrac{\partial u_2}{\partial v} \end{array} \right| = \left| \begin{array}{cc} -\dfrac{1}{v} & \dfrac{u}{v^2} \\[2mm] \dfrac{v-1}{(v-u)^2} & \dfrac{1-u}{(v-u)^2} \end{array} \right| = -\frac{1}{v^2(v-u)}$$

である．Jacobi 行列式の絶対値を取り，さらに，変数 u に代えて $w = v - u$ を用いると，第 1 項と第 2 項の和は

$$\int_1^\infty dv \int_0^1 du \left[\frac{v}{u} e^{-c(v-u)} - \frac{v-u}{u} e^{-cv} \right] \frac{1}{v^2(v-u)}$$

$$= \int_1^\infty dv \int_0^1 du \left[\frac{e^{-c(v-u)}}{uv(v-u)} - \frac{e^{-cv}}{uv^2} \right]$$

$$= \int_1^\infty dv \int_0^1 du \left[\frac{e^{-c(v-u)}}{v^2(v-u)} + \frac{e^{-cv}(e^{cu}-1)}{v^2 u} \right]$$

$$= \int_0^\infty \frac{dv}{v^2} \int_{v-1}^v \frac{e^{-cw}}{w} dw + \left(\int_1^\infty \frac{e^{-cv}}{v^2} dv \right) \left(\int_0^1 \frac{e^{cu}-1}{u} du \right)$$

$$= \int_0^\infty \frac{dv}{v^2} \int_{v-1}^v \frac{e^{-cw}}{w} dw + [e^{-c} - cI(c)]J(c)$$

となる．$I(c)$ と $J(c)$ は 261 ページの脚注 4 で定義された積分指数関数である．最後の項の 2 重積分では，v と w に関する積分の順序を変えて，

$$\int_0^\infty \frac{dv}{v^2} \int_{v-1}^v \frac{e^{-cw}}{w} dw$$

$$= \int_0^1 \frac{e^{-cw}}{w} dw \int_1^{w+1} \frac{dv}{v^2} + \int_1^\infty \frac{e^{-cw}}{w} dw \int_w^{w+1} \frac{dv}{v^2}$$

$$= \int_0^1 \frac{e^{-cw}}{w+1} dw + \int_1^\infty \frac{e^{-cw}}{w} \left(\frac{1}{w} - \frac{1}{w+1} \right) dw$$

$$= \int_0^1 \frac{e^{-cw}}{w+1} dw + \int_1^\infty e^{-cw} \left(\frac{1}{w^2} + \frac{1}{w+1} - \frac{1}{w} \right) dw$$

$$= \int_0^\infty \frac{e^{-cw}}{w+1} dw + \int_1^\infty e^{-cw} \left(\frac{1}{w^2} - \frac{1}{w} \right) dw$$

$$= (e^c - 1) \int_1^\infty \frac{e^{-cw}}{w} dw + \int_1^\infty \frac{e^{-cw}}{w^2} dw$$

$$= (e^c - 1)I(c) + e^{-c} - cI(c) = e^{-c} + (e^c - c - 1)I(c)$$

となる.

以上の寄与を集めると,

$$P \left\{ E_1 < \frac{c}{1 - U_1}, E_1 + \frac{E_2}{U_1} > \frac{c}{1 - U_1 U_2} \right\}$$

$$= -[e^{-c} - cI(c)] + [e^{-c} - cI(c)]J(c) + e^{-c} + (e^c - c - 1)I(c)$$

$$= [J(c) - 1][e^{-c} - cI(c)] + e^{-c} + (e^c - c - 1)I(c)$$

が得られるが, $J(c) = 1$ となるように c を決めたので, この結果が

$$\lim_{n \to \infty} P_n = e^{-c} + (e^c - c - 1)I(c) = 0.5801642239\cdots$$

と一致することが証明された.

7.2 応募者の適性が一般の確率分布に従う場合

各応募者の適性に関する確率分布が区間 $[0,1]$ 上の連続型一様分布ではなく, 連続な実数値を取る分布関数 $F(x) := P\{X_t \leq x\}$, $-\infty < x < \infty$, をもつ場合の完全情報問題を考える. 関数 $y = F(x)$ は無限区間 $(-\infty, \infty)$ 上で単調増加する連続かつ微分可能であり, $F(-\infty) = 0, F(\infty) = 1$ と仮定する. このとき, $x = F^{-1}(y)$ で $F(x)$ の逆関数を表す. 任意の実数値を取る連続型確率分布は区間 $[0,1]$ 上の連続型一様分布に 1 対 1 写像ができるので, 応募者の適性が一般の確率分布に従う場合の完全情報問題の解法は前節の解を利用することができる.

以下に示すように, この場合の閾値 $\{s_0, s_1, s_2, \ldots\}$, $s_0 = -\infty$, は適性の分布関数 $F(x)$ に依存するが, 最適方策を取る場合の成功確率 P_n は $F(x)$ の関数形に依存せず, 式 (7.9) で与えられることが分かる.

(1) 最適性方程式

応募者数を n 人とする．t 番目の応募者が適性 $X_t = x$ をもつ候補者であるとき，最適方策によりベストの応募者が採用される確率 $V_t(x)$ に対する最適性方程式は，式 (7.1) に代えて，

$$V_t(x) = \max \left\{ [F(x)]^{n-t}, \sum_{i=t+1}^{n} [F(x)]^{i-t-1} \int_x^\infty V_i(y) dF(y) \right\}$$
$$1 \le t \le n-1,$$

$$V_n(x) = 1 \qquad -\infty < x < \infty \tag{7.17}$$

である[*9]．従って，式 (7.2) に定義された関数 $G_t(x)$ に対し，方程式

$$1 = G_{n-t}[F(x)] \tag{7.18}$$

の解を $x = s_t$ とすれば，応募者の適性が区間 $[0,1]$ 上の一様分布に従う場合の方程式 $G_{n-t}(x) = 1$（式 (7.3) を参照）の解 $x = r_t$ との間に，

$$r_t = F(s_t) \quad ; \quad s_t = F^{-1}(r_t) \qquad t = 0, 1, 2, \ldots, n$$

という関係が成り立つ（$r_0 = 0,\ s_0 = -\infty$ とする）．数列 $\{s_0, s_1, s_2, \ldots, s_n\}$ は単調増加である．

$$-\infty = s_0 < s_1 < s_2 < \cdots < s_t < s_{t+1} < \cdots < s_n.$$

応募者の適性が一般の連続型確率分布に従う場合には，適性の値が負になったり，1 を超えたりする場合があることに注意する．

また，「最後から t 番目」の応募者が適性 x の候補者であるとき，この応募者を採用しない場合に，最適方策によりベストの応募者が採用される確率 $P_t(x)$ に対して，式 (7.7) に代わる最適性方程式は

[*9] 応募者の適性に関する確率分布が区間 $[0,1]$ 上の連続型一様分布に従う場合は，$F(x) = x$，$x \ge 0$，とおけば，式 (7.17) は式 (7.1) に帰着する．同様に，後出の式 (7.19) は式 (7.7) に帰着する．

$$P_t(x) = F(x)P_{t-1}(x) + \int_x^\infty \max\{[F(y)]^{t-1}, P_{t-1}(y)\}dF(y) \quad 1 \le t \le n,$$

$$P_0(x) = 0 \qquad -\infty < x < \infty \tag{7.19}$$

である (Sakaguchi, 1973). ここで,

$$P_t(x) \ge [F(x)]^t \quad x \le s_t \quad ; \quad P_t(x) = [F(x)]^t \quad x = s_t,$$

$$P_t(x) \le [F(x)]^t \quad s_t \le x$$

により,

$$\max\{[F(x)]^{t-1}, P_{t-1}(x)\} = \begin{cases} P_{t-1}(x) & x \le s_{t-1}, \\ [F(x)]^{t-1} & s_{t-1} \le x \end{cases}$$

が成り立つ. よって, $x \le s_{t-1}$ のとき,

$$\int_x^\infty \max\{[F(y)]^{t-1}, P_{t-1}(y)\}dF(y)$$

$$= \int_x^{s_{t-1}} P_{t-1}(y)dF(y) + \int_{s_{t-1}}^\infty [F(y)]^{t-1}dF(y)$$

$$= \int_x^{s_{t-1}} P_{t-1}(y)dF(y) + \frac{1}{t}\left(1 - [F(s_{t-1})]^t\right)$$

$$= \int_x^{s_{t-1}} P_{t-1}(y)dF(y) + \frac{1}{t}\left(1 - r_{t-1}^t\right)$$

であり, $s_{t-1} \le x$ のとき,

$$\int_x^\infty \max\{[F(y)]^{t-1}, P_{t-1}(y)\}dF(y)$$

$$= \int_x^\infty [F(y)]^{t-1}dF(y) = \frac{1}{t}\left(1 - [F(x)]^t\right)$$

である. 従って, 方程式 (7.19) は

$$P_t(x) - F(x)P_{t-1}(x) = \int_x^{s_{t-1}} \max\{[F(y)]^{t-1}, P_{t-1}(y)\}dF(y)$$

$$= \begin{cases} \int_x^{s_{t-1}} P_{t-1}(y)dF(y) + \frac{1}{t}\left(1 - r_{t-1}^t\right) & x \le s_{t-1}, \\ \frac{1}{t}\left(1 - [F(x)]^t\right) & s_{t-1} \le x \end{cases} \tag{7.20}$$

と書くことができる.

(2) 最適性方程式の解

最適性方程式 (7.20) は, $P_0(x) = 0 \ (x \geq 0)$ から始めて, 逐次的に解くことができて, 以下の解が得られる.

$$P_1(x) = 1 - F(x) \quad -\infty < x < \infty.$$

$$P_2(x) = F(x)P_1(x) + \int_x^\infty \max\{F(y), P_1(y)\}dF(y)$$

$$= \begin{cases} -\frac{1}{2}[F(x)]^2 + \frac{3}{4} & x \leq s_1, \\ -\frac{3}{2}[F(x)]^2 + F(x) + \frac{1}{2} & s_1 \leq x. \end{cases}$$

$$s_1 = F^{-1}(r_1) = F^{-1}\left(\frac{1}{2}\right) \quad ; \quad r_1 = \frac{1}{2} = F(s_1).$$

$$P_3(x) = F(x)P_2(x) + \int_x^\infty \max\{[F(y)]^2, P_2(y)\}dF(y)$$

$$= \begin{cases} -\frac{1}{3}[F(x)]^3 + 0.684293 & x \leq s_1, \\ -[F(x)]^3 + \frac{1}{2}[F(x)]^2 + 0.642626 & s_1 \leq x \leq s_2, \\ -\frac{11}{6}[F(x)]^3 + [F(x)]^2 + \frac{1}{2}F(x) + \frac{1}{3} & s_2 \leq x. \end{cases}$$

$$s_2 = F^{-1}(r_2) = F^{-1}\left(\frac{1+\sqrt{6}}{5}\right) \quad ; \quad r_2 = \frac{1+\sqrt{6}}{5} = F(s_2).$$

$$P_4(x) = F(x)P_3(x) + \int_x^\infty \max\{[F(y)]^3, P_2(y)\}dF(y)$$

$$= \begin{cases} -\frac{1}{4}[F(x)]^4 + 0.655396 & x \leq s_1, \\ -\frac{3}{4}[F(x)]^4 + \frac{1}{3}[F(x)]^3 + 0.644979 & s_1 \leq x \leq s_2, \\ -\frac{11}{8}[F(x)]^4 + \frac{2}{3}[F(x)]^3 + \frac{1}{4}[F(x)]^2 + 0.558121 & s_2 \leq x \leq s_3, \\ -\frac{25}{12}[F(x)]^4 + [F(x)]^3 + \frac{1}{2}[F(x)]^2 + \frac{1}{3}F(x) + \frac{1}{4} & s_3 \leq x. \end{cases}$$

$$s_3 = F^{-1}(r_3) = F^{-1}(0.775845) \quad ; \quad r_3 = 0.775845 = F(s_3).$$

一般に, $t = 1, 2, \ldots, n$ について, $s_t = F^{-1}(r_t)$ として, 以下が得られる.

$$P_t(x) = \begin{cases} \dfrac{1}{t}\left\{1 - i[F(x)]^t + \displaystyle\sum_{j=1}^{i-1}[F(x)]^{t-j}\phi_j[F(x)] + \sum_{j=1}^{i-1}\sum_{k=1}^{j}\dfrac{[F(x)]^{t-k}}{t-k}\right. \\ \left. \qquad + \displaystyle\sum_{j=i}^{t-1}\sum_{k=1}^{j}\dfrac{r_j^{t-k}}{t-k}\right\} \qquad s_{i-1} \le x \le s_i \quad (1 \le i \le t-1), \\[2mm] \phi_t[F(x)] \qquad\qquad\qquad\qquad s_{t-1} \le x. \end{cases}$$
$$\tag{7.21}$$

このとき，成功確率は，応募者の適性が区間 $[0,1]$ 上の連続型一様分布に従う場合の式 (7.9) と同じ式

$$P_n = P_n(-\infty)$$
$$= \int_{-\infty}^{\infty} \max\{[F(y)]^{n-1}, P_{n-1}(y)\}dF(y) = \frac{1}{n}\left[1 + \sum_{i=1}^{n-1}\sum_{j=1}^{i}\frac{(r_i)^{n-j}}{n-j}\right]$$
$$\tag{7.22}$$

で与えられる．すなわち，成功確率は応募者の適性の分布関数 $F(x)$ の形状に依存しない．但し，閾値は $F(x)$ の形状に依存する．

(3) 平均 1 の指数分布に従う応募者の適性の分布

例として，応募者の適性が平均 1 の指数分布に従うと仮定すれば，その分布関数と逆関数は

$$F(x) = 1 - e^{-x} \quad x \ge 0 \quad ; \quad F^{-1}(x) = -\log(1-x) \quad 0 \le x < 1$$

で与えられる．このとき，表 7.1 に示された $\{r_1, r_2, r_3, r_4, \ldots\}$ を用いて，

$$s_1 = F^{-1}(r_1) = 0.693147, \quad s_2 = F^{-1}(r_2) = 1.170854,$$
$$s_3 = F^{-1}(r_3) = 1.495418, \quad s_4 = F^{-1}(r_4) = 1.740627, \quad \ldots$$
$$P_1 = 1, \quad P_2 = 0.75, \quad P_3 = 0.684293, \quad P_4 = 0.655396, \quad \ldots$$

である．これらの閾値を表 7.3 に示す．また，関数 $\{P_t(x); t = 1,2,3,4\}$ をそれぞれ関数 $\{[F(x)]^t; t = 1,2,3,4\}$ とともに図 7.5 に示す．この図において，関数 $P_t(x)$ と関数 $[F(x)]^t$ の交点が $x = s_t$ である．

表 **7.3**　完全情報最良選択問題（指数分布に従う適性）における閾値.

t	s_t	t	s_t	t	s_t	t	s_t
1	0.693147	16	3.025849	31	3.670172	46	4.058833
2	1.170854	17	3.084410	32	3.701348	47	4.080075
3	1.495418	18	3.139731	33	3.731581	48	4.100876
4	1.740627	19	3.192152	34	3.760926	49	4.121252
5	1.937589	20	3.241962	35	3.789436	50	4.141222
6	2.102154	21	3.289409	36	3.817155	60	4.321637
7	2.243468	22	3.334706	37	3.844126	70	4.474424
8	2.367287	23	3.378041	38	3.870389	80	4.606932
9	2.477464	24	3.419575	39	3.895980	90	4.723918
10	2.576708	25	3.459453	40	3.920932	100	4.828641
11	2.666991	26	3.497802	41	3.945277	200	5.518915
12	2.749799	27	3.534735	42	3.969043	300	5.923421
13	2.826274	28	3.570352	43	3.992258	400	6.210623
14	2.897315	29	3.604744	44	4.014946	500	6.433479
15	2.963645	30	3.637993	45	4.037130	1000	7.126050

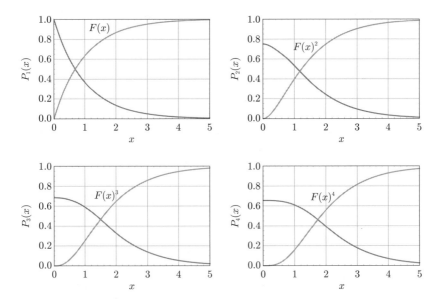

図 **7.5**　完全情報最良選択問題（指数分布に従う適性）における成功確率 $P_t(x), t = 1, 2, 3, 4.$

(4) 標準正規分布に従う応募者の適性の分布

応募者の適性が標準正規分布に従うと仮定すれば，その分布関数は

$$F(x) = \frac{1}{\sqrt{2\pi}} \int_{-\infty}^{x} \exp\left(-\frac{1}{2}u^2\right) du \qquad -\infty < x < \infty$$

で与えられる．このとき，表 7.1 に示された $\{r_1, r_2, r_3, r_4, \ldots\}$ を用いて，

$$s_1 = F^{-1}(r_1) = 0, \quad s_2 = F^{-1}(r_2) = 0.495561,$$

$$s_3 = F^{-1}(r_3) = 0.758236, \quad s_4 = F^{-1}(r_4) = 0.932998, \quad \ldots$$

$$P_1 = 1, \quad P_2 = 0.75, \quad P_3 = 0.684293, \quad P_4 = 0.655396, \quad \ldots$$

である．これらの閾値を表 7.4 に示す．また，関数 $\{P_t(x); t = 1, 2, 3, 4\}$ をそれぞれ関数 $\{[F(x)]^t; t = 1, 2, 3, 4\}$ とともに図 7.6 に示す．この図において，関数 $P_t(x)$ と関数 $[F(x)]^t$ の交点が $x = s_t$ である．

7.3 2人を採用する最良選択問題

本節では，2 人の応募者を採用するとき，2 人のうちの 1 人がベストである確率を最大化する最適方策を求めて，その方策による成功確率を計算する完全情報問題を，Tamaki (1980) に沿って考察する．穴太 (2000, pp.125–131) に別の方法による解説がある．

(1) 最適性方程式

応募者数を n 人とする．7.1 節と同様に，各応募者の適性は互いに独立な区間 $[0, 1]$ 上の連続型一様分布に従う確率変数であると仮定する．残り m 人が採用可能であるとして，「最後から t 番目」の応募者について，それ以前の全ての応募者の最高の適性が x であるとき，この応募者を採用しない場合に最適方策によりベストの応募者が採用される確率を $P_t^{(m)}(x)$ で表す $(m = 1, 2)$．また，残り 1 人が採用可能であるとして，「最後から t 番目」の応募者について，それ以前の全ての応募者の最高の適性が x であるとき，この応募者を採用する場合に最適方策によりベストの応募者が採用される確率を $Q_t^{(1)}(x)$ で表す．

表 **7.4**　完全情報最良選択問題（標準正規分布に従う適性）における閾値.

t	s_t	t	s_t	t	s_t	t	s_t
1	0.000000	16	1.659410	31	1.951950	46	2.113730
2	0.495561	17	1.487464	32	1.965292	47	2.122302
3	0.758236	18	1.713672	33	1.978167	48	2.130670
4	0.932998	19	1.738250	34	1.990605	49	2.138843
5	1.062300	20	1.761379	35	2.002633	50	2.146830
6	1.164094	21	1.783212	36	2.014276	60	2.217979
7	1.247594	22	1.803880	37	2.025557	70	2.276877
8	1.318102	23	1.823495	38	2.036497	80	2.327009
9	1.378945	24	1,842154	39	2.047114	90	2.370571
10	1.432358	25	1.859941	40	2.057427	100	2.409035
11	1.479818	26	1.876930	41	2.067451	200	2.651210
12	1.522510	27	1.893187	42	2.077201	300	2.785043
13	1.561243	28	1.908769	43	2.086692	400	2.876904
14	1.596657	29	1.923727	44	2.095936	500	2.946521
15	1.629247	30	1.938107	45	2.104945	1000	3.154492

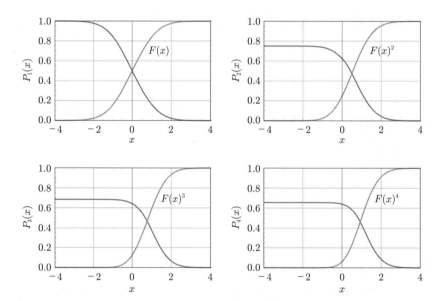

図 **7.6**　完全情報最良選択問題（標準正規分布に従う適性）における成功確率 $P_t(x)$, $t = 1, 2, 3, 4$.

このとき, $\{P_t^{(1)}(x); 0 \leq t \leq n\}$, $\{Q_t^{(1)}(x); 0 \leq t \leq n\}$ 及び $\{P_t^{(2)}(x); 0 \leq t \leq n\}$ に対する最適性方程式は次のように与えられる (Tamaki, 1980).

$$P_t^{(1)}(x) = xP_{t-1}^{(1)}(x) + \int_x^1 \max\{y^{t-1}, P_{t-1}^{(1)}(y)\}dy \qquad 1 \leq t \leq n,$$

$$P_0^{(1)}(x) = 0 \qquad 0 \leq x \leq 1. \tag{7.23}$$

$$Q_t^{(1)}(x) = xQ_{t-1}^{(1)}(x) + \int_x^1 \max\{y^{t-1}, P_{t-1}^{(1)}(y)\}dy \qquad 1 \leq t \leq n,$$

$$Q_0^{(1)}(x) = 1 \qquad 0 \leq x \leq 1. \tag{7.24}$$

$$P_t^{(2)}(x) = xP_{t-1}^{(2)}(x) + \int_x^1 \max\{Q_{t-1}^{(1)}(y), P_{t-1}^{(2)}(y)\}dy \qquad 1 \leq t \leq n,$$

$$P_0^{(2)}(x) = 0 \qquad 0 \leq x \leq 1. \tag{7.25}$$

方程式 (7.23) は, 1人しか採用しない完全情報問題に対する最適性方程式 (7.7) と同じものである. 従って, その解は, 式 (7.8) に与えられている $P_t(x)$ と同じく,

$$P_t^{(1)}(x) = \begin{cases} \dfrac{1}{t}\left[1 - ix^t + \displaystyle\sum_{j=1}^{i-1} x^{t-j}\phi_j(x) + \sum_{j=1}^{i-1}\sum_{k=1}^{j} \dfrac{x^{t-k}}{t-k} + \sum_{j=i}^{t-1}\sum_{k=1}^{j} \dfrac{r_j^{t-k}}{t-k}\right] \\ \qquad\qquad\qquad\qquad r_{i-1} \leq x \leq r_i \quad (1 \leq i \leq t-1), \\ \phi_t(x) \qquad\qquad\qquad r_{t-1} \leq x \leq 1 \end{cases} \tag{7.26}$$

で与えられる. ここで, 区間 $[0,1]$ 上の連続関数 $\phi_t(x)$ は式 (7.4) に定義されている.

方程式 (7.24) の右辺の第1項は,「最後から $t-1$ 番目」の応募者の適性が x 以下であれば (その確率は x), それ以前の全ての応募者の最高の適性は x で変わらないので, 最適方策によりベストが採用される確率が $Q_{t-1}^{(1)}(x)$ になることを示している. 第2項は, 最後から $t-1$ 番目の応募者の適性が x 以上の y (従って候補者) であるときに採用すれば, もしそれ以降の

全ての応募者の適性が y 以下なら（その確率は y^{t-1}）その人がベストであり，採用しなければ最適方策によりベストが採用される確率が $P_{t-1}^{(1)}(y)$ となることを示している．

残り 2 人が採用可能であるときの，方程式 (7.25) の右辺の第 1 項は，「最後から $t-1$ 番目」の応募者の適性が x 以下であれば（その確率は x）この応募者は候補者ではないので採用せず，それ以前の全ての応募者の最高の適性は x で変わらないので，最適方策によりベストが採用される確率は $P_{t-1}^{(2)}(x)$ になることを示している．第 2 項は，「最後から $t-1$ 番目」の応募者の適性が x 以上の y（従って候補者）であるときに採用すれば，残り 1 人が採用可能であり，最適方策によりベストが採択される確率が $Q_{t-1}^{(1)}(y)$ となり，採用しなければ最適方策によりベストが採用される確率が $P_{t-1}^{(2)}(y)$ となることを示している．

(2) 最適性方程式の解 $Q_t^{(1)}(x)$

式 (7.23) と (7.24) より

$$Q_t^{(1)}(x) - P_t^{(1)}(x) = x\left[Q_{t-1}^{(1)}(x) - P_{t-1}^{(1)}(x)\right] = x^2\left[Q_{t-2}^{(1)}(x) - P_{t-2}^{(1)}(x)\right]$$
$$= \cdots = x^t\left[Q_0^{(1)}(x) - P_0^{(1)}(x)\right] = x^t$$

となるので，

$$Q_1^{(1)}(x) = 1, \quad Q_t^{(1)}(x) = x^t + P_t^{(1)}(x) \quad 0 \le x \le 1 \qquad 1 \le t \le n \tag{7.27}$$

である．よって，以下が成り立つ．

$$Q_t^{(1)}(0) = P_t^{(1)}(0), \quad Q_t^{(1)}(1) = 1 + P_t^{(1)}(1) = 1 \qquad 2 \le t \le n,$$
$$Q_1^{(1)}(0) = P_1^{(1)}(0) = 0, \quad Q_1^{(1)}(1) = 1 + P_1^{(1)}(1) = 1.$$

式 (7.26) より，$Q_t^{(1)}(x)$ は次のように与えられる．

$$Q_t^{(1)}(x)$$

$$
= \begin{cases}
\frac{1}{t}\left[1 + (t-i)x^t + \sum_{j=1}^{i-1} x^{t-j}\phi_j(x) + \sum_{j=1}^{i-1}\sum_{k=1}^{j} \frac{x^{t-k}}{t-k} + \sum_{j=i}^{t-1}\sum_{k=1}^{j} \frac{r_j^{t-k}}{t-k} \right] \\
\hspace{5cm} r_{i-1} \le x \le r_i \quad (1 \le i \le t-1), \\[2mm]
x^t + \phi_t(x) \hspace{3cm} r_{t-1} \le x \le 1.
\end{cases}
$$

$$(7.28)$$

具体的には，解 $Q_t^{(1)}(x)$ は以下のようになる．

$$Q_1^{(1)}(x) = 1 \qquad 0 \le x \le 1.$$

$$
Q_2^{(1)}(x) = \begin{cases}
\frac{1}{2}x^2 + \frac{3}{4} & 0 \le x \le 0.5, \\[2mm]
-\frac{1}{2}x^2 + x + \frac{1}{2} & 0.5 \le x \le 1.
\end{cases}
$$

$$
Q_3^{(1)}(x) = \begin{cases}
\frac{2}{3}x^3 + 0.684293 & 0 \le x \le 0.5, \\[2mm]
\frac{1}{2}x^2 + 0.642626 & 0.5 \le x \le 0.689898, \\[2mm]
-\frac{5}{6}x^3 + x^2 + \frac{1}{2}x + \frac{1}{3} & 0.689898 \le x \le 1.
\end{cases}
$$

$$
Q_4^{(1)}(x) = \begin{cases}
\frac{3}{4}x^4 + 0.655396 & 0 \le x \le 0.5, \\[2mm]
\frac{1}{4}x^4 + \frac{1}{3}x^3 + 0.644979 & 0.5 \le x \le 0.689898, \\[2mm]
-\frac{3}{8}x^4 + \frac{2}{3}x^3 + \frac{1}{4}x^2 + 0.558121 & 0.689898 \le x \le 0.775845, \\[2mm]
-\frac{13}{12}x^4 + x^3 + \frac{1}{2}x^2 + \frac{1}{3}x + \frac{1}{4} & 0.775845 \le x \le 1.
\end{cases}
$$

これらを図 7.7 に示す．

$t \ge 2$ について，$Q_t^{(1)}(x)$ は x の単調増加関数である．なぜならば，$Q_t^{(1)}(x)$ において，最後から t 番目までに採用されている応募者の最大の適性 x が増えれば，最適方策によりベストの応募者が採用される確率は増えるからである．$Q_t^{(1)}(x)$ の x に関する微分は次のようになる．

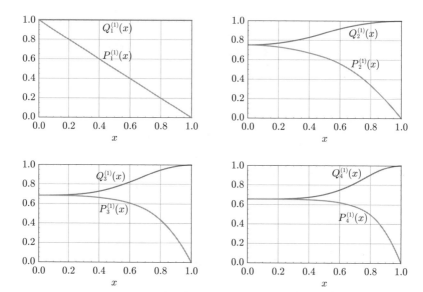

図 **7.7**　2 人を採用する完全情報最良選択問題における $Q_t^{(1)}(x)$ と $P_t^{(1)}(x), t = 1, 2, 3, 4.$

$$\frac{dQ_t^{(1)}(x)}{dx} = (t-i)x^{t-1} + \frac{1}{t}\sum_{j=1}^{i-1}\left[(t-j)x^{t-j-1}\phi_j(x) + x^{t-j}\phi_j'(x)\right]$$

$$+ \frac{1}{t}\sum_{j=1}^{i-1}\sum_{k=1}^{j}x^{t-k-1}$$

$$= (t-i)x^{t-1} + \frac{1}{t}x^{t-1}\sum_{j=1}^{i-1}(t-j)\sum_{k=1}^{j}\frac{1}{k}\left(\frac{1}{x^k}-1\right)$$

$$+ \frac{1}{t}x^{t-1}\sum_{j=1}^{i-1}\sum_{k=1}^{j}\frac{1}{k}\left(\frac{j-k}{x^k}-j\right) + \frac{1}{t}\sum_{j=1}^{i-1}\sum_{k=1}^{j}x^{t-k-1}$$

$$= (t-i)x^{t-1} + x^{t-1}\sum_{j=1}^{i-1}\sum_{k=1}^{j}\frac{1}{k}\left(\frac{1}{x^k}-1\right)$$

$$= (t-i)x^{t-1} + \sum_{j=1}^{i-1}x^{t-j-1}\phi_j(x) > 0.$$

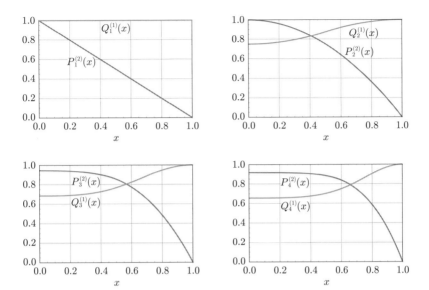

図 **7.8** **2 人を採用する完全情報最良選択問題における $P_t^{(2)}(x)$ と $Q_t^{(1)}(x)$, $t = 1, 2, 3, 4$.**

(3) 最適性方程式の解 $P_t^{(2)}(x)$

一方，$P_t^{(2)}(x)$ の定義により，x が増えれば，その後に x を超える適性を
もつ応募者が現れる確率は減るので，$P_t^{(2)}(x)$ は x の単調減少関数である．
また，2 人を採用する方が 1 人を採用するよりもベストが採用される確率
は大きいので，$P_t^{(1)}(0) < P_t^{(2)}(0)$ である．よって，次の関係が存在する．

$$Q_t^{(1)}(0) = P_t^{(1)}(0) < P_t^{(2)}(0) \quad ; \quad Q_t^{(1)}(1) = 1, P_t^{(2)}(1) = 0.$$

$P_t^{(2)}(x)$ と $Q_t^{(1)}(x)$ を図 7.8 に示す．
関数 $Q_t^{(1)}(x)$ と関数 $P_t^{(2)}(x)$ は 1 点 $x = d_t$ で交わる $(d_1 = 0)$．

$$Q_t^{(1)}(d_t) = P_t^{(2)}(d_t) \qquad t = 1, 2, \ldots,$$

$$P_t^{(2)}(x) \geq Q_t^{(1)}(x) \quad 0 \leq x \leq d_t, \quad P_t^{(2)}(d_t) = Q_t^{(1)}(d_t),$$

$$P_t^{(2)}(x) \leq Q_t^{(1)}(x) \quad d_t \leq x \leq 1.$$

$P_t^{(2)}(x)$ に対する最適性方程式 (7.25) の右辺における非積分関数は，

$$P_{t-1}^{(2)}(y) \geq Q_{t-1}^{(1)}(y) \quad 0 \leq y \leq d_{t-1} \quad ; \quad P_{t-1}^{(2)}(y) \leq Q_{t-1}^{(1)}(y) \quad d_{t-1} \leq y \leq 1$$

により，

$$\max\left\{Q_{t-1}^{(1)}(y), P_{t-1}^{(2)}(y)\right\} = \begin{cases} P_{t-1}^{(2)}(y) & 0 \leq y \leq d_{t-1}, \\ Q_{t-1}^{(1)}(y) & d_{t-1} \leq y \leq 1 \end{cases}$$

である．よって，$0 \leq x \leq d_{t-1}$ のとき

$$\int_x^1 \max\left\{Q_{t-1}^{(1)}(y), P_{t-1}^{(2)}(y)\right\} dy$$
$$= \int_x^{d_{t-1}} P_{t-1}^{(2)}(y)dy + \int_{d_{t-1}}^1 Q_{t-1}^{(1)}(y)dy$$
$$= \int_x^{d_{t-1}} P_{t-1}^{(2)}(y)dy + \int_{d_{t-1}}^1 \left[y^{t-1} + P_{t-1}^{(1)}(y)\right] dy$$
$$= \int_x^{d_{t-1}} P_{t-1}^{(2)}(y)dy + \int_{d_{t-1}}^1 P_{t-1}^{(1)}(y)dy + \frac{1}{t}\left(1 - d_{t-1}^t\right)$$

であり，$d_{t-1} \leq x \leq 1$ のとき

$$\int_x^1 \max\left\{Q_{t-1}^{(1)}(y), P_{t-1}^{(2)}(y)\right\} dy = \int_x^1 Q_{t-1}^{(1)}(y)dy$$
$$= \int_x^1 \left[y^{t-1} + P_{t-1}^{(1)}(y)\right] dy = \int_x^1 P_{t-1}^{(1)}(y)dy + \frac{1}{t}\left(1 - x^t\right)$$

である．従って，方程式 (7.25) は

$$P_t^{(2)}(x) - xP_{t-1}^{(2)}(x) = \int_x^1 \max\left\{Q_{t-1}^{(1)}, P_{t-1}^{(2)}(y)\right\} dy$$
$$= \begin{cases} \int_x^{d_{t-1}} P_{t-1}^{(2)}(y)dy + \int_{d_{t-1}}^1 P_{t-1}^{(1)}(y)dy + \frac{1}{t}\left(1 - d_{t-1}^t\right) & 0 \leq x \leq d_{t-1}, \\ \int_x^1 P_{t-1}^{(1)}(y)dy + \frac{1}{t}\left(1 - x^t\right) & d_{t-1} \leq x \leq 1 \end{cases}$$

$$(7.29)$$

と書くことができる．この式の両辺を x で微分することにより，$P_t^{(2)}(x)$ に対する微分方程式

$$\frac{dP_t^{(2)}(x)}{dx} = x\frac{dP_{t-1}^{(2)}(x)}{dx} \qquad 0 \le x \le d_{t-1}$$

が得られる. また, $x = d_{t-1}$ とおき,

$$P_{t-1}^{(2)}(d_{t-1}) = Q_{t-1}^{(1)}(d_{t-1}) = d_{t-1}^t + P_{t-1}^{(1)}(d_{t-1})$$

を使うことにより, 境界条件

$$P_t^{(2)}(d_{t-1}) = \frac{1}{t} + \left(1 - \frac{1}{t}\right)d_{t-1}^t + d_{t-1}P_{t-1}^{(1)}(d_{t-1}) + \int_{d_{t-1}}^1 P_{t-1}^{(1)}(x)dx$$
$$1 \le t \le n$$

が得られる.

(4) 閾値の単調増加性

次に, 数列 $\{d_t; t = 1, 2, \ldots, n\}$ は単調増加であることを証明する.

$$0 = d_1 < d_2 < \cdots < d_{t-1} < d_t < \cdots < 1. \tag{7.30}$$

$x \le d_t \iff P_t^{(2)}(x) \ge Q_t^{(1)}(x)$ であるから, $d_{t-1} < d_t$ であることを言うためには $P_t^{(2)}(d_{t-1}) > Q_t^{(1)}(d_{t-1})$ を示せばよい.

$$P_t^{(2)}(d_{t-1}) - Q_t^{(1)}(d_{t-1})$$
$$= \frac{1}{t} + \left(1 - \frac{1}{t}\right)d_{t-1}^t + d_{t-1}P_{t-1}^{(1)}(d_{t-1}) + \int_{d_{t-1}}^1 P_{t-1}^{(1)}(x)dx$$
$$-d_{t-1}^t - P_t^{(1)}(d_{t-1})$$
$$= \frac{1}{t}\left(1 - d_{t-1}^t\right) + \int_{d_{t-1}}^1 P_{t-1}^{(1)}(x)dx - \left[P_t^{(1)}(d_{t-1}) - d_{t-1}P_{t-1}^{(1)}(d_{t-1})\right]$$

であるが, 式 (7.10) により,

$$P_t^{(1)}(d_{t-1}) - d_{t-1}P_{t-1}^{(1)}(d_{t-1})$$
$$= \begin{cases} \int_{d_{t-1}}^{r_{t-1}} P_{t-1}^{(1)}(x)dx + \frac{1}{t}\left(1 - r_{t-1}^t\right) & d_{t-1} \le r_{t-1} \\ \frac{1}{t}\left(1 - d_{t-1}^t\right) & d_{t-1} \ge r_{t-1} \end{cases}$$

であるから, $d_{t-1} \le r_{t-1}$ であっても, $d_{t-1} \ge r_{t-1}$ であっても,

$$P_t^{(2)}(d_{t-1}) - Q_t^{(1)}(d_{t-1})$$

$$= \begin{cases} \displaystyle\int_{r_{t-1}}^1 P_{t-1}^{(1)}(x)dx + \frac{1}{t}\left(r_{t-1}^t - d_{t-1}^t\right) > 0 & d_{t-1} \leq r_{t-1} \\ \displaystyle\int_{d_{t-1}}^1 P_{t-1}^{(1)}(x)dx > 0 & d_{t-1} \geq r_{t-1} \end{cases}$$

が成り立つ（実際には $d_{t-1} \leq r_{t-1}$ である）．よって，$P_t^{(2)}(d_{t-1}) > Q_t^{(1)}(d_{t-1})$ である．これで数列 $\{d_t; t = 1, 2, \ldots, n\}$ の単調性 (7.30) が証明できた．

Tamaki (1980) は

$$d_t < r_t \qquad t = 1, 2, \ldots, n$$

を証明している．さらに，表 7.5 を見ると，

$$r_1 < d_3, d_4 < r_2, \ r_2 < d_5, d_6 < r_3, \ \ldots, \ r_{t-1} < d_{2t-1}, d_{2t} < r_t, \ \ldots$$

が成り立つようである（未証明）．

$t = 1, 2, \ldots$ について，

$$P_t^{(2)}(x) = \phi_t(x) + \sum_{i=1}^{t-1} x^{t-i-1} \int_x^1 P_i^{(1)}(y)dy \qquad d_t \leq x \leq 1 \qquad (7.31)$$

であることを，t に関する数学的帰納法により示す．まず，$t = 1$ について，

$$P_1^{(2)}(x) = \int_x^1 \max\left\{Q_0^{(1)}(y), P_0^{(2)}(y)\right\}dy = \int_x^1 \max\{1, 0\}dy$$

$$= \int_x^1 1dy = 1 - x = \phi_1(x) \qquad 0 = d_1 \leq x \leq 1$$

であるから，式 (7.31) は $t = 1$ のとき成り立つ．次に，$t \geq 2$ について，もし式 (7.31) が t のときに成り立つと仮定すれば，$x \geq d_t > d_{t-1}$ に対して，

$$P_{t+1}^{(2)}(x) = xP_t^{(2)}(x) + \int_x^1 P_t^{(1)}(y)dy + \frac{1}{t+1}\left(1 - x^{t+1}\right)$$

$$= x\left[\phi_t(x) + \sum_{i=1}^{t-1} x^{t-i-1} \int_x^1 P_i^{(1)}(y)dy\right]$$

$$+ \int_x^1 P_t^{(1)}(y)dy + \frac{1}{t+1}\left(1 - x^{t+1}\right)$$

$$= x\phi_t(x) + \sum_{i=1}^{t} x^{t-i} \int_x^1 P_i^{(1)}(y)dy + \frac{1}{t+1}\left(1 - x^{t+1}\right)$$

$$= \phi_{t+1}(x) + \sum_{i=1}^{t} x^{t-i} \int_x^1 P_i^{(1)}(y)dy$$

であるから，式 (7.31) は $t+1$ のときにも成り立つ．従って，数学的帰納法により，式 (7.31) は全ての $t \geq 1$ について成り立つ．

式 (7.31) において $x = d_t$ とおくと，

$$P_t^{(2)}(d_t) = \phi_t(d_t) + \sum_{i=1}^{t-1} d_t^{t-i-1} \int_{d_t}^1 P_i^{(1)}(y)dy = Q_t^{(1)}(d_t) = d_t^t + P_t^{(1)}(d_t)$$

が成り立つ．よって，方程式

$$\phi_t(x) + \sum_{i=1}^{t-1} x^{t-i-1} \int_x^1 P_i^{(1)}(y)dy = x^t + P_t^{(1)}(x) \qquad (7.32)$$

は，区間 $(d_{t-1}, 1]$ に唯一の解 $x = d_t$ をもつ．ここで，$P_t^{(1)}(x)$ は式 (7.26) に与えられている．式 (7.32) を用いて，閾値 $\{d_1, d_2, \ldots\}$ を以下のように求めることができる．

(i) $t = 1$ のとき，方程式 $1 - x = x + 1 - x$ より，$x = 0 = d_1$ である．

(ii) $t = 2$ のとき，$x < r_1 = \frac{1}{2}$ と見当を付け，x の 2 次方程式

$$-\frac{3}{2}x^2 + x + \frac{1}{2} + \int_x^1 (1-y)dy = x^2 - \frac{1}{2}x^2 + \frac{3}{4}$$

の解として，$x = 1/\sqrt{6} = 0.408248 = d_2$ が得られる．

(iii) $t = 3$ のとき，$d_2 < x < r_2 = 0.689898$ と見当を付け，方程式

$$\phi_3(x) + x \int_x^1 P_1^{(1)}(y)dy + \int_x^1 P_2^{(1)}(y)dy = x^3 + P_3^{(1)}(x),$$

すなわち，x の 3 次方程式

$$\frac{1}{6}\left(5 + 3x - 3x^2 - 5x^3\right) = \frac{1}{2}x^2 + 0.642626$$

の解として，$x = 0.567566 = d_3$ が得られる．

表 7.5　2 人を採用する完全情報最良選択問題における閾値とベストが採用される確率.

n	r_n	d_n	$P_n^{[2]}$	n	r_n	d_n	$P_n^{[2]}$
				16	0.951483	0.904983	0.862397
2	0.689898	0.408248	1.000000	17	0.954243	0.910366	0.861353
3	0.775845	0.567566	0.943041	18	0.956706	0.915225	0.860427
4	0.824596	0.660484	0.917027	19	0.958917	0.919489	0.859598
5	0.855949	0.720219	0.902090	20	0.960913	0.923426	0.858852
6	0.877807	0.762271	0.892328	21	0.962724	0.926927	0.858178
7	0.877807	0.793262	0.885420	22	0.964375	0.930153	0.857566
8	0.906265	0.817158	0.880267	23	0.965886	0.933107	0.857007
9	0.916044	0.836078	0.876274	24	0.967274	0.935821	0.856495
10	0.923976	0.851470	0.873089	25	0.968553	0.938323	0.856023
11	0.930539	0.864209	0.870489	26	0.969736	0.940638	0.855598
12	0.936059	0.874944	0.868326	27	0.970834	0.942785	0.855186
13	0.940767	0.884101	0.866499	28	0.971854	0.944782	0.854813
14	0.944829	0.892013	0.864935	29	0.972806	0.946644	0.854465
15	0.948370	0.898911	0.863581	30	0.973695	0.948408	0.854141

(iv) $t = 4$ のとき，$d_3 < x < r_2 = 0.689898$ と見当を付け，方程式

$$\phi_4(x) + \sum_{i=1}^{3} x^{3-i} \int_x^1 P_i^{(1)}(y) dy = x^4 + P_4^{(1)}(x)$$

の解として，$x = 0.660484 = d_4$ が得られる.

このようにして求めた閾値 $\{d_2, d_3, \dots\}$ を，後出の式 (7.34) で計算される成功確率 $\{P_2^{[2]}, P_3^{[2]}, \dots\}$ とともに表 7.5 に示す.

(5) 成功確率

応募者数 n が小さいときの最適性方程式 (7.25) の解 $P_n^{(2)}(x)$ は，以下のように与えられる.

$$P_1^{(2)}(x) = 1 - x \qquad 0 \le x \le 1.$$

$$P_2^{(2)}(x) = 1 - x^2 \qquad 0 \le x \le 1.$$

$$P_3^{(2)}(x) = \begin{cases} \frac{7}{8} + \frac{1}{6\sqrt{6}} - \frac{2}{3}x^3 & 0 \le x \le \frac{1}{\sqrt{6}}, \\ \frac{7}{8} + \frac{x}{4} - \frac{7}{6}x^3 & \frac{1}{\sqrt{6}} \le x \le \frac{1}{2}, \\ \frac{1}{6}\left(5 + 3x - 3x^2 - 5x^3\right) & \frac{1}{2} \le x \le 1. \end{cases}$$

$$P_4^{(2)}(x) = \begin{cases} 0.917027 - \frac{1}{2}x^4 & 0 \le x \le \frac{1}{\sqrt{6}}, \\[2mm] 0.906610 + \frac{1}{8}x^2 - \frac{7}{8}x^4 & \frac{1}{\sqrt{6}} \le x \le \frac{1}{2}, \\[2mm] 0.901402 + \frac{1}{4}x^2 - \frac{1}{3}x^3 - \frac{5}{8}x^4 & \frac{1}{2} \le x \le d_3, \\[2mm] \frac{189 + 4\sqrt{6}}{250} + \frac{29 - 6\sqrt{6}}{75}x + \frac{1}{2}x^2 - \frac{2}{3}x^3 - \frac{5}{6}x^4 & d_3 \le x \le r_2, \\[2mm] \frac{1}{24}\left(17 + 12x + 6x^2 - 20x^3 - 15x^4\right) & r_2 \le x \le 1. \end{cases}$$

これより，ベストの応募者が採用される確率（成功確率）が次のように得られる．

$$P_2^{[2]} = P_2^{(2)}(0) = 1, \quad P_3^{[2]} = P_3^{(2)}(0) = \frac{7}{8} + \frac{1}{6\sqrt{6}} = 0.943041,$$
$$P_4^{[2]} = P_4^{(2)}(0) = 0.917027.$$

最後に，式 (7.29) を用いて，ベストの応募者が採用される確率は

$$P_n^{[2]} = P_n^{(2)}(0) = \int_0^{d_{n-1}} P_{n-1}^{(2)}(x)dx + \int_{d_{n-1}}^1 P_{n-1}^{(1)}(x)dx + \frac{1}{n}\left(1 - d_{n-1}^n\right)$$
$$= \int_0^{d_{n-2}} P_{n-1}^{(2)}(x)dx + \int_{d_{n-2}}^{d_{n-1}} \left[\phi_{n-1}(x) + \sum_{i=1}^{n-2} x^{n-i-2}\int_x^1 P_i^{(1)}(y)dy\right]dx$$
$$+ \int_{d_{n-1}}^1 P_{n-1}^{(1)}(x)dx + \frac{1}{n}\left(1 - d_{n-1}^n\right)$$

と表すことができる．この式の右辺の第 1 項を計算するために，式 (7.29) に続く関係式を使い，任意の正の整数 k と m について，

$$k\int_0^{d_{m-1}} P_m^{(2)}(x)x^{k-1}dx$$
$$= \frac{1}{m}\left(1 - d_{m-1}^m\right)d_{m-1}^k + (k+1)\int_0^{d_{m-2}} P_{m-1}^{(2)}(x)x^k dx$$
$$+ (k+1)\int_{d_{m-2}}^{d_{m-1}}\left[\phi_{m-1}(x) + \sum_{i=1}^{m-2} x^{m-i-2}\int_x^1 P_i^{(1)}(y)dy\right]x^k dx$$
$$+ d_{m-1}^k\int_{d_{m-1}}^1 P_{m-1}^{(1)}(x)dx \tag{7.33}$$

が成り立つことを示す．部分積分により，

$$k \int_0^{d_{m-1}} P_m^{(2)}(x) x^{k-1} dx = P_m^{(2)}(x) x^k \Big|_{x=0}^{x=d_{m-1}} - \int_0^{d_{m-1}} \left[\frac{P_m^{(2)}(x)}{dx} \right] x^k dx$$

$$= P_m^{(2)}(d_{m-1}) d_{m-1}^k - \int_0^{d_{m-1}} \left[\frac{dP_{m-1}^{(2)}(x)}{dx} \right] x^{k+1} dx$$

$$= P_m^{(2)}(d_{m-1}) d_{m-1}^k - P_{m-1}^{(2)}(x) x^{k+1} \Big|_{x=0}^{x=d_{m-1}}$$

$$+ (k+1) \int_0^{d_{m-1}} P_{m-1}^{(2)}(x) x^k dx$$

$$= \left[\frac{1}{m} + \left(1 - \frac{1}{m} \right) d_{m-1}^m + d_{m-1} P_{m-1}^{(1)}(d_{m-1}) + \int_{d_{m-1}}^1 P_{m-1}^{(1)}(x) dx \right] d_{m-1}^k$$

$$- P_{m-1}^{(2)}(d_{m-1}) d_{m-1}^{k+1}$$

$$+ (k+1) \left[\int_0^{d_{m-2}} P_{m-1}^{(2)}(x) x^k dx + \int_{d_{m-2}}^{d_{m-1}} P_{m-1}^{(2)}(x) x^k dx \right]$$

$$= \frac{1}{m} \left(1 - d_{m-1}^m \right) d_{m-1}^k + d_{m-1}^k \int_{d_{m-1}}^1 P_{m-1}^{(1)}(x) dx$$

$$+ (k+1) \int_0^{d_{m-2}} P_{m-1}^{(2)}(x) x^k dx$$

$$+ (k+1) \int_{d_{m-2}}^{d_{m-1}} \left[\phi_{m-1}(x) + \sum_{i=1}^{m-2} x^{m-i-2} \int_x^1 P_i^{(1)}(y) dy \right] x^k dx$$

が得られる．ここで，

$$P_m^{(2)}(d_{m-1}) = \frac{1}{m} + \left(1 - \frac{1}{m} \right) d_{m-1}^m + d_{m-1} P_{m-1}^{(1)}(d_{m-1})$$

$$+ \int_{d_{m-1}}^1 P_{m-1}^{(1)}(x) dx,$$

$$P_{m-1}^{(2)}(d_{m-1}) = Q_{m-1}^{(1)}(d_{m-1}) = d_{m-1}^{m-1} + P_{m-1}^{(1)}(d_{m-1})$$

を用いた．これで，式 (7.33) が証明できた．

式 (7.33) において $m = n-1, k = 1$ とおくことにより，

$$\int_0^{d_{n-2}} P_{n-1}^{(2)}(x)dx = \frac{1}{n-1}\left(1 - d_{n-2}^{n-1}\right)d_{n-2} + 2\int_0^{d_{n-3}} P_{n-2}^{(2)}(x)xdx$$

$$+ 2\int_{d_{n-3}}^{d_{n-2}}\left[\phi_{n-2}(x) + \sum_{i=1}^{n-3} x^{n-i-3}\int_x^1 P_i^{(1)}(y)dy\right]xdx$$

$$+ d_{n-2}\int_{d_{n-2}}^1 P_{n-2}^{(1)}(x)dx$$

である．また，$m = n-2, k = 2$ とおくことにより，

$$2\int_0^{d_{n-3}} P_{n-2}^{(2)}(x)xdx = \frac{1}{n-2}\left(1 - d_{n-3}^{n-2}\right)d_{n-3}^2 + 3\int_0^{d_{n-4}} P_{n-3}^{(2)}(x)x^2dx$$

$$+ 3\int_{d_{n-4}}^{d_{n-3}}\left[\phi_{n-3}(x) + \sum_{i=1}^{n-4} x^{n-i-4}\int_x^1 P_i^{(1)}(y)dy\right]x^2dx$$

$$+ d_{n-3}^2\int_{d_{n-3}}^1 P_{n-3}^{(1)}(x)dx$$

である．よって，

$$\int_0^{d_{n-2}} P_{n-1}^{(2)}(x)dx = \frac{1}{n-1}\left(1 - d_{n-2}^{n-1}\right)d_{n-2} + \frac{1}{n-2}\left(1 - d_{n-3}^{n-2}\right)d_{n-3}^2$$

$$+ 2\int_{d_{n-3}}^{d_{n-2}}\left[\phi_{n-2}(x) + \sum_{i=1}^{n-3} x^{n-i-3}\int_x^1 P_i^{(1)}(y)dy\right]xdx$$

$$+ 3\int_{d_{n-4}}^{d_{n-3}}\left[\phi_{n-3}(x) + \sum_{i=1}^{n-4} x^{n-i-4}\int_x^1 P_i^{(1)}(y)dy\right]x^2dx$$

$$+ d_{n-2}\int_{d_{n-2}}^1 P_{n-2}^{(1)}(x)dx + d_{n-3}^2\int_{d_{n-3}}^1 P_{n-3}^{(1)}(x)dx$$

$$+ 3\int_0^{d_{n-4}} P_{n-3}^{(2)}(x)x^2dx$$

となる．この操作を繰り返すことにより，

$$\int_0^{d_{n-2}} P_{n-1}^{(2)}(x)dx = \sum_{i=1}^{n-2} \frac{1}{n-i} \left(1 - d_{n-i-1}^{n-i}\right) d_{n-i-1}^i$$
$$+ \sum_{i=2}^{n-2} (n-i) \int_{d_{i-1}}^{d_i} \left[\phi_i(x) + \sum_{j=1}^{i-1} x^{i-j-1} \int_x^1 P_j^{(1)}(y)dy \right] x^{n-i-1} dx$$
$$+ \sum_{i=2}^{n-2} d_i^{n-i-1} \int_{d_i}^1 P_i^{(1)}(y)dy + (n-2) \int_0^{d_1} P_2^{(2)}(x) x^{n-3} dx$$

が得られる ($d_1 = 0$ に注意). ここで, $n-i$ の代わりに $i+1$ とおき,

$$\sum_{i=1}^{n-2} \frac{1}{n-i} \left(1 - d_{n-i-1}^{n-i}\right) d_{n-i-1}^i = \sum_{i=1}^{n-2} \frac{1}{i+1} \left(d_i^{n-i-1} - d_i^n\right)$$
$$= \sum_{i=2}^{n-2} \frac{1}{i+1} \left(d_i^{n-i-1} - d_i^n\right)$$

と書くことができる. よって,

$$\int_0^{d_{n-2}} P_{n-1}^{(2)}(x)dx = \sum_{i=2}^{n-2} \frac{1}{i+1} \left(d_i^{n-i-1} - d_i^n\right)$$
$$+ \sum_{i=2}^{n-2} (n-i) \int_{d_{i-1}}^{d_i} \left[\phi_i(x) + \sum_{j=1}^{i-1} x^{i-j-1} \int_x^1 P_j^{(1)}(y)dy \right] x^{n-i-1} dx$$
$$+ \sum_{i=2}^{n-2} d_i^{n-i-1} \int_{d_i}^1 P_i^{(1)}(y)dy$$

となる. これより, ベストの応募者が採用される確率 (成功確率)

$$P_n^{[2]} = \sum_{i=2}^{n-1} \left[\frac{1}{i+1} \left(d_i^{n-i-1} - d_i^n\right) + d_i^{n-i-1} \int_{d_i}^1 P_i^{(1)}(x)dx \right]$$
$$+ \sum_{i=2}^{n-1} (n-i) \int_{d_{i-1}}^{d_i} \left[x^{n-i-1}\phi_i(x) + \sum_{j=1}^{i-1} x^{n-j-2} \int_x^1 P_j^{(1)}(y)dy \right] dx$$

$$(7.34)$$

が得られる (Tamaki, 1980). この式を用いて計算した $P_n^{[2]}$ の値も表 7.5 (298 ページ) に示す. $P_n^{[2]}$ は n の単調減少関数である.

8章 期待順位最小化秘書問題
Minimization of the Expected Rank

　前章までの秘書問題は，古典的秘書問題においてベストの応募者が採用される確率が最大になる方策を求めたように，採用される上位の応募者の絶対順位に関する確率を最大化する最適方策を追求する最良選択問題であった．しかし，現実には，特定の上位の応募者が採用される確率を上げなくても，「採用される応募者の順位の期待値」ができるだけ小さければよいとする方策にも興味がもたれるところである．後者のような最適方策を求める問題を**期待順位最小化問題** (minimization of the expected rank) と言う．

　期待順位最小化問題は，無情報問題が研究の初期に解かれている（8.1 節）．一方，「Robbins の問題」と呼ばれる完全情報問題は，未だ厳密に解明されていない難問として残っている（8.2 節）．

8.1 無情報問題

　古典的秘書問題のような無情報問題では，次々に面接に現れる n 人の応募者たちの適性度の絶対順位の $n!$ 通りの並び方はそれぞれ等確率 $1/n!$ で起こると仮定される．無情報の期待順位最小化問題の研究は，Lindley (1961), Chow et al. (1964) らによって始められた．穴太 (2000, p.87–89) に解説がある．

　本節では，無情報期待順位最小化秘書問題を，仮定する効用関数の違いによって，期待効用最大化法及び期待効用最小化法により定式化して，最適方策と最小化された期待順位を考察する方法を示す．

　(1) 期待効用最大化法

　　n 人の応募者に対する無情報問題に対して，絶対順位が k である応募者の効用関数を

$$U(k) = n - k \qquad 1 \leq k \leq n$$

　　とする期待効用最大化問題を定式化する (Lindley, 1961).

t 番目の応募者の相対順位が i であるとき，その絶対順位が k である確率は式 (2.14) に与えられている超幾何分布 $P_t(k \mid i)$ である．これを用いると，この応募者を採用するときの効用の期待値は

$$y_t(i) = \sum_{k=i}^{n-t+i} U(k)P_t(k \mid i) = \sum_{k=i}^{n-t+i} (n-k)P_t(k \mid i)$$

$$= n - \sum_{k=i}^{n-t+i} kP_y(k \mid i) = n - \frac{n+1}{t+1}i \qquad 1 \leq i \leq t \quad (8.1)$$

である．期待効用 $\{y_t(i); 1 \leq i \leq t\}$ は i に関して単調減少である．

$$y_t(1) > y_t(2) > \cdots > y_t(t) > 0 \qquad 1 \leq t \leq n.$$

t 番目の応募者の相対順位が i であるとき，最適方策によるこの応募者の期待効用の最大値を $V_t(i)$ で表すと，この応募者の期待順位の最小値は $n - V_t(i)$ である $(1 \leq i \leq t)$．$\{V_t(i)\}$ に対する最適性方程式は

$$V_t(i) = \max\{y_t(i), V_{t+1}\} = \max \left\{ n - \frac{n+1}{t+1}i, \frac{1}{t+1}\sum_{k=1}^{t+1} V_{t+1}(k) \right\}$$
$$1 \leq i \leq t \leq n-1,$$

$$V_n(i) = y_n(i) = n - i \qquad 1 \leq i \leq n \tag{8.2}$$

で与えられる．ここで，次の定義を用いた．

$$V_n = \frac{n-1}{2} \quad ; \quad V_t := \frac{1}{t}\sum_{i=1}^{t} V_t(i) \qquad 1 \leq t \leq n-1.$$

期待効用最大化問題 (8.2) において，t 番目の応募者の相対順位が i であるときの最適停止方策は次のように与えられる．

(i) もし $y_t(i) > V_{t+1}$ であれば，この応募者を採用して，面接を停止する．このときの期待順位は $n - y_t(i)$ である $(1 \leq t \leq n-1)$．

(ii) もし $y_t(i) \leq V_{t+1}$ であれば，この応募者を採用せず，次の応募者の面接に進む $(1 \leq t \leq n-1)$．

(iii) 最後に面接する応募者は必ず採用する．

表 **8.1**　期待順位最小化秘書問題に対する期待効用最大化法の数値例 $(n = 5)$.

t	$y_t(1)$	$y_t(2)$	$y_t(3)$	$y_t(4)$	$y_t(5)$
5	4	3	2	1	0
4	$\frac{19}{5}$	$\frac{13}{5}$	$\frac{7}{5}$	$\frac{1}{5}$	
3	$\frac{7}{2}$	2	$\frac{1}{2}$		
2	3	1			
1	2				

t	$V_t(1)$	$V_t(2)$	$V_t(3)$	$V_t(4)$	$V_t(5)$	V_t	最小期待順位
5	4	3	2	1	0	2	
4	$\frac{19}{5}$	$\frac{13}{5}$	2	2		$\frac{13}{5}$	
3	$\frac{7}{2}$	$\frac{13}{5}$	$\frac{13}{5}$			$\frac{29}{10}$	
2	3	$\frac{29}{10}$				$\frac{59}{20}$	
1	$\frac{59}{20}$					$\frac{59}{20}$	$\frac{41}{20}$

$\{V_t(i)\}$ に対する漸化式 (8.2) は, 初期値 $\{V_n(i)\}$ から始め, t が減る方向に順に解くことができる. 数値例として, $n = 5$ の場合について (DeGroot, 1970, Exercise 13-3), 期待効用 $\{y_t(i); 1 \leq i \leq t\}$ と $\{V_t(i); 1 \leq i \leq t\}$ の計算結果を表 8.1 に示す. 例えば, 3 番目の応募者に対して, $V_4 = \frac{13}{5} < \frac{7}{2} = y_3(1)$ であるから, 応募者の相対順位が $i = 1$ なら採用して面接を停止する（このときの期待効用は $V_3(1) = \frac{7}{2}$ となる）. $i = 2$ 又は $i = 3$ なら不採用とし, $V_3(2) = V_3(3) = V_4 = \frac{13}{5}$ により, $V_3 = \left(\frac{7}{2} + \frac{13}{5} + \frac{13}{5}\right)/3 = \frac{29}{10}$ が得られる. 期待効用の最大値は $V_1(1) = V_1 = \frac{59}{20}$ であるから, 期待順位の最小値 $n - V_1 = \frac{41}{20} = 2.05$ が得られる.

(2) 期待効用最小化法

多くの文献では, 採用する秘書の期待順位最小化問題を, 絶対順位が k である応募者に対して, 効用関数

$$U(k) = k \qquad 1 \leq k \leq n$$

を用いる期待効用最小化法により定式化している. この場合には, 順位そのものが効用関数となる (穴太, 2000, pp.87–89).

このとき, 相対順位が i である t 番目の応募者を採用する場合の期待順位 $\{y_t(i); 1 \leq i \leq t\}$ は, i に関して単調増加となる.

$$y_t(i) = \sum_{k=i}^{n-t+i} U(k)P_t(k \mid i) = \sum_{k=i}^{n-t+i} kP_t(k \mid i) = \frac{n+1}{t+1}i \qquad 1 \le i \le t,$$

$$0 < y_t(1) < y_t(2) < \cdots < y_t(t) \qquad 1 \le t \le n$$

である．期待順位の最小値 $\{V_t(i)\}$ に対する最適性方程式は

$$V_t(i) = \min\{y_t(i), V_{t+1}\} = \min\left\{\frac{n+1}{t+1}i, \frac{1}{t+1}\sum_{k=1}^{t+1} V_{t+1}(i)\right\}$$
$$1 \le i \le t \le n-1,$$

$$V_n(i) = y_n(i) = i \qquad 1 \le i \le n \tag{8.3}$$

で与えられる．ここで，t 番目の応募者の期待順位の最小値 V_t を次のように定義した．

$$V_n = \frac{n+1}{2} \quad ; \quad V_t := \frac{1}{t}\sum_{i=1}^{t} V_t(i) \qquad 1 \le t \le n-1.$$

期待効用最小化問題 (8.3) において，t 番目の応募者の相対順位が i であるときの最適停止方策は次のように与えられる．

 (i) もし $y_t(i) < V_{t+1}$ であれば，この応募者を採用して，面接を停止する．このときの期待順位は $y_t(i)$ である $(1 \le t \le n-1)$．

 (ii) もし $y_t(i) \ge V_{t+1}$ であれば，この応募者を採用せず，次の応募者の面接に進む $(1 \le t \le n-1)$．

(iii) 最後に面接する応募者は必ず採用する．

$\{V_t(i)\}$ に対する漸化式 (8.3) は，初期値 $\{V_n(i)\}$ から始め，t が減る方向に順に解くことができる．数値例として，$n = 5$ の場合に，期待効用 $\{y_t(i); 1 \le i \le t\}$ と $\{V_t(i); 1 \le i \le t\}$ の計算結果を表 8.2 に示す．期待効用最小化法による表 8.2 は期待効用最大化法による表 8.1 とは異なる数値になるが，最小化された期待順位は一致する．

(3) 最小期待順位の計算

Chow et al. (1964) に従って，式 (8.3) から，$\{V_t; 1 \le t \le n\}$ に対する漸化式

表 **8.2** 期待順位最小化秘書問題に対する期待効用最小化法の数値例 ($n = 5$).

t	$y_t(1)$	$y_t(2)$	$y_t(3)$	$y_t(4)$	$y_t(5)$
5	1	2	3	4	5
4	$\frac{6}{5}$	$\frac{12}{5}$	$\frac{18}{5}$	$\frac{24}{5}$	
3	$\frac{3}{2}$	3	$\frac{9}{2}$		
2	2	4			
1	3				

t	$V_t(1)$	$V_t(2)$	$V_t(3)$	$V_t(4)$	$V_t(5)$	V_t	最小期待順位
5	1	2	3	4	5	3	
4	$\frac{6}{5}$	$\frac{12}{5}$	3	3		$\frac{12}{5}$	
3	$\frac{3}{2}$	$\frac{12}{5}$	$\frac{12}{5}$			$\frac{21}{10}$	
2	2	$\frac{21}{10}$				$\frac{41}{20}$	
1	$\frac{41}{20}$					$\frac{41}{20}$	$\frac{41}{20}$

$$V_t = \frac{1}{t} \sum_{i=1}^{t} \min\left\{\frac{n+1}{t+1}i, V_{t+1}\right\} = \frac{n+1}{t(t+1)} \sum_{i=1}^{t} \min\left\{i, \frac{t+1}{n+1}V_{t+1}\right\}$$

が得られる. ここで, x を超えない最大の整数を表す**切下げ関数** (floor) $\lfloor x \rfloor$ を使って, 採用の閾値を

$$r_n := n \,(\text{便宜上}) \quad ; \quad r_t := \left\lfloor \frac{t+1}{n+1}V_{t+1} \right\rfloor \qquad 1 \le t \le n-1$$

と定義する ($r_{n-1} = \lfloor n/2 \rfloor$). 最適停止方策は「$t$ 番目の応募者の相対順位 i が $i \le r_t$ ならこの 応募者を採用して, 面接を停止する」ことになる. ここでの「閾値」は, 応募者を採用して面接を停止するか, 採用せずに面接を継続するかの判断が, その応募者の面接時点における成功確率だけから決まるので, 最良選択問題における「閾値」とは意味が異なることに注意する. このような閾値を**カットオフ閾値** (cut-off threshold value) と言う. 上記の漸化式は, $\min\{\cdot, \cdot\}$ を含まない次の形に書き直すことができる.

$$V_t = \frac{1}{t}\left[\frac{n+1}{t+1}(1 + 2 + \cdots + r_t) + (t - r_t)V_{t+1}\right]$$

$$= \frac{1}{t}\left[\frac{(n+1)r_t(r_t+1)}{2(t+1)} + (t - r_t)V_{t+1}\right].$$

表 8.3　期待順位最小化秘書問題の期待効用最小化法における閾値と期待順位 (r_t, V_t).

t	$n=1$	$n=2$	$n=3$	$n=4$	$n=5$	$n=6$	$n=7$	$n=8$	$n=9$	$n=10$
10										$10, \frac{11}{2}$
9									$9, 5$	$5, \frac{77}{18}$
8								$8, \frac{9}{2}$	$4, \frac{35}{9}$	$3, \frac{517}{144}$
7							$7, 4$	$4, \frac{99}{28}$	$3, \frac{415}{126}$	$2, \frac{3179}{1008}$
6						$6, \frac{7}{2}$	$3, \frac{22}{7}$	$2, 3$	$2, \frac{550}{189}$	$2, \frac{4367}{1512}$
5					$5, 3$	$3, \frac{14}{5}$	$2, \frac{94}{35}$	$2, \frac{27}{10}$	$1, \frac{503}{189}$	$1, \frac{506}{189}$
4				$4, \frac{5}{2}$	$2, \frac{12}{5}$	$2, \frac{49}{20}$	$1, \frac{169}{70}$	$1, \frac{99}{40}$	$1, \frac{629}{252}$	$1, \frac{3223}{1260}$
3			$3, 2$	$2, \frac{25}{12}$	$1, \frac{21}{10}$	$1, \frac{133}{60}$	$1, \frac{239}{105}$	$1, \frac{12}{5}$	$0, \frac{629}{252}$	$0, \frac{3223}{1260}$
2		$2, \frac{3}{2}$	$1, \frac{5}{3}$	$1, \frac{15}{8}$	$1, \frac{41}{20}$	$0, \frac{133}{60}$	$0, \frac{239}{105}$	$0, \frac{12}{5}$	$0, \frac{629}{252}$	$0, \frac{3223}{1260}$
1	$1,1$	$1, \frac{3}{2}$	$0, \frac{5}{3}$	$0, \frac{15}{8}$	$0, \frac{41}{20}$	$0, \frac{133}{60}$	$0, \frac{239}{105}$	$0, \frac{12}{5}$	$0, \frac{629}{252}$	$0, \frac{3223}{1260}$
V_1	1	1.5	1.66667	1.875	2.05	2.21667	2.27619	2.4	2.49603	2.55794

従って，与えられた応募者数 n に対し，$\{V_t; 1 \le t \le n\}$ は漸化式

$$V_n = \frac{n+1}{2},$$

$$V_t = \frac{1}{t}\left[\frac{(n+1)r_t(r_t+1)}{2(t+1)} + (t-r_t)V_{t+1}\right] \qquad 1 \le t \le n-1$$

により求められる．いくつかの n について，r_t と V_t の数値を表 8.3 に示す．与えられた n に対し，r_t と V_t は t の増加関数である．よって，V_1 がこの方策に従って採用される応募者の期待順位の最小値である．

Goldenshluger et al. (2020, p.239) によれば，次の漸化式で計算される b_n（上の V_1 に相当）が n 人の応募者に対する期待順位の最小値である．

$$b_1 = n \quad ; \quad b_{t+1} = \frac{1}{n-t+1}\sum_{i=1}^{n-t+1}\min\left\{b_t, \frac{(n+1)i}{n-t+2}\right\}$$

$$= b_t + \frac{1}{n-t+1}\left[\frac{n+1}{n-t+2}\cdot\frac{j_t(j_t+1)}{2} - j_t b_t\right],$$

$$j_t := \left\lfloor\frac{n-t+2}{n+1}b_t\right\rfloor \qquad 1 \le t \le n-1.$$

これらの計算法による b_n を表 8.4 に示す．数列 $\{b_n; n = 1, 2, \ldots\}$ は n の増加数列であり，Chow et al. (1964) によれば，その上限は

表 8.4 期待順位最小化秘書問題の期待効用最小化法による期待順位の最小値.

n	期待順位	n	期待順位	n	期待順位
1	1.00000	21	3.02605	50	3.41215
2	1.50000	22	3.04558	60	3.47036
3	1.66667	23	3.07271	70	3.51568
4	1.87500	24	3.09852	80	3.55097
5	2.05000	25	3.11667	90	3.57906
6	2.21667	26	3.13420	100	3.60323
7	2.27619	27	3.15621	150	3.67836
8	2.40000	28	3.17322	200	3.71918
9	2.49603	29	3.18865	250	3.74511
10	2.55794	30	3.20362	300	3.76306
11	2.61364	31	3.22167	350	3.77627
12	2.67803	32	3.23439	400	3.78643
13	2.67803	33	3.24749	450	3.79451
14	2.78338	34	3.26071	500	3.80110
15	2.81849	35	3.27561	600	3.81119
16	2.87055	36	3.28562	700	3.81858
17	2.27619	37	3.29506	800	3.82425
18	2.93347	38	3.30953	900	3.82873
19	2.96527	39	3.31972	1000	3.83238
20	3.00173	40	3.32819	10^6	3.86945

$$\lim_{n\to\infty} b_n = \prod_{t=1}^{\infty}\left(1+\frac{2}{t}\right)^{1/(t+1)} \approx 3.86951924 \tag{8.4}$$

である．従って，応募者が何人いたとしても，採用される人の期待順位は4位以内（意外に小さい！）であることが分かる．

また，$n \to \infty$ のとき，相対順位が i 位以内の応募者を採用するカットオフ閾値 r_i の漸近形は

$$\lim_{n\to\infty}\frac{r_i}{n} = \prod_{t=i}^{\infty}\left(1+\frac{2}{t}\right)^{-1/(t+1)} = \prod_{t=1}^{i-1}\left(1+\frac{2}{t}\right)^{1/(t+1)} \Big/ \lim_{n\to\infty} b_n$$

で与えられる．$\lim_{n\to\infty}(r_i/n)$ の数値を表 8.5 に示す．

この表によれば，応募者数が非常に多い場合における閾値規則は次のようになる．まず，全応募者の 25.8% までは無条件に採用しない．その後，

表 8.5　期待順位最小化秘書問題の $n \to \infty$ におけるカットオフ閾値.

i	r_i/n	i	r_i/n	i	r_i/n	i	r_i/n
1	0.258430	6	0.734991	20	0.907041	200	0.990075
2	0.447614	7	0.765827	30	0.936528	300	0.993367
3	0.563958	8	0.790266	40	0.951816	400	0.995019
4	0.640780	9	0.810105	50	0.961170	500	0.996012
5	0.694908	10	0.826526	100	0.980296	1000	0.998003

表 8.6　採用辞退がある無情報期待順位最小化問題の $n \to \infty$ における期待順位.

p	R_∞	p	R_∞
0.1	23.26357	0.6	5.44697
0.2	12.76789	0.7	4.89300
0.3	9.17324	0.8	4.47135
0.4	7.33503	0.9	4.13889
0.5	6.21020	1	3.86952

44.8%までは相対的ベストの応募者が現れれば採用して停止する．相対的ベストの応募者が現れなければ面接を続け，56.4%までは相対的ベスト又はセカンドベストの応募者が現れれば採用して停止する．相対的ベスト又はセカンドベストの応募者が現れなければ面接を続け，64.1%までは相対的ベスト，セカンドベスト又はサードベストの応募者が現れれば採用して停止する．このようにして，面接が進むにつれて採用基準を緩めていく (Chow et al., 1964; Ferguson, 1992b; 玉置, 2015).

(4) 採用辞退がある無情報期待順位最小化問題

Tamaki (2000) は，3.1 節と同様に，採用を提案された候補者が必ずしもその提案を受諾するのではなく，受諾確率が $p\,(0 < p \le 1)$ であるときに，応募者数が $n \to \infty$ の極限における期待順位が

$$R_\infty = \prod_{t=1}^{\infty} \left[1 + \frac{2}{t} \left(\frac{1+pt}{2-p+pt} \right) \right]^{1/(1+pt)}$$

で与えられることを示している．この結果は，採用辞退がない $(p = 1)$ 場合に，式 (8.4) に一致する．数値結果を表 8.6 に示す．

8.2 完全情報問題（Robbins の問題）

完全情報を仮定した期待順位最小化問題は **Robbins の問題** (Robbins' problem) と呼ばれる．これは，秘書問題を 2（採用目的）× 2（情報量）に分類した第1章（9 ページ）の表 1.2(a) に示した 4 つの基本的な問題のうちの 1 つであるが，他の 3 つの問題とは異なり，有限の応募者数に対してさえ，今日までに厳密な最適方策とその成功確率は見つかっていない．

Bruss (2005) によれば，アメリカの Columbia 大学等で教鞭を取った Herbert Ellis Robbins 教授 (1915–2001) は，この問題を研究し，次のエピソードを残している．彼は 1990 年 6 月 21–27 日にアメリカ合衆国 Massachusetts 州 Amherst 市で開催された研究集会 AMS/IMS/SIAM Joint Summer Research Conference on Strategies for Sequential Search and Selection in Real Time（実時間の逐次探索と選択の戦略に関する夏季研究会議）における招待講演で，完全情報期待順位最小化問題が未解決問題であることを示し，最後に

> 死ぬまでにはこの問題の解を見たいものだ．
>
> I should like to see this problem solved before I die.

と言った（1990 年 6 月 21 日）．残念ながら，彼は，この問題の解を目にすることなく，2001 年 2 月 12 日に他界した．その後，20 年以上を経た今日でも，完全情報期待順位最小化問題は完全には解明されていない．

Robbins の問題について，応募者数が非常に多いときの期待順位の最小値 V は，無情報問題に対する最小値 $V \approx 3.8695$ よりも小さく（情報があることの効果），その上界及び下界として，最近までに得られている結果は

$$1.908 \cdots < V < 2.32658 \cdots \tag{8.5}$$

のようである (Tamaki, 2017)．本節では，この結果を導くことはできないが，いくつかの上界と下界を示す．

(1) Robbins の問題の定義

完全情報期待順位最小化問題（Robbins の問題）とは，以下に示す問題で

ある．$\{X_1, X_2, \ldots, X_n\}$ を互いに独立であり，区間 $[0,1]$ 上の連続型一様分布に従う確率変数とする．与えられた k $(1 \leq k \leq n)$ に対し，k 番目の観察値 X_k の順位 (rank) R_k とは，$X_i \leq X_k$ であるような X_i の数である．これを

$$R_k := \sum_{i=1}^{n} \mathcal{I}\{X_i \leq X_k\}$$

と表すことができる[*1]．R_k は $\{X_1, X_2, \ldots, X_n\}$ のうち，X_k を超えないものの個数である（X_k 自体も X_k を超えないものとして数えられる）から，X_k の順位を表している．確率変数 X_k の順位 R_k も確率変数である．各確率変数の順位の値は 1 から n までの整数のうちのどれかであり，同じ順位の変数は存在しない（連続型確率分布に従う 2 つの確率変数が同じ値を取る確率は 0 である）ので，順位の列 $\{R_1, R_2, \ldots, R_n\}$ は互いに独立ではない．

期待順位 (expected rank) とは，n 個の確率変数 $\{X_1, X_2, \ldots, X_n\}$ の順位 $\{R_1, R_2, \ldots, R_n\}$ の平均値（期待値）

$$\frac{1}{n}(R_1 + R_2 + \cdots + R_n) = \frac{1}{n}\sum_{k=1}^{n} R_k \tag{8.6}$$

のことである．

順位は小さいほど良いと考えられる．確率変数の列 $\{X_1, X_2, \ldots, X_n\}$ を 1 つずつ順に観察し，その都度，それまでに観察した確率変数の順位の平均値（期待順位）を計算して，もうこれ以上観察を続けても期待順位は減らないだろうと思われるときに観察を止めることにする．このとき，どのような判断に基づいて観察を停止するかという基準を**停止規則** (stopping rule) と呼ぶ．上手な停止規則を使うと，止めたときに小さい期待順位が得られるが，下手な停止規則を使うと，止めたときに大きい期待順位しか

[*1] $\mathcal{I}(A)$ は事象 A の**定義関数** (indicator function) と呼ばれ，

$$\mathcal{I}(A) := \begin{cases} 1 & A \text{ が起こるとき,} \\ 0 & A \text{ が起こらないとき} \end{cases}$$

と定義される．

得られない．**期待順位最小化問題** (minimization of expected rank) とは，期待順位が最小になるような停止規則，すなわち，期待順位最小化という目的のための**最適停止規則** (optimal stopping rule) を見つけ，それを使う場合の期待順位の値を求めることである．**Robbins の問題**とは，与えられた同一の確率分布に従う互いに独立な確率変数の列（完全情報）に対する期待順位最小化問題のことである．

特定の停止規則に対して期待順位を計算することは難しくないかもしれない．しかし，ある停止規則が全ての停止規則のうちで最小の期待順位を与える停止規則であることを証明するのは簡単ではない．期待順位の列が互いに独立な確率変数でないことが，Robbins の問題の厳密解を困難にしている理由であると言われている．

(2) Moser の期待値最小化問題との類似性

Robbins の問題は，付録の A.1 節に示す **Moser の期待値最小化問題**とよく似ている (Bruss and Ferguson, 1993)．Moser の期待値最小化問題では，式 (8.6) の代わりに，区間 $[0,1]$ 上の連続型一様分布に従う互いに独立な確率変数 $\{X_1, X_2, \ldots, X_n\}$ の値の平均値（期待値）

$$\frac{1}{n}(X_1 + X_2 + \cdots + X_n) = \frac{1}{n}\sum_{k=1}^{n} X_k \tag{8.7}$$

が最小になるような停止規則を求める．A.1 節では，そのような最適停止規則は，k 番目で停止する規則が

$$\mathcal{N}(\boldsymbol{a}) = \min\{k \geq 1 : X_k \leq a_{n-k}\}$$

で与えられる閾値規則であることが示されている．ここで，数列 $\boldsymbol{a} := \{a_i ; i = 1, 2, \ldots, n\}$ は漸化式

$$a_1 = \frac{1}{2} \quad ; \quad a_{i+1} = a_i - \frac{1}{2}a_i^2 \quad i \geq 1$$

から求められ，具体的には，次の単調減少数列である．

$$a_1 = \frac{1}{2} = 0.5, \quad a_2 = \frac{3}{8} = 0.375, \quad a_3 = \frac{39}{128} = 0.304688,$$

$$a_4 = \frac{8{,}463}{32{,}768} = 0.258270, \quad a_5 = \frac{483{,}008{,}799}{2{,}147{,}483{,}648} = 0.224918, \quad \dots$$

n が非常に大きいとき $\quad a_n \approx \dfrac{2}{n + \log n + 2}$.

n 個の確率変数 $\{X_1, X_2, \dots, X_n\}$ のうちの任意の k 番目 X_k の順位 R_k は離散的な値 $\{1, 2, \dots, n\}$ を均等な確率

$$P\{R_k = r\} = \frac{1}{n} \qquad r = 1, 2, \dots, n$$

で取る離散型一様分布に従う $(1 \le k \le n)$. 確率変数 R_k の平均, 2 次モーメント, 及び分散は以下のように与えられる.

$$E[R_k] = \sum_{r=1}^{n} r P\{R_k = r\} = \frac{1}{n} \sum_{r=1}^{n} r = \frac{n+1}{2},$$

$$E[R_k^2] = \sum_{r=1}^{n} r^2 P\{R_k = r\} = \frac{1}{n} \sum_{r=1}^{n} r^2 = \frac{1}{6}(n+1)(2n+1),$$

$$\mathrm{Var}[R_k] = E[R_k^2] - (E[R_k])^2 = \frac{1}{12}(n+1)(n-1).$$

また, **順序統計** (order statistics) の方法により, $R_k = r$ であるとき, 連続型確率変数 X_k の条件付き確率分布は

$$F_k(x) := P\{X_k \le x \mid R_k = r\} = \sum_{i=r}^{n} \binom{n}{i} (P\{X \le x\})^i (P\{X > x\})^{n-i}$$

$$= \sum_{i=r}^{n} \binom{n}{i} x^i (1-x)^{n-i} \qquad 0 \le x \le 1$$

で与えられる. これは, n 個の独立で区間 $[0, 1]$ 上の値を取る連続型一様分布に従う確率変数 X のうち, 少なくとも r 個が x 以下の値を取る確率である. これに対応する密度関数は

$$f_k(x) := \frac{dF_k(x)}{dx} = \frac{n!}{(r-1)!(n-r)!} x^{r-1}(1-x)^{n-r} \qquad 0 \le x \le 1$$

となる. ここで, 与えられた定数 $p > -1$ と $q > -1$ に対して, ガンマ関数 $\Gamma(x)$ (定義は 48 ページを参照) を用いて,

$$B(p,q) := \int_0^1 x^{p-1}(1-x)^{q-1}dx = \frac{\Gamma(p)\Gamma(q)}{\Gamma(p+q)}$$

$$= \frac{(p-1)!(q-1)!}{(p+q-1)!} \qquad p,q \geq 1 \text{ が整数のとき}$$

で定義される**ベータ関数** (beta function) を用いると，この密度関数は

$$f_k(x) = \frac{1}{B(r, n-r+1)}x^{r-1}(1-x)^{n-r} \qquad 0 \leq x \leq 1$$

と書くことができるので，$R_k = r$ のときの X_k はパラメタ r と $n-r+1$ をもつ**ベータ分布** (beta distribution) に従うと言われる[*2]．

$$E[X_k \mid R_k = r] = \int_0^1 xf_k(x)dx = \frac{n!}{(r-1)!(n-r)!}\int_0^1 x^r(1-x)^{n-r}dx$$

$$= \frac{n!}{(r-1)!(n-r)!} \cdot \frac{r!(n-r)!}{(n+1)!} = \frac{r}{n+1},$$

$$E[X_k^2 \mid R_k = r] = \int_0^1 x^2 f_k(x)dx = \frac{n!}{(r-1)!(n-r)!}\int_0^1 x^{r+1}(1-x)^{n-r}dx$$

$$= \frac{n!}{(r-1)!(n-r)!} \cdot \frac{(r+1)!(n-r)!}{(n+2)!} = \frac{r(r+1)}{(n+1)(n+2)}.$$

[*2] 密度関数 $f_k(x)$ に微小区間 $[x, x+dx]$ の幅 dx を掛けた

$$f_k(x)dx = n\binom{n-1}{r-1}x^{r-1}(1-x)^{[(n-1)-(r-1)]}dx$$

は，n 個の $\{X_1, X_2, \ldots, X_n\}$ のうち $r-1$ 個が区間 $[0, x]$ にあり，1 つが区間 $[x, x+dx]$ にあり，$n-r$ 個が区間 $[x, 1]$ にある確率である．X_k と R_k の結合分布は

$$P\{x < X_k \leq x+dx, R_k = r\} = P\{R_k = r\}f_k(x)dx$$

$$= \binom{n-1}{r-1}x^{r-1}(1-x)^{n-r}dx$$

で与えられる．これより，

$$E[R_k \mid x < X_k \leq x+dx] = [1+(n-1)x]dx,$$

$$E[R_k^2 \mid x < X_k \leq x+dx] = (n-1)[2+(n-2)x]xdx$$

となる．ここで，X_k に関する条件を外すと，

$$E[R_k] = \frac{n+1}{2} \quad ; \quad E[R_k^2] = \frac{1}{6}(n+1)(2n+1)$$

が得られる．

ここで，条件 $\{R_k = r\}$ を外すと，

$$E[X_k] = \sum_{r=1}^{n} E[X_k \mid R_k = r] P\{R_k = r\} = \sum_{r=1}^{n} \frac{r}{n+1} \cdot \frac{1}{n} = \frac{1}{2},$$

$$E[X_k^2] = \sum_{r=1}^{n} E[X_k^2 \mid R_k = r] P\{R_k = r\} = \sum_{r=1}^{n} \frac{r(r+1)}{(n+1)(n+2)} \cdot \frac{1}{n}$$

$$= \frac{1}{n(n+1)(n+2)} \cdot \left[\frac{n(n+1)(2n+1)}{6} + \frac{n(n+1)}{2} \right] = \frac{1}{3}$$

となる．よって，X_k の分散

$$\mathrm{Var}[X_k] = E[X_k^2] - (E[X_k])^2 = \frac{1}{3} - \frac{1}{4} = \frac{1}{12}$$

が得られる．さらに，

$$E[X_k R_k \mid R_k = r] = r E[X_k \mid R_k = r] = \frac{r^2}{n+1}$$

において，条件 $\{R_k = r\}$ を外すと，

$$E[X_k R_k] = \sum_{r=1}^{n} E[X_k R_k \mid R_k = r] P\{R_k = n\} = \frac{1}{n(n+1)} \sum_{r=1}^{n} r^2 = \frac{2n+1}{6}$$

となる．従って，X_k と R_k の**共分散** (covariance)

$$\mathrm{Cov}[X_k, R_k] = E[X_k R_k] - E[X_k] E[R_k]$$

$$= \frac{2n+1}{6} - \frac{1}{2} \cdot \frac{n+1}{2} = \frac{n-1}{12}$$

が得られる．最後に，X_k と R_k の**相関係数** (correlation coefficient) は

$$\mathrm{Corr}[X_k, R_k] := \frac{\mathrm{Cov}[X_k, R_k]}{\sqrt{\mathrm{Var}[X_k]\mathrm{Var}[R_k]}} = \frac{\frac{n-1}{12}}{\sqrt{\frac{1}{12} \cdot \frac{1}{12}(n+1)(n-1)}}$$

$$= \sqrt{\frac{n-1}{n+1}}$$

である．n が非常に大きいとき，相関係数は $+1$ に近づく．

$$\lim_{n \to \infty} \mathrm{Corr}[X_k, R_k] = \lim_{n \to \infty} \sqrt{\frac{n-1}{n+1}} = 1.$$

X_k と R_k の互いの回帰はともに線形であり，$n \to \infty$ のとき X_k と R_k の相関係数が $+1$ に近づくことから，n が大きいとき，X_k と $R_k/(n+1)$ はよく似た行動をすることが推測できる．

(3) 無記憶性閾値規則による最小期待順位の上界

以下において，無記憶性閾値規則を導入し，この閾値規則により，期待順位の上界をかなり小さくできることを示す．

与えられた n 個の数の列 $\boldsymbol{p} := \{p_1, p_2, \ldots, p_n\}$ がそれぞれ区間 $[0,1]$ にあり，単調非減少で，$p_n = 1$ であると仮定する．

$$0 < p_1 \leq p_2 \leq \cdots \leq p_n = 1.$$

この数列 $\boldsymbol{p}$ に対し，区間 $[0,1]$ 上の確率変数 $\{X_1, X_2, \ldots, X_n\}$ を順に見て，初めて $X_k \leq p_k$ となるときに停止する規則を

$$\mathcal{N}(\boldsymbol{p}) = \min\{k \geq 1 : X_k \leq p_k\}$$

と表す．この規則が，それぞれの k について X_k にだけ依存し，過去の $\{X_1, X_2, \ldots, X_{k-1}\}$ には依存しないとき，**無記憶性閾値規則** (memoryless threshold rule) と呼ぶ．$p_n = 1$ により，遅くとも最後までには停止する．無記憶性閾値規則 $\mathcal{N}(\boldsymbol{p})$ に従うときの期待順位は次のように与えられる (Bruss and Ferguson, 1993)．

$$E[R_{\mathcal{N}(\boldsymbol{p})}] = 1 + \frac{1}{2} \sum_{k=1}^{n} \left(\prod_{i=1}^{k-1} q_i \right) \left[(n-k)p_k^2 + \sum_{i=1}^{k-1} \frac{(p_k - p_i)^2}{q_i} \right]. \quad (8.8)$$

ここで，$q_k := 1 - p_k \ (1 \leq k \leq n)$ とする（$q_n = 0$）．式 (8.8) を導く．

まず，閾値規則 $\mathcal{N}(\boldsymbol{p})$ による停止時刻 N の確率分布は

$$P\{N = 1\} = p_1 \quad ; \quad P\{N = k\} = \left(\prod_{i=1}^{k-1} q_i \right) p_k \qquad 2 \leq k \leq n$$

である．ここで，正規化条件が次のように確認される．

$$\sum_{k=1}^{n} P\{N = k\} = \sum_{k=1}^{n} \left(\prod_{i=1}^{k-1} q_i \right) p_k$$
$$= p_1 + q_1 p_2 + (q_1 q_2)p_3 + (q_1 q_2 q_3)p_4 + \cdots + (q_1 q_2 \cdots q_{n-1})p_n$$
$$= p_1 + q_1(1 - q_2) + (q_1 q_2)(1 - q_3) + (q_1 q_2 q_3)(1 - q_4) + \cdots$$
$$\quad + (q_1 q_2 \cdots q_{n-2})(1 - q_{n-1}) + (q_1 q_2 \cdots q_{n-1})(1 - q_n)$$
$$= p_1 + q_1 = 1.$$

このとき，期待順位は

$$E[R_{\mathcal{N}(\boldsymbol{p})}] = \sum_{k=1}^{n} E[R_k \mid N=k]P\{N=k\} \qquad (8.9)$$

と表される．そして，

$$E[R_k \mid N=k] = 1 + \sum_{i=1}^{k-1} P\{X_i < X_k \mid N=k\}$$
$$+ \sum_{i=k+1}^{n} P\{X_i < X_k \mid N=k\}$$

である．ここで，

$$P\{X_i < X_k \mid N=k\} = \begin{cases} \displaystyle\int_{p_i}^{p_k} \frac{x-p_i}{(1-p_i)p_k} dx = \frac{(p_k-p_i)^2}{2q_i p_k} & i \leq k, \\[3mm] \displaystyle\int_{0}^{p_k} \frac{x}{p_k} dx = \frac{p_k}{2} & i > k \end{cases}$$

である[*3]．これらを上の式に代入すると，

$$E[R_k \mid N=k] = 1 + \frac{(n-k)p_k}{2} + \frac{1}{2p_k} \sum_{i=1}^{k-1} \frac{(p_k-p_i)^2}{q_i}$$

である．よって，

$$E[R_{\mathcal{N}(\boldsymbol{p})}] = \sum_{k=1}^{n} \left[1 + \frac{(n-k)p_k}{2} + \frac{1}{2p_k} \sum_{i=1}^{k-1} \frac{(p_k-p_i)^2}{q_i} \right] \left(\prod_{i=1}^{k-1} q_i \right) p_k$$
$$= 1 + \frac{1}{2} \sum_{k=1}^{n} \left(\prod_{i=1}^{k-1} q_i \right) \left[(n-k)p_k^2 + \sum_{i=1}^{k-1} \frac{(p_k-p_i)^2}{q_i} \right]$$

[*3] $N=k$ であるとき，X_k は区間 $[0, p_k]$ 上の連続型一様分布に従うので，その密度関数は $P\{x < X_k \leq x+dx\} = dx/p_k \ (0 \leq x \leq p_k)$ である．従って，$i > k$ のとき，

$$P\{X_1 < X_k\} = \int_{0}^{p_k} P\{p_i < X_i < x, x < X_k \leq x+dx\} = \int_{0}^{p_k} x dx/p_k = p_k/2.$$

$i \leq k$ のとき，

$$P\{X_1 < X_k\} = \int_{p_i}^{p_k} P\{X_i < x, x < X_k \leq x+dx \mid X_k > p_i\} = \int_{p_i}^{p_k} \frac{x-p_i}{(1-p_i)p_k} dx.$$

となり，式 (8.8) が得られた．

この結果をいくつかの無記憶性閾値規則に適用してみよう，まず，閾値規則

$$\tilde{\mathcal{N}} = \min\left\{k \geq 1 : X_k \leq \frac{2}{n-k+2}\right\}$$

を考えると，無記憶性規則のパラメタが

$$p_k = \frac{2}{n-k+2} \quad ; \quad q_k = \frac{n-k}{n-k+2} \qquad 1 \leq k \leq n$$

で与えられる．このとき，

$$q_1 = \frac{n-1}{n+1}, \quad q_2 = \frac{n-2}{n}, \quad q_3 = \frac{n-3}{n-1}, \quad q_4 = \frac{n-4}{n-2}, \quad \cdots$$

$$q_{k-2} = \frac{n-k+2}{n-k+4}, \quad q_{k-1} = \frac{n-k+1}{n-k+3}$$

であるから，停止時刻 $\tilde{\mathcal{N}}$ の確率分布は

$$P\{\tilde{N} = k\} = \left(\prod_{i=1}^{k-1} q_i\right) p_k = \frac{2(n-k+1)}{n(n+1)} \qquad 1 \leq k \leq n$$

である．よって，正規化条件 $\sum_{k=1}^{n} P\{\tilde{N} = k\} = 1$ が確認できる．また，

$$\begin{aligned}
\frac{(p_k - p_i)^2}{q_i} &= \frac{n-i+2}{n-i}\left(\frac{2}{n-k+2} - \frac{2}{n-i+2}\right)^2 \\
&= \frac{n-i+2}{n-i} \cdot \frac{4(k-i)^2}{(n-k+2)^2(n-i+2)^2} \\
&= \frac{4(k-i)^2}{(n-i)(n-k+2)^2(n-i+2)} \qquad i < k
\end{aligned}$$

である．これより，条件 $\{\tilde{N} = k\}$ の下における順位 R_k の期待値は

$$E[R_k \mid \tilde{N} = k] = 1 + \frac{n-k}{n-k+2} + \frac{1}{n-k+2}\sum_{i=1}^{k-1}\frac{(k-i)^2}{(n-i)(n-i+2)}$$

となる．従って，閾値規則 $\tilde{\mathcal{N}}$ に対する期待順位が次のように得られる．

$$E[R_{\tilde{\mathcal{N}}}] = 1 + \frac{2}{n(n+1)} \sum_{k=1}^{n} \frac{(n-k)(n-k+1)}{n-k+2}$$

$$+ \frac{2}{n(n+1)} \sum_{k=1}^{n} \frac{n-k+1}{n-k+2} \sum_{i=1}^{k-1} \frac{(k-i)^2}{(n-i)(n-i+2)}. \quad (8.10)$$

式 (8.10) の上界を求める．右辺の第 2 項は

$$\frac{2}{n(n+1)} \sum_{k=1}^{n} \frac{(n-k)(n-k+1)}{n-k+2} \leq \frac{2}{n(n+1)} \sum_{k=1}^{n} (n-k) = \frac{n-1}{n+1}$$

である．また，第 3 項は

$$\frac{2}{n(n+1)} \sum_{k=1}^{n} \frac{n-k+1}{n-k+2} \sum_{i=1}^{k-1} \frac{(k-i)^2}{(n-i)(n-i+2)}$$

$$\leq \frac{2}{n(n+1)} \sum_{i=1}^{n-1} \frac{1}{(n-i)(n-i+2)} \sum_{k=i+1}^{n} (k-i)^2$$

$$= \frac{1}{3n(n+1)} \sum_{i=1}^{n-1} \frac{(n-i+1)(2n-2i+1)}{n-i+2}$$

$$\leq \frac{2}{3n(n+1)} \sum_{i=1}^{n-1} (n-i) = \frac{n-1}{3(n+1)}$$

である．よって，

$$E[R_{\tilde{\mathcal{N}}}] \leq 1 + \frac{n-1}{n+1} + \frac{n-1}{3(n+1)} = 1 + \frac{4(n-1)}{3(n+1)}$$

が成り立つ．この不等式が成り立つ停止規則 $\tilde{\mathcal{N}}$ が存在するということは，全ての停止規則に対する期待順位の最小値 V_n について，

$$V_n \leq 1 + \frac{4(n-1)}{3(n+1)} < 1 + \frac{4}{3} = \frac{7}{3}$$

であることを意味する．よって，$n \to \infty$ の極限において，

$$V = \lim_{n \to \infty} V_n \leq \frac{7}{3} = 2.33333\cdots \quad (8.11)$$

である．この値は式 (8.5) に示された既知の上界 2.32658 にかなり近い．

式 (8.10) の $n \to \infty$ における極限は次のようにしても得られる。$n \to \infty$ での極限において，右辺の第 2 項と第 3 項はそれぞれ区分求積法

$$\frac{2}{n(n+1)} \sum_{k=1}^{n} \frac{(n-k)(n-k+1)}{n-k+2} \approx 2 \int_0^1 (1-x)dx = 1,$$

$$\frac{2}{n(n+1)} \sum_{k=1}^{n} \frac{n-k+1}{n-k+2} \sum_{i=1}^{k-1} \frac{(k-i)^2}{(n-i)(n-i+2)}$$

$$\approx 2 \int_0^1 dx \int_0^x \frac{(x-y)^2}{(1-y)^2} dy = \frac{1}{3}$$

で近似されるので[*4]，極限は上と同じ結果になる。

$$\lim_{n \to \infty} E[R_{\tilde{\mathcal{N}}}] = 1 + 1 + \frac{1}{3} = \frac{7}{3} = 2.33333 \cdots.$$

さらに，Assaf and Samuel-Cahn (1996) は，定数 $c \, (> 1)$ をパラメタとする無記憶性閾値規則

$$\tilde{\mathcal{N}}_c = \min \left\{ k \geq 1 : X_k \leq \frac{c}{n-k+c} \right\}$$

を考え，$c = 1.9469 \cdots$ のときに最小期待順位の $n \to \infty$ における極限が $2.3318 \cdots$ になることを示した。

また，無記憶性閾値規則として Moser の数列 $\{a_{n-k} \; k = 1, 2, \ldots, n\}$ を用いる場合には，$p_k := a_{n-k} \, (1 \leq k \leq n-1), \, p_n = a_0 = 1$ とする。

表 8.7 に，これらの無記憶性閾値規則による最小期待順位の上界を示す。この表に示されたそれぞれの閾値規則について，最小期待順位の上界は応募者数 n の増加関数であるが，全ての閾値規則についての最小期待順位の上界 V_n について，次の定理が証明されている (Bruss, 2005)。

(i) $\{V_n\}$ は n について単調増加である。

(ii) $\{V_n\}$ は上に有界であり，従って，上限 $V = \lim_{n \to \infty} V_n$ が存在する。

[*4] この 2 重積分は次のように計算する。$t = 1 - y$ とおいて，
$$\int_0^x \frac{(x-y)^2}{(1-y)^2} dy = \int_{1-x}^1 \frac{(t+x-1)^2}{t^2} dt = \int_{1-x}^1 \left[1 - \frac{2(1-x)}{t} + \frac{(1-x)^2}{t^2} \right] dt$$
$$= 1 - (1-x)^2 + 2(1-x)\log(1-x),$$
$$\int_0^1 \left[1 - (1-x)^2 + 2(1-x)\log(1-x) \right] dx = \int_0^1 (1 - y^2 + 2y \log y)dx = \frac{1}{6}.$$

表 8.7　無記憶性閾値規則による最小期待順位の上界.

n	$E[R_{\tilde{\mathcal{N}}}]$	$E[R_{\tilde{\mathcal{N}}_c}]$	$E[R_{\mathcal{N}(\boldsymbol{a})}]$	$1 + \frac{4(n-1)}{3(n+1)}$
5	1.644630	1.638333	1.589185	1.888889
10	1.875204	1.866273	1.815253	2.090909
20	2.044858	2.034995	1.994183	2.206349
30	2.117335	2.107667	2.075119	2.247312
40	2.158574	2.149283	2.122566	2.268293
50	2.185534	2.176633	2.154156	2.281046
100	2.246813	2.239404	2.227616	2.306931
200	2.283611	2.277738	2.272676	2.320066
300	2.297622	2.292553	2.289935	2.324474
400	2.305174	2.300613	2.299233	2.326683
500	2.309047	2.305744	2.305100	2.328011
600	2.313258	2.309322	2.309162	2.328896
700	2.315699	2.311973	2.312151	2.329529
800	2.317578	2.314023	2.314449	2.330004
900	2.319074	2.315659	2.316274	2.330374
1000	2.320294	2.316999	2.317760	2.330669
2000	2.326134	2.323475	2.324831	2.332001
3000	2.328267	2.325880	2.327389	2.332445

規則 $\tilde{\mathcal{N}}_c$ では $c = 1.9469$ とした.

(4) 最小期待順位の下界（かかい）

次に，Bruss and Ferguson (1993) に沿って，最小期待順位の下界を導く.
自明な下界は 1 であるが，もう少し大きい下界 $1.419836\cdots$ が以下の考察
により得られる．乱数を取り出す場合の利得を，その順位が 1 なら 1 と
し，その順位が 2 以上なら押し並べて 2 とする規則 $\mathcal{N}$ について，期待利得

$$P\{R_{\mathcal{N}} = 1\} + 2P\{R_{\mathcal{N}} \geq 2\} = P\{R_{\mathcal{N}} = 1\} + 2(1 - P\{R_{\mathcal{N}} = 1\})$$
$$= 2 - P\{R_{\mathcal{N}} = 1\}$$

を最小にすることを考える．ここで，$P\{R_{\mathcal{N}} = 1\}$ を最大にすること，す
なわち，ベストが選ばれる確率を最大にする完全情報最適選択問題の解と
して，7.1 節に，$P\{R_{\mathcal{N}^*} = 1\} = 0.580164\cdots$ となる最適方策 $\mathcal{N}^*$ が示さ
れている．よって，下界

$$V \geq 2 - 0.580164\cdots = 1.419836\cdots$$

が得られる．

この考察を拡張して，乱数の順位が $1 \sim m$ 位ならその順位を利得とし，順位が $m+1$ 位以下なら $m+1$ を利得とする期待利得

$$\min\left\{m+1, \sum_{i=1}^{n} \mathcal{I}\{X_i \le X_k\}\right\}$$

を最小にすることにより，下限

$$V_n^{(m)} = \inf_{\mathcal{N}} E[R_{\mathcal{N}}(n, m)]$$

に近づける．Bruss and Ferguson (1993) は，上記の代わりに，

$$Y_k^{(m)} = 1 + \min\left\{m, \sum_{i=1}^{k-1} \mathcal{I}\{X_i < X_k\}\right\} + (n-k)X_k \qquad (8.12)$$

を最小化する問題を考え，残り k 個の乱数を取り出す段階における期待利得に対する最適性方程式

$$V_1(y_1, y_2, \ldots, y_m) = m - y_1 - y_2 - \cdots - y_m,$$

$$V_{k+1}(y_1, y_2, \ldots, y_m)$$
$$= \sum_{j=0}^{m-1} \int_{y_j}^{y_{j+1}} \min\{kx + j, V_k(y_1, y_2, \ldots, y_j, x, y_{j+1}, \ldots, y_{m-1})\}dx$$
$$+ (1 - y_m)V_k(y_1, y_2, \ldots, y_m) \qquad 0 = y_0 \le y_1 \le y_2 \le \cdots \le y_m \le 1$$
$$k = 1, 2, \ldots n \qquad (8.13)$$

の解を求めることを提案した．この問題の解により，最小期待順位は

$$W_n^{(m)} = V_n(\underbrace{1, 1, \ldots, 1}_{m \text{ 個}}) + 1 \qquad (8.14)$$

で与えられる．表 8.8 に Bruss and Ferguson (1993) に示された値に筆者が補充した結果を示す．外挿により，

$$W^{(m)} = \lim_{n \to \infty} W_n^{(m)}$$

表 8.8　無記憶性閾値規則に対する最小期待順位の下界.

m	$n = 2$	3	4	5	9	17	$W^{(m)}$
1	1.250000	1.324156	1.359459	1.380280	1.4171	1.4385	1.462
2	-	1.391552	1.458991	1.4991	1.5689	1.6092	1.658
3	-	-	1.493297	1.5509	1.6490	1.7070	1.782
4	-	-	-	1.5710	1.6956	1.7668	1.860
5	-	-	-	-	1.7260	1.8090	1.908
V_n	1.250000	1.391552	1.493297	1.5710			

$m \geq 3, n \geq 5$ に対する数値は Bruss and Ferguson (1993) の Table 3 から転載.
$m = 4, 5$ に対する計算は J. Hardwick と N. Schork に外注したとのことである.
$W_4^{(1)} = 1.359459, W_4^{(2)} = 1.458991, W_4^{(3)} = 1.493297$ は本書で補完された.

を求めると，次のような結果が得られる.

$$W^{(1)} = 1.462, \quad W^{(2)} = 1.658, \quad W^{(3)} = 1.782, \quad W^{(4)} = 1.860,$$

$$W^{(5)} = 1.908.$$

筆者は表 8.8 の全ての数値を再計算することはできなかったが，小さい n
と m の場合について計算した方法を以下に示す.
$m = 1$ の場合，

$$V_1(y_1) = 1 - y_1.$$
$$V_2(y_1) = \int_0^{y_1} \min\{x, V_1(x)\}dx + (1 - y_1)V_1(y_1)$$
$$= \begin{cases} 1 - 2y_1 + \frac{3}{2}y_1^2 & 0 \leq y_1 \leq \frac{1}{2}, \\ \frac{3}{4} - y_1 + \frac{1}{2}y_1^2 & \frac{1}{2} \leq y_1 \leq 1. \end{cases}$$

$$V_3(y_1) = \int_0^{y_1} \min\{2x, V_2(x)\}dx + (1-y_1)V_2(y_1)$$

$$= \begin{cases} 1 - 3y_1 + \frac{9}{2}y_1^2 - \frac{3}{2}y_1^3 & 0 \le y_1 \le 0.279241, \\ \frac{5}{27}\left(11 - 2\sqrt{10}\right) - 2y_1 + \frac{5}{2}y_1^2 - y_1^3 & 0.279241 \le y_1 \le 0.5, \\ \frac{5}{216}\left(79 - 16\sqrt{10}\right) - y_1 + y_1^2 - \frac{1}{3}y_1^3 & 0.5 \le y_1 \le 1. \end{cases}$$

$$V_4(y_1) = \int_0^{y_1} \min\{3x, V_3(x)\}dx + (1-y_1)V_3(y_1)$$

$$= \begin{cases} 1 - 4y_1 + 9y_1^2 - 6y_1^3 + \frac{3}{2}y_1^4 & 0 \le y_1 \le 0.192738, \\ 0.908484 - 3y_1 + 6y_1^2 - \frac{9}{2}y_1^3 + \frac{9}{8}y_1^4 & 0.192738 \le y_1 \le 0.279241, \\ 0.786543 - 2y_1 + \frac{7}{2}y_1^2 - \frac{8}{3}y_1^3 + \frac{3}{4}y_1^4 & 0.279241 \le y_1 \le 0.5, \\ 0.609459 - y_1 + \frac{3}{2}y_1^2 - y_1^3 + \frac{1}{4}y_1^4 & 0.5 \le y_1 \le 1. \end{cases}$$

$$V_5(y_1) = \int_0^{y_1} \min\{4x, V_4(x)\}dx + (1-y_1)V_4(y_1)$$

$$= \begin{cases} 1 - 5y_1 + 15y_1^2 - 15y_1^3 + \frac{15}{2}y_1^4 - \frac{3}{2}y_1^5 & 0 \le y_1 \le 0.147021, \\ 0.930586 - 4y_1 + 11y_1^2 - 12y_1^3 + 6y_1^4 - \frac{6}{5}y_1^5 & \\ & 0.147021 \le y_1 \le 0.192738, \\ 0.844797 - 3y_1 + \frac{15}{2}y_1^2 - \frac{17}{2}y_1^3 + \frac{9}{2}y_1^4 - \frac{9}{10}y_1^5 & \\ & 0.192738 \le y_1 \le 0.279241, \\ 0.733405 - 2y_1 + \frac{9}{2}y_1^2 - 5y_1^3 + \frac{11}{4}y_1^4 - \frac{6}{10}y_1^5 & 0.279241 \le y_1 \le 0.5, \\ 0.580208 - y_1 + 2y_1^2 - 2y_1^3 + y_1^4 - \frac{1}{5}y_1^5 & 0.5 \le y_1 \le 1. \end{cases}$$

従って，式 (8.14) により，

$$W_2^{(1)} = V_2(1) + 1 = \frac{5}{4} = 1.25,$$
$$W_3^{(1)} = V_3(1) + 1 = \frac{1}{216}\left(323 - 80\sqrt{10}\right) + 1 = 1.324156,$$
$$W_4^{(1)} = V_4(1) + 1 = 1.359459, \quad W_5^{(1)} = V_5(1) + 1 = 1.3802795$$

が得られる.

$m = 2$ の場合,

$$V_1(y_1, y_2) = 2 - y_1 - y_2.$$

$$V_2(y_1, y_2) = \int_0^{y_1} \min\{x, V_1(x, y_1)\} dx$$
$$+ \int_{y_1}^{y_2} \min\{x + 1, V_1(y_1, x)\} dx + (1 - y_2) V_1(y_1, y_2)$$

$$= \begin{cases} 2 - 2y_1 - 2y_2 + y_1 y_2 + \frac{3}{2} y_2^2 & 0 \le y_1 \le \frac{1}{3}, y_1 \le y_2 \le \frac{1}{2}(1 - y_1), \\ \frac{7}{4} - \frac{3}{2} y_1 - y_2 - \frac{1}{4} y_1^2 + \frac{1}{2} y_2^2 & 0 \le y_1 \le \frac{1}{3}, \frac{1}{2}(1 - y_1) \le y_2 \le 1, \\ 2 - 3y_1 - y_2 + 2y_1^2 + \frac{1}{2} y_2^2 & \frac{1}{3} \le y_1 \le \frac{2}{3}, y_1 \le y_2 \le 1, \\ 1 - y_2 - \frac{1}{4} y_1^2 + \frac{1}{2} y_2^2 & \frac{2}{3} \le y_1 \le y_2 \le 1. \end{cases}$$

$$V_3(y_1, y_2) = \int_0^{y_1} \min\{2x, V_2(x, y_1)\} dx$$
$$+ \int_{y_1}^{y_2} \min\{2x + 1, V_2(y_1, x)\} dx + (1 - y_2) V_2(y_1, y_2).$$

$$V_4(y_1, y_2) = \int_0^{y_1} \min\{3x, V_3(x, y_1)\} dx$$
$$+ \int_{y_1}^{y_2} \min\{3x + 1, V_3(y_1, x)\} dx + (1 - y_2) V_3(y_1, y_2).$$

よって,

$$V_3(1, 1) = \int_0^1 \min\{2x, V_2(x, 1)\} dx = \frac{1}{144}\left(197 - 39\sqrt{13}\right) = 0.391552,$$

$$W_3^{(2)} = V_3(1, 1) + 1 = 1.391552,$$

$$V_4(1, 1) = \int_0^1 \min\{3x, V_3(x, 1)\} dx = 0.458991,$$

$$W_4^{(2)} = V_4(1, 1) + 1 = 1.458991 \text{ (この値は本書で初めて示された)}$$

が得られる. さらに, $m = 3$ の場合には,

$$V_4(y_1, y_2, y_3)$$
$$= \int_0^{y_1} \min\{3x, V_3(x, y_1, y_2)\} dx + \int_{y_1}^{y_2} \min\{3x + 1, V_3(y_1, x, y_2)\} dx$$
$$+ \int_{y_2}^{y_3} \min\{3x + 2, V_3(y_1, y_2, x)\} dx + (1 - y_3) V_3(y_1, y_2, y_3)$$

より，

$$V_4(1,1,1) = \int_0^1 \min\{3x, V_3(x,1,1)\}dx,$$

$$V_3(y_1,1,1) = \int_0^{y_1} \min\{2x, V_2(x,y_1,1)\}dx + \int_{y_1}^1 \min\{2x+1, V_2(y_1,x,1)\}dx,$$

$$V_2(y_1,y_2,1) = \int_0^{y_1} \min\{x, 3-x-y_1-y_2\}dx$$

$$+ \int_{y_1}^{y_2} \min\{x+1, 3-y_1-x-y_2\}dx$$

$$+ \int_{y_2}^1 \min\{x+2, 3-y_1-y_2-x\}dx \qquad 0 \le y_1 \le y_2 \le 1$$

を求める必要がある．ここで，$V_2(y_1,y_2,1)$ は以下のように与えられる．

(i) $0 \le y_1 \le \frac{1}{4}$ のとき

$$= \begin{cases} \frac{1}{4}[9 - y_1^2 - 6y_2 - y_2^2 - 2y_1(3+y_2)] & y_1 \le y_2 \le \frac{1-y_1}{3}, \\ \frac{5}{2} + y_1(-2+y_2) - 3y_2 + 2y_2^2 & \frac{1-y_1}{3} \le y_2 \le \frac{2-y_1}{3}, \\ \frac{1}{4}[6 - y_1^2 - y_2^2 - 2y_1(2+y_2)] & \frac{2-y_1}{3} \le y_2 \le 1. \end{cases}$$

(ii) $\frac{1}{4} \le y_1 \le \frac{1}{3}$ のとき

$$= \begin{cases} \frac{5}{2} + y_1(-2+y_2) - 3y_2 + 2y_2^2 & y_1 \le y_2 \le \frac{2-y_1}{3}, \\ \frac{1}{4}[6 - y_1^2 - y_2^2 - 2y_1(2+y_2)] & \frac{2-y_1}{3} \le y_2 \le 1. \end{cases}$$

(iii) $\frac{1}{3} \le y_1 \le \frac{1}{2}$ のとき

$$= \begin{cases} \frac{5}{2} + y_1(-2+y_2) - 3y_2 + 2y_2^2 & y_1 \le y_2 \le \frac{2-y_1}{3}, \\ \frac{1}{4}[6 - y_1^2 - y_2^2 - 2y_1(2+y_2)] & \frac{2-y_1}{3} \le y_2 \le 2 - 3y_1, \\ \frac{5}{2} + 2y_1^2 + y_1(-4+y_2) - y_2 & 2 - 3y_1 \le y_2 \le 1. \end{cases}$$

(iv) $\frac{1}{2} \le y_1 \le \frac{2}{3}$ のとき

$$= \frac{5}{2} + 2y_1^2 + y_1(-4+y_2) - y_2 \qquad y_1 \le y_2 \le 1.$$

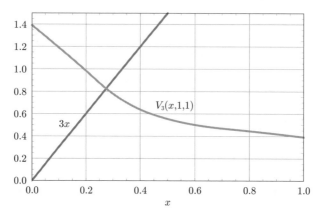

図 8.1　**Robbins** の問題における成功確率の下界を計算するときの関数 $V_3(x, 1, 1)$.

(v) $\frac{2}{3} \leq y_1 \leq \frac{3}{4}$ のとき

$$
= \begin{cases}
\frac{5}{2} + 2y_1^2 + y_1(-4 + y_2) - y_2 & y_1 \leq y_2 \leq 3(1 - y_1), \\
\frac{1}{4}[1 - y_1^2 - 2y_1(-1 + y_2) + 2y_2 - y_2^2] & 3(1 - y_1) \leq y_2 \leq 1.
\end{cases}
$$

(vi) $\frac{3}{4} \leq y_1 \leq 1$ のとき

$$
= \frac{1}{4}[1 - y_1^2 - 2y_1(-1 + y_2) + 2y_2 - y_2^2] \qquad y_1 \leq y_2 \leq 1.
$$

これらの解析的な式を用いて，数値積分により，関数 $V_3(x, 1, 1)$ の値が各 x $(0 \leq x \leq 1)$ に対して得られる（図 8.1）．最後に，$V_4(1, 1, 1)$ が数値積分の**台形公式** (trapezoidal rule) 又は **Simpson の公式** (Simpson's rule) により，次のように近似計算できる．

$$
V_4(1, 1, 1) \approx 0.493297 \quad ; \quad W_4^{(3)} = V_4(1, 1, 1) + 1 \approx 1.493297.
$$

こうして，Robbins の問題に対する下界の計算結果を示した表 8.8 (Bruss and Ferguson, 1993) の一部を再計算・補完することができた．

付録　関連する最適停止問題
Relevant Optimal Stopping Problems

　穴太克則『タイミングの数理』(穴太, 2000, 第 4 章) には，様々な最適停止問題が考察されている．また，初期の頃の応用例が生田 (1979) 及び坂口 (1979) に紹介されている．この付録では，Cayley-Moser の問題，資産売却問題，駐車場問題を解説する．

A.1　Cayley-Moser の問題

　行列式に関する Cayley-Hamilton の定理などに名前を残すイギリスの数学者 Arthur Cayley (1821–1895) が生涯に発表した 966 編の論文のうちの 1 つが，*The Educational Times* 誌に掲載された次の問題である (Cayley, 1875)．

> **Cayley の問題** (Cayley's problem)：m と n $(\leq m)$ を与えられた自然数とする．1 から m までの異なる自然数が書かれた m 枚の紙から 1 枚ずつ n 枚以下の紙を取り出すゲームを考える．一旦取り出した紙はもとに戻さない．プレーヤーは，1 枚の紙を取り出す毎にその数字を見て，もうそれよりも大きい数字が現れないと思えば，そこで取り出すのを停止する．一方，後でもっと大きな数字が現れると思えば，次の紙を取り出す．そして，最後に取り出した紙に書かれた数字に相当するポンドを受け取るものとする．その期待値が最大になるように，紙を取り出し続けるか停止するかを判断する方法と，その方法を取るときの最後の紙に書かれた数の期待値はいくらか？

Cayley は，$m = 4$ の場合に，$n = 1, 2, 3, 4$ に対して，取り出される最大数の期待値をそれぞれ $\frac{5}{2}, \frac{19}{6}, \frac{85}{24}, 4$ と算出した．以下の解は，Ferguson (1992b) に沿って詳しく説明したものである．

(i) 取り出す枚数が $n = 1$ 枚のとき．選択の余地はなく，取り出される紙に書かれた数字の期待値は $(1+2+3+4)/4 = \frac{5}{2}$ である．

(ii) 取り出す枚数が $n = 2$ 枚のとき，もし最初の紙の数字が 1 なら，2 枚目の紙の数字の期待値は $(2+3+4)/3 = 3 > 1$ であるから，2 枚目の紙を取り出す．もし最初の紙の数字が 2 なら，2 枚目の紙の数字の期待値は $(1+3+4)/3 = \frac{8}{3} > 2$ であるから，2 枚目の紙を取り出す．もし最初の紙の数字が 3 なら，2 枚目の紙の数字の期待値は $(1+2+4)/3 = \frac{7}{3} < 3$ であるから，最初の紙で停止する．もし最初の紙の数字が 4 なら，2 枚目の紙の数字の期待値は $(1+2+3)/3 = 2 < 4$ であるから，最初の紙で停止する．従って，取り出される最大数の期待値は $\left(3 + \frac{8}{3} + 3 + 4\right)/4 = \frac{19}{6}$ である．

(iii) 取り出す枚数が $n = 3$ 枚のとき，(a) もし最初の紙の数字が 1 なら，2 枚目の紙の数字が 2 のとき，3 枚目の紙の数字の期待値は $(3+4)/2 = \frac{7}{2} > 2$ であるから，3 枚目の紙を取り出す．2 枚目の紙の数字が 3 のとき，3 枚目の紙の数字の期待値は $(2+4)/2 = 3 = 3$ であるから，2 枚目の紙で停止しても 3 枚目の紙を取り出しても期待値は同じである．2 枚目の紙の数字が 4 のとき，3 枚目の紙の数字の期待値は $(2+3)/2 = \frac{5}{2} < 4$ であるから，2 枚目の紙で停止する．この場合に取り出す数の期待値は $\left(\frac{7}{2} + 3 + 4\right)/3 = \frac{7}{2}$ である．(b) もし最初の紙の数字が 2 なら，2 枚目の紙の数字が 1 のとき，3 枚目の紙の数字の期待値は $(3+4)/2 = \frac{7}{2} > 1$ であるから，3 枚目の紙を取り出す．2 枚目の紙の数字が 3 のとき，3 枚目の紙の数字の期待値は $(1+4)/2 = \frac{5}{2} < 3$ であるから，2 枚目の紙で停止する．2 枚目の紙の数字が 4 のとき，3 枚目の紙の数字の期待値は $(1+3)/2 = 2 < 4$ であるから，2 枚目の紙で停止する．この場合に取り出す数の期待値は $\left(\frac{7}{2} + 3 + 4\right)/3 = \frac{7}{2}$ である．(c) もし最初の紙の数字が 3 なら，2 枚目の紙の数字が 1 のとき，3 枚目の紙の数字の期待値は $(2+4)/2 = 3 > 1$ であるから，3 枚目の紙を取り出す．2 枚目の紙の数字が 2 のとき，3 枚目の紙の数字の期待値は $(1+4)/2 = \frac{5}{2} > 2$ であるから，3 枚目の紙を取り出す．2 枚目の紙の数字が 4 のとき，3 枚目の紙の数字の期待値は $(1+2)/2 = \frac{3}{2} < 4$ であるから，2 枚目の紙で停止する．この場合に取り出す数の期待値は $\left(3 + \frac{5}{2} + 4\right)/3 = \frac{19}{6}$ である．(d) もし最初の紙の数字が 4 なら，2 枚目の紙の数字の期待値は

$(1 + 2 + 3)/3 = 2 < 4$ であるから，最初の紙で停止して，取り出す数は 4 である．従って，取り出す枚数が $n = 3$ 枚のとき，取り出される最大数の期待値は $\left(\frac{7}{2} + \frac{7}{2} + \frac{19}{6} + 4 \right)/4 = \frac{85}{24}$ である．

(iv) 取り出す枚数が $n = 4$ 枚のとき，4 枚のうちには必ず数字の 4 が現れるので，取り出される最大数は 4 である．

Cayley の問題では，m 枚の紙に書かれた数字の順序は完全にランダムであると仮定しているので，この設定は無情報問題である．Moser (1956) は，Cayley の問題を $m \to \infty$ で考え，それぞれの紙には区間 $[0, 1]$ 上の実数がランダムに書かれているとする完全情報問題に変形して，その解法を示した．

Moser の期待値最大化問題 (Moser's maximization of the expected value)：区間 $[0, 1]$ 上の実数をランダムに 1 つずつ n 個まで取り出し，取り出す数の期待値が最大になったと思うときに停止し，そう思わなければ継続する．与えられた n について，このようにして取り出される n 個の数の最大の期待値はいくらか？

n 個目までに取り出される数の最大の期待値を A_n とするとき，$n + 1$ 個目の数を取り出すかどうかを次のように判断する．

(i) $n = 1$ 個だけ取り出すなら，その期待値は平均値 $A_1 = \frac{1}{2}$ である．$n \geq 1$ のとき，

(ii) 次の数の期待値が A_n 以下であれば，n 個までの取り出しで停止する．

(iii) 次の数の期待値が A_n より大きければ，$n + 1$ 個目の数を取り出す．

この問題の解は以下のように与えられる．毎回に取り出される数を独立で同一の分布に従う確率変数 X で表す．上の方法により，数列 $\{A_n; n = 1, 2, \ldots\}$ に対して，次の漸化式（最適性方程式）が導かれる．

$$A_1 = E[X] \quad ; \quad A_{n+1} = E\left[\max\{X, A_n\}\right] \qquad n \geq 1. \tag{A.1}$$

ここで，X は区間 $[0, 1]$ 上の連続型一様分布に従うので，$A_1 = \frac{1}{2}$ 及び

$$
\begin{aligned}
A_{n+1} = E\left[\max\{X, A_n\}\right] &= A_n \int_0^{A_n} dx + \int_{A_n}^1 x \, dx \\
&= A_n^2 + \frac{1}{2}\left(1 - A_n^2\right) = \frac{1}{2}\left(1 + A_n^2\right) \qquad n \geq 1
\end{aligned}
$$

が成り立つ. この漸化式から, **Moser の数列** (Moser's sequence)

$$A_1 = \tfrac{1}{2}, \quad A_2 = \tfrac{5}{8} = 0.625, \quad A_3 = \tfrac{89}{128} = 0.695313, \quad A_4 = \tfrac{24,305}{32,768} = 0.741730,$$

$$A_5 = \tfrac{1,664,474,849}{2,147,483,648} = 0.775082, \quad A_6 = \tfrac{7,382,162,541,380,960,705}{9,223,372,036,854,775,808} = 0.800376, \quad \dots$$

が得られる. 例えば, 4 回で取り出される最大数の期待値は 0.741730 である.
予想されたように, 数列 $\{A_n; n = 1, 2, \dots\}$ は単調増加である.

n が非常に大きいとき, Moser (1956) は次の漸近形を導いている.

$$A_n(\text{Moser}) \approx 1 - \frac{2}{n + \log n + 2}.$$

また, Gilbert and Mosteller (1966, p.67) は次の漸近形を導いている (Ferguson (1992b) によれば $c = 1.76799$). これは $\{A_n; n = 1, 2, \dots\}$ の下界でもある.

$$A_n(\text{GM}) \approx 1 - \frac{2}{n + \log(n+1) + c}.$$

表 A.1 に Moser の数列 $\{A_n; n = 1, 2, \dots\}$ の厳密な値と 2 通りの漸近値を示す.

Guttman (1960) と Gilbert and Mosteller (1966, p.67) は, 確率変数 X が一般の分布に従う場合を考えた. 区間 $[0, \infty)$ 上の連続な値を取る確率変数 X の分布の密度関数を $f(x)$ とする. この場合の最適性方程式も式 (A.1) で与えられ,

$$A_1 = E[X] = \int_0^\infty x f(x) dx,$$
$$A_{n+1} = E[\max\{X, A_n\}] = A_n \int_0^{A_n} f(x) dx + \int_{A_n}^\infty x f(x) dx \quad n \geq 1$$

$$\text{(A.2)}$$

である. X の分布関数 $F(x) := \int_0^x f(y) dy, F(0) = 0, F(\infty) = 1,$ を用いると, これらの漸化式は

$$A_1 = E[X] = \int_0^\infty [1 - F(x)] dx,$$
$$A_{n+1} = E[\max\{X, A_n\}] = A_n F(A_n) + \int_{A_n}^\infty [1 - F(x)] dx \quad n \geq 1$$

と書くことができる (部分積分により証明できる).

表 **A.1** **Moser** の期待値最大化問題の厳密値と漸近値（区間 **[0, 1]** 上の一様分布）.

n	A_n （厳密値）	A_n(Moser)	A_n(GM)（下限）
1	0.500000	0.333333	0.422155
2	0.625000	0.573847	0.589036
3	0.695313	0.672057	0.675023
4	0.741730	0.729228	0.728903
5	0.775082	0.767697	0.766348
6	0.800376	0.795747	0.794109
7	0.820301	0.817283	0.815629
8	0.836447	0.834429	0.832849
9	0.849821	0.848453	0.846985
10	0.861098	0.860165	0.858816
15	0.898598	0.898519	0.897649
20	0.919887	0.919986	0.919396
30	0.943372	0.943505	0.943185
40	0.956117	0.956226	0.956026
50	0.964145	0.964230	0.964093
60	0.969674	0.969740	0.969641
70	0.973716	0.973770	0.973695
80	0.976803	0.976847	0.976788
90	0.979238	0.979275	0.979227
100	0.981208	0.981239	0.981200
150	0.987247	0.987262	0.997244
200	0.990343	0.990352	0.990341
300	0.993496	0.993500	0.993495
400	0.995095	0.995098	0.995095
500	0.996063	0.996065	0.996063
600	0.996711	0.996713	0.996711
700	0.997176	0.997177	0.997176
800	0.997526	0.997527	0.997526
900	0.997799	0.997799	0.997799
1000	0.998017	0.998018	0.998017

　確率変数 X の分布について，区間 [0,1] 上の連続型一様分布以外の 3 つの例を考える．X の分布の密度関数を $f(x)$ とする．

(a) 平均 1 の指数分布 (Karlin, 1962)

$$f(x) = e^{-x} \quad ; \quad F(x) = 1 - e^{-x} \qquad x \geq 0. \qquad (A.3)$$

$$A_1 = E[X] = \int_0^\infty x e^{-x} dx = 1,$$

$$A_{n+1} = A_n \int_0^{A_n} e^{-x} dx + \int_{A_n}^\infty x e^{-x} dx = A_n + e^{-A_n} \qquad n \geq 1.$$

(b) **標準正規分布** (standard normal distribution)

$$f(x) = \frac{1}{\sqrt{2\pi}} \exp\left(-\frac{1}{2} x^2\right) \qquad -\infty < x < \infty. \tag{A.4}$$

この分布では，積分の下限を $-\infty$ とする．このとき，$A_1 = E[X] = 0$ 及び

$$A_{n+1} = \frac{A_n}{\sqrt{2\pi}} \int_{-\infty}^{A_n} \exp\left(-\frac{1}{2} x^2\right) dx + \frac{1}{\sqrt{2\pi}} \exp\left(-\frac{1}{2} A_n^2\right)$$

$$= A_n \int_{-\infty}^{A_n} f(x) dx + f(A_n) \qquad n \geq 1.$$

(c) **折畳み標準正規分布** (folded standard normal distribution)

これは標準正規分布を $x = 0$ で折り畳んだ分布である．

$$f(x) = \sqrt{\frac{2}{\pi}} \exp\left(-\frac{1}{2} x^2\right) \qquad x \geq 0. \tag{A.5}$$

このとき，以下が得られる．

$$A_1 = \sqrt{\frac{2}{\pi}} \int_0^\infty x \exp\left(-\frac{1}{2} x^2\right) dx = \sqrt{\frac{2}{\pi}} = 0.797885,$$

$$A_{n+1} = A_n \sqrt{\frac{2}{\pi}} \int_0^{A_n} \exp\left(-\frac{1}{2} x^2\right) dx + \sqrt{\frac{2}{\pi}} \exp\left(-\frac{1}{2} A_n^2\right)$$

$$= A_n \int_0^{A_n} f(x) dx + f(A_n) \qquad n \geq 1.$$

これらの確率分布に従う乱数に対する Moser の数列 $\{A_n; n = 1, 2, \ldots\}$ を表 A.2 に示す．取り出す乱数の数 n が増えるにつれて，最大の期待値 A_n は単調に増えるが，増加の速さは減少することが分かる．

表 A.2　種々の確率分布に従う乱数に対する Moser の期待値最大化問題の解.

n	一様分布	指数分布	標準正規分布	折畳み標準正規分布
1	0.50000	1.00000	0.00000	0.79788
2	0.62500	1.36788	0.39894	1.03920
3	0.69531	1.62253	0.62975	1.19376
4	0.74173	1.81993	0.79041	1.30741
5	0.77508	1.98196	0.91266	1.39704
6	0.80038	2.11976	1.01078	1.47085
7	0.82030	2.23982	1.09240	1.53347
8	0.83645	2.34630	1.16206	1.58776
9	0.84982	2.44202	1.22267	1.63560
10	0.86110	2.52901	1.27621	1.67832
15	0.89860	2.87458	1.47619	1.84144
20	0.91989	3.12883	1.61219	1.95533
30	0.94337	3.49753	1.79569	2.11237
40	0.95612	3.76512	1.92028	2.22097
50	0.96415	3.97546	2.01387	2.30349
60	0.96967	4.14886	2.08844	2.36976
70	0.97372	4.29642	2.15019	2.42499
80	0.97680	4.42485	2.20277	2.47224
90	0.97924	4.53858	2.24846	2.51345
100	0.98121	4.62062	2.28879	2.54995

取り出される数の最小の期待値についても，次の問題が考えられる．

Moser の期待値最小化問題 (Moser's minimization of the expected value)：独立で同一の分布に従う確率変数 X をランダムに１つずつ n 個まで取り出すとき，取り出す数の期待値が最小になったと思うときに停止し，そう思わなければ継続する．与えられた n について，このようにして取り出される n 個の数の最小の期待値はいくらか？

n 個目までに取り出される数の最小の期待値を a_n とするとき，数列 $\{a_n; n = 1, 2, \ldots\}$ に対して，次の漸化式（最適性方程式）が導かれる．

$$a_1 = E[X] \quad ; \quad a_{n+1} = E\left[\min\{X, a_n\}\right] \qquad n \geq 1. \tag{A.6}$$

ここで，区間 $[0, \infty)$ 上の連続な値を取る確率変数 X の密度関数を $f(x)$ とすれば，

$$a_1 = E[X] = \int_0^\infty x f(x) dx,$$

$$a_{n+1} = E\left[\min\{X, a_n\}\right] = \int_0^{a_n} x f(x) dx + a_n \int_{a_n}^\infty f(x) dx \qquad n \geq 1$$

である．いくつかの $f(x)$ の例について，期待値最小化問題の解 $\{a_n; n = 1, 2, \ldots\}$ を計算する．

(a) 区間 $[0, 1]$ 上の一様分布

$$a_1 = \frac{1}{2} \quad ; \quad a_{n+1} = a_n - \frac{1}{2} a_n^2 \quad n \geq 1.$$

この漸化式により，次の数列が得られる．

$a_2 = \frac{3}{8} = 0.375, \quad a_3 = \frac{39}{128} = 0.304688, \quad a_4 = \frac{8,463}{32,768} = 0.258270,$

$a_5 = \frac{483,008,799}{2,147,483,648} = 0.224918, \quad a_6 = \frac{1,841,209,495,473,815,103}{9,223,372,036,854,775,808} = 0.199624, \ldots$

この数列 $\{a_n\}$ を Moser の数列 $\{A_n\}$ と比べると，$a_n = 1 - A_n$ $(n = 1, 2 \ldots)$ である．n が非常に大きいときの $\{a_n\}$ の漸近形は次のようになる．

$$a_n \approx \frac{2}{n + \log n + 2} \quad ; \quad \lim_{n \to \infty} n a_n = 2.$$

(b) 平均 1 の指数分布（密度関数 $f(x)$ は式 (A.3) を参照）

$$a_1 = 1 \quad ; \quad a_{n+1} = 1 - e^{-a_n} \qquad n \geq 1.$$

(c) 標準正規分布（密度関数は式 (A.4) を参照）

$$a_1 = 0 \quad ; \quad a_{n+1} = -f(a_n) + a_n \int_{a_n}^\infty f(x) dx \qquad n \geq 1.$$

この数列 $\{a_n\}$ を Moser の期待値最大化問題に対する解 $\{A_n\}$ と比べると，$a_n = -A_n$ $(n = 1, 2 \ldots)$ である．

(d) 折畳み標準正規分布（密度関数 $f(x)$ は式 (A.5) を参照）

$$a_1 = \sqrt{\frac{2}{\pi}} = 0.797885, \quad a_{n+1} = \sqrt{\frac{2}{\pi}} - f(a_n) + a_n \int_{a_n}^\infty f(x) dx \qquad n \geq 1.$$

表 A.3　種々の確率分布に従う乱数に対する Moser の期待値最小化問題の解.

n	一様分布	指数分布	標準 正規分布	折畳み標準 正規分布
1	0.50000	1.00000	0.00000	0.79788
2	0.37500	0.63212	-0.39894	0.55657
3	0.30469	0.46854	-0.62975	0.43608
4	0.25827	0.37408	-0.79041	0.36140
5	0.22492	0.31208	-0.91266	0.30985
6	0.19962	0.26808	-1.01078	0.27185
7	0.17970	0.23515	-1.09240	0.24255
8	0.16355	0.20955	-1.16206	0.21919
9	0.15018	0.18905	-1.22267	0.20010
10	0.13890	0.17225	-1.27621	0.18418
15	0.10140	0.11952	-1.47619	0.13235
20	0.08011	0.09164	-1.61219	0.10365
30	0.05663	0.06260	-1.79569	0.07257
40	0.04388	0.04757	-1.92028	0.05595
50	0.03585	0.03838	-2.01387	0.04557
60	0.03033	0.03217	-2.08844	0.03846
70	0.02628	0.02769	-2.15019	0.03328
80	0.02320	0.02431	-2.20277	0.02934
90	0.02076	0.02167	-2.24846	0.02623
100	0.01879	0.01954	-2.28879	0.02372

これらの確率分布に従う乱数に対する Moser の期待値最小化問題の解 $\{a_n; n = 1, 2, \ldots\}$ を表 A.3 に示す．取り出す乱数の数 n が増えるにつれて，最小の期待値 $\{a_n\}$ は単調に減少することが分かる．

A.2　資産売却問題

何らかの資産（家，貴金属，株券など）を既定の期日までに売却しなければならないが，この資産の評価額は，毎日，独立で同一の分布に従う確率変数として変動すると仮定する．このとき，あまり早く売ると，後日になってもっと高い評価額が付くかもしれないという懸念がある．しかし，売らずに待ち過ぎると，評価額が高いときに売りそこなって後悔することになるかもしれない．そ

こで，評価額の期待値が最も高いときに売却する確率が最大になるような最適方策を考える．このような問題を**資産売却問題** (asset selling problem) と言う．

(1) 資産の維持費が必要でない場合

　資産の売却期間は n 日であるとし，t 日目における資産評価額を X_t 円とする ($t = 1, 2, \ldots, n$)．非負の値を取る確率変数 $\{X_1, X_2, \ldots, X_n\}$ は互いに独立であり，共通の連続型密度関数 $f(x)$ 及び分布関数 $F(x)$ をもつと仮定する．t 日目の評価額 $X_t = x$ 円に依存する期待利益を $V_t(x)$ で表す．t 日目の最適判断は，この日に売却する場合の利益 x 円と，この日は売却しないで，翌日以降に売却する場合の期待利益

$$E[V_{t+1}] = \int_0^\infty V_{t+1}(x)f(x)dx$$

を比較して，期待利益が高くなる方の行動を取ることである．但し，最終日（n 日目）には，その日の評価額で売るしかない．この問題の定式化と解法は Karlin (1962), Gilbert and Mosteller (1966, p.65), 穴太 (2000, pp.12–14) 等に示されている．

　上記の資産売却問題に対する最適性方程式は

$$V_t(x) = \max\{x, E[V_{t+1}]\} \qquad 1 \le t \le n-1,$$
$$V_n(x) = x, \quad E[V_n] = \int_0^\infty xf(x)dx \quad \text{(資産の期待評価額)} \tag{A.7}$$

で与えられる．この漸化式を $t = n-1, n-2, \ldots, 2, 1$ の順に解くことにより，全ての $\{V_t(x); 1 \le t \le n\}$ を求めることができる．

　最適方策を，t 日目（残日数は $n-t$ 日）に売らない場合の期待利益

$$A_{n-t} := E[V_{t+1}] = \int_0^\infty V_{t+1}(x)f(x)dx \qquad 0 \le t \le n-1$$

を用いて示す．初期値を $A_1 = E[V_n]$ として，

$$A_{t+1} = E[V_{n-t}] = \int_0^\infty V_{n-t}(x)f(x)dx = \int_0^\infty \max\{x, E[V_{n-t+1}]\}f(x)dx$$
$$= \int_0^\infty \max\{x, A_t\}f(x)dx = A_t \int_0^{A_t} f(x)dx + \int_{A_t}^\infty xf(x)dx$$
$$= A_t + \int_{A_t}^\infty (x - A_t)f(x)dx = A_t + \int_{A_t}^\infty [1 - F(x)]dx$$

により，漸化式

$$A_{t+1} = A_t + \int_{A_t}^{\infty} [1 - F(x)]dx \qquad 1 \leq t \leq n-1 \qquad (A.8)$$

が得られる．従って，t 日目の判断は「この日の評価額 $X_t = x$ 円が $x > A_t$ なら売却し，$x \leq A_t$ なら，この日には売らないで，翌日以降に持ち越す」ことである．閾値の数列 $\{A_t; t = 1, 2, \ldots\}$ は残日数 t が増えると単調増加するので，売却期間の始めの頃は売るか否かの閾値が高く設定されるが，日が経つにつれて閾値が下がり，資産の評価額が閾値を超える場合が増えることになる．

式 (A.8) は Moser の期待値最大化問題に対する式 (A.1) と同じ形であることに注意する．すなわち，この資産売却問題は Moser の問題と同等である．従って，例えば，毎日の評価額が区間 $[0, 1]$ 上の連続型一様分布に従う確率変数であるときは，$A_1 = \frac{1}{2}$ 及び漸化式

$$A_1 = \frac{1}{2} \quad ;$$
$$A_{t+1} = A_t + \int_{A_t}^{1} (x - A_t)dx = A_t + \frac{1}{2}(1 - A_t)^2 = \frac{1}{2}\left(1 + A_t^2\right) \quad t \geq 1$$

が成り立つ．この数列 $\{A_t; t = 1, 2, \ldots\}$ は前節の Moser の数列である．

(2) 資産の維持費が必要な場合

現実には，資産の維持には費用が必要である．資産を 1 日だけ維持するのに必要な費用（売却する日にも必要とする）を $c\,(> 0)$ 円とする．資産の維持費が大きい場合には，売却のチャンスが遅れることが予想される．

t 日目における資産の評価額が x 円であるときの期待利益（売却価格の期待値から t 日間の維持費 tc 円を差し引いたもの）を $V_t(x)$ で表す．資産の維持費が必要な場合における最適性方程式は，式 (A.7) の代わりに，

$$V_t(x) = \max\{x - tc, E[V_{t+1}]\} \qquad 1 \leq t \leq n-1,$$
$$V_n(x) = x - nc, \quad E[V_n] = \int_0^{\infty} xf(x)dx - nc \qquad (A.9)$$

となる．この漸化式も $t = n-1, n-2, \ldots, 2, 1$ の順に解くことにより，全ての $\{V_t(x); 1 \leq t \leq n\}$ を求めることができる．

以下では，1 日の維持費は評価額の期待値を超えないと仮定する $(c < E[X])$．
資産の維持費が必要な資産売却問題の解を，Sakaguchi (1961), Lippman
and McCall (1976), 穴太 (2000, pp.63–64) 等を参考にして説明する[*1].
$V_t(x)$ の代わりに，$n-t$ 日を残す日の資産の評価額が x 円のときに売ら
なかった場合の期待利益 $E[V_{t+1}]$ とそれまでの維持費 tc 円の差

$$A_{n-1} := E[V_{t+1}] - tc \qquad 0 \le t \le n-1$$

を用いると，方程式 (A.9) は次のように書くことができる．

$$A_1 = E[X] - c = \int_0^\infty [1 - F(x)]dx - c,$$

$$A_{t+1} = E[\max\{x, A_t\}] - c$$

$$= A_t - c + \int_{A_t}^\infty [1 - F(x)]dx \qquad 1 \le t \le n-1. \qquad (A.10)$$

数列 $\{A_t; t = 1, 2, \ldots\}$ は n に依存しない数列である．式 (A.10) により，t
日目の判断は「この日の評価額 $X_t = x$ が $x > A_t$ なら売却し，$x \le A_t$ な
ら，この日には売らないで，翌日以降に持ち越す」となる．
残日数 t が非常に多いときの A_t の極限を $\alpha := \lim_{t \to \infty} A_t$ とすると，売却
期限までに多くの日数があるときには，「評価額が α 円より大きければ資
産を売却し，α 円よりも小さければ売却しない」という方策となる．式
(A.10) より，与えられた c に対して，α に関する方程式

$$c = \int_\alpha^\infty (x - \alpha)f(x)dx = \int_\alpha^\infty [1 - F(x)]dx := H(\alpha) \qquad \alpha \ge 0 \quad (A.11)$$

が得られる．α の連続関数 $H(\alpha)$ は，

$$H(0) = \int_0^\infty xf(x)dx = E[X] > 0 \quad ; \quad \lim_{\alpha \to \infty} H(\alpha) = 0,$$

[*1] Lippman and McCall (1976) や中井 (2002) は，この問題を無限継続時間の**求職問題**
(job search problem) として扱っている．この応用では，費用 c 円を払って，t 回目に
報酬 $X_t = x$ 円の仕事の提案を受ける．就職活動が長く続いた後では，α 円以上の報酬を
提示されればそれを受諾し，報酬額が α 円未満なら辞退して，次の仕事の提案を待つ．こ
の場合の閾値 α は**留保賃金** (reservation wage) と呼ばれる．

$$\frac{dH(\alpha)}{d\alpha} = -\int_{\alpha}^{\infty} f(x)dx < 0 \quad ; \quad \frac{d^2H(\alpha)}{d\alpha^2} = f(\alpha) > 0$$

により，$H(0) = E[X] > 0$ から $H(\infty) = 0$ まで，区間 $[0, \infty)$ において，α について単調減少する凸関数であることが分かる．従って，方程式 (A.11) は $0 < c < E[X]$ であるような c に対して一意的な解をもつ．

資産の評価額の確率分布について，2 つの例を考える．

(a) 区間 $[0, 1]$ 上の連続型一様分布：$F(x) = x \ (0 \leq x \leq 1)$, $A_1 = \frac{1}{2}$,

$$A_{t+1} = A_t - c + \int_{A_t}^{1} (1-x)dx = \frac{1}{2}(1 + A_t)^2 - c \qquad t \geq 1,$$

$$H(\alpha) = \int_{\alpha}^{1} (x - \alpha)dx = \frac{1}{2}(1 - \alpha)^2 \qquad 0 \leq \alpha \leq 1$$

により，方程式 (A.11) の解は

$$\lim_{t \to \infty} A_t = \alpha = c + 1 - \sqrt{2c} \qquad 0 < c < \frac{1}{2}$$

である．

(b) 平均が 1 の指数分布：$F(x) = 1 - e^{-x} \ (x \geq 0)$, $A_1 = 1$,

$$A_{t+1} = A_t - c + \int_{A_t}^{\infty} e^{-x}dx = A_t + e^{-A_t} - c \qquad t \geq 1,$$

$$H(\alpha) = \int_{\alpha}^{\infty} (x - \alpha)e^{-x}dx = e^{-\alpha} \qquad \alpha \geq 0$$

により，方程式 (A.11) の解は

$$\lim_{t \to \infty} A_t = \alpha = -\log c \qquad 0 < c < 1$$

である．

これらの場合の数列 $\{A_t; t = 1, 2, \ldots\}$ を表 A.4 に示す．維持費が大きい $(c > \alpha)$ 場合は，閾値の数列は残日数 t の減少関数となるので，日が経つにつれて，維持費をカバーするために閾値が上がり，資産の評価額が閾値を超える場合が少なくなることが分かる．

表 A.4 維持費が必要な資産売却問題における残日数が t 日のときの閾値 A_t.

t	一様分布 $\left(c = \frac{1}{10}\right)$	一様分布 $\left(c = \frac{1}{4}\right)$	一様分布 $\left(c = \frac{1}{3}\right)$
1	0.500000	0.500000	0.500000
2	0.525000	0.375000	0.291667
3	0.537813	0.320313	0.209201
4	0.544621	0.301300	0.188549
5	0.548306	0.295391	0.184442
6	0.550320	0.293628	0.183676
7	0.551426	0.293109	0.183535
8	0.552036	0.292956	0.183509
9	0.552371	0.292912	0.183504
10	0.552557	0.292899	0.183504
15	0.552775	0.292893	0.183503
20	0.552786	0.292893	0.183503
∞	0.552786	0.292893	0.183503

$A_1 = \frac{1}{2}$, $\displaystyle\lim_{t \to \infty} A_t = \alpha = 1 - \sqrt{2c}$, 毎日の資産維持費 $= c$.

t	指数分布 $\left(c = \frac{1}{4}\right)$	指数分布 $\left(c = \frac{1}{3}\right)$	指数分布 $\left(c = \frac{1}{2}\right)$
1	1.000000	1.000000	1.000000
2	1.117879	1.034546	0.867879
3	1.194852	1.056600	0.787720
4	1.247601	1.070903	0.742601
5	1.284794	1.080268	0.718476
6	1.311501	1.086439	0.705970
7	1.330917	1.090522	0.699600
8	1.345152	1.093230	0.696384
9	1.355652	1.095029	0.694768
10	1.363431	1.096225	0.693958
15	1.380932	1.098298	0.693173
20	1.385025	1.098571	0.693148
∞	1.386294	1.098612	0.693147

$A_1 = 1$, $\displaystyle\lim_{t \to \infty} A_t = \alpha = -\log c$, 毎日の資産維持費 $= c$.

A.3 駐車場問題

有限継続時間の最適停止問題として，**駐車場問題** (parking problem) を考える．

(1) 駐車場が満車である確率がその位置に依らない場合

問題設定は以下のとおりである．

(i) 目的地に向かう直線状の一方通行道路に沿って，目的地の前にある駐車場の位置を目的地までの距離で表し，駐車場は等間隔の位置 $0, 1, 2, \ldots, \infty$ にあると仮定する（図 A.1）．目的地は位置 0 にあり，目的地の前にいるクルマは，できるだけ目的地の近くに駐車したいが，あまり近くまで来ると，目的地の前に空きがある駐車場が見つからない可能性が高まる．

(ii) クルマが位置 $i > 0$ の駐車場に来たとき，空きがあって，そこに駐車すれば，目的地まで距離 i を歩かなければならない．その駐車場に駐車しないと判断すれば，位置 $i-1$ の駐車場に行く．クルマは一旦通り過ぎた駐車場に戻ることはできない．目的地（位置 0 の駐車場）まで来て満車のときは，目的地を通り過ぎた後，最初に空いている駐車場に必ず駐車し，目的地まで歩いて戻る．目的地の後にある駐車場の位置を目的地までの負の距離で表し，駐車場は等間隔の位置 $-1, -2, \ldots, -\infty$ にあると仮定する．

(iii) 空きがある駐車場において，その先の駐車場が空いているかどうかは分からないので，そこに駐車するか否かをその場で決めなければならない．位置 i の駐車場に空きがあり駐車可能である状態を $X_i = 0$

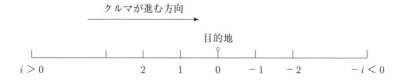

図 **A.1** 目的地と駐車場の位置．

で表し，満車のため駐車できない状態を $X_i = 1$ で表す．これらの状態が起こる確率は，全ての駐車場について等しく，

$$P\{X_i = 0\} = 1 - \rho \quad ; \quad P\{X_i = 1\} = \rho$$
$$i = \infty, \dots, 2, 1, 0, -1, -2, \dots, -\infty$$

であるとする（$0 < \rho < 1$）．ρ を**満車確率**と呼ぶ．

(iv) 目的地まで歩く距離の期待値が最小になるように，各駐車場で，空きがあるときに駐車すべきかどうかを決定する最適方策を求める[*2]．

このような駐車場問題の定式化と解法は，Chow et al. (1971, pp.45–46), Ferguson (1992b), DeGroot (1970, p.384, Exercise 13-33), Puterman (1994, pp.319–323), 穴太 (2000, pp.14–18) 等に示されている．

位置 i の駐車場にクルマを止めるとき，目的地まで歩く距離は

$$y_i = \begin{cases} i & X_i = 0 \text{ のとき} \\ \infty & X_i = 1 \text{ のとき} \end{cases} \qquad i \geq 0$$

である．また，目的地の駐車場（位置 0）まで来たときに満車のため駐車できず，目的地を通り過ぎて空いている駐車場まで行き，戻らなければならない距離の期待値は

$$y_0 = 1 \times P\{X_{-1} = 0\} + 2 \times P\{X_{-1} = 1, X_{-2} = 0\} + \cdots$$
$$+ i \times P\{X_{-1} = 1, X_{-2} = 1, \dots, X_{-i+1} = 1, X_{-i} = 0\} + \cdots$$
$$= (1 - \rho) + 2(1 - \rho)\rho + \cdots + i(1 - \rho)\rho^{i-1} + \cdots = \frac{1}{1 - \rho}$$

であるから，次の式が成り立つ．

[*2] 筆者の自宅近くにある神奈川県高座郡寒川町の相模國一之宮寒川神社の初詣に横浜方面から行こうとすると，神社に向かう道路の両側の民家の庭や畑が駐車場になっていて，この問題の設定に一致する状況となる．駐車料金は，近年では一律であるが，かつては神社に近いほど高額であった（本節のモデルでは駐車料金は考えない）．表 A.6 によれば，駐車場が 10 m おきにある場合，もし各駐車場が確率 99% で満車なら，最適な駐車場にクルマを止めても，$68 \times 10 = 680$ m を歩くことを覚悟しなければならない．

$$y_0 = \begin{cases} 0 & X_0 = 0 \text{ のとき,} \\ 1/(1-\rho) & X_0 = 1 \text{ のとき.} \end{cases}$$

$V_i(0)$ を位置 i の駐車場に空きがある場合に駐車するときに歩く距離とする $(i \geq 0)$. また, $V_i(1)$ を位置 i の駐車場に空きがないので, 次の駐車場に向かう場合に歩く距離の期待値とすれば, 最適性方程式は

$$V_i(0) = \min\{i, E[V_{i-1}]\} \quad ; \quad V_i(1) = E[V_{i-1}] \qquad i \geq 1,$$

$$V_0(0) = 0 \quad ; \quad V_0(1) = \frac{1}{1-\rho} \quad ; \quad E[V_0] = \frac{\rho}{1-\rho} \qquad (A.12)$$

で与えられる. ここで,

$$E[V_i] := V_i(0)P\{X_i = 0\} + V_i(1)P\{X_i = 1\}$$
$$= (1-\rho)V_i(0) + \rho V_i(1) \qquad i \geq 0$$

を定義した. i を 1 から増やすとき, 初めて $i \geq E[V_{i-1}]$ となるような最小の値があれば, その 1 つ手前が最適な駐車場の位置

$$i^* := \min\{i \geq 1 : i \geq E[V_{i-1}]\} - 1$$

である. 与えられた ρ に対し, 漸化式 (A.12) から計算した $E[V_{i-1}], V_i(0), V_i(1)$ を表 A.5 に示す.
$i \leq E[V_{i-1}]$ である限り, 次の漸化式が成り立つ.

$$E[V_i] = i(1-\rho) + \rho E[V_{i-1}] \qquad 2 \leq i \leq i^*,$$
$$E[V_1] = E[V_0]/\rho = 1/(1-\rho). \qquad (A.13)$$

この漸化式の解は

$$E[V_i] = i + 1 - \frac{1 - 2\rho^{i+1}}{1-\rho} \qquad 0 \leq i \leq i^*$$

で与えられる. $E[V_i]$ は目的地までの距離 i の増加関数である. この解の証明には数学的帰納法を用いる. $i = 0$ については

表 **A.5**　満車の確率が一様である駐車場問題.

i	$\rho = 0.8$			$\rho = 0.9$		
	$E[V_{i-1}]$	$V_i(0)$	$V_i(1)$	$E[V_{i-1}]$	$V_i(0)$	$V_i(1)$
0	-	0	5	-	0	10
1	4	1	4	9	1	9
2	3.4	2	3.4	8.2	2	8.2
3	3.12	3	3.12	7.58	3	7.58
4	3.096	**3.096**	3.096	7.122	4	7.122
5	3.096	3.096	3.096	6.8098	5	6.8098
6	3.096	3.096	3.096	6.62882	6	6.62882
7	3.096	3.096	3.096	6.56594	**6.56594**	6.56594
8	3.096	3.096	3.096	6.56594	6.56594	6.56594
9	3.096	3.096	3.096	6.56594	6.56594	6.56594
10	3.096	3.096	3.096	6.56594	6.56594	6.56594

太字に対応する $i-1$ が最適な駐車場の位置である.

$$E[V_0] = 1 - \frac{1 - 2\rho}{1 - \rho} = \frac{\rho}{1 - \rho}$$

であり，もし $i-1$ について成り立つと仮定すれば，式 (A.13) により，

$$E[V_i] = i(1 - \rho) + \rho\left(i - \frac{1 - 2\rho^i}{1 - \rho}\right) = i + 1 - \frac{1 - 2\rho^{i+1}}{1 - \rho}$$

となるので，i についても成り立つ．証明終り．

不等式

$$i \leq E[V_{i-1}] = i - \frac{1 - 2\rho^i}{1 - \rho}$$

は，位置 i の駐車場に来たときに，もし空きがあって，そこに止めて歩く距離 i の方が，次の駐車場から歩く距離の期待値 $E[V_{i-1}]$ よりも小さければ，そこに駐車する（$i \geq E[V_{i-1}]$ なら次の駐車場に行く）のがよいことを示す．この不等式は

$$\rho^i \geq \frac{1}{2}, \quad \text{すなわち} \quad i \geq \frac{\log 2}{-\log \rho}$$

と書くことができるので，歩く距離が最小になる駐車場の位置 i^* は

$$i^* = \min\left\{i : i \geq \frac{\log 2}{-\log \rho}\right\} = \left\lceil \frac{\log 2}{-\log \rho} \right\rceil - 1, \tag{A.14}$$

表 A.6　満車の確率に依存する最適な駐車場の位置.

ρ	i^*	ρ	i^*	ρ	i^*	ρ	i^*
≤ 0.5	0	$0.871 \sim 0.891$	5	$0.933 \sim 0.939$	10	0.98	34
$0.500 \sim 0.707$	1	$0.891 \sim 0.906$	6	$0.944 \sim 0.948$	12	0.99	68
$0.707 \sim 0.794$	2	$0.906 \sim 0.917$	7	$0.952 \sim 0.955$	14	0.999	692
$0.794 \sim 0.841$	3	$0.917 \sim 0.926$	8	$0.958 \sim 0.960$	16	0.9999	6,931
$0.841 \sim 0.871$	4	$0.926 \sim 0.933$	9	0.97	22	0.99999	69,314

ρ は駐車場が満車の確率.

$$\rho \approx 1 \text{ なら } i^* \approx \left\lceil \frac{\log 2}{1 - \rho} \right\rceil$$

で与えられる（$\lceil x \rceil$ は x の整数値への**切上げ関数** (ceiling) である）．もし $\rho \leq \frac{1}{2}$ なら $i^* = 0$ となるので，途中の駐車場の空き状況は気にせず，目的地の駐車場まで一気に行けばよい．逆に，位置 i^* の駐車場が空いているときに駐車するのは次の場合である．

$$2^{-(1/i^*)} < \rho \leq 2^{-[1/(i^*+1)]}.$$

満車の確率 ρ の値に応じて最適な駐車場の位置 i^* を表 A.6 に示す．

(2) 駐車場が満車である確率がその位置に依存する場合

Tamaki (1985) に従って，位置 i の駐車場が満車である確率を p_i とし，空きがある確率を $q_i = 1 - p_i$ とする（$i = \infty, \ldots, 2, 1, 0, -1, -2, \ldots, -\infty$）．このとき，目的地の前の位置 $i \, (\geq 0)$ から目的地（位置 0）までの $i + 1$ 個の駐車場が全て満車である確率は

$$\pi_i := p_0 p_1 p_2 \cdots p_i \qquad i \geq 0$$

である．また，目的地を過ぎた後，位置 -1 から位置 $-i$ までの i 個の駐車場が全て満車である確率は

$$\pi_{-i} := p_{-1} p_{-2} \cdots p_{-i} \qquad i \geq 1$$

である．位置 $i \, (\geq 1)$ の駐車場を過ぎた後，目的地の前の位置 $j \, (i - 1 \geq j \geq 0)$ の駐車場に初めて空きがある確率は

$$p_{i-1}p_{i-2}\cdots p_{j-1}(1-p_j) = q_j\pi_{i-1}/\pi_j \qquad 0 \le j \le i-1$$

であり，目的地の後の位置 $-j$ $(j \ge 1)$ の駐車場に初めて空きがある確率は

$$p_{i-1}p_{i-2}\cdots p_1p_0p_{-1}p_{-2}\cdots p_{-(j-1)}(1-p_{-j}) = q_{-j}\pi_{i-1}\pi_{-(j-1)} \qquad j \ge 1$$

である（$\pi_{-0} = 1$ とする）．

位置 i (≥ 0) の駐車場が空いている場合に目的地まで歩く距離の期待値を $E[V_i]$ で表す．もし位置 i の駐車場にクルマを止めれば，目的地まで歩く距離は i である．一方，もし位置 i の駐車場にクルマを止めなければ，次に空いている駐車場は確率 $q_j\pi_{i-1}/\pi_j$ で目的地の前の位置 j の駐車場であり，確率 $q_{-j}\pi_{i-1}\pi_{-(j-1)}$ で目的地の後の位置 j (≥ 1) の駐車場である．従って，目的地まで歩く距離の期待値を最小にするための最適性方程式は

$$E[V_i] = \min\left\{ i, \sum_{j=1}^{i-1} E[V_j]q_j\pi_{i-1}/\pi_j + \sum_{j=1}^{\infty} jq_{-j}\pi_{i-1}\pi_{-(j-1)} \right\} \qquad i \ge 1 \tag{A.15}$$

で与えられる．よって，最適な駐車場の位置は

$$i^* = \max\left\{ i \ge 1 : \frac{i}{\pi_{i-1}} \le \sum_{j=1}^{i-1} jq_j/\pi_j + \sum_{j=1}^{\infty} jq_{-j}\pi_{-(j-1)} \right\} \tag{A.16}$$

である．

例えば，上で考えた各駐車場の満車の確率が一律に ρ である場合には，$p_i = \rho$, $q_i = 1 - \rho$, $\pi_i = \rho^{i+1}$ $(i \ge 0)$, $\pi_{-i} = \rho^i$ $(i \ge 1)$ であるから，

$$\sum_{j=1}^{i-1} jq_j/\pi_j + \sum_{j=1}^{\infty} jq_{-j}\pi_{-(j-1)} = (1-\rho)\left(\sum_{j=1}^{i-1} j\rho^{-j-1} + \sum_{j=1}^{\infty} j\rho^{j-1} \right)$$
$$= \frac{2}{1-\rho} - \frac{1}{(1-\rho)\rho^i} + \frac{i}{\rho^i}$$

であり，式 (A.16) は

$$i^* = \max\left\{ i \ge 1 : \rho^i \ge \frac{1}{2} \right\}$$

となって，式 (A.14) に一致する．

参考文献

Bibliography

穴太克則 (2000), タイミングの数理－最適停止問題－, 朝倉書店, 2000 年 3 月.

生田誠三 (1979), 最適停止問題とその周辺－逐次選択過程－, オペレーションズ・リサーチ, Vol.24, No.6, pp.330–337, 1979 年 6 月.

坂口実 (1979), 最適停止問題の諸相, オペレーションズ・リサーチ, Vol.24, No.6, pp.317–324, 1979 年 6 月.

坂口実 (1998), 秘書問題とその周辺, 名古屋商科大学論集 *Journal of Economics and Management*, Vol.42, No.2, pp.85–137, 1998 年 3 月.

中井達 (2002), ジョブサーチをめぐる停止問題とその展開, 応用数理, Vol.12, No.3, pp.229–240, 2002 年 9 月.

玉置光司 (2002), 秘書問題の諸相と最近の展開, 応用数理, Vol.12, No.3, pp.267–280, 2002 年 9 月.

玉置光司 (2012), 秘書問題の最近の話題, 国際数理科学協会会報, No.84, pp.3–14, 2012 年 11 月.

玉置光司 (2015), 秘書問題－2 つの最適停止問題の不思議な対応－, オペレーションズ・リサーチ, Vol.60, No.3, pp.125–131, 2015 年 3 月.

羽鳥裕久・森俊夫 (1982), 有限マルコフ連鎖, 培風館, 1982 年 4 月.

イェ・ベ・ドゥインキン, ア・ア・ユシュケヴィッチ著, 筒井孝胤 訳 (1972), マルコフ過程 定理と問題, 第 3 章 最適打切りの問題, 文一総合出版, 1972 年 7 月. 原著はロシア語, Nauka, Moscow から 1967 年の出版. 英訳版は E. B. Dynkin and A. A. Yushukevich, *Markov Processes*: *Theorems and Problems*, Plenum Publishing Corporation, New York, 1969.

Ano, K. (1989), Optimal selection problem with three stops, *Journal of the Operations Research Society of Japan*, Vol.32, No.4, pp.491–504, December 1989.

Ano, K. (2001), Multiple selection problem and OLA stopping rule, *Scienticae Mathematicae Japonicae*, Online, Vol.4, pp.469–480, 2001.

Ano, K. and M. Tamaki (1992), A secretary problem with uncertain employment and restricted offering chances, 数理解析研究所講究録第 798 巻, pp.61–67, 1992.

Arnold, B. C., N. Barakrishnan, and H. N. Nagaraja (1998), *Records*, John Wiley & Sons, New York, 1998.

Assaf, D. and E. Samuel-Cahn (1996), The secretary problem: minimizing the expected rank with i.i.d. random variables, *Advances in Applied Probability*, Vol.28, No.3, pp.828–852, September 1996.

Bartoszynski, R. (1974), On certain combinatorial identities, *Colloquium Mathematicum*, Vol.30, No.2, pp.289–293, 1974.

参 考 文 献

Bartoszynski, R. (1976), Some remarks on the secretary problem, *Annals Societatis Mathematicae Polonae*, Series I: Commentationes Mathematicae, Vol.9, pp.15–22, 1976.

Bayón, L., P. Fortuny Ayuso, J. M. Grau, A. M. Oller-Marcén, and M. M. Ruiz (2018), The best-or-worst and the postdoc problems, *Journal of Combinatorial Optimization*, Vol.35, No.3, pp.703–723, April 2018.

Bissinger, B. H. and C. Siegel (1963), Problem 5086: Optimal strategy in a guessing game, *The American Mathematical Monthly*, Vol.70, No.3, p.336, March 1963.

Bosch, A. J. (1964), Solution to problem 5086, *The American Mathematical Monthly*, Vol.71, No.3, p.329–330, March 1964.

Bruss, F. T. (1988), Invariant record processes and applications to best choice modelling, *Stochastic Processes and their Applications*, Vol.30, No.2, pp.303–316, December 1988.

Bruss, F. T. (2005), What is known about Robbins' problem?, *Journal of Applied Probability*, Vol.42, No.1, pp.108–120, March 2005.

Bruss, F. T. and T. S. Ferguson (1993), Minimizing the expected rank with full information, *Journal of Applied Probability*, Vol.30, No.3, pp.616–626, September 1993.

Cayley, A. (1875), Mathematical questions with their solutions, *The Educational Times*, Vol.23, pp.18–19, 1875. *The Collected Mathematical Papers of Arthur Cayley*, Vol.10, pp.587–588, Cambridge University Press, 1896.

Chow, Y. S., S. Moriguti, H. Robbins, and S. M. Samuels (1964), Optimal selection based on relative rank (the "secretary problem"), *Israel Journal of Mathematics*, Vol.2, pp.81–90, 1964.

Chow, Y. S., H. Robbins, and D. Siegmund (1971), *Great Expectations: The Theory of Optimal Stopping*, Houghton Mifflin Company, Boston, 1971.

DeGroot, M. H. (1970), *Optimal Statistical Decisions*, John Wiley & Sons, Hoboken, New Jersey, 1970, 2004.

Dynkin, E. B. (1963), Optimal choice of the stopping moment of a Markov process, *Dokl. Akademia Nauk USSR*, Vol.150, No.2, pp.238–240, 1963（ロシア語）. The optimum choice of the instant for stopping a Markov process, *Soviet Mathematics - Doklady*, Vol.4, pp.627–629, 1963（英訳）.

Ferguson, T. S. (1989), Who solved the secretary problem?, *Statistical Science*, Vol.4, No.3, pp.282–289, August 1989, with comments by S. M. Samuels (pp.289–291), H. Robbins (p.291), M. Sakaguchi (pp.292–293), P. R. Freeman (p.294), and rejoinder by T. S. Ferguson (pp.294–296).

Ferguson, T. S. (1992a), The best-choice problems with dependent criteria, *Contemporary Mathematics*, Vol.25, pp.135–151, 1992.

Ferguson, T. S. (1992b), Optimal stopping and applications, Chapter 2. Finite horizon problems, `https://www.math.ucla.edu/~tom/Stopping/sr2.pdf`, References: `https://www.math.ucla.edu/~tom/Stopping/ref.pdf`, Solution to exercises: `https://www.math.ucla.edu/~tom/Stopping/sol.pdf`, Mathematics Department, University of California, Los Angeles, 1992. アクセス：2021 年 2 月 14 日.

Frank, A. Q. and S. M. Samuels (1980), On an optimal stopping problem of Gusein-Zade, *Stochastic Processes and their Applications*, Vol.10, No.3, pp.299–311, October 1980.

Freeman, P. R. (1983), The secretary problem and its extensions: a review, *International Statistical Review*, Vol.51, No.2, pp.189–206, August 1983.

Gardner, M. (1960), Mathematical games, *Scientific American*, Vol.202, No.2, pages 150 and 153, February 1960 (J. H. Fox, Jr. and L. G. Marnie); Vol.202, No.3, pages 178 and 181, March 1960 (L. Moser and J. R. Pounder).

Gilbert, J. P. and F. Mosteller (1966), Recognizing the maximum of a sequence, *Journal of the American Statistical Association*, Vol.61, No.313, pp.35–73, March 1966.

Gnedin, A. V. (1996), On the full information best-choice problem, *Journal of Applied Probability*, Vol.33, No.3, pp.678–687, September 1996.

Gnedin, A. V. (2004), Best choice from the planar Poisson process, *Stochastic Processes and their Applications*, Vol.111, No.2, pp.317–354, June 2004.

Goldenshluger, A., Y. Malinovsky, and A. Zeevi (2020), A unified approach for solving sequential selection problems, *Probability Surveys*, Vol.17, pp.214–256, 2020.

Gusein-Zade, S. M. (1966), The problem of choice and the optimal stopping rule for a sequence of independent trials, *Teor. Veroyatnost. i Primenen.*, Vol.11, No.3, pp.534–537, 1966 (ロシア語). *Theory of Probability & Its Applications*, Vol.11, No.3, pp.472–476, 1966 (英訳).

Guttman, I. (1960), On a problem of L. Moser, *Canadian Mathematical Bulletin*, Vol.3, No.1, pp.35–39, January 1960.

Haggstrom, G. W. (1967), Optimal sequential procedures when more than one stop is required, *The Annals of Mathematical Statistics*, Vol.38, No.6, pp.1618–1626, December 1967.

Karlin, S. (1962), Stochastic models and optimal policy for selling an asset, *Studies in Applied Probability and Management Science*, K. J. Arrow, S. Karlin, and H. Scarf (editors), Chapter 9, pp.148–158, Stanford University Press, 1962.

Knuth, D. E. (1997), *The Art of Computer Programming*, Volume 1: Fundamental Algorithms, Third edition, Addison-Wesley, Reading, Massachusetts, 1997.

Lehtinen, A. (1992), Recognizing the three best of a sequence, *Annales Academiæ Scientiarum Fennicæ*, Series A. I. Mathematica, Vol.17, pp.73–79, 1992.

Lehtinen, A. (1993), Optimal selection of the four best of a sequence, *ZOR - Methods and Models of Operations Research*, Vol.38, pp.309–315, 1993.

Lehtinen, A. (1997), Optimal selection of the k best of a sequence with k stops, *Mathematical Methods of Operations Research*, Vol.46, pp.251–261, June 1997.

Lin, Y.-S., S.-R. Hsiau, and Y.-C. Yao (2019), Optimal selection of the kth best candidate, *Probability in the Engineering and Information Sciences*, Vol.33, No.3, pp.327–347, July 2019.

Lindley, D. V. (1961), Dynamic programming and decision theory, *Journal of the Royal Statistical Society*, Series C (Applied Statistics), Vol.10, No.1, pp.39–51,

参 考 文 献

March 1961.

Lippman, S. A. and J. J. McCall (1976), The economics of job search: a survey (part I), *Economic Inquiry*, Vol.14, No.2, pp.155–189, June 1976.

Majumdar, A. A. K. and M. A. Matin (1991), The OLA policy for optimal stopping for a generalized secretary problem with three stops and linear travel cost, *Sankhyā: The Indian Journal of Statistics*, Series B, Vol.53, No.3, pp.409–422, December 1991.

Matsui, T. and K. Ano (2016), Lower bounds for Bruss' odds problem with multiple stoppings, *Mathematics of Operations Research*, Vol.41, pp.700–714, 2016.

Moser, L. (1956), On a problem of Cayley, *Scripta Mathematica*, Vol.22, pp.289–292, 1956.

Mosteller, F. (1965), *Fifty Challenging Problems in Probability with Solutions*, Addison-Wesley, Reading, Massachusetts, 1965; Republished by Dover Publications, New York, 1987.

Mucci, A. G. (1973), Differential equations and optimal choice problems, *The Annals of Statistics*, Vol.1, No.1, pp.104–113, 1973.

Nikolaev, M. L. (1977), On a generalization of the best choice problem, *Teor. Veroyatnost. i Primenen.*, Vol.22, No.1, pp.191–194, 1977 (ロシア語). *Theory of Probability & Its Applications*, Vol.22, No.1, pp.187–190, 1977 (英訳).

Petruccelli, J. D. (1981), Best-choice problems involving uncertainty of selection and recall of observations, *Journal of Applied Probability*, Vol.18, No.2, pp.415–425, January 1981.

Porosiński, Z. (2002), On best choice problems having similar solutions, *Statistics & Probability Letters*, Vol.56, No.3, pp.321–327, February 2002.

Puterman, M. L. (1994), *Markov Decision Processes: Discrete Stochastic Dynamic Programming*, John Wiley & Sons, Hoboken, New Jersey, 1994, 2005.

Quine, M. P. and J. S. Law (1996), Exact results for a secretary problem, *Journal of Applied Probability*, Vol.33, No.3, pp.630–639, September 1996.

Rose, J. S. (1982a), A problem of optimal choice and assignment, *Operations Research*, Vol.30, No.1, pp.172–181, January–February 1982.

Rose, J. S. (1982b), Selection of nonextremal candidates from a random sequence, *Journal of Optimization Theory and Applications*, Vol.38, No.2, pp.207–219, October 1982.

Rose, J. S. (1982c), Twenty years of secretary problems: a survey of developments in the theory of optimal choice, *Advances in Management Studies*, Vol.1, No.1, pp.53–64, 1982, Indian Institute of Management Studies.

Ross, S. M. (1970), *Applied Probability Models with Optimization Applications*, Holden-Day, San Francisco, 1970. Republished by Dover Publications, New York, 1992.

Sakaguchi, M. (1961), Dynamic programming of some sequential sampling design, *Journal of Mathematical Analysis and Applications*, Vol.2, No.3, pp.446–466, June 1961.

Sakaguchi, M. (1973), A note on the dowry problem, *Reports of the Statistical*

Application Research, Union of Japanese Scientists and Engineers, Vol.20, No.1, pp.11–17, 1973.

Sakaguchi, M. (1978), Dowry problems and OLA policies, *Reports of the Statistical Application Research, Union of Japanese Scientists and Engineers*, Vol.25, No.3, pp.124–128, September 1978.

Sakaguchi, M. (1979), A generalized secretary problem with uncertain employment, *Mathematica Japonicae*, Vol.23, No.6, pp.647–653, March 1979.

Sakaguchi, M. (1984), Bilateral sequential games related to the no-information secretary problem, *Mathematica Japonicae*, Vol.29, No.6, pp.961–973, November 1984.

Sakaguchi, M. (1987), Generalized secretary problems with three stops, *Mathematica Japonicae*, Vol.32, No.1, pp.105–122, January 1987.

Sakaguchi, M. and V. Saario (1995), A class of best-choice problems with full information, *Mathematica Japonicae*, Vol.41, No.2, pp.389–398, March 1995.

Samuels, S. M. (1982), Exact solutions for the full information best choice problem, Technical report #82-17, Department of Statistics, Purdue University, May 1982.

Samuels, S. M. (1991), Secretary problems, *Handbook of Sequential Analysis*, B. K. Ghosh and P. K. Sen (editors), Chapter 16, pp.381–405, Marcel Dekker, 1991.

Samuels, S. M. (2004), Why do these quite different best-choice problems have the same solutions?, *Advances in Applied Probability*, Vol.36, No.2, pp.398–416, June 2004.

Smith, M. H. (1975), A secretary problem with uncertain employment, *Journal of Applied Probability*, Vol.12, No.3, pp.620–624, September 1975.

Smith, M. H. and J. J. Deely (1975), A secretary problem with finite memory, *Journal of the American Statistical Association*, Vol.70, No.350, pp.357–361, June 1975.

Stadje, W. (1985), On multiple stopping rules, *Optimization*, Vol.16, No.3, pp.401–418, 1985.

Szajowski, K. (1982), Optimal choice problem of *a*-th object, *Matematyka Stosowana*, Vol.19, pp.51–65, December 1982（ポーランド語）.

Tamaki, M. (1979a), Recognizing both the maximum and the second maximum of a sequence, *Journal of Applied Probability*, Vol.16, No.4, pp.803–812, December 1979.

Tamaki, M. (1979b), A secretary problem with double choices, *Journal of the Operations Research Society of Japan*, Vol.22, No.4, pp.257–264, December 1979.

Tamaki, M. (1980), Optimal selection with two choices - full information case, *Mathematica Japonicae*, Vol.25, No.4, pp.359–368, October 1980.

Tamaki, M. (1985), Adaptive approach to some stopping problems, *Journal of Applied Probability*, Vol.22, No.3, pp.644–652, September 1985.

Tamaki, M. (2000), Minimal expected ranks for the secretary problems with uncertain selection, *Lecture Notes-Monograph Series, 2000*, Vol.35, Game Theory,

参 考 文 献

Optimal Stopping, Probability and Statistics (2000), edited by F. T. Bruss and L. Le Cam, pp.127–139, Institute of Mathematical Statistics, 2000.

Tamaki, M. (2009), Optimal choice of the best available applicant in full-information models, *Journal of Applied Probability*, Vol.46, No.4, pp.1086–1099, December 2009.

Tamaki, M. (2017), On three topics of the secretary problem, 数理解析研究所講究録 第 2044 巻, pp.141–151, 2017.

Tamaki, M. and V. V. Mazalov (2002), A simple recursive formula for calculating the asymptotic critical numbers in the multiple choice secretary problem, 愛知大学経営学部愛知経営論集, Vol.146, pp.29–47, 2002 年 7 月号.

Vanderbei, R. J. (1980), The optimal choice of a subset of a population, *Mathematics of Operations Research*, Vol.5, No.4, pp.481–486, November 1980.

Vanderbei, R. J. (2012), The postdoc variant of the secretary problem, `https://vanderbei.princeton.edu/tex/PostdocProblem/PostdocProb.pdf`, アクセス：2021 年 2 月 14 日.

Woryna, A. (2017), The solution of a generalized secretary problem via analytic expressions, *Journal of Combinatorial Optimization*, Vol.33, pp.1469–1491, May 2017.

Yang, M. C. K. (1974), Recognizing the maximum of a random sequence based on relative rank with backward solicitation, *Journal of Applied Probability*, Vol.11, No.3, pp.504–512, September 1974.

事項索引
Subject Index

事 項 索 引

著者紹介

高木　英明（たかぎ　ひであき）

1950 年	兵庫県淡路島に生まれる
1972 年	東京大学理学部物理学科卒業
1974 年	同大学院理学系研究科物理学専攻修士課程修了
1974〜93 年	日本アイ・ビー・エム株式会社勤務（東京基礎研究所等）
1993 年	筑波大学教授社会工学系．2002〜3 年度　筑波大学副学長（研究担当）
2004 年	同大学院システム情報工学研究科教授
2012〜14 年度	同システム系長（兼務）・大学執行役員
2015 年	筑波大学名誉教授．現在，神奈川県立がんセンター臨床研究所客員研究員
研究分野	情報通信ネットワーク，応用確率過程（待ち行列理論等），サービス科学
学会活動	IEEE Fellow（1996），同 Life Fellow（2010），IFIP Silver Core（2000）
	日本 OR 学会　フェロー（2010），待ち行列研究部会論文賞（2018）
主要著作	Analysis of Polling Systems（MIT Press, 1986）
	Queueing Analysis, 全 3 巻（Elsevier, 1991, 1993, 1993）
	Spectrum Requirement Planning in Wireless Communications（共編著, Wiley, 2008）
	サービスサイエンスことはじめ（編著，筑波大学出版会，2014）
	サービスサイエンスの事訳（編著，筑波大学出版会，2017）

秘書問題入門
最適停止問題の基本モデルと計算法
Introduction to Secretary Problems
Basic Models and Computation of Optimal Stopping

2022 年 5 月 20 日　初版発行

著　者　高木　英明　Hideaki Takagi

発行所　丸善プラネット株式会社
〒 101-0051
東京都千代田区神田神保町 2-17
電話（03）3512-8516
https://maruzenplanet.hondana.jp/

発売所　丸善出版株式会社
〒 101-0051
東京都千代田区神田神保町 2-17
電話（03）3512-3256
https://www.maruzen-publishing.co.jp/

組版・印刷・製本／三美印刷株式会社
ISBN978-4-86345-503-0 C3042